JN281124

# 酸化チタン光触媒の研究動向

## 1991-1997

## TiO$_2$ Photocatalysis ;
### Its application to self-cleaning, anti-bacterial and air purifying materials

編集／橋本　和仁，藤嶋　昭

シーエムシー出版

## まえがき

　経済状態が怪しい。日本の将来に暗雲が立ちこめているような気がしてしょうがない。以前，米国のAT&Tベル研究所（当時）に客員研究員として滞在していた時，研究所で毎日，米国人を中心に，日本人，フランス人，ドイツ人，カナダ人など10人ぐらいの研究者と昼食を囲んでいた。そのときよく話題になったのが，日本の経済力の強さであり，アメリカの国力の落ち込みとアメリカ人若者の科学技術離れであった。確かにアメリカの街角は恐ろしく汚く，こわいし，大学の研究室へ行くとアメリカ人の学生は希で，研究を担っているのはほとんどアジア人や他の有色人種という様相であった。一方，日本といえばバブル前の活性期で，株価は徐々に上昇し，研究費も徐々に増え，基礎研究の重要性が叫ばれ，非常に社会全体が自信満々であった。小生自身も，経済でも，科学技術でもアメリカなんかすぐに追い越す，いや，すでに追い越しているかもしれないと思っていた。わずか10年ほど前のことである。

　ところがここ数年で様相は一転してしまった。経済でも，科学技術でもアメリカが自信満々になり，日本は自信喪失気味である。経済のことは専門外なので，その理由はわからないが，科学技術に関して言えば，多少自分なりの感想を持っている。原因の一つは日本人の科学技術研究の多くが付和雷同型になっていることではなかろうか。超電導に可能性があると誰かが言い出せば，どの企業でも同じような研究を行い，何百もの（たいして意味のあるとは思えない）特許や論文を量産することで安心してしまう。

　光触媒研究もしかりである。光触媒反応による水素発生が発表された1980年から数年はおびただしい数の水素発生の研究がなされ，1980年代の終わりにある大手メーカーが冷蔵庫の脱臭に光触媒を使うことを考えたら，しばらくは冷蔵庫脱臭に関する特許が多くのメーカーから次々と出された。その後，抗菌建材や，セルフクリーニング建材あるいは超親水性が知られると，皆同じような研究を始め，なんと多くの（あまり大差のない）特許などが出されていることか。

　これらの研究が無駄だと言っているわけではない。過去の研究を十分にリサーチして，独自のポジションを持った研究の重要性を強調したいのである。光触媒の過去の研究ターゲットの変遷から学べるように，研究というものは視点を変えると全く違った展開が出てくる場合が多い。

　本書は1997, 98年度の神奈川科学技術アカデミー教育講座（光触媒コース）の講義録をもとにして，現段階での光触媒研究の最先端を，抗菌や空気浄化，防汚，超親水性の問題を中心に，直接これらの研究に携わっている研究者，技術者の役に立てるよう解説したものである。しかし，前述のように光触媒技術は，まだまだ新しい展開があるに違いなく，この本がそのような未来を目指す新進気鋭の研究者にも多少なりとも役立つことを期待してやまない。

　最後になったが本書が日の目を見ることができたのは，編集を手伝ってくれた菱沼光代さん，および厳しい夜駆け，朝駆け攻撃をしてくれた（株）シーエムシー一般書部の真勢正英氏のおかげである。ここに深く謝意を表する。

1998年6月22日

編者，著者を代表して　　橋本和仁

## 普及版の刊行にあたって

　本書は，1998年に『酸化チタン光触媒のすべて―抗菌・防汚・空気浄化のために―』として刊行されました。このたび普及版を刊行するにあたり内容はそのままであり，何ら手を加えておりません。ご了承下さい。

2005年3月

㈱シーエムシー出版　編集部

## 執筆者一覧（執筆順）

| | |
|---|---|
| 石崎 有義 | 東芝ライテック㈱　技術本部 |
| 齋藤 徳良 | 日本曹達㈱　機能製品事業部 |
| | （現）（独）科学技術振興機構　エネルギーナノ材料研究事務所 |
| 砂田 香矢乃 | （財）神奈川科学技術アカデミー |
| 竹内 浩士 | 工業技術院　資源環境技術総合研究所 |
| | （現）（独）産業技術総合研究所　環境管理技術研究部門 |
| 橋本 和仁 | 東京大学　先端科学技術研究センター |
| 藤嶋 昭 | 東京大学　大学院工学系研究科 |
| | （現）（財）神奈川科学技術アカデミー　理事長 |
| 道本 忠憲 | 日東電工㈱　テープマテリアル事業部門 |
| | （現）日東電工㈱　エンジニアリングプラスチック事業部 |
| 宮下 洋一 | ダイキン工業㈱　MEC研究所 |
| | （現）ダイキン工業㈱　グローバル戦略本部　マーケティング部 |
| 村澤 貞夫 | ㈱シグナスエンタープライズ |
| 渡部 俊也 | 東京大学　先端科学技術研究センター |

（執筆者の所属は，注記以外は1998年当時のものです。）

# 目次

## まえがき

## 【第1章 光触媒研究の軌跡】

1 ホンダ-フジシマ効果の発見 …………… 3
   感光材料の研究から／酸化チタンとの出会い／光による水の分解／水素発生への期待／エネルギー変換効率

2 半導体電極から光触媒へ …………… 7
   電子-正孔対の生成／電極反応からミクロ電池へ／ミクロセルの効率を上げるには…／有機物を入れると水素が発生／光は水素以上に高価なものである

3 光触媒の可視光化の探求 …………… 11
   酸化チタン以外の物探し／自己溶出現象／酸化チタンの修飾ドーピング／色素吸着／Graïzel cell

4 光触媒の適用研究の変遷 …………… 13
   有機合成への適用／＜非選択的な反応＞／環境浄化への適用／＜強力な酸化力＞／＜有害物質の分解＞／微弱光を利用した室内外の清浄化／＜きっかけは便器＞

5 酸化チタン光触媒の応用形態の変遷 …………… 17
   懸濁系から担持系へ／薄膜担持系／分散担持系／暗反応とのハイブリッド化／＜吸着剤とのハイブリッド＞／＜抗菌金属とのハイブリッド＞／超親水性による防汚効果／両親媒性の発見

## 【第2章 光触媒反応の基礎】

1 半導体のエネルギー構造と光効果 …… 27
   半導体のバンド構造／半導体の光効果／シリコン太陽電池／光触媒反応／フォトコロージョン／酸化チタンの結晶構造と光触媒活性／吸収光は近紫外線／無色透明性

2 光触媒反応の特徴 …………… 32
   光は量子化されている／入射された光子数しか反応しない／熱力学からみた光触媒反応／光エネルギーの光子数への変換／反応時間の概算／計算の仮定／計算方法

3 微弱光を利用する光触媒反応 …………… 36
   「光にかかるコスト」からの解放／生活空間の紫外線量／光触媒をどう使うか／空気浄化のモデル実験／殺菌効果のモデル実験／防汚効果のモデル実験／1つの材料で多機能は狙えない／＜空気浄化に適した材料＞／＜防汚、抗菌に適した材

I

料＞

4 水処理への応用……………………41
拡散係数／光触媒の形態／触媒活性／量子効率／水処理の難しさ／超純水の製造／海上流出油の浄化／反応物質を気相へ追い出す／オゾン反応とのハイブリッド化／バイオ反応、UV反応とのハイブリッド化

5 光触媒酸化分解反応機構………………47
光照射初期過程／活性種の同定／光強度の強い場合／光強度の弱い場合／長寿命活性酸素種の生成の量子効率／長寿命活性酸素種の表面濃度／短寿命活性種の生成の量子効率／活性種の空気中への放出はあるか／有機物の分解機構／吸着油の光触媒分解

6 酸化チタン表面の光誘起両親媒性……55
両親媒性／超親水性／光分解反応との関係／酸素の効果／水中での超音波照射効果／超親油性／表面の微細構造／ハイドロテクスチャー構造／酸化分解型光触媒反応と光誘起親水化反応の関係

7 グレッチェル電池の基礎と展望………60
湿式太陽電池／人工光合成型／レドックスカップル型／色素増感反応／エネルギー変換効率が上がった理由／ルテニウム錯体とポーラスな電極／実用太陽電池としての問題点

## 【第3章 光触媒材料】

### 1 酸化チタンの性状

1 酸化チタンの特徴…………………69
屈折率が最大／被覆顔料／紫外光で励起／誘電率が大きい

2 酸化チタンの主な用途………………71
塗料／インキ・顔料／合成樹脂／製紙用／化学繊維／白ゴム／その他

3 酸化チタンの使用量…………………73
世界の消費量／国内販売量／地域別消費量

4 酸化チタンの生産能力………………75
地域別生産能力／世界の主要メーカー／国内の生産能力

5 酸化チタンの原料……………………77
イルミナイト／天然ルチル／砂鉄／アップグレード品／チタン・スラグ／合成ルチル

6 酸化チタンの製造方法………………78
硫酸法から塩素法へ／硫酸法のプロセス／＜イルミナイトを硫酸に溶解＞／＜冷却し硫酸鉄を分離＞／＜ろ過・濃縮の後、加水分解＞／＜加水分解工程における粒度分布の制御＞／＜硫酸法における酸化チタンの結晶型＞／＜ろ過洗浄し廃硫酸を始末＞／＜さまざまな処理ののち焼成＞／＜粉砕・分級、表面処理＞／塩素法のプロセス／＜ルチル鉱の塩素

化>/<四塩化チタンの精留、酸化>/<酸化チタンを分離し、塩素はリサイクル>
7 チョーキング現象と表面処理………83
　チョーキング現象/表面処理/紫外線吸収剤
8 酸化チタン光半導体の実用化………84
　画像記録材料/光還元記録/チタンマスター/グレチェルセル/光触媒
9 光触媒としての酸化チタン製品………89
　良い光触媒とは/粉末製品とその用途/＜ST－01＞/＜ST－21＞/＜ST－41＞/＜ST－31＞/粉末の分散化/脱臭フィルター/コーティング液/セメントバインダー/水処理への期待

## 2 酸化チタンの担持法

### 2.1 酸化チタン膜コーティング法

1 ゾルゲル法………………………94
　ゾルとは何か/ゲルとは何か/ゾルゲル法とは/長所・短所
2 ゾルゲル法の原料………………95
　原料化合物/金属アルコキシドとは/金属アルコキシドの合成/＜アルコール交換反応＞/＜複合アルコキシド＞/チタンアルコキシドの反応性/＜加水分解反応＞/＜加水分解因子＞/＜アシレートの形成＞/キレート化合物/＜β-ジケトン＞/＜ヒドロキシカルボン酸キレート＞/＜β-ケトエステル＞/＜グリコールキレート＞/主な有機チタネート/Ti-O-Siの結合を作るには
3 ゾルゲル法によるコーティング膜…105　ディップコーティング法/＜5つのステップ＞/＜膜厚の変動因子＞/＜ディップ液管理モデル＞/スピンコーティング法/パイロゾル法/＜パイロゾルの特徴＞/＜透明薄膜の形成＞/＜膜厚と透過率＞/＜裏面照射＞/＜防汚効果＞/＜抗菌効果＞
4 高活性膜を設計するには………113
　有機チタネート化合物の結晶化/膜厚の効果/膜の表面状態/$NO_x$の分解例/＜透明性＞/＜AFMイメージ＞/＜膜厚と分解性＞
5 コーティング剤の実際…………118
　高温焼き付けタイプ/低温硬化2層タイプ

## 2.2 酸化チタン粉末分散法①酸化チタン粉末担持紙

1 パルプは優れた担体……………120
アセトアルデヒドの分解／タバコのヤニの分解

2 紙の安定性を保持するには………121
紙の破裂強度／＜酸化チタンの影響1＞／＜酸化チタンの影響2＞／酸化チタンの凝集／＜凝集プロセス＞／＜強度の変化＞／＜光触媒活性＞／粉落ちの問題

3 実用的応用例……………………126
吸着剤との組み合わせ／種々のサンプル製作

## 2.3 酸化チタン粉末分散法②酸化チタン粉末担持フッ素樹脂膜

1 フッ素樹脂の特性………………129
担持材料としての特徴／使用目的と構造／フッ素樹脂の有利性／フッ素樹脂の種類／PTFE樹脂の特徴＜耐酸化性など＞／＜低誘電率＞／＜耐薬品性＞／＜すべり性＞／＜撥水性＞／＜非粘着性＞／塗膜の接触角と用途

2 PTFE樹脂の加工方法……………137
PTFE材料／モールディングパウダーの成形方法／ファインパウダーの成形方法／ディスパージョン加工

3 光触媒含有フッ素樹脂膜の開発………140
開発に至る経緯／フッ素樹脂撥水膜の構造／耐紫外線性／屋外暴露試験／洗浄効果／色素分解能／抗菌性／脱臭・浄化用途への展開

## 3 超親水性材料

1 超親水化現象とは………………149
水との接触角の低下／励起波長／膜厚と超親水性／界面活性剤にはない耐久性

2 超親水性材料開発………………151
蓄水性物質との混合／基材とコーティング法

3 工業的に期待される機能………154
防曇性／防滴性／易水洗効果／2つのセルフクリーニング

## 【第4章 光触媒活性評価法】

サンプルの形態／光源を選ぶ／単色光を得る／光量の測定

### 1 酸化分解活性評価法

1　吸着物質の分解（防汚効果）………… 163
1.1　重量変化法（油分解）……………… 163
　　標準的実験条件
1.2　吸光度変化（色素分解法）………… 163
　　色素の選択／必要な装置／前処理／色素吸着／透明試料の活性評価／油分解活性との比較／白色不透明試料の活性評価／着色不透明試料の活性評価／活性の絶対値の決定は難しい／標準的実験条件
2　空気中物質の分解（空気浄化効果）…… 169
2.1　解析のための基礎理論と反応速度の決定因子 ………………………………… 169
　　Langmuir吸着等温式／吸着平衡定数と飽和吸着量の求め方／物質の捕獲確率は必ずしも吸着平衡定数から予測できない／Langmuir－Hinshelwoodの速度式／反応速度を決める因子／反応速度の光強度依存性／反応速度の濃度依存性
2.2　静置系での活性評価………………… 172
　　必要な装置／光触媒活性は光強度や気相濃度によって異なる／標準的実験条件
2.3　流通法での活性評価………………… 175
　　除去率の求め方／流速と除去率の関係

### 2 抗菌性の評価法

1　抗菌性評価の手順 …………………… 178
　　菌株の入手方法／菌株の保存方法／＜継代培養保存法＞／＜凍結保存法＞／菌液の調製／＜前培養＞／＜洗浄＞／＜検量線の作製＞／＜菌液の希釈＞／抗菌性の評価／＜光触媒試料＞／＜菌液の滴下＞／＜光照射＞／＜菌の回収＞／＜菌の培養＞／実験結果／＜菌の回収率＞／＜菌の生存率＞／＜抗菌性の比較＞／＜水処理系での実験＞／器具や培地の準備／無菌操作／用語の定義
2　光触媒による抗菌性の特徴 …………… 190
　　対数増殖期の菌に対する効果が大／エンドトキシンも分解／抗菌性の作用機構／銀と酸化チタンの組み合わせ
3　その他の評価方法の紹介 ……………… 193
　　フィルム密着法（ラップ法）／滴下法（ドロップ法）／シェークフラスコ法

3　親水性評価法 ........................................................ 196

接触角の測定／Youngの式／接触角の変化速度の意味／親水性評価の3因子／親水化速度／限界接触角／暗所維持性／初期接触角／酸化分解活性と超親水性活性の相関／親油性

## 【第5章　光触媒の実用化】

### 1　抗菌タイル

1　反応性と光源の強度 ........................... 203
反応性の評価法＜ガス分解法＞／＜抗菌効果＞／微弱光の有効性／＜分解性＞／＜殺菌性＞／＜量子効率＞

2　光触媒タイルの作製法 ........................ 208
陶磁器の製造工程／光触媒の焼成過程をどこに組み込むか／製造上の問題点／＜光触媒活性＞／＜薄膜の硬度＞／活性低下の原因および解決方法／＜釉薬と焼成条件＞／＜相転移と粒成長＞

3　光触媒タイルの機能 ........................... 214
抗菌力の実証／テーブルテスト／モデルテスト／汚れ、菌、臭いの相関／フィールドテスト／防汚効果の実証

4　光触媒タイルの施工例と商品化 ............ 224
病院への施工例／ラット飼育室への施工例／抗ウイルス効果／防カビ試験／タイルの商品化／＜商品企画の観点から＞／＜デザインと機能＞／＜価格設定＞／＜耐久性＞／＜安全性＞

### 2　セルフクリーニング照明

1　照明と光触媒 .................................... 232
光化学反応／酸化チタンと照明製品

2　照明用ランプと紫外線 ........................ 233
白熱電球（ハロゲン電球）／蛍光ランプ／蛍光ランプの種類／蛍光ランプの使用上の注意／光触媒励起用蛍光ランプ／HIDランプ

3　照明器具 ......................................... 239

4　紫外線について ................................. 241
用語／紫外線の種類／太陽光からのUV強度／生体への影響／紫外線の測定方法

5　光触媒の照明製品への応用 .................. 244
開発の流れ／トンネル照明器具／道路灯／街路灯、防犯灯など／蛍光灯器具／蛍光ランプ

6　今後の動き ....................................... 255

## 3　空気清浄機

1　快適室内環境（IAQ：Indoor Air Quality）とは······················ 256
2　生活環境の健康・快適志向················ 257
　住宅の高気密化／$NO_x$に対する規制／高齢化と老人医療／アレルギー症の増加／食品衛生
3　主な空気汚染物質·························· 259
　空気汚染物質の分類／光触媒の対象となる空気汚染物質とは／汚染物質の発生源と健康への影響
4　法規制の動向および汚染物質の現状······ 262
　生活環境における規制／揮発性有機化合物（VOC）／ホルムアルデヒド／二酸化窒素（$NO_2$）／タバコ煙／悪臭物質＜臭気分類＞／＜におい成分とその割合＞／＜規制基準値＞
5　光触媒による空気清浄化···················· 271
　脱臭方式の原理別分類／光触媒方式の利点／オゾン脱臭との比較／光触媒の実験装置／静的試験におけるアセトアルデヒドの脱臭性能／光強度と脱臭性能／風速と脱臭性能／吸着剤との併用／$NO_x$の分解性能／殺菌作用／空気清浄機の構造

## 4　環境大気の浄化

1　わが国の大気汚染の現状·················· 283
2　光触媒による大気汚染物質の除去······ 285
3　光触媒固定化の要件······················ 288
4　固定化光触媒とその性能·················· 289
　試験方法／比表面積の重要性／フッ素樹脂シート／セメント硬化体／無機系塗料／浄化材料の比較
5　環境大気の浄化（パッシブ浄化）······ 296
6　半閉鎖的空間の浄化（アクティブ浄化）···298
7　まとめと将来展望························ 300

## 5　超親水性

1　応用例と実地試験························ 303
　窓ガラス／＜常温硬化タイプのコーティング剤＞／＜超親水性加工フィルム＞／車のサイドミラー／易水洗性／セルフクリーニング／易乾燥性
2　製品設計に関わる性能···················· 306
　親水化速度と暗所維持性／耐久性／透明性／対摩耗性／接触角と性能の関係／親水型と分解型
3　今後の展望······························· 311
　物質表面の制御／超親水化材料

【第6章　今後の展望——快適な空間を創造する技術として——】
　　　　　　　　　　　　　　　　　　　　　　　　　　　　　　315

【付表　主な（酸化チタン）光触媒関連文献一覧表　1991年～1997年】
　　　　　　　　　　　　　　　　　　　　　　　　　　　　　　　317

# 第1章　光触媒研究の軌跡

# 第1章　光触媒研究の軌跡

近年、光触媒を用いて抗菌、防汚、脱臭などの環境浄化を行うための研究開発が盛んに進められている。われわれはこの技術が「植物の光合成をモデルとして快適な空間を創り出す」ものであることから「光クリーン革命」と命名した。先行する開発製品の一部はすでに上市され、市場でその効果が認められ始めている。今後はまさに「光クリーン革命」と呼ぶにふさわしいような勢いで光触媒関連の製品が普及し始めるものと予想される。

ここでは、およそ30年にわたる光触媒の研究を振り返り、いかにして今日の製品化に到達したのか、その軌跡をたどってみたい。最近になって光触媒の研究を始めた人々は、過去の経緯を知らずに昔行われたことを再び繰り返すことが往々にしてある。過去に成功した研究は論文になり伝えられるが、成功しなかったことは発表されないために、伝わらないことが多いものである。過去の失敗に学び、将来に向けて有意義な研究開発が行われるよう願うものである。

## 1　ホンダ-フジシマ効果の発見

**感光材料の研究から**　　今からおよそ30年前の1966年頃は、ちょうどゼロックスがポピュラーになってきて、感光材料、特に電子写真の良いものを作ろうという研究が始まったところであった。その材料として、当時はセレンやCdSなどが考えられていた。

酸化亜鉛(ZnO)に関しても、米国の3M社が単結晶を作っており、ドイツ、米国の研究者が溶液の中に入れて調べようとしていた。ところが、酸化亜鉛を電極にして溶液の中に入れて反応させると、光応答はするが酸化亜鉛自身が溶け出すという現象を起こすことが明らかになってきた。

**酸化チタンとの出会い**　　世界的な研究状況がそのような折、筆者の1人は偶然にも酸化チタン($TiO_2$)の単結晶を手に入れることができた。当時日本国内では、中住ク

リスタルと富士チタン工業の2社が酸化チタンの単結晶を作っていた。これは感光材料としてではなく、その硬度や化学的安定性、屈折率の大きさや透明性からダイヤモンドに類似した装飾品として使えるのではないかということで作られていた。その酸化チタンの単結晶を感光材料としても使えるのではないかと考えて入手したのである。

まず、入手した酸化チタン単結晶（001面、ルチル）をダイヤモンドカッターでカットして電極を作製した。もともとの透明な結晶は絶縁性だが、これを真空還元してわずかに青色になると酸素の欠陥ができて導電性が上がり、電極として使うことができる。

ここにオーミックコンタクトという接続が必要であるのでインジウムを付けて電極にして溶液の中に入れて光を当て、電流-電圧曲線をとったところ、−0.5Vから酸素が発生するという現象が見出された。水の電気分解による酸素の発生であれば当時一般的には＋1.23Vよりプラスにしないと酸素は発生しないと考えられていた。

不思議なことに、ゲルマニウム、シリコンから始まって酸化亜鉛など他の半導体電極では、光反応は起こっても半導体自身が全部溶けてしまう反応ばかりであったが、酸化チタンを使った反応では、光応答は同じようにあるにもかかわらず電極には全く変化がみられなかった。

## 光による水の分解

つまり、電極は減らず、酸素源としては水しか存在しないところから酸素が発生したことから、これは水が光によって分解されたとしか考えられなかった。そこで、光増感電解酸化と名づけ、まず国内の雑誌に投稿した（藤嶋昭、本多健一、菊池真一、工化、72、108、1969）。しかし、国内ではこの現象は当初全く認められなかった。学会でも、そんなことはありえないと大反対された。電気化学の専門家にしてみると、水の分解は理論的には＋1.23Vが必要であり、実際にはそれよりさらにプラス側のおよそ1.5Vぐらいにして初めて起こるはずであった。それが−0.5Vで起こるとは（光がそのような電位をもっているとは）、当時は考えられなかったのである。

それでもわれわれは絶対に正しいと信じており、この結果をNature誌に投稿することにした。Natureは採択してもらうのが非常に難しい雑誌であり、5報送ってようやく1報が審査に入っても、大方は一般性

がないので他の専門誌に投稿し直しなさいということになるのが普通であるが、なぜかこのとき投稿した論文はすんなりと掲載されることが決定した（A.Fujishima、K. Honda、*Nature*、238、37、1972）。

　書いた内容は、酸化チタンが光エネルギーを受けることによって酸素の発生が非常に容易になること、この現象を使うと水を光分解できることであった。この現象を見つけた当初から光合成反応との類似を考えており（図1）、水から酸素が発生することに関心をもっていた。その考えは今でも変わらないが、この反応を完結させるには、対極の白金電極から水素が出ることも見落とせず、水が光によって分解されて酸素と水素が出るという反応式にしたのであった。

**水素発生への期待**

　ところが、この論文が*Nature*誌に出てから注目されたのは、むしろ水素が発生するというほうであった。おりしも第1次オイルショックが起こったことによって、究極のクリーンエネルギーである水素が出ることに世界中の人々が注目した。これが光電極反応の研究の勃興期と言える。1974年元日の朝日新聞は1面トップでわれわれの研究を報じた。このときの経験を通して、研究にはタイミングが存在すること、社会的な背景と無縁ではいられないこと、そして*Nature*や*Science*などのインパクトファクターの大きな科学誌の影響の大きさを改めて痛感

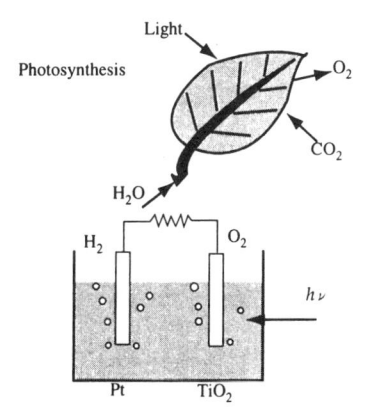

図1　$TiO_2$-Pt系の水の光分解系と植物の光合成との対比

した。

**エネルギー変換効率** その後、実際に太陽エネルギーを使って水素を大量に作ってみようと、東大工学部5号館の屋上に装置をセットして、何年間か連続運転を行った。エネルギー変換に応用する場合、効率とコストの問題は重要である。安く効率よく、しかもある程度長時間運転できなければならない。

電極として使ったのは、酸化チタンの単結晶ではなく、チタン板を焼いて表面に酸化チタンの酸化被膜を作ったものであった。10cm角のチタン板をバーナーで何分間くらい均一にあぶればよいかなど、条件を設定するのは難しかったが、最終的には単結晶とほぼ同じ性能の酸化チタン膜を作ることができた。これを写真の現像用の大きなバットに並べて、対極の白金をセットし、電流をモニターしながらどれくらいの水素が採れるかを24時間運転で調べた（図2）。

結果としては、真夏の晴れた日に1m$^2$の酸化チタン電極を使っておよ

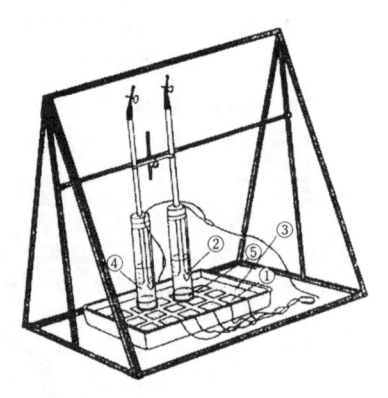

①酸化チタンの板 ②白金電極 ③0.1mol/l NaOH水溶液
④0.1mol/l H$_2$SO$_4$水溶液 ⑤塩橋

光の作用で物質系の電荷分離を起こさせ水を分解し、水素を発生する過程の発見は、エネルギー問題、環境問題や光機能材料の発展に大きな意義を占める。この反応は藤嶋昭が大学院生のときに本多健一とともに（東京大学生産技術研究所および工学部）発見したもので、上図はこの方法による水素発生の実験装置である（徳丸克己著、「光化学の世界」より）。

図2

そ7リットルの水素を採ることができた。水素は小さな泡となって発生するため、かなりたくさん出たという印象を受けたが、太陽エネルギーに対する効率を調べてみるとわずか0.3%であった。これは酸化チタンが太陽エネルギーの3%しか吸収しないなど、いろいろな要因が影響しているが、いずれにしろエネルギー変換は非常に難しいことを実感した。

## 2 半導体電極から光触媒へ

電子-正孔対の生成　　　光を当てることによって、酸化チタン電極側で酸素を発生させ、対極の金属電極側で水素を発生させるというのがホンダ-フジシマ効果であった。この場合、光が酸化チタン表面に当たると電子-正孔の対ができ、酸化チタンと水との界面にできるショットキータイプの接合を使って電子が酸化チタンの内部に移動し、この電子はさらに対極に行って水素を発生させ、残った正孔は酸化チタンの表面に出てきて水を酸化して酸素を発生させるわけである（図3）。

電極反応から
ミクロ電池へ　　　しかし、外部で電気エネルギーに変換する必要がないのであればわざわざ外部回路を通して水素を発生させる必要はなく、金属と半導体を接着させてもよいはずである（図4-b）。さらに、これでよいのであれば、別に電極である必要はなく、微粒子状の半導体の上に金属を付けて光を当てれば、半導体側で酸素発生が、微粒子側で水素発生が起

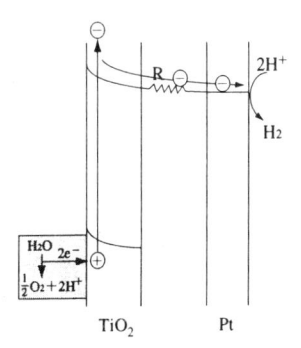

図3　$TiO_2$-Pt系の水の光分解のバンド図による説明

こることになる（図4-c）。このような考え方が出発点となり、いわゆる光触媒の実際の研究が始まったわけである。

　1977年、Schrauzer（米国）は酸化チタンに白金を付けて光を当てると、電子が白金側に行って水素発生が、半導体側で酸素発生が起こることを報告した（図5）。この報告は、まだ一般に受け入れられる段階ではなかったが、研究者の間では非常に大きな興味をもたれた。図6は、当時われわれが撮影したTEM像であり、酸化チタンの上にポツポツと付いているのが白金である。とにかく電極ではなくて、還元反応と酸化反応の起こるサイトが近接しているミクロセルを水中に懸濁させて

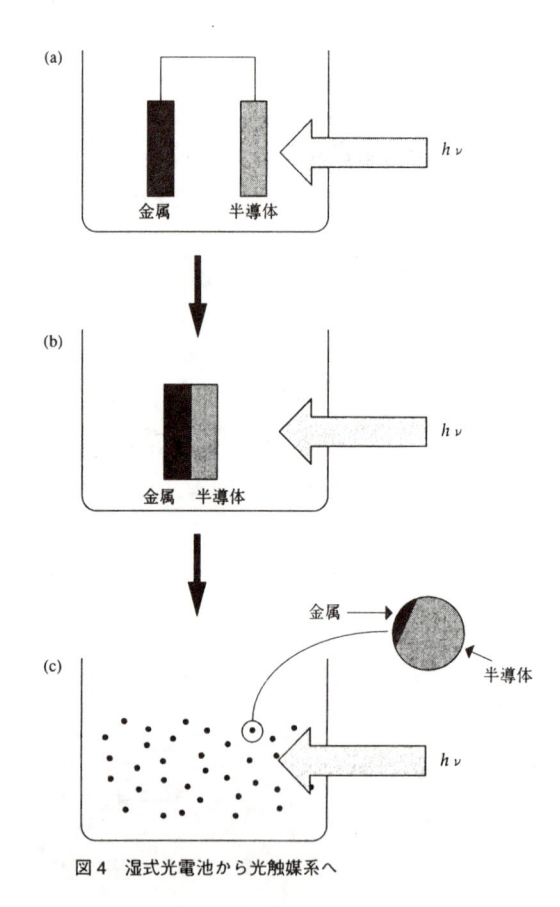

図4　湿式光電池から光触媒系へ

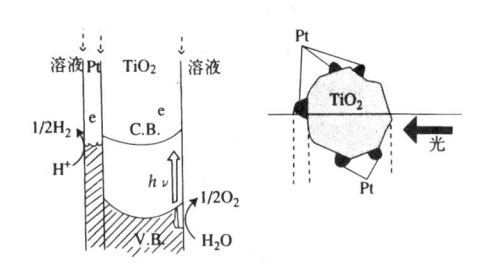

図5　Ptを担持したTiO$_2$のエネルギー模式図と水の分解反応

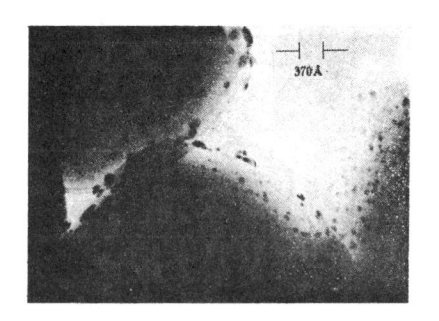

図6　白金担時TiO$_2$粉末（Pt：1wt%）の電子顕微鏡写真

光を当てるだけで、水素と酸素が発生することにインパクトがあった。
　ところが、この段階でいろいろな人々が追試を行ったが、誰も成功する者はいなかった。つまり、この反応は原理的には起こるが、非常に効率の低い反応であると考えられた。Schrauzerは、フラスコの中にミクロセルを懸濁させて、1週間ほど光を当て続けると水素と酸素が発生すると報告したのだが、世界中の人が追試しても水素と酸素の発生を確認できなかった。しかし、こうした場合には出たという人のほうが優勢で、出ない人は実験手法に何らかの問題があるために出ないのだろうという議論が続けられた。

**ミクロセルの効率を上げるには…**

　そうした中で脚光を浴びたのがやはり日本人であった。当時愛知県の分子科学研究所にいた坂田忠良、川合知二、そして橋本和仁は、原

理的にはホンダ-フジシマ効果が起こってよいはずなのに、ミクロセルにするとなぜ反応効率が低いのかという問題に対して、「水素と酸素は効率よく生成しているが白金上で逆反応を起こしてもとの水に戻っているのではないか」と考えた。

もし、逆反応が起こっているのなら、それを防ぐためには違う反応をカップルさせてやればよいわけである。そこで水にアルコールを添加した。そこに光を照射したところ、とたんに勢いよく気泡が発生した。これを分析すると水素であることが確認できた。

この実験を行ったのは1980年のことで、学会発表をすると朝日・日経の各新聞は1面トップで報道し、週刊誌までもが取材に訪れるなど一般社会にも非常に興味をもたれた。これが光電極反応、光触媒反応の第2の勃興期ではなかったかと思われる。

### 有機物を入れると水素が発生

水に追加するものは別にアルコールに限らず有機物ならば何でもよかった。たとえば、フラスコの中にゴキブリを1匹入れるだけで同様の反応が起こった。酸化チタンは強い酸化力をもつため、反応物をすべて最終酸化生成物にする。炭素源は$CO_2$に、タンパク質に含まれる窒素や硫黄源は硝酸と硫酸になる。

世の中にはエネルギー的にはリッチであるが価値の低い（役に立たない）有機物がたくさんある。それらを電子源として光触媒反応でプロトンを還元して水素を発生させれば、世界のエネルギー危機を救える可能性があると当時考えられ、世界中で多くの研究者がこの研究に参画した。

1年ほどが過ぎ、少し冷静になったころで価格にしてどれぐらいの水素ができるのか計算してみた。実験では500Wのキセノンランプを使って光を当てていたが、1週間このキセノンランプを使って発生させた水素はなんとわずか1円にしかならないことがわかった。

### 光は水素以上に高価なものである

それは結局、水素に対して光は非常に高価であるという現実に研究者が直面したことを意味する。もちろん、光エネルギー変換には、特殊な光源を使うのではなく太陽光を考えていた。研究所の屋上に実験システムを設置して実験を行ったが、太陽光を利用するといっても農

業とは違い、反応容器に入れた触媒をできるだけ有効に反応させるためには、希薄な太陽光を集光する必要がある。太陽光を集めるにはコストがかかる。実際、1.5mのフレネルレンズを屋上に設置して実験を行っていたが、台風が来ても飛ばされないような集光システムを屋外に作るには非常にコストがかかることを思い知らされた。

## 3　光触媒の可視光化の探求

酸化チタン以外の物探し

酸化チタンのバンドギャップは約3.0eVであり、波長に直すと約400nm、すなわちこれより短波長の紫外光を吸収することにより反応は進行する。太陽光スペクトルの主たる部分は可視光領域であるため、光触媒反応の効率を上げるためには、バンドギャップのもっと小さな半導体で可視光を利用することが望ましい。このことは、光触媒の研究が始まった当初から実に多様な研究が行われてきた。

図7は主な半導体のバンド構造を示したものである。0Vの位置が水素発生電位であり、半導体の伝導帯がこれより上（マイナス側）にあることが水素発生を起こさせるための条件になる。一方、水を酸化する電位は1.23Vであり、価電子帯の位置がこれよりも下（プラス側）にあることが水を酸化することのできる条件である。

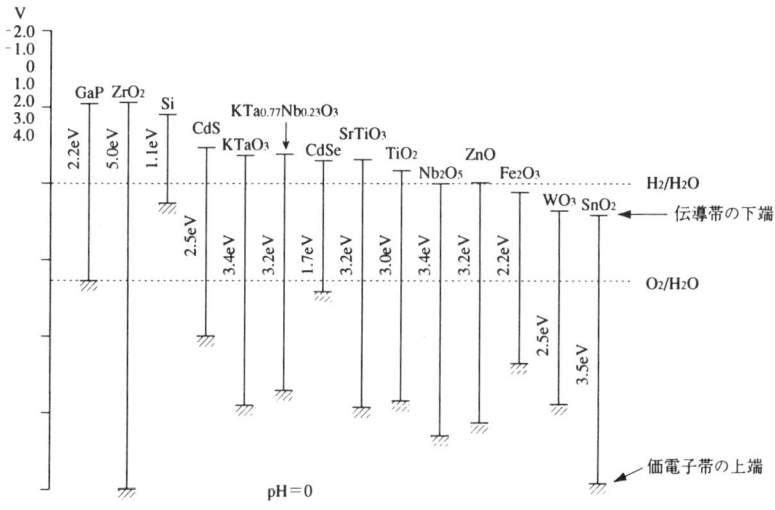

図7　半導体のバンド構造と水の光分解の関係(pH=0)

そうしてみると、酸化チタンのバンドギャップは3.0eVで、効率的にはずいぶんむだをしていることになる。CdSeなどはバンド構造からみると非常に良い形をしている。その他にもいろいろな半導体があり、それらについて徹底的に研究された。

**自己溶出現象**　しかし結局、現在に至るまでに酸化チタンに勝るものは見出されていない。最も大きな理由は、酸化チタンよりもバンドギャップの小さな半導体は、水の中で光を当てると自己溶出現象を起こしてしまう点にある。たとえばCdSeに光を当てると、電子と正孔ができて、電子は確かに水を還元して水素を発生させるが、残った正孔で水を酸化する代わりに自分自身を酸化し、$Cd^{2+}$が溶け出す。

自己溶出を起こす原因はバンド構造にある。半導体においては、価電子帯は結合性の軌道から、伝導帯は反結合性の軌道からできている。光照射により価電子帯の電子を伝導帯に励起するということは、基本的に原子間の結合を切る状態を作り出すことに対応する。

すなわち、酸化チタンにおいてはこれ自身が光溶解しないことのほうが不思議なわけで、酸化チタンの特異性と言える。

**酸化チタンの修飾ドーピング**　酸化チタン以外に適当な半導体が見当たらないことから、酸化チタンをベースに、ルテニウム、コバルト、クロムなどいろいろなものを

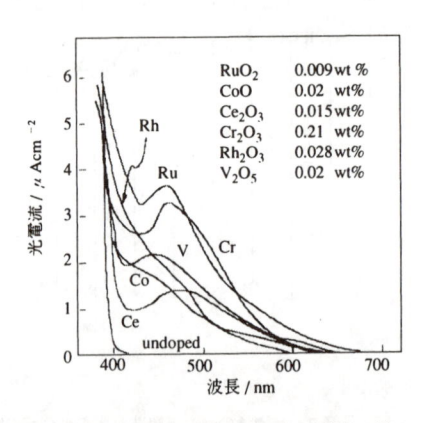

| | |
|---|---|
| $RuO_2$ | 0.009 wt% |
| $CoO$ | 0.02 wt% |
| $Ce_2O_3$ | 0.015 wt% |
| $Cr_2O_3$ | 0.21 wt% |
| $Rh_2O_3$ | 0.028 wt% |
| $V_2O_5$ | 0.02 wt% |

図8　ドーピングによる酸化チタンの可視化の試み

ドーピングしていこうという研究もかなり行われた。図8は、電極を用いた実験の一例である。横軸が波長で、縦軸が光電流応答を示す。酸化チタンだけだと400nmより短波長のみで応答を示し、可視光領域では全く応答がない。それに対して、コバルトやバナジウム、あるいはクロムをドーピングすると、可視光領域にも応答が現れている。1982年には酸化チタン粉末にクロムをドーピングすると粉末光触媒反応でも可視光応答があるとの論文が出されている（E.Borgarello *et al.*、*J.Am.Chem.Soc.*、104、2996-3002、1982）。

また、最近は「第2世代の酸化チタン光触媒」として、クロムイオンをイオン注入法により酸化チタンに添加するとバンドギャップが広がるとの発表がなされ、かなり話題になっている（安保正一、ペトロテック、20、66、1997）。しかしこれらの研究は再現性のうえで必ずしも十分ではなく、今後の検討が必要であろう。

**色素吸着**　　　　一方、酸化チタンの表面に色素を吸着させて色素を光励起し、色素の励起状態から半導体に電子注入する系も数多く研究されている。これは写真の分光増感と同じ考え方である。写真の場合は、色素に光を当てて、色素からAgBrに電子が注入されAg$^+$を還元する反応である。それと同様に酸化チタンの表面に色素を付けて励起すると、色素により可視光が吸収され、可視光域でも光応答を起こすことが可能となる。

**Grätzel cell**　　このような考え方のうち、最も有名なものがGrätzel cellと呼ばれる湿式型太陽電池である。Grätzelの研究の出発点はかなり古いが、一般に有名になったのは1991年のアモルファスシリコン太陽電池よりも安価で効率の良い全く新しい太陽電池ができる可能性を示唆した*Nature*の論文であろう。

　　Grätzel cellの基本的な構造およびその反応機構については第2章を参照されたい。

## 4　光触媒の適用研究の変遷

**有機合成への適用**　　光触媒を使って水素を取り出そうという、光触媒の第2の勃興期から学んだことは、とにかく光は高価で水素は安価だということであった。

図9　光触媒の適用研究の変遷

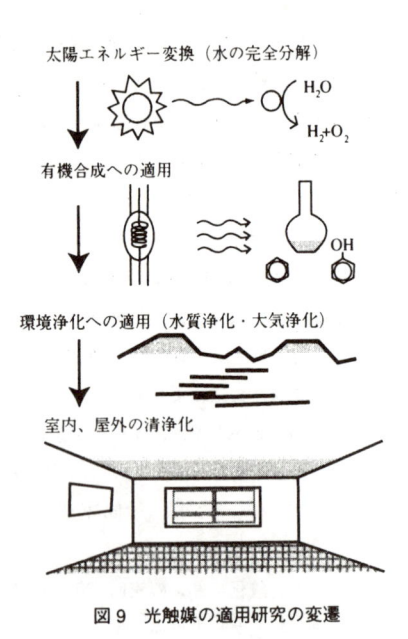

　そこで、もっと付加価値の高い物質を作ろうという動きがその後出てきた（図9）。有機合成への適用である。

　基本的には光触媒反応は酸化還元反応であるため、たとえばアルデヒドを還元してアルコールにすることもできる。ただし、逆反応も同時に起こるため、この場合にはより酸化されやすい物質を大量に入れて、アルコールの酸化反応を抑えるなどの工夫が必要である。

　一方、酸化反応についても、アルコールがアルデヒドになる反応やベンゼンがフェノールになる反応など、さまざまな反応が今も研究されている。

〈非選択的な反応〉　ただし、光触媒はバンド構造で決まった還元力、酸化力をもつ。酸化チタンは酸化力は非常に強いが、還元力はあまり強くない。さらに、酸化還元反応に何らかの選択性をもたせることはできない。そのため、アルコールを酸化してアルデヒドで止めるには、大量のアルコールを入れておいてアルコールだけが優先的に酸化され、アルデヒドはそれ以上酸化されないようにするなど、何らかの工夫が必要となってくる。

　このようなことから、われわれは、光触媒反応は有機合成にはあま

**環境浄化への適用**　　結局、酸化チタン光触媒反応の特徴は、非常に強い酸化力にある。そのため、有機合成で中間的な酸化生成物を作るよりも、最終生成物まで酸化してしまったほうがよいのではないか、という方向が徐々にみえてきた。

〈強力な酸化力〉　　図9に有機合成の次の段階に示した環境浄化への適用とは、まさにそのことに着目した応用研究の流れである。水質浄化、大気浄化などは、強い酸化力を使って何でも最終生成物まで酸化してしまおうという発想に基づいている。

　水素を取り出す必要がないと、酸化反応にのみ着目すればよいため、さらにシンプルに考えることができる。すなわち、光照射により生成した電子-正孔のうち、電子は空気中あるいは水中に存在している酸素の還元に消費され、正孔で吸着物質を酸化する（図10）。

　酸化チタンの酸化力はバンド構造から明らかなように、非常に強力であり（図11）、ほとんどすべての有機物を最終生成物まで酸化することが可能である。ただし、あくまでも吸収するフォトンの量に対応した分子数しか反応しない。ここが酸化チタン光触媒反応のポイントである。言い換えれば、光の量で反応を制御することができるということになる。たとえば、アルコールが大量にあって光が少なければ、ア

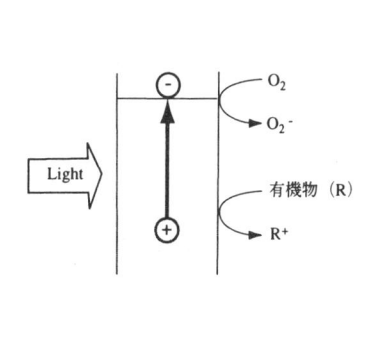

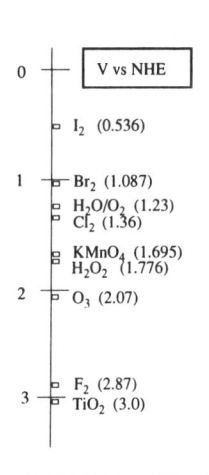

図10　$TiO_2$光触媒反応機構　　　　図11　いろいろな酸化電位と$TiO_2$の酸化電位

ルコールを$CO_2$までにはせず、アルデヒドの状態で反応を止めることが可能である。

〈有害物質の分解〉　酸化チタンのもつ強力な酸化力を使った環境浄化の研究は1985年頃から活発に行われるようになった。日本人もそのころから研究を始めていたが、当時はオーストラリアのMatthewsらが精力的な研究を展開していた。種々の有機物をppmオーダーで入れて、酸素存在下で$10mW/cm^2$程度のかなり強い紫外光を当てて光触媒反応を起こし、$CO_2$まで酸化して無害化しようという研究である。

　このように比較的強い紫外線を利用して低濃度の汚染物質を除去しようという研究は、現在に至るまで活発に続けられている。

微弱光を利用した
室内外の清浄化
　これまでの光触媒研究の軌跡からわれわれが学んだことは、まず光は非常に高価なエネルギー源であるという点である。フォトンを使うかぎり、適用できるところは限定されてくる。しかし、その一方で光触媒は、どんなに弱い光でも原理的にはほとんどすべての有機物を酸化できることも重要な特徴である。すなわち、1個1個のフォトンは量子化されているため、光が弱くても強くても同じだけの酸化力をもつ。

　言い換えると、酸化チタンが吸収できる約400nmの波長のフォトンがもっているエネルギーを熱エネルギーに換算すると36,000Kになる。光を集光しなくても室内空間には蛍光灯などの照明に含まれるごくわずかの紫外線があり、それらを光反応に使うことができるなら、熱反応では36,000Kにまで上げないと進行しない反応を室温で起こすことができる。このような考えをもとにして、われわれは室内の微弱光下でも光触媒反応は有効に作用し、抗菌・防汚・空気浄化などの機能を発現することに気付いた。

〈きっかけは便器〉　そのきっかけとなったのは大学のトイレの便器の黄ばみであった。当時、研究室では導電性ガラス上に酸化チタン膜を有機チタンの熱分解法でコーティングし、光電極として利用していた。陶器のような耐熱性の基板にならすぐにでも酸化チタン膜をコーティングでき、光触媒効果が期待できるのではないかと予想された。また、便器の黄ばみのように徐々に付着する汚れに対してなら、かなり弱い光でも酸化チタンの酸化分解力が効果を発揮するのではないかと考えた。実際に試

してみると、われわれの予想以上に光を弱くしても光触媒効果が現れた。

現在は光触媒反応の第3の勃興期と言える。ここで注目を集めている光触媒による環境の浄化、特に微弱光下での室内外の防汚や脱臭などの応用研究は、上に述べたトイレの黄ばみの実験に端を発しているものである。それはまさに本書のメインテーマでもあり、詳しくは第2章以降をひもといていただきたい。

## 5 酸化チタン光触媒の応用形態の変遷

**懸濁系から担持系へ**　「2 光触媒の出発点」で述べたように、電極反応として見出されたホンダ-フジシマ効果は、その後、酸化チタンの粉末を水中に懸濁して使う光触媒として研究されるようになった。その場合には粉末をミクロ電池と考えることができた。

しかし、酸化チタンの粉末を水に懸濁して用いる方法では、水中の有害物質を光触媒反応で分解できたとしても、何らかの後処理を行って改めて酸化チタンの粉末を取り除かなければならない。これは水の浄化法としてはあまり現実的とは言えず、実用化を視野に入れた研究を行うならば、もっと取り扱いが簡単な反応系を考案する必要がありそうであった。

そこで、酸化チタン粉末を何か他の材料に固定するような工夫がいくつか考案された（図12）。米国のA.Hellerらは、直径100 $\mu$mほどの中空のガラスビーズの上に酸化チタンの粉末を付けて、水に浮く光触媒を作製した。彼らはタンカー事故などで海洋に流出した原油を処理することを考えており、この研究に関しては米国政府からの支援などもあったようである。実験室レベルでは効果が認められたが、実際に流出した原油をこの方法のみで処理するのは時間がかかり過ぎて、ほとんど不可能である。ただし、他の方法で大部分を取り除いた後、回収しきれなかった原油の薄膜を光触媒によって分解し、海をよりきれいな状態に戻すには有用な方法ではないかと思われる。

ある試算によると、ここで使う光触媒ビーズは1kg当たり25ドルのコストで工場レベルで生産が可能だという。1kgの原油が十分に薄い層になって水に浮かんでいるとき、1kgの光触媒ビーズを使えば、太陽光

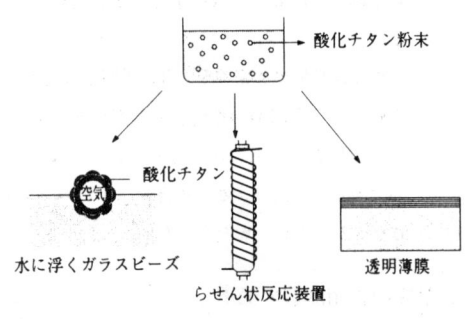

図12 光触媒技術の発展

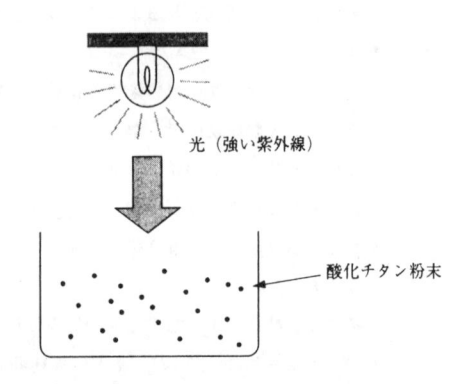

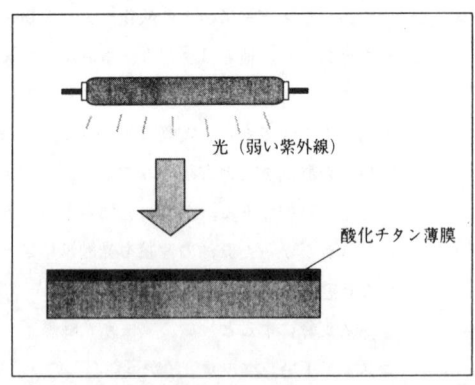

図13 粉末の懸濁系よりも担持系のほうが良い

によっておよそ3日間で原油を分解することができる計算である。つまり、1カ月で1トンの原油を処理するのにかかる費用は2,500ドルになる。

　これが十分に経済性に見合った方法かどうかは、環境保護に対するコストをどう考えるかによるであろう。ちなみに、米国の沿岸警備隊は、海上流出原油を回収するために、専用の船を1艘当たり2,000万ドルで購入しているという。

　一方、われわれは室内などの微弱光下においても光触媒反応が有効であることを見出し、ガラスやタイルをはじめとする建築資材に効率よく酸化チタンを担持させる方法として、薄膜コーティング法を開発した（図13）。

薄膜担持系　　　　酸化チタン薄膜に要求される物性としては、電荷分離効率が高いことが重要であるが、その他にも次の項目が重要である。①光を吸収できる適当な厚さをもつこと、②十分な硬度をもつこと、③基板に対する密着性が高いこと、④できれば透明であること。

　われわれは図14に示すように、ガラス、タイル、アルミナなどの基

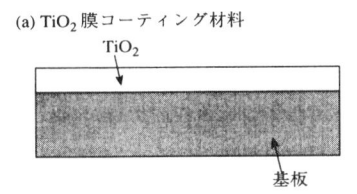

(a) $TiO_2$ 膜コーティング材料

　　　　$TiO_2$
　　　　　　　　　基板

　例：タイル、セラミックス、ガラス

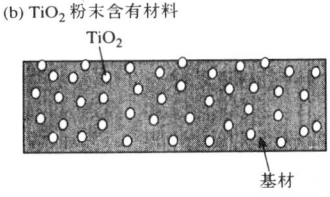

(b) $TiO_2$ 粉末含有材料

　　　　$TiO_2$
　　　　　　　　　基材

　例：紙、フッ素樹脂、コーティング用塗料

図14　光触媒セルフクリーニング材料の構造の模式図

板の上にゾルゲル法、チタンアセテートなどのスプレーパイロリシス法、あるいはディップコーティング法などによって酸化チタン膜を厚さ1μm程度で形成し、メチルメルカプタンやアセトアルデヒドの分解反応や大腸菌などの殺菌作用、さらにはタバコのヤニや油成分の分解反応などに関して実験を行い、十分に実用可能な光触媒効果があることを確認した。

酸化チタンの薄膜担持法の開発を通して、光触媒を環境浄化、特に室内外の環境清浄化に応用する研究が急速に進展することになった。

さらに最近では、PETフィルムなど耐熱性の低い基材にも酸化チタンをコーティングすることが可能となり、光触媒の応用領域はますます広がりをみせている。

分散担持系　　　　酸化チタンを担持する方法としては、上述の薄膜コーティング法のほかに、酸化チタンの粉末を基材中に分散担持させる方法がある（図14）。基材としては紙や布、フッ素樹脂、コーティング用塗料などが用いられる。

酸化チタンを分散担持させる際には、酸化チタンの酸化力によって基材が分解されにくいこと、また、光触媒反応は表面反応であるため基材の表面に酸化チタンが露出した形にすることなどの条件があるが、最近ではかなり有用な材料が開発されてきている。具体的な光触媒材料作製法については第3章を参照されたい。

暗反応との
ハイブリッド化　　実用材料としての光触媒の開発が本格化すると、光が当たったときしか反応しないという光触媒反応の本質が問題となってきた。光がないときにも機能を維持することができなければ実用化できる領域はかなり狭められる。そこで暗時にも反応する系と組み合わせることが考えられた。

〈吸着剤との
ハイブリッド〉　　空気浄化効果については、吸着剤と組み合わせることが有効である。つまり、吸着剤と光触媒をハイブリッドすると、吸着剤が吸着した物質は表面拡散によって酸化チタンの表面に移動し、光が当たったときに酸化分解され、吸着飽和を防ぐ効果がある。これは大阪大学・米山らにより活発に研究されている（図15-a）。

このような現象は、吸着剤の吸着力が適度な場合にのみ起こるようであり、吸着力が強すぎると酸化チタンへの表面拡散がうまくいかず、逆に吸着力が弱すぎると当然のことながら吸着することができない。そのため、対象となる物質を絞り、それをターゲットとしていろいろな吸着剤を組み合わせていく必要がある。

また、物質によっては酸化チタン自身が非常に良い吸着剤となるものもある。一例をあげると、ホルムアルデヒドに対しては活性炭よりも酸化チタン自身のほうが良い吸着剤として作用する。

〈抗菌金属との
ハイブリッド〉

抗菌効果に関しては、抗菌性の金属イオンと組み合わせることが考えられている（図15-b）。酸化チタン膜に抗菌性の金属イオンを吹きかけてその後紫外光照射をすると、金属イオンが還元され酸化チタン膜の表面に付着する。還元反応によって付着するため、単に物理的に付けるよりも強固に付着する。

一方、銀-ゼオライトを利用した通常の無機抗菌剤を利用した材料の場合、基材にこれらの抗菌剤を練り込むため表面に存在する金属イオンはごくわずかとなり、実際はあまり抗菌性を発揮できない。それに比べると光触媒と抗菌金属とのハイブリッドの場合には、抗菌金属が表面にのみ存在するため、暗時においても優れた抗菌性を示す。また、光を当てると光触媒反応との複合効果を示す。

超親水性による
防汚効果

光触媒による防汚効果を実用化する場合にも、暗時に効果のある反応と組み合わせる必要があった。最近になって光触媒による超親水化現象が見出され、しかも酸化チタンに適当な第2、第3の物質を組み合わせると暗中でもかなり親水性を維持できることがわかってきた（図15-c）。超親水性表面では汚れが付きにくく、しかもいったん付いた油汚れも水をかけることで簡単に洗い流すことができる。このような材料が実用化されれば、ときどき光が当たるだけで汚れにくい表面を保つことが可能になる。またこの材料は曇らないという性質も示す（第3章3、第5章5参照）。

両親媒性の発見

超親水性の機構を調べていく過程で、酸化チタンに光を当てると約50ナノメートルオーダーで親水性ドメインと親油性ドメインが格子状

光化学反応 ⇔ 光がないと機能しない

Darkでも起きる反応とのハイブリッド化

(a) 脱臭効果

吸着剤（活性炭、ゼオライト、‥‥）とのハイブリッド化

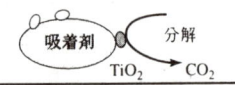

吸着剤　分解
TiO$_2$ → $CO_2$

(b) 殺菌効果

抗菌金属イオン（Ag$^+$, Cu$^+$）の表面担時

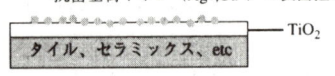

タイル、セラミックス、etc ― TiO$_2$

(c) 防汚効果

酸化チタン表面に光誘起される超親水性

光照射前（疎水的）

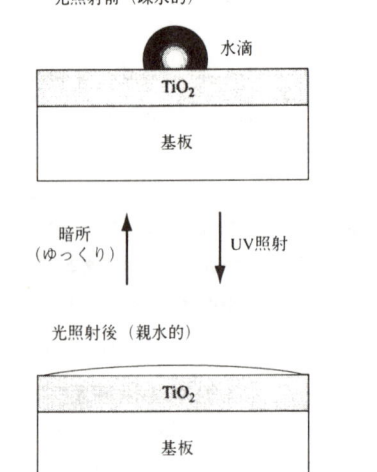

水滴
TiO$_2$
基板

暗所（ゆっくり）↑　↓ UV照射

光照射後（親水的）

TiO$_2$
基板

図15　酸化チタンをハイブリッド系で使うとさらに効果的

に形成され、このミクロのドメイン構造によって2次元毛細管現象が起こり、親水性と親油性をあわせもつ両親媒性の表面が形成されること

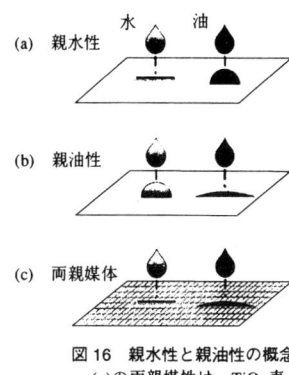

**図16 親水性と親油性の概念**
(c)の両親媒性は、$TiO_2$表面で親水性と親油性の部分が細かい格子状になっていることによる。

が見出された(図16)。

両親媒性をもつ実用的な材料は、これまでにない全く新しいものである。曇らない、汚れにくい表面としての応用価値が非常に高いと各方面から注目を集めている。今後はさらに多様な応用領域が見出されていくものと思われる。

---

**参考文献**

1) 藤嶋、橋本、渡部、「光クリーン革命」、シーエムシー (1997)
2) 窪川、本多、斉藤、「光触媒」、朝倉書店 (1988)
3) 竹内、村澤、指宿、光触媒の世界、工業調査会 (1998)
4) 坂田忠良、電気化学、53、15 (1985)
5) 坂田忠良、川合知二、有機合成化学、39、589 (1981)
6) 坪村、「光電気化学とエネルギー変換」、東京化学同人 (1980)
7) Fujishima、A. and Honda、K.、*Nature*、238、37 (1972)
8) 佐藤、化学工業、39、206 (1988)
9) 堂免、現代化学、210、16 (1988)
10) 橋本、化学工業、39、407 (1988)
11) 橋本和仁、藤嶋昭、O plus E、211、75 (1997)
12) 橋本和仁、KAST Report、9、12 (1997)

# 第2章　光触媒反応の基礎

第2編　光遺伝丸の生物

# 第2章　光触媒反応の基礎

ここでは、光触媒反応の基本的な考え方と反応機構を中心に取り上げる。これから研究開発に取り組む方々に最も知っていただきたいのは、光触媒反応は本質的に光反応であり、存在するフォトンの量に対応する量しか反応しない点である。このことは光化学の研究者には当然のことであるが、光化学反応を扱ったことがない研究者には忘れられがちである。どんなに高活性の光触媒を付加した材料を作っても、そこにどれだけのフォトンがあり、どれだけの反応物があるかを考慮しなければ、光触媒反応が活用されない場合がある。逆に光触媒反応の特徴を十分に理解し、使われる環境を吟味するなら、予想以上に光触媒技術は有効な技術であることに驚かれることだろう。

## 1　半導体のエネルギー構造と光効果

**半導体のバンド構造**　　半導体のバンドの性質を理解するためにシリコン（Si）を例にしてバンドを構成する軌道を考えてみよう。シリコンの結合を構成する軌道はシリコン原子のs軌道とp軌道が混成した$sp^3$軌道である。2個のシリコン原子の$sp^3$軌道が結びついてできる仮想的なSi-Si分子では、2個の$sp^3$軌道は相互作用により分裂して、結合性軌道（$\sigma$）と反結合性軌道（$\sigma^*$）となる。同様に$N$個の原子の$sp^3$軌道が相互作用すると$N$個の結合性軌道と反結合性軌道となるが、固体のシリコンでは$N$は$10^{23}$のオーダーと非常に大きいため、軌道が重なり、連続単位（バンド）を形成することになる。この様子を模式的に図1に示した。これより、シリコンの場合、価電子帯は結合性軌道から、伝導帯は反結合性軌道からなっていることがわかる。すなわち、光照射により価電子帯の電子の伝導帯に励起することは、結合性軌道にいる電子を反結合性軌道に入れることに対応する。これは酸化チタン、酸化亜鉛、硫化亜鉛など光触媒反応に使われる半導体についても同様である。

**半導体の光効果**　　半導体の光効果はエネルギー準位を2階建ての駐車場に例えて考える

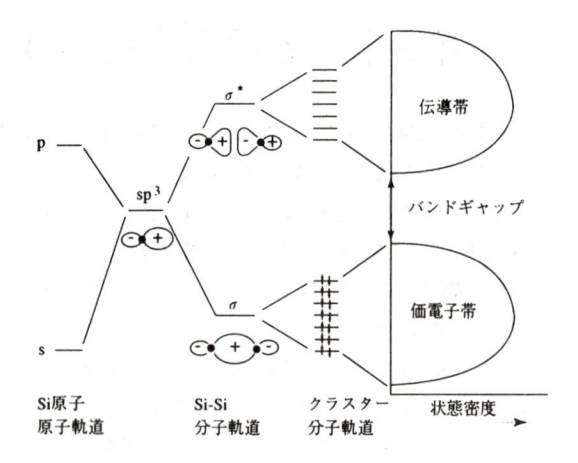

図1 シリコンのs、p軌道から生成する微粒子のエネルギー構造を示す模式図

と理解しやすい。通常、バンドギャップの大きな半導体は、1階の駐車場（価電子帯）は車（電子）が満杯の状態で、2階（伝導帯）は完全に空いている状態にある。この状態では車は移動できない（電気は流れない）。

ここにバンドギャップに相当する光エネルギーを与えると、1階にあった車は2階に持ち上げられる。このとき、1、2階の駐車場に傾斜があったとすると（外部から電場をかけると）、2階に上がった車は位置の低い方向に移動し、また1階の車も1台あいた場所（正孔）を利用して移動する。すなわち正孔は電子と逆方向に移動することがわかる。これが光伝導である。

**シリコン太陽電池**　シリコン太陽電池では外部から電位をかけていない状態でも、p-n接合により内部に電場勾配を作ってある。光エネルギーにより2階に上がった車は、エンジンをかけなくても外を回って（外部回路を通して）1階に降りてくることができる。そのとき、最大、吸収した光エネルギー分の仕事をすることができる。すなわち、光エネルギーを電気エネルギーに変換したことになる。

| 光触媒反応 | 光触媒反応では2階に上げた電子が外部回路を走るかわりに、伝導帯の電子は半導体表面に吸着している物質に移動し（還元）、また、価電子帯の正孔は吸着物質から電子を奪い取る（酸化）。すなわち、太陽電池で外部回路を通して電気エネルギーを取り出すかわりに、半導体の表面で化学反応（吸着物質の酸化還元反応）を行うのが光触媒反応である。注意していただきたいのは、電子も正孔も表面から空気中や水中に飛び出すわけではないので、この反応は半導体の表面でしか起こりえない。

フォトコロージョン　バンド構造で述べたことからわかるように、多くの光触媒では正孔が光生成することにより結合が弱まる。その結果、酸化亜鉛、硫化亜鉛、シリコンなどほとんどのバンドギャップの小さな（可視光を吸収する）半導体では、水中や湿度の高い空気中で、光溶解反応を起こす（光コロージョン）。ところが、価電子帯が主として酸素の2p軌道から、伝導帯はチタンの3d軌道からできている酸化チタンは、正孔は非常に高い酸化力をもつにもかかわらず、不思議なことにこのような光コロージョンは起こさず、表面吸着分子の酸化に利用できる。これが酸化チタンの持つ最も重要な特徴の1つである。

酸化チタンの結晶　酸化チタンは$O^{2-}$が最密充填し、そのすきまに$Ti^{4+}$が入っていると考
構造と光触媒活性　えて良い。これにはアナターゼ、ルチル、ブルカイトの3種類の代表的な結晶型がある（表1）。このうち、ブルカイト型はあまり一般的でなく、研究報告は少ない。光触媒に用いられるのはほとんどアナターゼ型の酸化チタンである。これは一般的にルチル型に比べアナターゼ型の光活性が高いことに起因する。この2つの結晶型で光活性が異なる原因は必ずしも明らかではないが、1つにバンド構造の違いが考えられる。図2におのおののバンド構造を模式的に示した。アナターゼのバンドギャップは3.2 eV（380 nm）で伝導帯、価電子帯のそれぞれが、ルチル（バンドギャップ3.0 eV（400 nm））よりも0.1 eVずつ上下に広がっている。すなわち、酸化力、還元力ともアナターゼのほうが強いことになる。また一般に、アナターゼのほうがルチルよりも粒径が小さいので、空気や水の浄化といった反応物質が光触媒上に拡散により運ばれる反

表1 酸化チタンの代表的な結晶系

| 結晶特性 | | アナターゼ<br>(鋭錐石) | ルチル<br>(金紅石) | ブルカイト<br>(板チタン石) |
|---|---|---|---|---|
| 結晶系 | | 低温安定型<br>正方晶系 | 高温安定型<br>正方晶系 | 中間温度(816～1040℃)安定型<br>斜方晶系 |
| ユニットセルの<br>体積（Å$^3$） | | 136.1 | 62.4 | 257.6 |
| $TiO_2$ 1モル当たりの<br>体積（Å$^3$） | | 34.0 | 31.2 | 32.2 |
| 格子定数<br>（Å） | a<br>b<br>c | 3.785<br>—<br>9.514 | 4.593<br>—<br>2.959 | 5.45<br>9.18<br>5.15 |
| Ti-Oの平均原子<br>間距離（Å） | | 1.946 | 1.959 | 1.96 |
| ユニットセルの<br>原子の配列 | | | | |

● : $Ti^{4+}$
○ : $O^{2-}$

応系では表面積の効果も重要な因子となる。

しかし、純度や表面積がほとんど同じアナターゼでも、作り方や、入手先により光活性が大きく異なる場合が多く、バンド構造、表面積以外にも、たとえば結晶の完全性、特に表面付近の微量の欠陥の存在などが電荷分離効率に大きく影響を与えていると推定される。

**吸収光は近紫外線** 前述のように光触媒反応で最もよく使われるアナターゼ型の酸化チタンは波長380 nm以下の光を吸収する。しかし、バンド端では吸光度が小さいため、主として360 nm以下の光が利用されていると考えて良い。すると図3に示したように、太陽光や蛍光灯のスペクトルとの重なりは小さく、反応に利用できる光量は非常に少ない。しかし、このよ

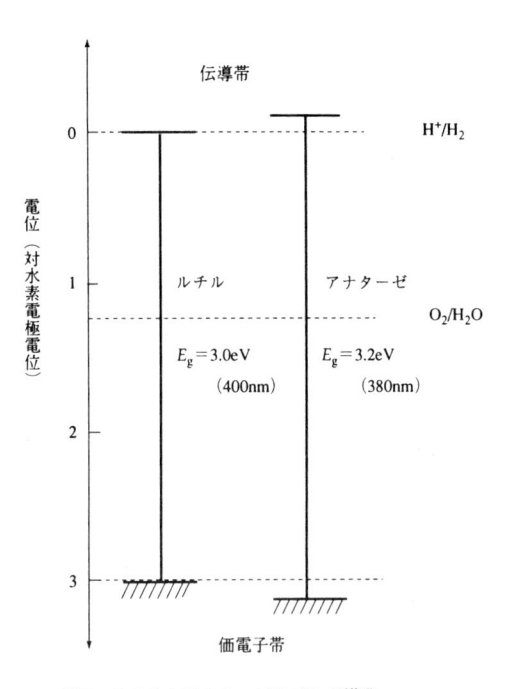

図2 ルチルとアナターゼのバンド構造

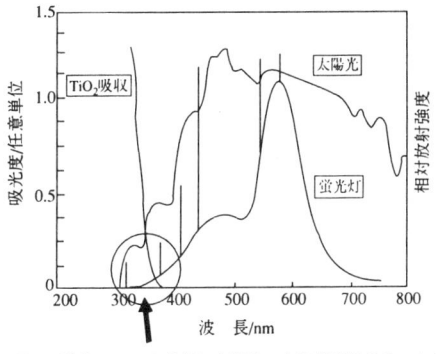

図3 酸化チタンの吸収と太陽光・白色蛍光灯のスペクトル

うな少ない光量でも光触媒反応を利用できる対象物質の濃度領域が存在する（3微弱光を利用する光触媒反応）。

一方、第1章の光触媒研究の軌跡の中でもふれたように、もっと長波長側を吸収する酸化チタン以外の物質もずいぶん探索されてきた。しかし安定性、安全性、反応活性、価格のすべての点で酸化チタンに代わるものは見出されていない。また、今後たとえ可視光を効率良く利用できる光触媒材料が見出されたとしても、それは着色していることを意味している。

**無色透明性**　　可視光領域に吸収のない酸化チタンは無色であり、さらに粒子を可視光の波長より十分小さくして数十nm程度にすることにより光の散乱を抑え、透明にすることもできる。応用性の広さからみれば、エネルギー構造の点においても酸化チタンが最良であるといえる。

## 2　光触媒反応の特徴

**光は量子化されている**　　光をエネルギー源として反応を進行される光触媒反応の研究開発を進めるうえにおいて、重要なポイントの1つは光は量子化されたエネルギーであるため、強い光であろうと、弱い光であろうと、波長が同じであれば1個1個の光子（フォトン）のもつエネルギーは同じことにある。光がもつこの性質のために、光触媒反応においては強い光を使おうと、弱い光を使おうと、1個1個の光子が起こす反応は同じである。

**入射された光子数しか反応しない**　　さらに光反応では入射された光子の数しか反応が進行しない点において熱反応と決定的に異なる。たとえば380 nmの波長の光子は36,000Kの熱子に対応するので、酸化チタン光触媒反応上で起きる有機物の酸化反応は、燃焼反応と同様と考えがちである。しかし、燃焼反応は連鎖反応が進行して反応物がなくなるまで進行するのに対し、一般の光反応では光照射時のみ、光子数分だけの反応が進行する。また、言うまでもなく光子1個のもつ熱量は非常に小さいため、室内はもちろん屋外に存在する紫外線の量でも酸化チタン表面の温度上昇は無視できる。

**熱力学からみた光触媒反応**

熱力学には重要な法則が2つある。第1法則はエネルギー保存則であり、「内部エネルギーは、系に入った熱量と系がされた仕事の和である」ことを示している。一方、第2法則は、第2種永久機関の禁止であり、「エネルギーには質があり、質の低い（エントロピーの大きな）エネルギーから、質の高い（エントロピーの小さな）エネルギーに変換するには外部からエネルギーを加える必要がある」ことを意味している。

第2法則から光や電気は、熱に対して価値の高いエネルギーであることがわかる。すなわち、光触媒反応はエントロピーの小さなエネルギー源を用いる化学反応と言い換えることができる。

**光エネルギーの光子数への変換**

ここで通常ワット（W）の単位で与えられる光エネルギーを光子数に変換してみる。前述のように酸化チタン光触媒反応では360 nm以下の光が利用される。太陽光や室内光を光源として用いる場合には、図3に示したように短波長にいくほど強度はどんどん低下するので、主として360 nm付近の光が反応に用いられていると考えてよい。そこで波長360 nmの光子1個のもつエネルギーを考えてみる。

光の波長（$\lambda$）とエネルギー$E$には光速を$c$ ($= 2.998 \times 10^8$ m/s) として

$$E = (hc/\lambda) \tag{1}$$

の関係がある。ここで$h$はプランク定数で$6.626 \times 10^{-34}$ J/sの値をもつ。この式を使うと360 nmの光子1個のもつエネルギーは

$$E \fallingdotseq (6.6 \times 10^{-34}) \times (3.0 \times 10^8) / (360 \times 10^{-9}) = 5.5 \times 10^{-19} \text{ (J)} \tag{2}$$

である。すると1.0 $\mu$W ($= 1.0 \times 10^{-6}$ J/s) の紫外線は、単位時間当たりの光子数$N$（個/s）に換算すると、

$$N \fallingdotseq (1.0 \times 10^{-6}) / (5.5 \times 10^{-19}) = 1.8 \times 10^{12} \quad \text{（個/s）} \tag{3}$$

となる。

**反応時間の概算**

光触媒反応では光子の数しか反応しないということは、言い換えるなら反応に必要な最短の時間は物質量と光量から簡単に計算できることを意味する。具体的に光触媒製品を設計開発する前に、最低どれくらい反応時間がかかるかを把握しておくことは非常に重要である。そこでトリクロロエチレン（TCE）1モル（130 g）を完全分解する場合を

例にして、計算方法を示す。

1molのTCEが完全に反応すると、2molの$CO_2$と3molの塩酸になる。その際には6電子酸化が必要である。

$$ClHC = CCl_2 + 4H_2O + 6h^+ \qquad 2CO_2 + 3HCl + 6H^+ \qquad (4)$$

1個の光子で1個の酸化-還元反応を起こすことから、TCEの分子1個を酸化するには最少（量子効率を100％と仮定しても）6個の光子が必要になる。今、1molを1$l$の水に溶かして1mol/$l$の溶液を作ったとする。10cm×10cm×10cmの1$l$の立方体の容器に入れて上から光を当てたとする。このとき受光面積は10cm×10cm＝100 cm$^2$である。

このような条件において、光源が蛍光灯、太陽光、あるいは超高圧水銀灯の場合にTCE1molを完全に分解するのにどのくらいの反応時間がかかるか試算してみる。

**計算の仮定**　　計算には以下の4仮定をおく。①物質供給量は十分にあり、光の量ですべてが決まる、すなわち光量律速であること。物質量が少なければ、光の量がいくら多くても反応率は悪くなるため、これは最も効率の良い条件である。②連鎖反応は進行せず（連鎖長、$\alpha=1$）、③量子効率は100％（$\phi=1$）と仮定する（実際には連鎖反応が起こることもあるが、$\alpha$はせいぜい2～3である。一方、この反応の量子効率は、水中では最大約5％である。つまり両方を掛け合わせたものが1を超えることはない）。④反応の途中で難分解性物質ができたりせず、TCEはすべて完全に分解される。

**計算方法**　　光量（$I$）を1mW/cm$^2$（360 nm）とすると、光子数では2×10$^{15}$個/（秒・cm$^2$）、これに受光面積（$S=100$ cm$^2$）を掛けたものが単位時間当たりの光子数となる。一方、物質量（$M$）は1mol＝6×10$^{23}$分子、反応に必要な電子数（$N$）は、1分子当たり6電子であるから、$M \cdot N = 6 \times 10^{23} \times 6$となる。

反応に要する時間（$t$）の計算式の分母は、単位時間に入射される光子数に連鎖反応の効率（$\alpha$）と量子効率（$\phi$）を掛けたものとなる。計算の仮定のところで述べたように、$\alpha \times \phi = 1$としておけば最大であり、これより大きくなることはないと言ってよいため、こうして計算

したものが最も短い反応時間 ($t$) となる。すなわち1mW/cm²の光量では

$$t = \frac{M \cdot N}{I \cdot S \cdot \alpha \cdot \phi} \tag{5}$$

$$= \frac{6 \times 10^{23} \times 6}{2 \times 10^{15} \times 100 \times 1} = 1.8 \times 10^7 \text{ (秒)} \tag{6}$$

となる。この計算を基にすると、わずか 130 g のTCEを完全分解するのに、光源の光強度が20mW/cm²（超高圧水銀灯）の場合でも 11 日間、3mW/cm²（直射太陽光あるいはブラックライト）の場合には11週間、10 $\mu$W/cm²（蛍光灯）の場合には63年かかることになる（図4）。後述するように実際の室内空間の光強度は 1 $\mu$W/cm²以下であるため、実に600 年以上（！）かかる計算である。しかもこれは理論上の最短時間であり、現実の量子効率を考慮するとさらに10倍以上も時間がかかる。このような試算を行うことで、光触媒反応を有効に利用するためには十分にその特徴を理解し、反応系を選ぶ必要があることを理解してい

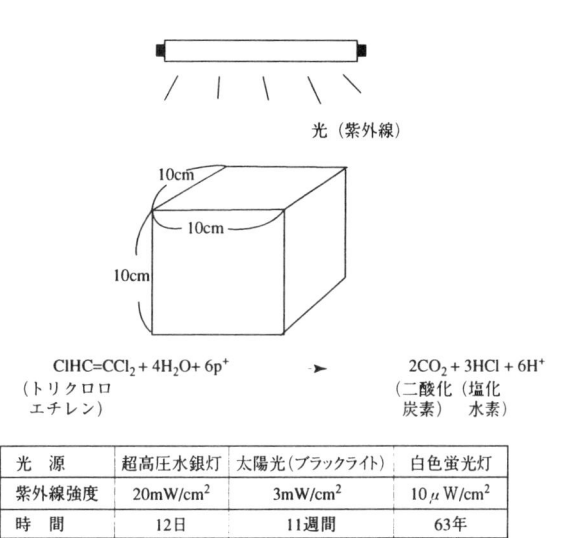

ClHC=CCl₂ + 4H₂O + 6p⁺ → 2CO₂ + 3HCl + 6H⁺
（トリクロロエチレン）　　　　　　（二酸化炭素）（塩化水素）

| 光　源 | 超高圧水銀灯 | 太陽光(ブラックライト) | 白色蛍光灯 |
|---|---|---|---|
| 紫外線強度 | 20mW/cm² | 3mW/cm² | 10 $\mu$W/cm² |
| 時　間 | 12日 | 11週間 | 63年 |

図4　光触媒反応に要する時間の概算
　　（トリクロロエチレン1mol（130g）
　　を1lの水に溶かし、立方体の容器
　　に入れ上方から光照射したとき）

ただければと思う。

## 3 微弱光を利用する光触媒反応

「光にかかるコスト」
からの解放

　第1章で述べたように、1970年代から始まった光触媒研究はつい最近まで強い光を利用し、エネルギー獲得をしたり、大量の物質を変換することを目的としてきた。しかし、前ページでの計算からわかったように、光エネルギーは大量の物質変換に使うには適さない。言い換えるならば、一般に光エネルギーのコストは非常に高い。

　一方で図3から明らかなように、蛍光灯や太陽光にはわずかだが紫外線が含まれている。すなわち人工光源を用意したり、集光装置を設けたりしなくても我々の生活空間にはある一定量の紫外線が存在している。そのような紫外線を活用し、有効な光触媒反応を引き出すことができれば「光にかかるコスト」から解放されることになる。

生活空間の紫外線量

　では生活空間には実際どれくらいの紫外線が存在するのであろうか。通常の居間における明るさは100〜200ルクス程度である。照度は可視光域の明るさを表しているが、これを白色蛍光灯で作り出したときに含まれる紫外線強度は約0.5〜1 $\mu W/cm^2$程度である。また、真夏の直射日光に含まれる紫外線量は約$3mW/cm^2$、曇天、雨天では平均してその1/4〜1/10ぐらいの紫外線が降り注いでいる。すなわち、おおざっぱに言えば室内では$0.5\mu W/cm^2$、室外では$0.5mW/cm^2$の紫外線を「コストをかけずに」利用できると考えてよい。

　すなわち通常の居住空間では、単位時間（1秒間）、単位面積（$1cm^2$）当たり、室内では約$10^{12}$個、屋外では約$10^{15}$個の酸化チタン光触媒が利用できる光子が降り注いでいることになる。

光触媒をどう使うか

　図5に示すように、室内を光触媒コーティング材料で覆うと、その表面では約$10^{12}$個/（$cm^2$・秒）の光子数に見合った分だけ酸化反応を起こすことができる。同様に屋外に設置した酸化チタンコーティング材料表面では約$10^{15}$個/（$cm^2$・秒）の反応を起こすことができる。このような微量の反応物質量で、実用的に意味が出てくるのは空気浄化、殺菌、防汚など生活空間の清浄化への反応であろう。しかし、これら

屋外光：$10^{15}$ 光子/cm² · 秒

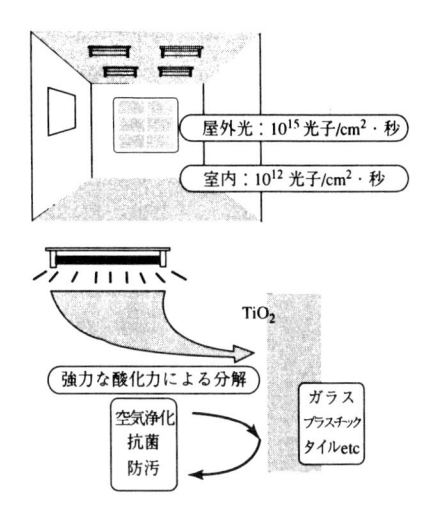

室内：$10^{12}$ 光子/cm² · 秒

TiO₂

強力な酸化力による分解

空気浄化
抗菌
防汚

ガラス
プラスチック
タイルetc

図5　生間空間で期待できる光触媒作用

の場合でも光触媒表面に供給される反応物質数より、表面に到達する紫外線の光子数が大きいときにのみ効果が期待できる。実空間においては実際にどの程度の反応物が表面に供給されているか（吸着するか）を見積もることはそれほど容易なことではない。

そこで、以下にそれぞれのモデル実験例を示す。これらのデータから、実際の系における有効性を推定していただきたい。

**空気浄化のモデル実験**　図6は初期濃度3ppmのメチルメルカプタンを含んだ空気を11リットルの容器に入れ、内部に設置した酸化チタンをコーティングした10cm×10cmのセラミックタイルに紫外線照射したときの濃度変化である。紫外線照射により酸化分解反応が進行し、濃度が減少する。（b）、（c）を比較すると、光強度を10 $\mu$W/cm²から300 $\mu$W/cm²と30倍強めても、反応速度はせいぜい3倍程度しか増加していないことがわかる。これは300 $\mu$W/cm²の条件では、表面への反応物質の供給速度が、到達光子数に追いついていないためと推定される。実際、もし濃度拡散のみで物質が表面に輸送されていると仮定すると、空気中で3ppmの物質が単位時間、単位体積当たり表面に輸送される量は$10^{12}$個程度と計算

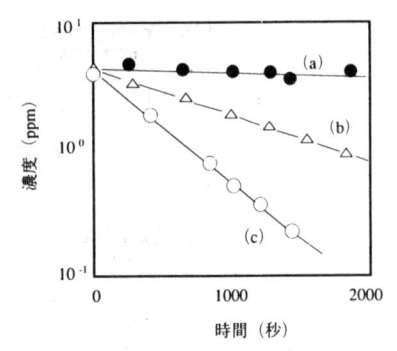

図6 気相メチルメルカプタン(初期濃度3ppm)の光触媒反応
光触媒(酸化チタンコートタイル100cm$^2$)、反応容器1l、
紫外線強度: (a) 0、(b) 10 $\mu$W/cm$^2$、(c) 300 $\mu$W/cm$^2$

表2 規制が設けられている主な悪臭物質とその規制値

| 悪臭物質 | 臭気強度と濃度(ppm)の関係 | | | | | 規制値(ppm) | | |
|---|---|---|---|---|---|---|---|---|
| | 臭気強度 | | | | | 臭気強度 | | |
| | 1 | 2 | 3 | 4 | 5 | 2.5 | 3 | 3.5 |
| NH$_3$<br>(アンモニア) | 0.15 | 0.59 | 2.3 | 9.2 | 37 | 1 | 2 | 5 |
| H$_2$S<br>(硫化水素) | 0.0005 | 0.0056 | 0.063 | 0.72 | 8.1 | 0.02 | 0.06 | 0.2 |
| CH$_3$SH<br>(メチルメルカプタン) | 0.00012 | 0.00065 | 0.0041 | 0.026 | 0.16 | 0.002 | 0.004 | 0.01 |
| (CH$_3$)$_2$S<br>(硫化メチル) | 0.00012 | 0.0023 | 0.044 | 0.83 | 1.6 | 0.01 | 0.05 | 0.2 |
| (CH$_3$)$_3$N<br>(トリメチルアミン) | 0.00011 | 0.0014 | 0.019 | 0.24 | 3 | 0.005 | 0.02 | 0.07 |
| CH$_3$CHO<br>(アセトアルデヒド) | 0.0015 | 0.015 | 0.15 | 1.4 | 14 | 0.05 | 0.15 | 0.5 |
| C$_8$H$_8$<br>(スチレン) | 0.033 | 0.17 | 0.84 | 4.3 | 22 | 0.4 | 0.8 | 2 |
| (CH$_3$)$_2$S$_2$<br>(ジメチルジサルファイド) | 0.00028 | 0.0029 | 0.03 | 0.31 | 3.2 | 0.009 | 0.03 | 0.1 |

される。これは300 $\mu$W/cm$^2$での光子数6×10$^{14}$個に比べて圧倒的に少ない。実際の悪臭規制値はここで用いた濃度よりも著しく小さい(表2)。すなわち、ここで考えた光強度よりもさらに弱い光量域で拡散過程が律速となる。

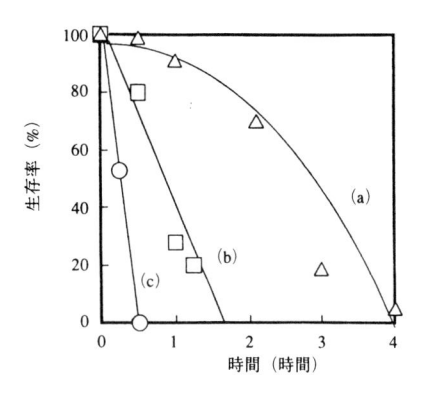

図7 空気中の光照射酸化チタン膜コーティングタイル上
での大腸菌 (K-12 IFO 12713) の生存確率
紫外線強度: (a) $0.8\mu W/cm^2$、 (b) $2.7\mu W/cm^2$、 (c) $13\mu W/cm^2$

**殺菌効果のモデル実験** 図7にさまざまの紫外線強度下での酸化チタンコートタイル上での大腸菌の生存率を示した。初期の大腸菌濃度は1cm$^2$当たり約300になるように調整してある。この図から概算すると1個の大腸菌を殺すのに$10^{14}$個の光子があれば十分と考えられる。もちろん殺菌に関しては、その環境(湿度、養分、etc)に著しく影響を受けるので、効果の見積もりには十分の注意が必要である(第4章参考)。また、有機物が共存する場合、光触媒は、菌と有機物を区別するわけではないので、負荷が大きくなったことに対応する。さらに、問題となる菌数も場所によって大きく異なるので、一般的な議論は危険である。実際の使用環境での評価が必要である。

**防汚効果のモデル実験** 図8には一般に使用している小便器中に放置した通常セラミックタイル(a)と酸化チタンコーティングタイル(b)、(c)の表面の光沢度の経時変化を示してある。表面構造によって汚れやすさの程度は異なるので、(a)と(b)の差がそのまま光触媒の防汚活性の差とはいえない。しかし、光強度を強くすると(c)のように光沢度の低下はより防げられることから、光触媒の防汚効果が存在することは明白である。(a)、(b)の実験では特に光源を便器に近づけたわけではなく、通常の照明に含まれている紫外線量である。このように小さな紫外線下では、便器中の汚れは負荷として大きすぎるのではないかと予想されたが、明

表面光沢度の時間変化

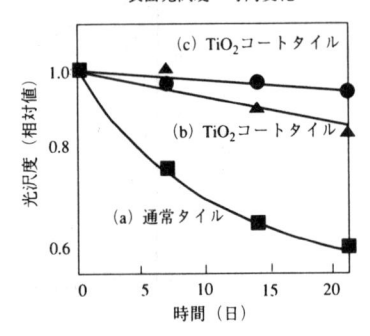

図8 紫外光下でのタイル表面の光沢度の時間変化
紫外線強度： (a) $0.12\,\mu\text{W/cm}^2$、 (b) $0.12\,\mu\text{W/cm}^2$、 (c) $3.5\,\mu\text{W/cm}^2$

白な効果がみられた。

ただし当然のことであるが、コーヒーを光触媒コーティング材料上にこぼしたときのように、一度に大量の汚れが付着した場合には光触媒反応によるクリーニング効果は全く期待できない。光触媒反応は、あくまでも浴室の壁や床のように徐々に蓄積するタイプの汚れにのみ有効であり、オールマイティの技術にはなりえない。光触媒材料を利用するには効果的に作用する環境を整える必要があり、メンテナンスフリーではなく、メンテナンスを簡便にする技術と考えるべきである。

**1つの材料で多機能は狙えない**

ここまでに特別の光を投入せずに酸化チタンの光触媒作用を活用して、空気浄化、防汚、抗菌などの機能を引き出すことが可能であることを示したが、1つの材料でこれらすべての機能を満足させようとするのは開発戦略上、得策ではないと考えられる。以下にその理由をあげておく。

〈空気浄化に適した材料〉

空気浄化は、空気中に存在する有害物質の減少が目的であるが、酸化チタン中に生成した電子や正孔は表面から空気中に飛び出すことはなく、反応は酸化チタン表面でしか起こらない。そのため反応物質はまず酸化チタン表面に吸着する必要がある。すなわち、空気中の物質が拡散などで表面に輸送され捕獲される必要がある。したがってできるだけ酸化チタンの表面積が大きく、かつ付着確率が高い表面が望

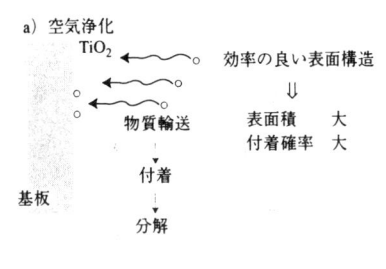

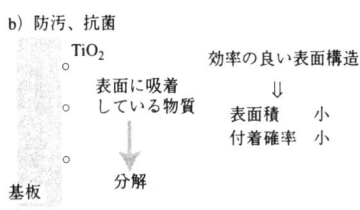

```
     a) 空気浄化
          TiO₂
               ○       効率の良い表面構造
          ←           ⇓
       ○             表面積    大
           物質輸送    付着確率  大
              ↓
  基板       付着
              ↓
             分解


     b) 防汚、抗菌
          TiO₂        効率の良い表面構造
           表面に吸着       ⇓
        ○  している物質   表面積    小
                      付着確率  小
              ↓
  基板       分解
```

図9　空気浄化に適した表面と
防汚・抗菌に適した表面の比較

ましいことになる（図9(a)）。

〈防汚、抗菌に適した材料〉　　一方、防汚や抗菌などでは汚れや細菌が付着しにくい構造が望ましい。言い換えると、表面積は小さく付着確率は小さいほうが良い（図9(b)）。

　表面積を小さくするためになるべく密な構造をとると、気相成分の分解機能は低下するが、防汚効果は優れたものができる。

　図10、11は同一の材料（酸化チタン含有テント）による気相物質（アセトアルデヒド）の分解と防汚作用を示したものである。この材料では大きな防汚効果を示すが、気相分子の分解活性は著しく小さいことがわかる。

## 4　水処理への応用

　光触媒反応を水の浄化に利用しようと考えている研究者は多い。歴史的にみても1985年頃から始まった光触媒による環境浄化の研究の多くは水中の有害化学物質の分解反応であった。しかし、これらの研究のほとんどは反応の機構解明を目指したものであり、水処理に応用する際の現実的な問題点、経済性との兼ね合いなどはあまり議論されて

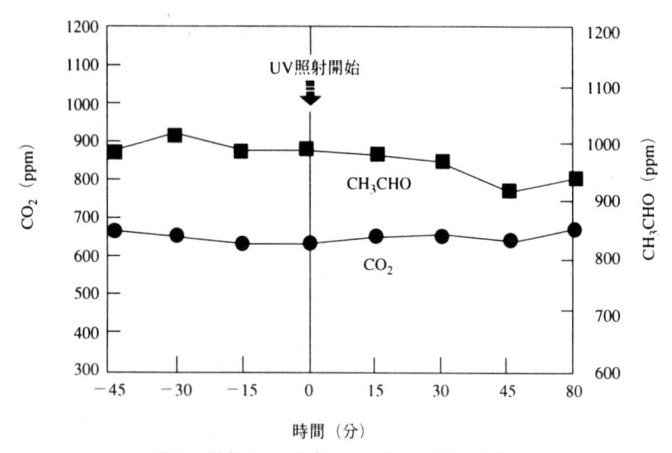

図10 酸化チタン含有テント膜に光照射した時の
気相アセトアルデヒドと炭酸ガスの濃度変化

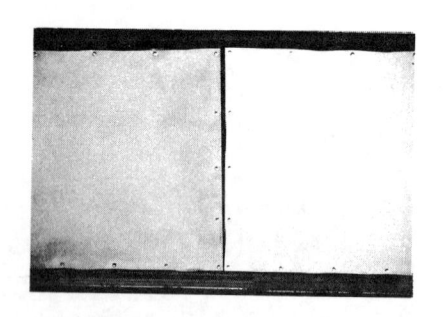

図11 屋外に5カ月放置した酸化チタン含有テント膜（右）
と通常テント膜（左）の外観

いないのが現状である。

　そこでここでは光触媒による水処理を応用展開する場合に問題となる点について、空気浄化と比較しながら簡単に考えてみたい。反応機構に関しては他書に譲ることとする。

拡散係数　　　　　一般的な有機物の水中での拡散係数は約 $1 \times 10^{-5} cm^2/s$ であり、空気中

での拡散係数 $1 \times 10^{-1} cm^2/s$ に比べ4桁も小さい。すなわち、低濃度域での物質の光触媒表面への輸送速度が水中では空気中に比べ著しく遅いことになる。

**光触媒の形態**　　そこで光触媒の形態としては、微細な孔をもつポーラスな構造や、ハニカム状のものが必要となる。一方で光触媒反応は反応場に光を照射しなければならない。水との接触面積が大きく、かつその全面に光を照射することは一般に相反する条件であり、最適化は難しい。

**触媒活性**　　光触媒は通常の固体触媒に比べ、活性点の被毒は起きにくい。しかし、光触媒反応は界面を通した酸化還元反応（電子の授受反応）であるため、表面が絶縁性物質で覆われると活性は低下する。もちろん空気中での反応においても汚れ物質が大量についた場合は、光触媒活性は失われるが、水中ではその他にカルシウムイオンやマグネシウムイオンなどが炭酸ガスと反応して生成する炭酸塩やシリカ成分が表面に堆積することにより、徐々に活性低下が起きることがある。

**量子効率**　　量子効率とは酸化チタンが吸収した光子の何％が反応に利用できたかを表す量をいう。活性の高い酸化チタンを用い、反応しやすいイソプロパノールなどは気相中では50％程度の値も可能である。それに対して、液相中では量子効率はかなり小さく、1桁程度低下する場合が多い。なぜ気相系に比べて一般に液相系のほうが効率が低いのかは必ずしもまだ明らかになっていない。

**水処理の難しさ**　　以上の空気浄化と水浄化を比較すると水中の有害物質の光触媒分解に関する研究が世界中で数多く行われているが、光触媒反応による水処理は実用技術としては難しいと言わざるをえない。しかし、だからといって水処理への応用は全く不可能だというわけではない。光触媒反応の特徴を理解することによって、実用技術へと展開できる可能性は十分に残されている。以下に例をあげてみよう。

**超純水の製造**　　光触媒反応では反応物質濃度が十分に低く、かつ付加価値の高い系

の製造に有利である。典型的な例が超純水の製造である。半導体産業などで重要な超純水で、最後まで残るごく微量不純物として有機物がある。低濃度領域では反応物は吸着剤表面にLangmuir吸着するが、通常の吸着剤では吸着速度と脱離速度が等しくなったとき平衡に達し、それ以上物質の濃度は減少しない（第4章1-2参考）。一方光触媒上では表面吸着濃度が反応により減少するので、吸着平衡が崩れ、原理的には濃度がゼロになるまで水中から物質を取り除くことが可能である。

1980年代にこのような研究がなされ、プラント製造までいったらしい。当時に比べ、光触媒の効率ははるかに上がっているし、また、吸着剤とのハイブリッド化光触媒などの概念が出てきた現在、今一度検討する価値があるかと思われる。

**海上流出油の浄化**　　通常の酸化チタン粉末は水の中に入れると沈降する。米国テキサス大学オースチン校のHellerは、直径100 $\mu$m程度の中空のガラス表面に酸化チタンを担持することにより、水に浮く酸化チタン光触媒を作った。彼らはこの光触媒を用いた非常に興味深い実験を報告している。図12には5個のシャーレが写っている。右上（A）のシャーレには原油を数滴たらしてある。原油は広がり水面を黒く覆っている。その中にガラスビーズに担持した酸化チタン光触媒を入れたのが右中（B）のシャーレである。原油は酸化チタン表面に吸着し、酸化チタンが黒ずみ、水面はきれいになっている。この状態で太陽光を模した光の下に2週間、1カ月、2カ月と放置したのが順に右下（C）、左上（D）、左下（E）のシャーレである。表面に吸着した原油が徐々に分解し、もとの光触媒が回復している様子が一目瞭然である。

これが何を意図して行われた実験かは説明を要しないであろう。タンカー事故などで海上に流出した原油はこの酸化チタンを撒き、放って置くだけで分解できる可能性がある。しかも残った光触媒は酸化チタンと酸化ケイ素であり、これは海岸の砂としていつかうちあげられよう。

この研究は米国政府も興味をもち、実用化の可能性を検討したらしい。結局米国ではこれは実用技術として取り上げられなかった。その最も大きな理由は、この方法は最も国民が注目している事故直後には

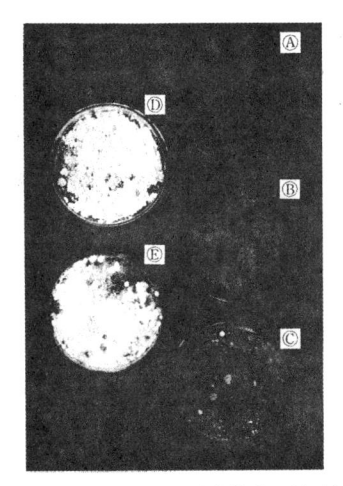

A：水面に広がった原油、B：光触媒ビーズを添加した5分後、
C：350時間後、D：720時間後、E：2,000時間後
紫外線強度は40mW/cm$^2$
図12　光触媒ビーズによる水面上の原油の分解
（文献12より引用）

あまり効力がなく、国民の興味が薄らいだごろのごく薄い油膜の除去にのみ有効な技術であるからであるらしい。しかし、そのような薄い油膜の環境に与える影響も多大なものであるのは、疑いのないところである。また、海上流出油以外の、水面付近に発生する物質、たとえば湖上のアオコ発生の防止などには有効となる可能性がある。

**反応物質を気相へ追い出す**

前述のように溶液反応は気相反応に比べ、原理的に不利である。それならば、溶液中の反応物質を気相中に追い出して反応させると効率が良いと考えられる。その1つが米国のAndersonらにより提案された揮発性のトリクロロエチレンやテトラクロロエチレンなどの地下水汚染物質をSVE法（Soil Vapor Extraction 法）と光触媒法を組み合わせて除去する方法である。ここでSVE法とは地下深くまで井戸を掘り、揮発性汚染物質ガスを吸い上げる方法である。彼らは多孔質のTiO$_2$ペレットを環状の反応装置に充填し、この反応装置を4個並列につなぎスーツケース中に固定したポータブルな処理装置を用いて、実際にSVE法により吸引されたガス処理のフィールドテストを行っている。その結

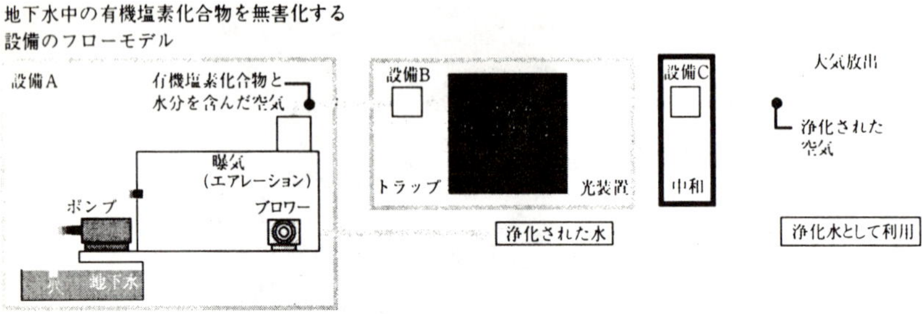

図13 汚染水を空中に散布して気相で光触媒反応させる装置
（アデカビームクリーン［蛍］パンフレットより引用）

果、数百から数千ppmv程度の有機ハロゲンがほとんど100％分解できたと報告している。

最近より直接的に、塩素化合物を含んだ地下水を散布することにより気相に移し、これを光触媒反応槽に導くことにより塩素化合物を分解する装置が旭電化工業、横浜国立大学などにより開発され（図13）、溶剤、洗浄剤のユーザーである電気、電子メーカーや、機械メーカーを対象として販売され始めた。販売しているメーカーによると浄化システムとして考えたとき、イニシャルコストと1年分のランニングコストは、活性炭吸着浄化設備と比べて70～80％に抑えられると計算している。

**オゾン反応との**
**ハイブリッド化**

水処理の有力な技術の1つにオゾン法がある。これは言うまでもなくオゾンのもつ強い酸化力を利用して、有害物質を酸化除去しようというものである。オゾン酸化と光触媒酸化では前者は水バルク中の反応であるのに対し、後者は固体表面反応と対照的である。

これらの反応を組み合わせると、すなわち有機物を含んだ水にオゾンを導入し、その後酸化チタン光触媒反応を行うと、それぞれの反応の単純な和とは異なった結果が得られる。図14に3-クロロフェノール（3CP）を約1mmol/l含んだ水溶液を光触媒単独（a）、オゾン単独（b）、および光触媒とオゾン反応を併用した場合（c）の全炭素量（TOC）の時間変化を示す。（a）は初期の反応速度でみると最も遅い。しかし、

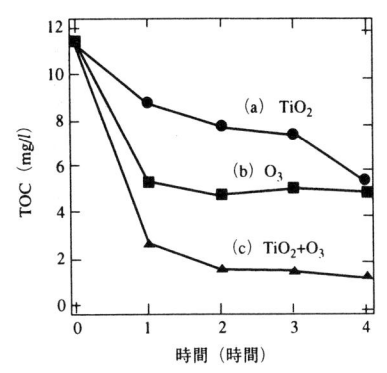

**図14 3-クロロフェノール含有水の全炭素量(TOC)の減少**
(a) 光触媒反応、(b) オゾン酸化、
(c) 光触媒反応とオゾン反応のハイブリッド化

　長時間光照射を行うとTOCはどんどん減少する。これに対して(b)では初期の反応速度は速いが、ある時間がすぎるとTOCはほとんど一定となってしまう。両者を併用した(c)では反応速度も速く、かつTOCは一定値にとどまらずほぼゼロにまで減少する。

　これは図15に示した各酸化反応の生成物のガスクロマトグラムによっても確認される。オゾン酸化では多くの生成物が水中に生成しているが、光触媒反応、およびオゾン反応と光触媒反応の併用の系では出発物質以外にほとんど生成物はみられない。気相成分の分析などから、3-CPはほとんど炭酸ガスと塩素イオンとに無機化していると結論できる。

バイオ反応、UV反応
とのハイブリッド化

　その他、バイオ系やUV反応とのハイブリッド化も有効な手段となるかもしれないが、信頼できる研究はほとんど報告されておらず、今後の課題である。

## 5 光触媒酸化分解反応機構

光照射初期過程

　固体表面反応である光触媒反応の反応機構は、必ずしも明確になっていないことも多い。一般には、表面での酸化還元反応により、種々の活性酸素が以下の(1)〜(4)式により生成し、それらが反応中間

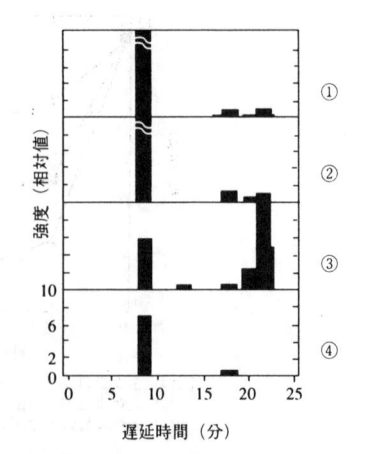

図15 3-クロロフェノール含有水のガスクロマトチャート
①反応前（3-クロロフェノールのみ）、
②光触媒処理後、③オゾン処理後、
④光触媒とオゾンハイブリッド系での処理後

体として作用して、表面に吸着した種々の分子を酸化または還元すると考えられている。

すなわち酸化チタンが紫外線を吸収して、電子（$e^-$）と正孔（$h^+$）が酸化チタン内部に生成する。360 nm付近の吸光度から計算すると、表面から約1μmぐらいの厚さ内にこれらの自由キャリヤーが発生していることになる。

光吸収：

$$TiO_2 + h\nu \rightarrow e^- + h^+ \tag{1}$$

この自由電子、および正孔のうち表面近傍に拡散してきたものが反応に関与する。

電子は表面吸着酸素と反応してスーパーオキサイドアニオン（$\cdot O_2^-$）が生成する。この$\cdot O_2^-$はプロトン（$H^+$）と結合したペルオキソラジカル（$HO_2\cdot$）と平衡にある。

還元反応：

$$e^- + O_2 \rightarrow \cdot O_2^- \tag{2}$$

$$\cdot O_2^- + H^+ \rightleftarrows HO_2\cdot \quad (pK_a = 4.7) \tag{3}$$

一方、正孔は吸着水と反応して水酸ラジカル（$\cdot OH$）を生じるか、

表面に捕捉された状態捕捉正孔（$h_{trap}^+$）となる。

$$h^+ + H_2O \rightarrow \cdot OH + H^+ \quad (4)$$

$$h^+ \rightarrow h_{trap}^+ \quad (5)$$

この表面捕捉正孔についてはいろいろ議論のあるところで、実体はまだ明らかになっていない。

**活性種の同定**　これまで酸化チタン上での上記の反応活性種の検出には、電子スピン共鳴（ESR）法などが主に用いられることが多かったが、常温での測定や、検出感度に限界があり、実際の反応条件でこれらを検出することは困難であった。

最近になり、紫外光照射した酸化チタン薄膜上に生成する活性酸素種の同定や寿命測定を超高感度に行うことが可能となる化学発光法が開発された。これは酸化チタン薄膜への光照射を遮断した後、化学発光物質の溶液を酸化チタン薄膜上に滴下して、活性酸素種との反応による化学発光を観測するという手法である。ここで励起光遮断後から滴下までの時間を変化させると、光遮断後に残存する活性酸素種の減衰過程（寿命）の測定が可能となる。また、この方法は常温でかつ空気の存在下においても測定が可能であり適用範囲が広い。

われわれは・OH、$h_{trap}^+$、・$O_2^-$、$HO_2$・など種々の酸化剤と反応して化学発光するルミノール、および・$O_2^-$とのみ選択的に反応するウミホタル・ルシフェリン誘導体（MCLA）を用いて、空気中、室温で酸化チタンコーティング材料上に生成する活性種の測定を行っている。実験上の制約からすべてを分離して観測することはできないが、還元生成物（$O_2^-$、$HO_2$・）と酸化生成物（・OH、$h_{trap}^+$）の分離観測に成功している。

**光強度の強い場合**　図16は空気中、常温で15mW/cm$^2$の紫外線を照射したときに酸化チタン表面に存在している活性種の寿命に対応した時間減衰曲線である。ここでは紫外線照射を止めた直後を時間をゼロとして、暗中での濃度変化を表している。このように照射光強度が強い場合、活性酸素種の減衰は寿命の短い過程（3〜4秒）（F）と長い過程（約50秒）（S）の2つの指数関数的減少で近似できるものであることがわかった。化学発

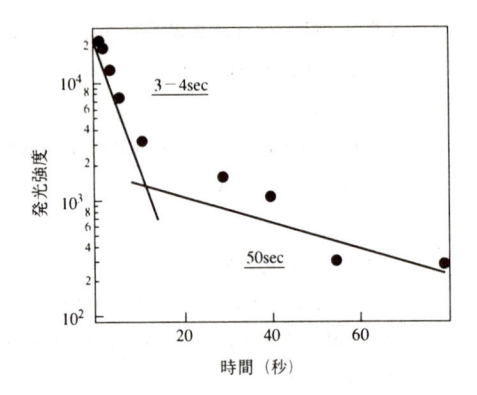

図16 強い紫外光照射により生成した活性種の寿命（ルミノールの化学発光強度）
（紫外線強度15mW/cm²）

　光物質を変化させたり、種々の活性酸素消去剤を用いた実験の解析から、長寿命の過程（S）は、酸化チタン上に生成した$O_2^-$および$HO_2\cdot$の減衰過程に対応していることがわかった。
　一方、短寿命成分は、$\cdot OH$、または酸化チタン表面に捕捉された正孔（$h^+_{trap}$）のいずれかと考えられるが、後述するように$\cdot OH$の生成効率や$O_2^-$との反応などを考慮するとここで観測されているのは主に$\cdot OH$と考えられる。

**光強度の弱い場合**　　一方、照射光強度が弱い（$1\,\mu W/cm^2$）場合、発光量は光遮断後からの時間に対して単一の指数関数で近似できるような減衰を示した（図17）。すなわち、光遮断後には反応活性の高い$\cdot OH$の量は、$O_2^-$や$HO_2\cdot$と比較して非常に少なく秒単位の時間分解能ではほとんど観測されないほどに減少しており、$O_2^-$や$HO_2\cdot$のみが観測されていると結論できる。

**長寿命活性酸素種の生成の量子効率**　　化学発光の強度を標準発光物質からの強度と比較することにより、活性種の濃度の絶対値で求めることが可能となる。前述のルミノールの発光からは長寿命成分（還元反応により生成する活性酸素種：すなわち$O_2^-$と$HO_2\cdot$の和）の濃度が決定できた。図18に紫外線の照射時間

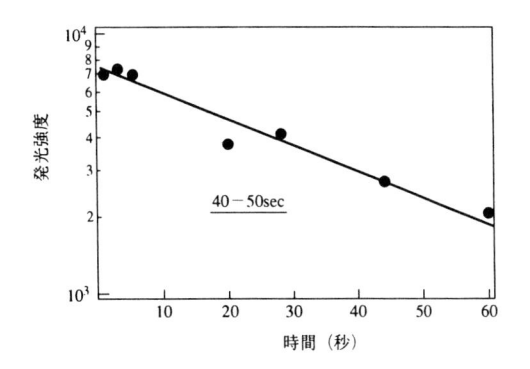

図17 紫外光照射により生成した活性種の寿命（ルミノールの化学発光強度）（紫外線強度$1\mu W/cm^2$）

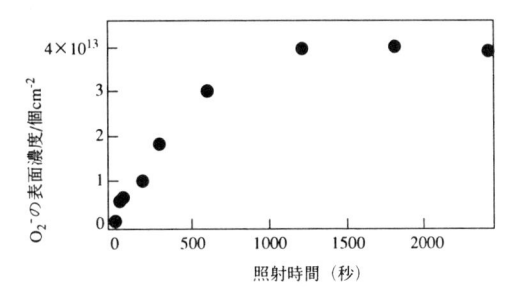

(a) 紫外線強度 $1\mu W/cm^2$

(b) 紫外線強度 $15mW/cm^2$

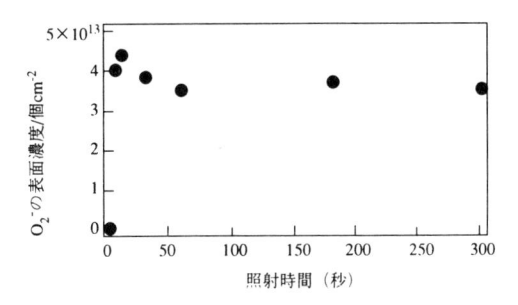

図18 酸化チタン表面に生成する活性酸素（・$O_2^-$、$HO_2$・）の表面濃度

と生成活性酸素種の量を示す。(a) は $1\,\mu\mathrm{W/cm^2}$ の微弱紫外光を照射したときであり、照射時間が短いときは、生成量は照射時間に比例している。このときの傾きから量子効率を求めると、約40%であった。もちろん、この量子効率は光触媒の種類や測定環境に依存するが、このような高い効率は驚きである。

**長寿命活性酸素種の表面濃度**

十分にきれいな環境で光照射を続けると前述の長寿命活性酸素の量は一定となる。その値は図18 (a) の条件で $4\times10^{14}$ 個/cm$^2$ であった。一方、光強度を4桁上げた条件での結果を図18 (b) に示してあるが、定常状態ではやはりほぼ $4\times10^{14}$ 個/cm$^2$ であり、光強度に依存していなかった。この表面濃度はこれらの活性酸素が平均的に表面に存在していると仮定したとき、隣り合う活性酸素間の距離が約 10 Å に対応する。

**短寿命活性種の生成の量子効率**

短寿命活性種（酸化反応により生成する活性酸素種・OH）に関しては化学発光の量子効率が未知のため、前述の方法ではその濃度の絶対値は決められない。そこでわれわれは・OHと選択的に反応して蛍光性の物質に変換されるクマリン系の化合物を用い、蛍光の絶対強度を測定することにより・OH生成の量子効率を決定することを試みている。これまでの結果では、われわれの用いている高活性の酸化チタン膜に水中で紫外線照射したときの・OHの生成効率は予想よりも著しく小さく、$10^{-5}$ からせいぜい $10^{-4}$ 程度と見積もられる。

一方、還元反応生成物の生成量子効率は前述のように50%近い値が得られていることから、電子・正孔対の生成効率は高いはずである。すなわち、・OH以外の酸化性活性種（表面捕捉正孔 $h^+_{trap}$）が酸化チタン表面に高効率で生成していると予想される。

これらの短寿命活性種の表面濃度はまだ実験的に決めることはできていない。

**活性種の空気中への放出はあるか**

一般には、酸化チタン表面に生成したこれらの活性種は、表面に吸着している有機分子などと反応することにより消滅する。しかし環境が十分クリーンで、吸着物の濃度が低いときは前述のようにかなり高濃度で・$O_2^-$ や $HO_2\cdot$、表面捕捉正孔などが存在していると考えられる。

表面捕捉正孔は文字どおり表面に捕捉された状態なので、空気中や水中に放出されないことは明らかだが、$\cdot O_2^-$ や $HO_2\cdot$ なども放出されないのであろうか？ われわれの最近の実験によれば、光触媒上に生成したこれらの活性酸素は全く空気中や水中には放出されていない。これは

$$\cdot O_2^- （または HO_2\cdot）+ h^+_{trap} \rightarrow O_2 （または O_2 + H^+） \tag{6}$$

の反応により表面から離脱するときは酸素の状態になるためと予想される。

一方、$\cdot OH$ は濃度が低いために直接的な測定により空気中に放出されているか否かを決めることはできていない。しかし、空気中における $\cdot OH$ の寿命が約1秒であることを考慮すると、拡散距離 ($d$) は、

$$d = \sqrt{Dt} = (10^{-1} cm^2/秒 \times 1秒)^{1/2} \fallingdotseq 3mm \tag{7}$$

すなわち、たとえ表面から離脱しても、静置系においては表面から3mm以内にしか存在しないと結論できる。

**有機物の分解機構**　酸化チタンに生成した表面捕捉正孔や $\cdot OH$ の酸化力は著しく大きいため、すべての有機物は酸化分解され、最終的には炭酸ガスとなる。有機物の酸化反応の素過程は必ずしも明らかになっていないが、空気中ではおおよそ次のように考えられる。

まず $\cdot OH$ あるいは表面捕捉正孔が直接有機物と反応し、有機ラジカルが生成し、これに酸素が付加して連鎖反応が進行する。たとえばアルコール（$RCH_2CH_2OH$）の場合は以下の連鎖反応が考えられる。

$$RCH_2CH_2OH + \cdot OH \rightarrow RCH_2\dot{C}HOH + H_2O \tag{8}$$

$$RCH_2\dot{C}HOH + O_2 \rightarrow RCH_2CH（OH）\dot{O}O \tag{9}$$

$$RCH_2CH（OH）OO\cdot \rightarrow RCH_2CHO + HO_2\cdot \tag{10}$$

$$RCH_2CH（OH）OO\cdot + RCH_2CH_2OH \rightarrow$$
$$RCH_2CH（OH）OOH + RCH_2-\dot{C}HOH \tag{11}$$

$$RCH_2CH（OH）OOH \rightarrow RCH_2CHO + H_2O_2 \tag{12}$$

$\cdot OH$ のかわりに表面捕捉正孔が有機物と反応するパスも同様に存在する。(9)～(11)のように空気中では連鎖反応が進行するため、見かけの量子効率は100％を超えることもある。アルデヒド類も同様な反応をする。たとえばアセトアルデヒドの場合、われわれの観測した最大の見かけの量子効率は約300％である。

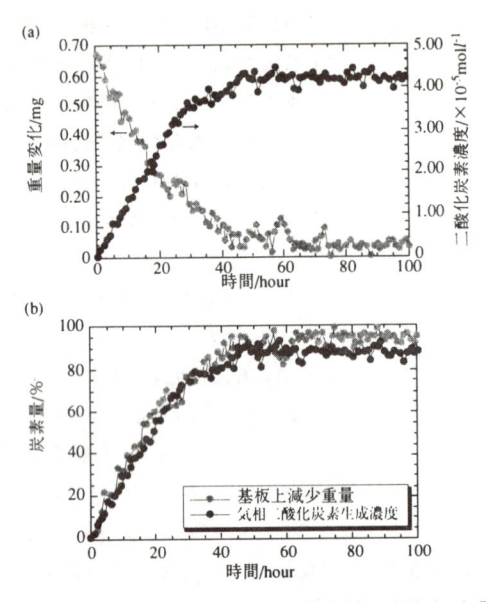

図19 オクタデカンの光触媒分解による重量変化と炭酸ガス生成
365nm、0.8mWcm$^{-2}$、25℃、湿度＜5%

**吸着油の光触媒分解**　酸化チタン光触媒上に吸着した不揮発性の油、たとえば食用油なども光触媒反応で完全に分解する。図19（a）にこのモデル系と考えられる長鎖炭化水素、オクタデカン（$C_{18}H_{38}$）を酸化チタンコートガラス上に約0.1 g/cm$^2$の濃度で塗り、紫外線照射したときの重量変化と発生炭酸ガスの量を示す。光照射の初期から炭酸ガスが直線的に発生していることがわかる。このときの重量変化、および炭酸ガス発生量を炭素換算してプロットしたものが、図19（b）である。両者はほぼ一致している。すなわち、気相生成物はほとんど100%炭酸ガスであることを示している。これは以下のような反応により、中間生成物が次々と酸化されて、炭酸ガスが放出されているためと予想している。

$$RCH_2CH_3 + \cdot OH \rightarrow RCH_2CH_2 \cdot + H_2O \tag{13}$$

$$RCH_2CH_2 \cdot + O_2 \rightarrow RCH_2CH_2OO \cdot \tag{14}$$

$$RCH_2CH_2OO \cdot + \cdot OH \rightarrow RCH_2COO \cdot + H_2O \tag{15}$$

$$RCH_2COO \cdot \rightarrow RCH_2 \cdot + CO_2 \uparrow \tag{16}$$

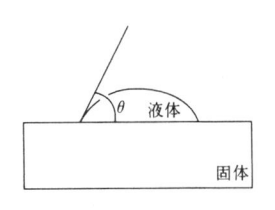

**図20 接触角の定義**

## 6 酸化チタン表面の光誘起両親媒性

**両親媒性**　　　　　固体の表面の濡れ性は、一般には図20に示した接触角で表すことが多い。水に対する濡れ性が良い（接触角が小さい）ものが親水的、濡れ性の良くない（接触角が大きい）ものは疎水的と呼び、同様に油に対するなじみやすさで親油的、疎油的と呼ぶ。水に対しても油に対しても親和性の高い表面を両親媒性の表面という。

**超親水性**　　　　　第1章で記述したように、ごく最近になり酸化チタン表面の光誘起反応には新たな側面があることがわかってきた。つまり、酸化チタン表面に光を当てると、水との接触角で5度以下、条件を最適化するとほぼ0度という非常に強い親水性（超親水性）となる。この状態は光照射を止めても数時間から1週間程度は持続し、徐々に光照射前の疎水的な状態に戻る。疎水性になった後も、再び光を当てることによって超親水性は回復する（第1章図15(c)）。よって、常に紫外光が当たらなくても、間欠的に光が存在すれば表面を超親水性に保つことが可能である。

**酸化分解反応との関係**　　直感的には、この現象は酸化チタン表面に吸着した有機分子の光触媒分解反応と関係しているものと思われる。つまり、クリーンな酸化チタンの表面には化学吸着水があるために親水的であるが、空気中に存在する有機不純物が吸着すると疎水的になる。この有機物が光触媒反応によって酸化分解されれば、超親水性が出現するという機構である（図21）。

　　　　　　　　　　もし、この機構が働いているなら、酸化分解の効率と超親水性の度合には強い相関関係があるはずである。しかし実際には、全く酸化分解活性のない酸化チタン膜にも超親水性がみられる場合がある（第3章

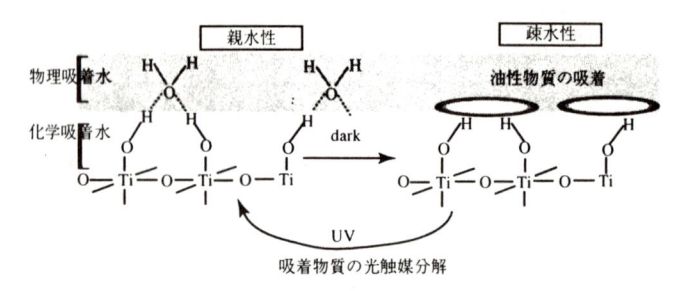

図21 超親水性発現機構（仮説1）

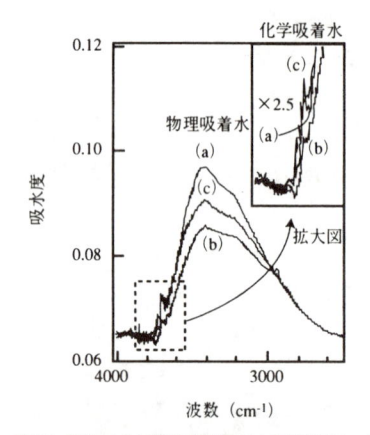

図22 酸化チタン膜の光照射によるFT-IRスペクトルの変化
(a) 親水性状態
(b) 暗中保存後（疎水性状態）
(c) 紫外線照射後（親水性状態）

3超親水性材料図5）。また、FT-IRで化学吸着水の量を調べたところ、空気中暗所に酸化チタン膜を保存しておくと、徐々に化学吸着水は減少し、一方、紫外線照射を行うと化学吸着水は増加した。それに伴い物理吸着水も変化する（図22）。

すなわち、光誘起超親水性は、図23に模式的に示したような化学吸着水の脱着によるものと考えられる。このような超親水性の発現機構は、表面吸着分子の酸化還元反応による従来の光触媒反応とは全く異なる。酸化チタン表面自体の光誘起反応に起因した現象であることを示している。

図23 超親水性発現機構（仮説2）

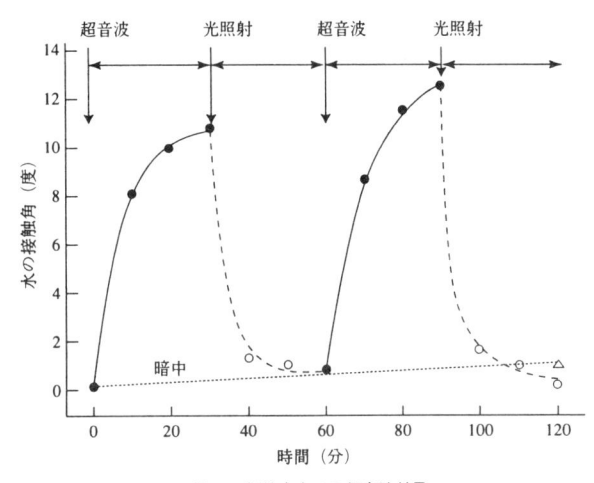

図24 超純水中での超音波効果
(●純水中で超音波洗浄、○空気中1mW/cm²UV、△空気中暗中保存)

酸素の効果　　　　　雰囲気を通常の空気から100%酸素の状態にすると、紫外光照射下における水の接触角の減衰速度は低下する。また、いったん親水性になった酸化チタンが暗中で疎水化していく速度も、100%酸素の雰囲気のほうが速い。

水中での超音波　　　親水性になった酸化チタンを、超純水中で超音波洗浄すると水に対
照射効果　　　　　する接触角が高くなる（図24）。この事実からも暗中で表面が疎水化していく原因が、空気中の不純物有機物の吸着によるものだけでないことは明らかである。

**超親油性**  さらに、光照射して超親水性となった酸化チタン表面は、油に対しても非常に親和性の高い、超親油的な性質も合わせもつことが見出された。図25は光照射後の酸化チタン表面に（a）水と（b）油を滴下したときの様子を側面よりビデオ観察した一部である。水も油もいずれも表面では完全に広がり接触角はほぼ0度である。すなわち酸化チタン表面は光照射によって両親媒性となるわけである。

**表面の微細構造**  酸化チタン表面の変化をより微細に評価するため、原子間力顕微鏡（AFM）を用いてルチル型酸化チタン単結晶（110）面の表面を摩擦力モード（FFM）で観察した。ルチル型酸化チタンはアナターゼ型に比べ親水化、親油化速度は小さいが、光照射を続けると水・油に対する接触角はいずれもゼロとなる。図26に光照射前後の像を示す。

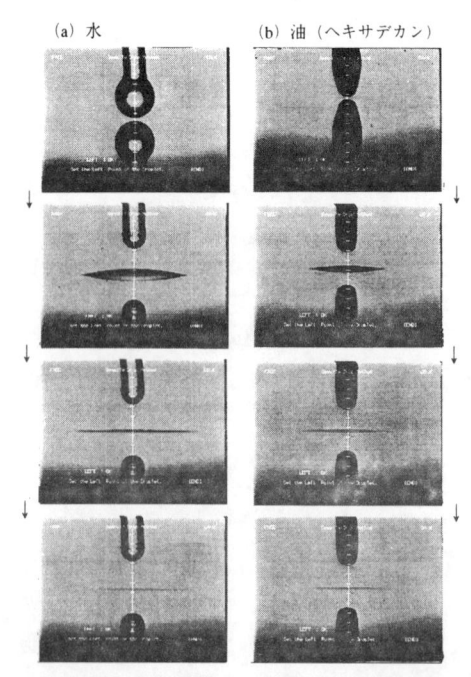

図25 光照射後の酸化チタンに滴下した（a）水と（b）油が表面に広がる様子

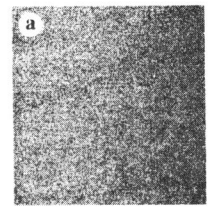

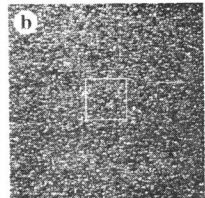

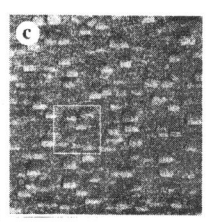

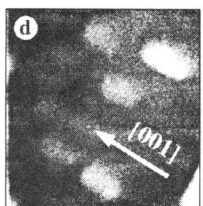

**図26 ルチル型TiO₂単結晶（110）面の摩擦力顕微鏡像（FFM像）**
(a) 光照射前（5×5 $\mu$m²）
(b) 光照射後（5×5 $\mu$m²）
(c) 光照射後（拡大図）（1×1 $\mu$m²）
(d) 光照射後（スキャン方向を45°傾けた拡大図）240×240nm²

　　　　　　　　　　原子間力顕微鏡のチップは親水性であるため、表面の親水性部は摩擦力が大きく（写真ではより明るく）、疎水性部は摩擦力が小さく（より暗く）なる。光照射前は全面が均一に疎水的（親油的）であった（図26(a)）。そこに光を当てると、親水性部が約50nm×30nmのドメイン構造となって現れてくる様子が観察された（図26(b)、(c)、(d)）。

ハイドロテクスチャー構造
　　　　　　　　　　このドメイン構造の上に物理吸着水が付着しているわけである。すなわち水のテクスチャー構造（ハイドロテクスチャー構造）が表面の両親媒性の本質であろうと考えられる。このような構造を作る詳しい機構の解明には今後のさらなる研究が必要である。

酸化分解型光触媒反応と光誘起親水化反応の関係
　　　　　　　　　　従来の酸化分解型の光触媒反応では、光照射により生成した正孔による酸化反応が本質である。
　　　　　　　　　　一方、さまざまな実験結果から総合的に考えて超親水性を発現する反応の初期過程には、光励起によって酸化チタン内部に生じた電子が酸化チタン自体の表面を還元する反応が本質であろうと現在のところ考えている（図27）。つまり、酸化分解型の反応と、超親水性型の反応は表裏の関係にあることになる。このような基礎的な反応機構を詳しく解明していくことが、将来的には光触媒反応のより大きな実用化展開につながるものと確信している。

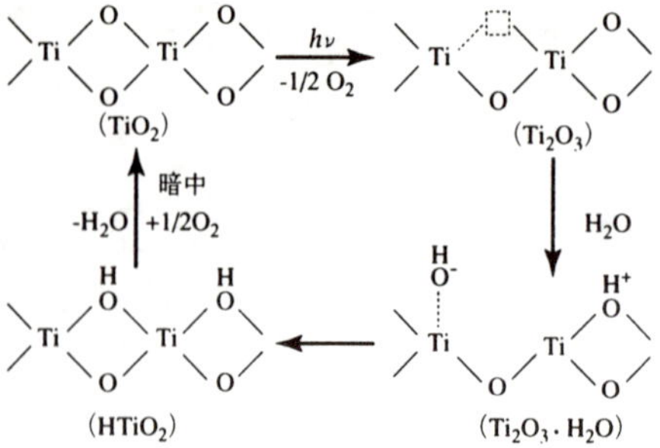

**図27 光誘起超親水性の機構**

## 7 グレッチェル電池の基礎と展望

**湿式太陽電池**　シリコン太陽電池の進展の陰に隠れてあまり注目されてこなかった湿式太陽電池であるが、最近は新しい展開をみせている。酸化チタン電極の表面にルテニウム系色素を吸着させたいわゆるグレッチェル電池である。グレッチェル電池は光触媒と関連して話題となるが、ホンダ-フジシマ型のいわゆる人工光合成型（化学エネルギー蓄積型）とは異なり、レドックスカップル型（電気エネルギーへの変換型）の電池である。この点が混同されていることも多いため、まずはこれらの違いを明らかにしておきたい。

**人工光合成型**　ホンダ-フジシマ型の電池は、光を使って水を分解し、光エネルギーを化学エネルギーに変換するシステムである。普通のシリコン太陽電池ではpn接合を使って電荷分離を起こさせているのに対して、ホンダ-フジシマ型の電池では半導体と電解質水溶液の界面に形成されるショットキーバリアを使って電荷分離を行う（第1章図3）。
　酸化チタンは紫外線しか吸収できないために、太陽エネルギーの変換効率が非常に低い。そのため、可視光も利用できる半導体の探求が盛んに行われてきたが、前述したようにほとんどの半導体は水中で光を当てると自己溶解を起こす（光コロージョン反応）などして、いまだに安定に利用できるものは見つかっていない。

**レドックス**
**カップル型**

　一方、色素増感型の太陽電池であるグレッチェル電池においては、レドックス（酸化還元種、この場合ヨウ素イオン）の酸化還元を通じて光エネルギーを電気エネルギーに変換する。半導体は単なる電子キャリアーであり、半導体内部にホールは生じていない（図28）。

　シリコン太陽電池などの通常の乾式太陽電池でも、あるいはホンダ-フジシマ型の湿式太陽電池でも、電子とホールが再結合しないように高純度の半導体を必要とするのに対して、グレッチェル電池にはホールがないために半導体内で再結合することはなく、半導体の純度が低くてもよい。このことはグレッチェル電池の1つのセールスポイントになっている。

　グレッチェル電池においては、半導体としては電子キャリアーとして効率よく作用するn型の半導体が重要であり、特に酸化チタンを用いるという必然性はない。しかし実際は酸化チタンのみが使われている。これは歴史的にずっと酸化チタンが使われてきたこと、および酸化チタンは安価でよく物性が調べられているためである。

**色素増感反応**

　グレッチェル電池では可視光を利用するために、写真の増感反応と同じように色素を光励起する。励起された色素の電子は半導体に注入され、それが対極に回り還元反応をする。色素は電子が移るために酸化された状態になり、レドックス種であるヨウ素イオンと反応する。すなわち、この太陽電池はシリコン太陽電池と同様に光エネルギーを電気エネルギーに変換するのであって、化学エネルギーに変換するわ

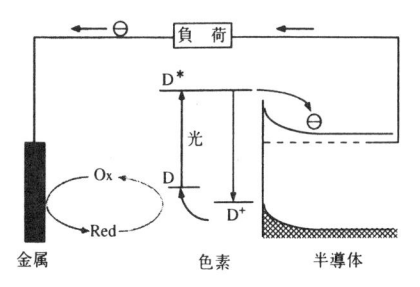

図28　グレッチェル型色素増感光電池の作動概念図
　　　D：色素

けではない。この点でホンダ-フジシマ型の電池とは全く異なる。

　グレッチェル電池の場合、光エネルギーを電気エネルギーに変換しているという点では、通常のシリコン太陽電池と同じ機能になる。よって、グレッチェル電池を光エネルギー変換材料として議論する際は、純粋にシリコン太陽電池と性能比較、コスト比較をすることが必要である。

**エネルギー変換効率が上がった理由**　グレッチェルらは、長時間安定で、高効率のセルであると報告されている（Nature, 353, 737, 1991）。最も良いもので、開放光電圧約630 mV、エネルギー変換効率はAM1.5の擬似太陽光で約10%、色素のturn-over数は50万以上とされている。図29に（a）開放電圧と（b）短絡光電流を、図30に光電流・電圧特性の長期間安定性のデータを示した。この電池のもう1つの特徴は、短波長側の光エネルギーを効率よく変換できる点にあり、散乱光ではエネルギー変換効率が上昇する（グレッチェルらはエネルギー変換効率は最大で15%が得られたと報告している）。つまり、曇りの日にはシリコン太陽電池よりも効率が良くなる可能性がある。

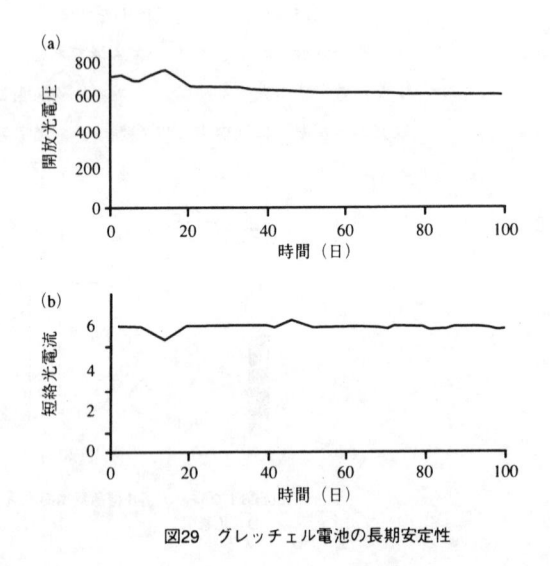

図29　グレッチェル電池の長期安定性

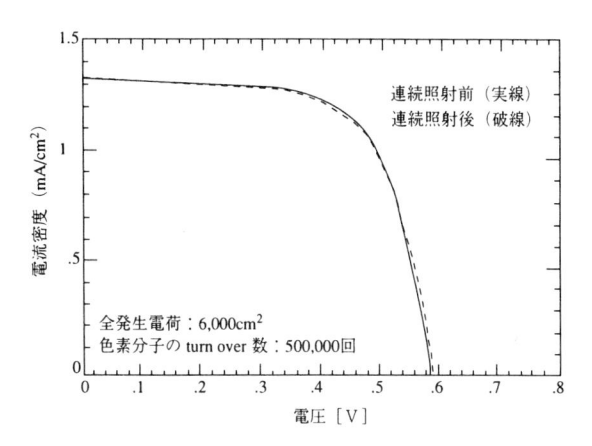

図30 グレッチェル電池の連続照射前後における太陽電池の光電流-電圧特性
（DOE報告書より引用）

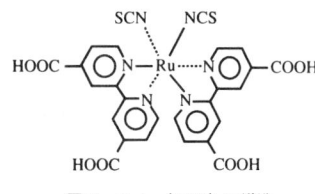

（グラフ内テキスト）
電流密度（mA/cm$^2$）
電圧 [V]
連続照射前（実線）
連続照射後（破線）
全発生電荷：6,000cm$^2$
色素分子の turn over 数：500,000回

図31 RuL$_2$(SCN)$_2$の構造

**ルテニウム錯体とポーラスな電極**

彼らが効率の良いセルの作製に成功したポイントは2つある。1つは、色素としてルテニウムのビビニジル錯体を選んだことである（図31）。この色素は太陽光の可視光の部分をほとんど吸収するような構造になっている（図32）。もう1つは、電極としてポーラスな酸化チタンを用いて、そこに色素を単分子層ずつ付けたことである（図33）。この2つの工夫によって、エネルギー変換効率を上昇させたのである。

グレッチェル電池は新型の太陽電池として世界的に注目を集めている。確かに、高い電子注入効率、およびレドックス系の安定性などは、学問的にも新しく、すばらしい成果である。しかし、実用太陽電池としての観点からの検討はまだまだ不十分である。

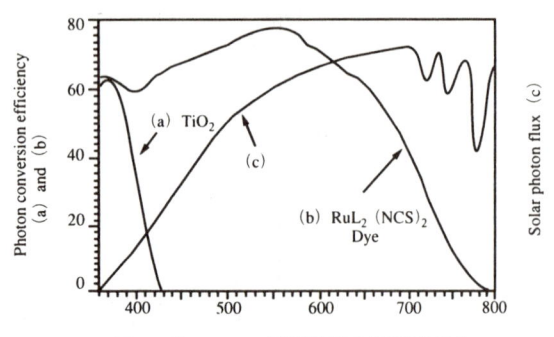

図32 グレッチェル型太陽電池の外部収集効率
（DOE報告書より引用）
(a) $TiO_2$単独の場合
(b) Ru錯体で$TiO_2$を増感した場合
(c) 太陽光の光子の波長分布

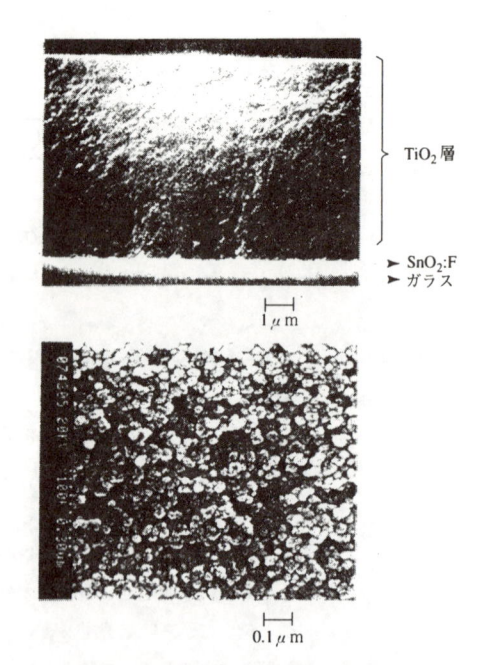

図33 二酸化チタン多孔質電極の断面および表面の電子顕微鏡写真

**実用太陽電池として の問題点**

　まず、その安定性の検討が重要である。この電池の原型が発表されてからすでに7年以上が経過したが、年オーダーの安定性は全く報告されていない。これは、電解質溶液を封止するための樹脂が、強い太陽光の下では劣化してしまうからである。これはグレッチェル電池の作動原理など基礎過程には関係の無い問題である。しかし実用化に際してこれは重要な課題であろう。

　また、コストに関しても、「使う原料から考えてシリコン太陽電池よりも安価であるに違いない」という程度の検討しかされていない。現在のシリコン太陽電池の総コストに占めるシリコン原料の割合は必ずしも高くない。本当に低コストにできるのか、十分に検討する必要がある。

　さらに、最も本質的な問題は、実用状態でのエネルギー変換効率が十分に高いというデータは、いまだに確認されているとは言い難い点である。これまで報告されてきた信頼できる追試データでは、太陽光の1/10の光強度でエネルギー変換効率6.3%、通常の太陽光強度の下では4.8%しか得られていない。また、色素の安定性を獲得するためには、紫外線をカットして利用する必要があるが、これによってエネルギー変換効率はさらに低下する。

　前述のように光強度が弱い領域では50万回の酸化-還元反応を受けても色素が安定に存在し、8%くらいのエネルギー変換効率が得られることは追試で確認されており、学問的には非常にすばらしい成果であることは間違いない。しかし、だからといって太陽電池として実用化に近いと結論できるわけではない。実際これまでに、スイス、ドイツ、米国などで実用化を目指したプロジェクト研究がいくつもなされてきたが、いまだこれらの国で実用化のめどが立ったとの話は聞こえてこない。今後とも、問題点を正しく把握したうえで開発を進めていただきたい。

---

**参考文献**

1) 橋本、藤嶋、*O plus E*、211、p.75（1997）
2) M. Grätzel:DOE報告書、インターネットホームページ

http://www.er.doe.gov/production/bes/chm/photochem/gratzel.html
3) TOTOインターネットホームページ
　　http://www.sphere.ad.jp/TOTO
4) R.Wang、K. Hashimoto、A. Fujishima、M. Chikuni、E. Kojima、A. Kitamura、M. Shimo-higoshi、and T. Watanabe: "Amphiphilic Surfaces"、*Nature*、in press（1997）
5) D. F. Ollis、H. Al-Ekabi: "Purification and Treatment of Water and Air"、Elsevier（1993）
6) 橋本、石橋、藤嶋、レーザー研究、25、p.405（1997）
7) A. Heller、*Acc. Chem. Res.*、14、154（1981）
8) H. Gerischer: in *Photovoltaic and Photoelectrochemical Solar Energy Conversion* eds. F. Cardon、W. P. Gomes、and W. Dekeyser（Plenum Press、New York and London、1981）p.199
9) A.Mills、R. H. Davies、and D. Worsley、*Chem. Soc. Rev.*、417（1993）
10) D. F. Ollis: in *Photochemical Conversion and Storage of Solar Energy* eds Pelizzetti and Schiavello（Kluwer Academic Publishers、Dordrecht、Boston and London、1991）p.593
11) K. Ikeda、R. Baba、K. Hashimoto、and A. Fujishima、*J. Phys. Chem.*、101、2617（1997）
12) Edited by D. F. Ollis、H. Al-Ekabi Photocatalytic Purification and Treatment of Water and Air、Elsevier（1993）

# 第3章　光触媒材料

# 1 酸化チタンの性状

　酸化チタンは、最も普遍的な工業材料の1つであるが、鉄鋼やプラスチックのような主役になる工業材料ではなく、常に目立たない脇役の工業材料といえる。一般の市民生活で、1人当たり数グラムの酸化チタンを身に付けているが、そのことはほとんど知られていないような、存在感の薄い材料である。しかし、その生産量は、GNPの伸びと正の相関があるなど非常に興味深い点も多い。

## 1 酸化チタンの特徴（表1）

**屈折率が最大**

　最も大きな特徴は、光の屈折率が最大であること。天然に存在する物質の中で屈折率の大きな物質の1つがダイヤモンドであり、その屈折率は2.418である。酸化チタンは、その結晶構造によりルチル型とアナターゼ型（およびブルッカイト型）に分けられるが、光の屈折率はルチル型で2.71、アナターゼ型で2.52と、いずれの結晶型においてもダイヤモンドの屈折率を上回っている（表2）。

　屈折率が大きいということは、光を散乱する能力が大きいということである。光の散乱係数には、光の波長や媒質粒子の粒径などのファクターも関与している。酸化チタンの場合、可視光線（およそ400〜700nmくらい）では酸化チタンの粒径を250nmくらいにすると、光の散乱係数が最大になる。

**被覆顔料**

　光を最もよく散乱するという特性は、「物を不透明にする」ことに使われる。不透明にしてその向こうにある物を見えなくすることから「被覆顔料」と呼ばれる。現在、被覆顔料としては、ほとんど酸化チタンしか使われていない。これは、酸化チタンのコストパフォーマンスが最も高いためである。

**表1　酸化チタンの特異性**

●光との相互作用
　屈折率が最大……被覆顔料
　可視光で励起……光半導体

●誘電的性質
　誘電率が大……強誘電体材料
　光励起子の電荷分離効率が大

表2 ルチル型とアナターゼ型比較

| 物 性 | ルチル型 | アナターゼ型 |
|---|---|---|
| 結晶形 | 正方晶形 | 正方晶形 |
| 比 重 | 4.2 | 3.9 |
| 屈折率 | 2.71 | 2.52 |
| 硬 度（モース） | 6～7 | 5.5～6 |
| 誘電率 | 114 | 31 |
| 融 点 | 1,858℃ | 高温でルチル型に転移 |
| 格子定数 $a$ | 4.58Å | 3.78Å |
| 格子定数 $c$ | 2.96Å | 9.49Å |
| 線膨張係数（25℃） | | |
| $a$ 軸 | $7.19 \times 10^{-6}$/℃ | $2.88 \times 10^{-6}$/℃ |
| $c$ 軸 | $9.94 \times 10^{-6}$/℃ | $6.64 \times 10^{-6}$/℃ |
| 熱伝導率(cal/cm/sec/℃) | | |
| $c$ 軸に対して平行 | 0.0200～0.0216 | |
| $c$ 軸に対して垂直 | 0.0124～0.1136 | |
| 比熱(cal/mol/℃) | | |
| （200～1,000℃） | 13.2 | 12.96 |
| モル熱容量(25℃) | | |
| cal/℃ | 13.16 | |
| 導電率(空気中mho/cm) | | |
| 室温 | $10^{-13}$～$10^{-14}$ | |
| 500℃ | | $5.5 \times 10^{-8}$ |
| 1,200℃ | 0.12 | |

### コラム◆ダイヤモンドにはなれなかった酸化チタン単結晶

　酸化チタンの場合も、簡易溶融法という方法を用いると大人の親指大の単結晶を作ることができます。30年くらい以前にこれを磨いてダイヤモンドカットして、ネクタイピンなどに付けて1個1,000円くらいで売り出されたことがありました。酸化チタンのほうが屈折率が大きくダイヤモンドよりも光りますから、暗いところでは非常にきれいに見えます。しかし、結局あまり売れなかったようです。あまりにも値段が安く、こんな身なりでこんな大きなダイヤモンドが買えるはずはないと、一目で偽物の合成品だとバレてしまうため、ぜんぜん見栄をはる役に立たなかったのだといわれました。

**紫外光で励起**　　バンドギャップに相当する光の波長は、およそルチル型で400nm、アナターゼ型で380nm。酸化チタンは、紫外光で励起される。太陽光や室内の蛍光灯でもよいというのは、その中に含まれている紫外光により励起されるということである。

**誘電率が大きい**　　複合酸化物による強誘電体が発明されるまでは、酸化チタンは単体としての誘電率が最も大きな材料であり、また絶縁抵抗が非常に大きいことから、高圧で使用するコンデンサーに汎用されていた（いわゆるチタコン）。その後、チタン酸バリウムのように非常に誘電率の大き

な物質が合成され、コンデンサーなどはこちらが主流となっている。
　チタン酸バリウムに微量の不純物をドーピングしたものが、ポジティブサーミスターである。熱伝導係数と温度との関係に特異点があるため、温度制御装置としても使われる。
　また、ジルコン酸系統の複合酸化物であるチタンジルコン酸鉛は、圧電素子に使われる。たとえば、キーボードやタッチパネルに使われる圧電素子はチタンジルコン酸鉛が主流である。

## 2　酸化チタンの主な用途 (図1)

塗　料　　　　　　酸化チタンのおよそ50%が塗料、すなわちペンキとして使われる。バインダーとしては、プラスチック系統の樹脂、メラミン、メラミンアルキド、アクリル、ウレタンなどが使われる。バインダー自体は透明の膜であるため、これを不透明にするのに酸化チタンを入れる。これにさらに着色顔料を入れてさまざまな色のペンキとなる。
　　　　　　　　　もし、酸化チタンを入れずにバインダーと着色顔料だけで塗料を作ると、色付きの透明な膜となり、下地を隠す役割をもたない。そのため、まず酸化チタンを入れて不透明にして、それに着色するというのが一般的な塗料の考え方になっている。

インキ・顔料　　　2番目の用途はインキ・顔料で18%を占めている。インキとは印刷インキのことで、この場合も不透明化するために大量の酸化チタンを使う。

合成樹脂　　　　　合成樹脂（プラスチック）は透明な材料であり、そのまま使う用途もあるが、まず不透明化させて着色して用いることも多い。その場合に酸化チタンが使われる。

製紙用　　　　　　辞書などにはインディアンペーパー（薄葉紙）という非常に薄い紙が使われるが、これだけ薄く紙を漉くとほとんど透明になって印刷文字が裏写りしてしまう。これを防ぐ非常に薄い紙を不透明化するために、紙のパルプを漉く工程でかなりの量の酸化チタンを入れる。
　　　　　　　　　薄葉紙ほど薄くない一般の紙の場合には、酸化チタンほど屈折率が大きくない他の無機化合物でも不透明化できるが、薄葉紙では酸化チ

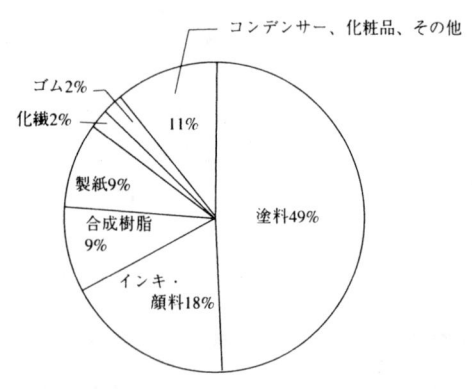

図1　酸化チタンの用途

（円グラフ）
- 塗料49%
- インキ・顔料18%
- コンデンサー、化粧品、その他11%
- 製紙9%
- 合成樹脂9%
- 化繊2%
- ゴム2%

タンを使わないと不透明化できない。

### コラム◆タバコの巻紙を通してみえること

タバコの巻紙には、非常に薄い紙が使われています。紙が厚いとタール分が多くなって煙くておいしくなくなるし、当然からだにもよくありません。薄い紙を使って、なおかつ中のタバコの葉が見えないように、酸化チタンが多量に仕込んであります。また、酸化チタンはできてくる灰を強化する強化材のような役割も果たしています。そのため、ある程度タバコの先が燃えても灰が落ちにくくなっています。以前、モスクワの空港でタバコを買って、吸ったそばから灰がボロボロ落ちて困った、ということを経験したことがあります。酸化チタンの消費量がGNPと比例する、あるいは文化レベルを表すバロメーターになるということを実感した次第です。

**化学繊維**

繊維業界では、酸化チタンはつや消し材という名前で呼ばれている。羊毛や木綿などの天然繊維は表面がザラザラしていて光を散乱し、見た目にも自然の風合いを感じるが、化学繊維の表面は非常に滑らかで光を反射してしまい、全体がピカピカ光る感じがする。天然繊維と化学繊維の違いが一目でわかってしまうため、繊維業界ではこれを"テカリ"といって敬遠する。

化学繊維の製造過程で酸化チタンを入れ込むと、化学繊維と酸化チタンとの界面で起こる光散乱の量が多くなり、"テカリ"が消える。また、酸化チタンを入れ込むことによって、化学繊維が不透明化される効果もある。化学繊維は屈折率の非常に小さい材料でできているため、単独では水に濡れるとほとんど透明になってしまうが、酸化チタンを

入れて不透明化することで用途が広がった。

白ゴム　　　　　　　白ゴム（ホワイトラバー）に使われている。

その他　　　　　　　上述の89％は、すべて顔料としての酸化チタンの用途であり、残る11％が顔料以外に使われていることになる。化粧品では、白粉だけではなく口紅やマニキュアにも用いられる。ファンデーションの紫外線吸収剤として使用されるのは、顔料グレードではなく超微粒子の酸化チタンである。コンデンサーとしては、現在ではチタン酸バリウムなどの強誘電体の材料として用いられている。

## 3　酸化チタンの使用量

世界の消費量　　　　酸化チタンの世界消費量は、1990年が約320万トンである。消費予想では2000年には400万トンに達するものと見込まれている。しかし、過去の消費量の推移からも明らかなように、酸化チタンの消費量は景気の好不況にかなり影響を受ける。第1次、第2次オイルショックによる消費の落ち込みがそのことを如実に物語っている。1990年前後から世界的不況に入っており、酸化チタンの消費量も予想カーブに対してかなり低迷している（図2）。

国内販売量　　　　　日本国内においては、年間およそ30万トンの酸化チタンが販売され

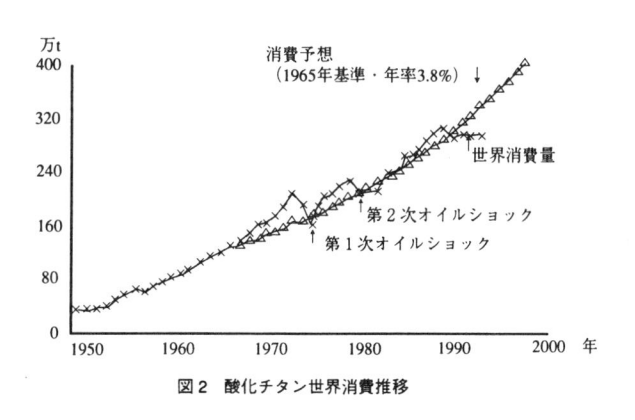

図2　酸化チタン世界消費推移

ている。過去の販売量の推移をみると、オイルショックや円高不況、バブル崩壊の影響などが激しく現れている。言い換えれば、過去20年間に日本経済がかなり激しく変動してきたことが、酸化チタンの消費量からもみてとれるということになろう（図3）。

**地域別消費量**　　酸化チタンの消費量を世界の地域別にみてみると、いわゆる先進国での消費が多いことがわかる。北米が34％で、これにヨーロッパ、日

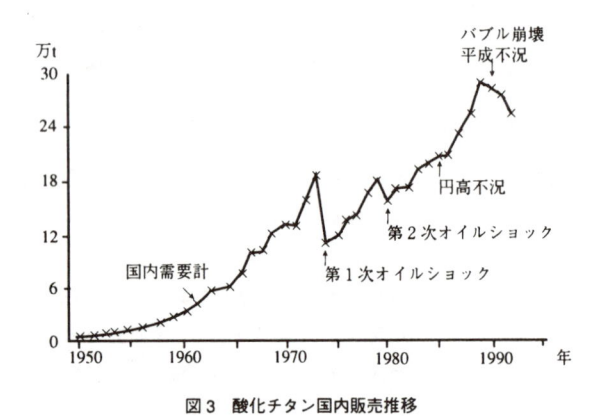

図3　酸化チタン国内販売推移

図4　世界の地域別酸化チタン消費量

本を加えると、これらの地域で全体の2/3を消費していることになる。残りはアジア、東欧圏、中南米その他である（図4）。

## 4　酸化チタンの生産能力

**地域別生産能力**　　前述したように、酸化チタンの多くは先進諸国で消費されており、その生産拠点も先進諸国に多い。西欧、米国、日本でほぼ3/4の酸化チタンが生産されている（図5）。

**世界の主要メーカー**　　代表的な酸化チタンの生産メーカーとしては、まずデュポン（米国）とICI（英国）があげられる。この2社は国際的な総合化学会社であり、たとえばデュポンの場合、酸化チタンメーカーとしては世界最大だが、デュポンの総生産に占める酸化チタンの割合は10％以下である。ICIについても同様である。

　　NL（米国）は昔からの白色顔料メーカーで、酸化チタンが一般的に使われる前は酸化亜鉛が、その前は酸化鉛が白色顔料として使われていた。NLはNational Leadの略であり、鉛（Lead）の時代から白色顔料を専門に作ってきたメーカーである。SCM（英国）は、元タイプライターメーカーで、群小の酸化チタンメーカーを買収して大きくなったコングロマリットである。

　　石原産業グループ（日本）は、四日市、シンガポール、台湾に工場をもち、また系列の化繊用酸化チタン専門メーカーである富士チタン工業を併せると世界第5位のシェアとなる。

　　ケミラ（フィンランド）も群小の酸化チタンメーカーを買収して大

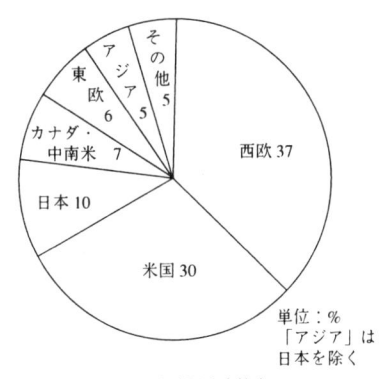

図5　地域別生産能力
（西欧 37、米国 30、日本 10、カナダ・中南米 7、東欧 6、アジア 5、その他 5　単位：％　「アジア」は日本を除く）

きくなったメーカーである。その他、カーマギー（米国）、バイエル（ドイツ）、ローヌ・プーラン（フランス）などが主な酸化チタンメーカーである（表3）。

なお、つい最近（1997年）ICIの酸化チタン部門であるTioxide社をデュポンが買収した。これによってデュポンの酸化チタン市場における支配力はますます強大になった。

**国内の生産能力**　　日本国内の酸化チタン生産能力をみると、最近までは一般に"酸化チタン7社"といわれてきた。すなわち、石原産業、テイカ、堺化学工業、トーケムプロダクツ（堺化学の系列）、古河機械金属、チタン工業、

表3　世界の主要メーカー生産能力

（年間生産公称能力　単位：1,000M/T）

| メーカー名 | 硫酸法 | 塩素法 | 合計 | 備考 |
|---|---|---|---|---|
| デュポン（米国） | — | 796 | 796 | |
| ICI（英国） | 506 | 80 | 586 | |
| NL（米国） | 162 | 270 | 432 | 5社 |
| SCM（英国） | 76 | 318 | 394 | 生産能力 |
| 石原産業グループ | 147 | 95 | 242 | 2,450 |
| 　四日市工場 | (105) | (50) | (155) | (65.4%) |
| 　ISKシンガポール | (—) | (45) | (45) | |
| 　台湾石原産業 | (26) | (—) | (26) | |
| 　富士チタン工業 | (16) | (—) | (16) | |
| ケミラ（フィンランド） | 138 | 91 | 229 | |
| カーマギー（米国） | — | 206 | 206 | |
| バイエル（ドイツ） | 200 | — | 200 | |
| ローヌ・プーラン(フランス) | 125 | — | 125 | |
| その他 | 471 | 67 | 538 | |
| 合　計 | 1,825 (49%) | 1,923 (51%) | 3,748 (100%) | (100%) |

表4　国内メーカー生産能力

（年間生産能力、単位：1,000M/T）

| 会社名 | 工場所在地 | 塩素法 | 硫酸法 | 計 |
|---|---|---|---|---|
| 石原産業 | 四日市 | 50 | 105 | 155 |
| テイカ | 岡山 | — | 60 | 60 |
| 堺化学工業 | 小名浜 | — | 43 | 43 |
| トーケムプロダクツ | 秋田 | — | 30 | 30 |
| 古河機械金属 | 大阪 | — | 23 | 23 |
| チタン工業 | 宇部 | — | 17 | 17 |
| 富士チタン工業 | 神戸・平塚 | — | 16 | 16 |
| 合　計 | | 50 | 294 | 344 |

富士チタン工業（石原産業の系列）の7社（**表4**）。しかし、光触媒用酸化チタンに関しては、最近さまざまな分野からの参入が相次いでいる。

## 5 酸化チタンの原料

**イルミナイト**

酸化チタンの原料は天然の鉱物である。天然鉱物として酸化チタンの原料になるチタンの成分が多いものにビーチサンドがある。不思議なことに赤道周辺の海岸の砂はチタン含有量が多い。

イルミナイトは最もよく使われる原料である。結晶学的にはイルミナイト型という1つの型があるが、一般にイルミナイトといえば鉱石の名前で、チタン酸鉄（$FeTiO_3$）がその典型である。$TiO_2$とFeOがモル数で1：1の形で結晶格子を形成している。

天然のイルミナイトはかなりビーチサンドになっていて風化が進んでおり、$TiO_2$が70％、それとFeOと$FeO_3$、あとはクロム、バナジウムなどの鉄族の遷移金属元素が不純物として入っている。これが最も普遍的な酸化チタン鉱石である。図6に世界のチタン鉱石の分布を示す。

- ●天然鉱石[a)]生産地
- ○天然鉱石計画地
- ▲アップ・グレード品[b)]生産地
- △アップ・グレード品計画地

図6　世界のチタン鉱石分布図
　a)イルミナイト、天然ルチル、リューコクシン
　b)チタン・スラグ、合成ルチル

天然ルチル　　　　天然に産するルチルはTiO$_2$が75%以上で非常にチタン分が高い鉱石である。この場合も天然のルチルという鉱石の結晶形が結晶学においては代表的にルチル構造と呼ばれている。

砂　鉄　　　　　日本では、最も普遍的な酸化チタン原料は海岸の砂にある砂鉄であった。日本の酸化チタン産業の発祥の頃は砂鉄も原料としていた。砂鉄の場合は酸化チタンが50%を切り非常に効率が悪いため、最近は使われていない。

アップグレード品　以前はイルミナイトを直接、硫酸に溶解して酸化チタンを作っていたが、不要な鉄を海外から持ち込み、チタン分だけをとって鉄を捨てることが大きな公害問題を巻き起こした。そのため、現在ではアップグレード品としてチタンと鉄を分離してチタン分を濃縮したものを多く輸入するようになった。

チタン・スラグ　　電気炉でイルミナイト鉱を溶解すると、比重で下に鉄、上にチタンというように分離する。鉄をメインにとる製鉄業界では、上に浮いてくるほうをスラグ（滓）と呼んで捨ててしまうが、チタン工業の場合はこのスラグを使用する。これをチタン・スラグという。

合成ルチル　　　　石原産業が開発した方法で、イルミナイトから鉄分を酸で抽出しチタンだけを残す。このようにアップグレードしたものを原料として使うというのが最近の傾向である。

## 6　酸化チタンの製造方法

硫酸法から塩素法へ　酸化チタンの製造方法には、塩素法と硫酸法の2種類がある。日本の場合は、昔ながらの硫酸法が主流である。最近特にデュポンなどはすべて塩素法になっており、世界的にみると硫酸法から塩素法に切り替わりつつある。日本では、石原産業が一部塩素法を行っているのみである。

　　　　　　　　　塩素法と硫酸法の違いは、主に公害問題である。塩素法はクローズドプロセスにより無公害で酸化チタンを製造できることが利点である。しかし、塩素法はプラントコストが非常に高い。最近では、酸化チタンは過剰生産で価格低下が続いており、このような状況では、容易に

切り替えが進まないという事情がある。

硫酸法のプロセス　　硫酸法の場合、原料としてはほとんどイルミナイト、あるいはイルミナイトをアップグレードしたチタン・スラグが使われる。典型的な硫酸法のプロセスを以下にまとめる（図7）。

〈イルミナイトを硫酸　　まず原料のイルミナイトを乾燥、粉砕して硫酸で溶解する。硫酸に
　に溶解〉　　溶かす方法もいろいろあるが、$TiO_2$に対してモル数で4〜5倍の多量の硫酸を使わないと、容易に溶解しない。硫酸に溶かし、シリカその他の不溶解分をセットリングという自然沈降で分離して、上澄みの硫酸に溶解している分だけを取る工程である。

取り出された溶液を母液と呼んでいる。

〈冷却し硫酸鉄を分離〉　　この母液を加水分解することによって酸化チタンと鉄が完全に分離されるが、このとき溶液の中に3価の鉄イオンがあると、チタンと共沈してしまうため、鉄はすべて2価に戻しておかなければならない。もともと鉱石の段階で硫酸に溶かすために風化度の進んだ鉱石を使うが、風化度が進むと3価の鉄（$Fe_2O_3$）が多くなり都合が悪い。

そのため、溶解後に金属鉄（ふつうスクラップを使う）を加えて3価の鉄を2価に還元する。これによって、加水分解の工程で3価の鉄が混

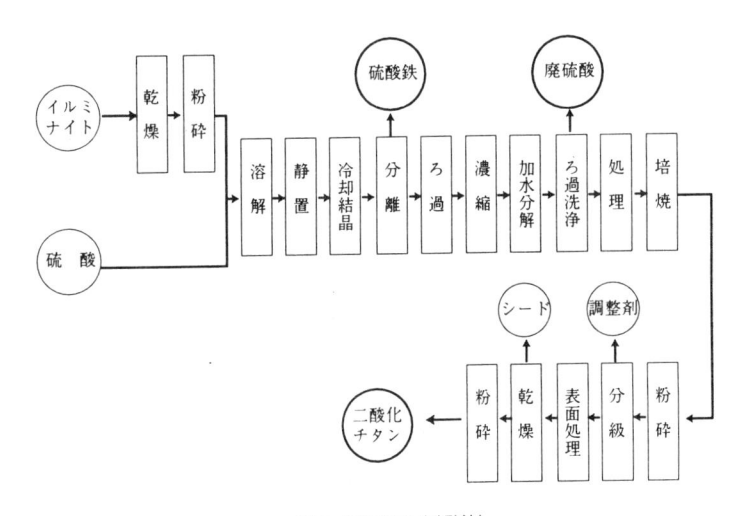

図7　製造工程（硫酸法）

入してくる心配がなくなるわけである。

このような操作を行うことから、系全体の中で溶解している鉄分がかなり多くなる。その鉄を除去するために、冷却によって硫酸鉄（$FeSO_4$）という形で分離して系外に出すこともある。

〈ろ過・濃縮の後、加水分解〉
溶液をろ過して濃縮する。濃縮の程度はメーカーによって異なるが、およそ$TiO_2$に換算して1ℓ当たり150～300gくらいのところまで濃縮して、この状態で加水分解する。熱加水分解の場合、沸点以前で加水分解が始まるが、この加水分解が始まる直前に種結晶（シード）を入れる。

シードを入れる量が少ないと析出してくる粒子が大きくなり、逆にシードをたくさん入れると粒子は細かくなる。シードの量で最終的な粒度分布、中心粒径をいくつに設定するかが決まる。

〈加水分解工程における粒度分布の制御〉
加水分解の工程は、粒度分布を制御する最も重要な工程である。たとえば、普通のプラスチック系のバインダー樹脂で使う塗料用の場合、中心粒径がおよそ$0.25\,\mu m$になるように設計する。プラスチックの場合は使用料がせいぜい5～6%と少ないため、そのときに被覆力が最大になるようにするには、およそ$0.23\,\mu m$の粒径がよい。

チタン濃度が非常に高い使い方をする水系エマルジョン塗料などの場合は、粒径を大きく設定しておかないと散乱係数が大きくならないため、粒径$0.28\,\mu m$くらいに設定されている。

〈硫酸法における酸化チタンの結晶型〉
硫酸法の場合、たとえば900℃近くの温度で焼いてもルチルにはならずアナターゼができる。硫酸法でルチルを作るときは、加水分解の段階でルチルの微粒子を核として入れる。

一方、塩酸に溶解した系から酸化チタンの粒子を析出させるときは、非常に安定なプロセスで行うとルチルの微粒子が出てきて、むしろアナターゼの結晶を安定に取り出すのは難しい。

〈ろ過洗浄し廃硫酸を始末〉
加水分解により白色の酸化チタンの微粒子が出てくるが、鉄の濃度が非常に高い真黒の液の中から析出するため、これをろ過しても粒子と粒子の間に液が残る（ウェッジと呼ばれる）。

これをよく洗浄しないと、酸化チタンに鉄が拡散し茶色くなり、白色度が落ちる。酸化チタンと分離されたろ液である廃硫酸には、イルミナイト鉱に含まれる不純物もすべて入るため、この廃硫酸をリサイ

|   |   |
|---|---|
| 〈さまざまな処理の のち焼成〉 | クルして使用することはたいへん難しい。<br>　酸化チタン微粒子は焼成すると焼結しやすい。焼結すると固まりになり、最初の粒度分布の設計が台なしになってしまう。また、ルチルもアナターゼも正方晶形で、$a$軸、$b$軸は等方的だが$c$軸が異方性をもっており、たいていの場合放っておくと$c$軸方向に伸びていき、きれいな立方体にならない。これらをコントロールするために、焼成添加剤を入れる。<br>　ルチル型の場合、光触媒活性が小さいために屋外塗装用に使われるが、さらに光で励起された電子とホールの再結合を促進するような添加剤を入れる。これらの処理をしたのち焼成する。 |
| 〈粉砕・分級、表面処理〉 | 　焼いているときに結晶転移が起こってルチルになるものと、結晶転移を起こさずにアナターゼのまま焼き上がるものの2種類がある。焼き上がったものはある程度熱的に接触、焼結しているため、ここで粉砕し分級する。分級したのち、表面処理する。<br>　酸化チタンは本来、表面が非常に親水性の物質であり、塗料やプラスチックのような油性のものの中で分散させるときになじみが悪い。そのため、そのようなところに使う場合は、油に対するなじみの良い酸化アルミニウム（アルミナ）を表面にコーティングする。<br>　水系の場合は、酸化チタンだけでも十分なじみが良く分散するが、シリカなども非常に有用である。つまり、シリカで表面処理すると直接酸化チタンとバインダー樹脂が接触するのを防ぐことができ、光触媒活性でバインダー樹脂が分解されないようにすることができる。 |
| 塩素法のプロセス | 　もう1つのプロセスが塩素法である。塩素法はデュポンによって開発された方法である。原料としては元来、天然ルチル（ルチル鉱）が使われ、およそ95％が酸化チタンで鉄分は数％しかないため、プロセスは非常に容易である。<br>　ただし、世界の天然ルチルの産出量はそれほど多くないため、合成ルチルあるいはチタン・スラグを使うこともある（図8）。 |
| 〈ルチル鉱の塩素化〉 | 　まずルチル鉱を乾燥・粉砕し、そこに還元物質を混ぜて粘結剤で成形する。これを乾燥させ、塩素ガスを吹き込んで高温で反応させて、四塩化チタン（$TiCl_4$）を作る。こうして鉱石を塩素化すると、チタン |

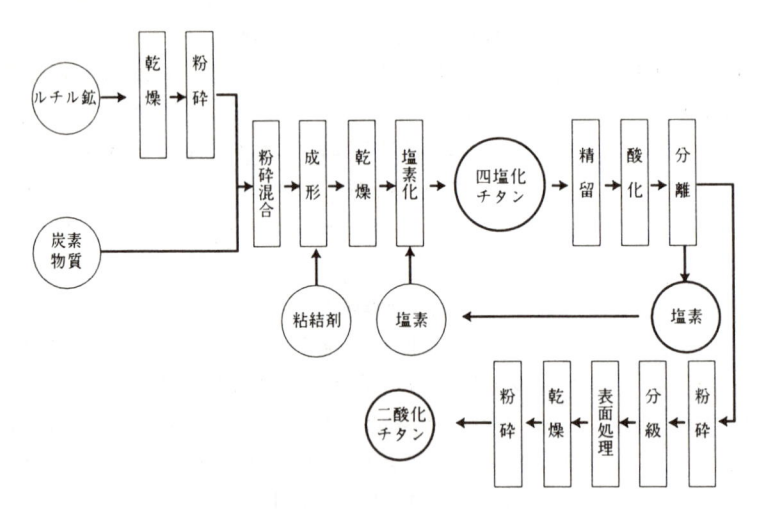

図8 製造工程（塩素法）

も鉄分もすべて塩素化合物になる。

　塩素化合物は蒸留によって容易に分離することができる。硫酸法の場合は、鉄、チタンなどさまざまな元素がすべて硫酸溶液の中に入るため、分離することが難しいこととは対照的である。

〈四塩化チタンの精留、酸化〉　四塩化チタンを精留することによって、不純物である遷移金属元素を分離する。塩素法では、このときの不純物との分離精度が良いため、不純物が少なく白色度の高い酸化チタンができる。精留の後、四塩化チタンを加熱して蒸気にし、同じく加熱した酸素と反応させる。

　四塩化チタンと酸素の反応は発熱反応であり、燃えることに相当する。四塩化チタンが燃えてできるススが酸化チタンである。酸化チタンができるときの粒子の濃度が非常に希薄なため、粒子どうしが接触して焼結する確率も低い。よって、酸化チタンをバインダーの中に分散させやすくなる。

〈酸化チタンを分離し、塩素はリサイクル〉　四塩化チタンを燃焼させてできた白い粉を分離したのちは、硫酸法と同様に通常の粉砕、分級、表面処理を行う。酸化チタンの粒子になった後は、粒子を整えアルミナ、シリカ、ジルコニアなどで表面をカバーする。

　塩素法のプロセスの特徴は、酸化チタンを分離すると再び塩素がで

きて、これをリサイクルできる点である。硫酸法で出る廃硫酸の再利用が困難であるのに比べると、環境問題の観点からも非常に優れたプロセスといえる。

また、被覆顔料としての酸化チタンに要求される特性として、白色度、分散性、耐光性の3点があり、耐光性は表面処理で決まるが、白色度と分散性という点で塩素法のプロセスは優れている。

## 7 チョーキング現象と表面処理

光触媒としての酸化チタンについて記述する前に、顔料酸化チタンの光活性を、酸化チタンメーカーがどのような認識で捉えていたかをみてみる。

**チョーキング現象**　　塗料の表面を光で暴露したところをSEMで観察すると、酸化チタン粒子のまわりのバインダー樹脂が光触媒反応で徐々に分解され、酸化チタン粒子が露出してくるのがわかる（図9）。これはチョーキング現象と呼ばれるものである。酸化チタンの粒子は白く、この状態で表面を擦ると手にチョークのような白い粉が付いてくることからチョーキングといわれる。ただし、この写真は典型的な例としてあげたもので、現在ではこのように粗悪な酸化チタンは一般的には使用されていない。

**表面処理**　　顔料としての酸化チタンの場合、いかにしてチョーキング現象を防止するかが大きな問題であった。そこで行われたのが、シリカまたは水酸化アルミニウムによる表面コーティングである。およそ2％くらいで処理すると、非常にきれいに表面をカバーできることがわかっている。これによってバインダー樹脂と酸化チタンが直接接触しないようにできる。

**紫外線吸収剤**　　バインダーに使う樹脂は、単独でも紫外線照射を受けると分解されることが知られていた。樹脂だけを塗ったパネルと、樹脂に表面処理していない酸化チタンを混ぜたパネル、および表面処理した酸化チタンを塗ったパネルを同じように紫外線照射し、それぞれの変化を比較したところ、樹脂だけのパネルでは紫外線照射の時間と重量の減少と

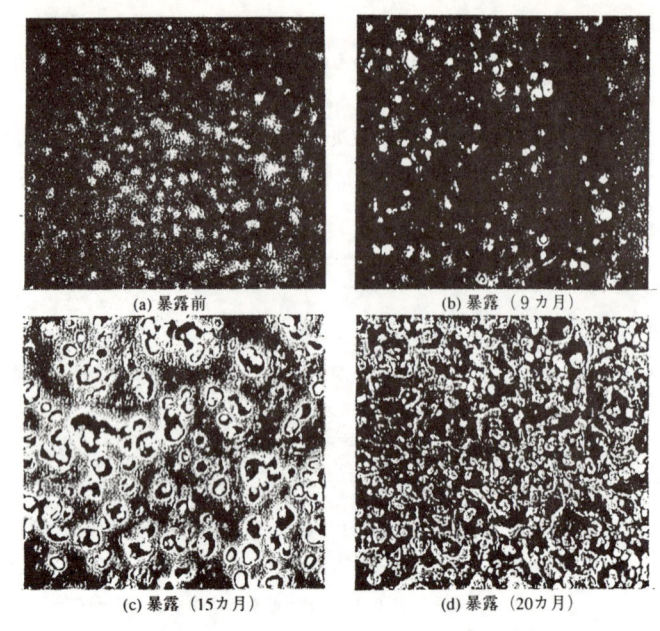

|  |  |
|---|---|
| (a) 暴露前 | (b) 暴露（9カ月） |
| (c) 暴露（15カ月） | (d) 暴露（20カ月） |

図9 酸化チタンを含んだ塗料のチョーキング現象[2]

の間にはきれいな直線関係が認められた。表面処理していない酸化チタンを入れたパネルでは、光触媒作用で分解が促進され重量の減少はさらに急勾配となった。

これに対して、表面処理した酸化チタンを入れたパネルでは、逆に樹脂の分解は遅くなることが明らかになった。つまり、樹脂を分解しないように表面処理を施された酸化チタンは、紫外線吸収剤としてのみ作用し、樹脂を保護する役割をもつようになったということができる。

## 8　酸化チタン光半導体の実用化（表5）

チョーキング現象は、酸化チタンの光触媒活性の1つの現れであった。顔料酸化チタンの研究においては、いかにして光触媒活性を抑えるかが最も大きなテーマであった。現在顔料として使われている酸化チタン、特に屋外塗装用の超耐光性銘柄では、ほとんど光触媒活性がないものも作られている。光触媒活性の高い酸化チタンを商品として製造

することは、少し前までは考えられないことであった。では、顔料を離れて酸化チタンを光半導体としてどのように使うことができるだろうか。

画像記録材料　　　顔料以外の分野に光半導体としての酸化チタンを応用しようと試みた最初のものが画像記録材料である。

光還元記録　　　　光還元記録（RS-Process）のRSとは、最初はレドックスシステム・バイ・セミコンダクターということで発表されたが、Reduce Silver、すなわち画像を形成するのに銀を最小限しか使わないという意味もあるといわれた。

　アナターゼ型の酸化チタン粒子をバインダー樹脂と混ぜて塗ったものを感光紙とし、これをたとえば写真のネガフィルムを通して露光すると、フィルムの透明度と光量によって酸化チタンが励起され正孔（ホール）と電子（エレクトロン）が発生する。これを硝酸銀溶液につけて感光紙の表面に付着した銀イオンを還元する。つまり励起された酸化チタンのエレクトロンの還元力を使い、銀イオンを金属銀に還元する。

　当時の白黒写真では、塩化銀や臭化銀の粒子を光励起で還元して金属銀にしていたが、それと同じことを酸化チタンを励起して行うことが研究された。

　いわゆる銀の乳剤で使われるハロゲン化銀の粒子に対して、酸化チタンの場合は顔料粒径のものを使うため、非常にきめの細かいきれいな写真ができる。

チタンマスター　　酸化チタンをフォトレセプター（感光体）として使う場合、感光波長領域が400nmしかなく、それより長波長の光に対しては全く感光できないことが問題となる。銀塩の場合も同様で、450nmくらいにしか感度をもたない。これらにパンクロマティックに感度を与えるために色素を吸着させ、光が当たると色素の電子が励起されて、それが酸化チタンに移るようにする。

　酸化チタンは光を散乱するいわゆる白色度、あるいは散乱係数が高く、感材そのものを増感しても白く見えるため、感材の上に直接画像

**表5 光半導体酸化チタンの応用の可能性**

● 画像記録材料
　　光還元記録　（RS-Process）
　　電子写真用記録材料　（Titan Master）

● 光電気化学的太陽電池

● 光触媒
　　水素発生
　　環境汚染物質の酸化分解
　　抗菌、防汚材料
　　超親水性、超親油性材料

形成できるという特徴がある。

　最も典型的な例は、印刷の際の刷版に使う酸化亜鉛の感材である。これは可視光の中心の緑に感光するようにローズベンガルというオレンジ色の色素で増感しているため、感光体そのものがオレンジ色になってしまい、その上にカラー画像を作ることができない。同じだけの増感色素を入れても酸化チタンの場合は白いため、その上でダイレクトに画像が作れ、そのまま使えるという利点がある。

　もう1つの特徴は、誘電率が大きい点である。電子写真方式の場合、表面に帯電させてその電位差を利用して電気泳動によって着色剤を付ける。着色剤の粗さが画像の粗さを決めることになる。非常に細かい着色剤を使うと、きめの細かい画像ができるが、粒子を細かく分散させると1つ当たりの粒子の帯電量が非常に大きくなってしまう。だから、きめの細かいチャージの大きなトナー粒子を使うと濃度が出せない。

　ところが、酸化チタンの場合は、同じ帯電圧でも非常にたくさんの電気量があるため、きめの細かいチャージの大きなトナーを使っても濃い濃度が出せるという利点がある。この2つの利点をどう生かすかということで研究がなされ、最近になり使えるものができてきた。現在は、この酸化チタンマスターによる製版システムのフィールドテストが行われている段階である。

**グレッチェルセル**
（→第2章参照）

　グレッチェル方式の太陽電池（図10）とは、いわゆる色素増感法を電極反応に繰り入れたものである。電解質溶液中に含まれているレド

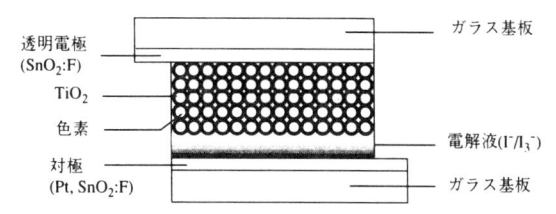

```
                    透明電極
                    (SnO₂:F)              ガラス基板
                    TiO₂
                    色素
                                          電解液(I⁻/I₃⁻)
                    対極
                    (Pt, SnO₂:F)          ガラス基板
```

色素：Ru錯体　Ru(4,4'-dicarboxyl-2,2'-bipyridine)$_2$(NCS)$_2$
電解液：電解質　(C$_3$H$_7$)$_4$NI (0.46M) + I$_2$(0.06M)
溶媒：acetonitrile (20 vol.%) + ethylene carbonate (80vol.%)

図10　グレッチェル型色素増感太陽電池の構成
(Cygnus Enterprise Inc.)

ックス種（通常はI$_2$/I$_3^-$）の酸化・還元が繰り返され、この系に電流が流れる、電気化学的な太陽電池である（本多・藤嶋型の太陽電池との違いは第2章を参照のこと）。

　本多・藤嶋型の酸化チタン光電池の場合、400nm以下という太陽光のうちのほんのわずかな部分しか使えないことが最大の欠点となる。

　グレッチェルの工夫は、増感色素として酸化・還元サイクルに安定なルテニウム錯体を使ったことと、酸化チタン電極を多孔質化して電極が保持できる色素の量を非常に多くしたことの2点である。通常、酸化チタンの単結晶を使うと、光が1cm$^2$に照射されるとすると、有効に働く酸化チタンの面積も1cm$^2$しかないわけだが、グレッチェルのように微粒子の酸化チタンを堆積させて使うと、1cm$^2$の光照射部に酸化チタンの表面積が800～1,000cm$^2$くらいになる。これだけのところに色素を吸着させることができるため、光の吸収量（吸光度）が大きくなり光の変換効率が高くなる。

　グレッチェルセルが大きな話題となったのは、太陽光の変換効率が10%前後という数値をNature誌に発表したことによる。シリコンの場合、単結晶シリコンで18%、アモルファスシリコンで10%弱と、変換効率だけからみると特別なことはないようだが、電気化学的太陽電池とシリコン太陽電池では製造コストが全く異なる。シリコン太陽電池では、シリコンを精製するのに膨大な量の電気を使うため、はたしてシリコン太陽電池1代の間に自分を作るのに使われた電気を回収できるのか、といったことまで取りざたされている。

これに対して、酸化チタン太陽電池の製造コストは非常に低いと言われている。コストの試算によれば原価の50%はガラスであるという。酸化チタンやルテニウム錯体は安価であり、たとえ変換効率が10%にとどまったとしても、コストパフォーマンスは高くなる。

グレッチェルセルについては、NEDOの湿式太陽電池調査委員会によって、シリコン太陽電池に替わる新しいエネルギー源として使えるかどうか調査が続けられている。

**光触媒**

酸化チタンを光触媒として使うという研究については、本書の全体的なテーマでもあり、その研究の流れについては第1章に譲ることとする。

光触媒作用をもつ光半導体は他にも硫化カドミウム、酸化亜鉛などいろいろあるが、実質的にはほとんど酸化チタンだけが使われている。これは以下のような理由によると考えられる。

まず、カドミウム系の化合物あるいは酸化亜鉛では、光励起されて反応が進むと、亜鉛やカドミウムが溶解してくる。これを水処理に使えば、重金属イオン公害という2次公害を引き起こしてしまうことになる。酸化チタンはそのような溶解現象を起こさない。

溶解現象を起こさない材料としては、他に酸化ジルコニウム、酸化鉄、チタン酸ストロンチウムなどがあるが、これらの中で特に安定であることと光吸収波長域の関係から酸化チタンが使われてきた。

また、酸化チタンは食品添加剤としても認可されているし、日本薬局方にも記載されているように、安全性が確認されている。酸化チタンの不純物として鉱石や硫酸から混入してくる鉛などに対しては強い規制があるが、通常光触媒に使われる酸化チタンはそれほど不純物を含んでおらず、毒性については心配がない。カドミウム系やヒ素系の半導体ではこの点が問題となる。

環境処理に光触媒を使う場合、安全性はたいへん大きな要素である。これは医薬品の場合と同じで、病原菌に効く物質はたくさんあっても、その中で人体には悪影響を与えないことが薬の大前提となる。環境処理に使う材料の場合も、処理する材料そのものは環境に対して悪い影響を与えず、それでいて強い処理能力をもつことが条件となる。

さらに、環境処理自体はそれほど大きな付加価値を生ずるものでは

ないため、あまり高価な材料を使うことはできない。チタンは地球上の元素のなかでも存在確率の高いもので値段もそれほど高くはない。たとえば同じような光半導体の酸化タングステンなどに比べるとたいへん安価で入手できる。

このような条件が満たされることで、結果的に酸化チタンに絞り込まれてきたというのが実情であろう。

## 9　光触媒としての酸化チタン製品

**良い光触媒とは**　　光励起されると電子と正孔のペアがフォトン1個に対して1組発生する。これはどんな光半導体でも同じ条件である。

結晶格子の中の格子欠陥が電子をトラップし、そこに正孔が来ると再結合し消滅する。深いトラップレベルにある格子欠陥は再結合中心と呼ばれる。

再結合中心として働く格子欠陥密度の高い材料は、フォトンの利用効率がそれだけ落ちることになる。そのため、再結合中心の少ない材料を、光活性が高いと評価すべきと考えられる。これは、結晶の完全性、すなわち格子欠陥の少なさに支配される。

しかし、いくらそのような良い光触媒を作っても、粒子が大きくて比表面積が小さいと、対象物を表面に捕集する力が弱く空気浄化や水浄化の効果は上がらない。要するにどのような用途に使うかによって、どのような酸化チタンを選ぶべきかを考えていかなければならない。

そこで具体例として石原テクノが販売している光触媒酸化チタンの銘柄を示しながら、それぞれの特徴とそれに適した用途について以下に解説する。

**粉末製品とその用途（表6）**

〈ST-01〉　　ST-01は粒子が非常に細かい酸化チタンである。X線でみると7nmという粒径である。実際には7nmの粒子が空気中で安定して分離した状態で存在することはできず、ファンデルワールス力である程度軽いフロックを作った状態で使われている。したがって、比表面積は300m$^2$/gくらいになっている。

〈ST-21〉　　ST-21は粒径を20nmくらいに成長させたもので、比表面積は50m$^2$/gになっている。結晶の格子欠陥は表面近傍に分布していることが多く、

表6 酸化チタン光触媒（粉末）の銘柄

|  | ST-01 | ST-21 | ST-31 | ST-41 |
|---|---|---|---|---|
| 結晶型 | anatase | anatase | anatase | anatase |
| 形　状 | 粉体 | 粉体 | 粉体 | 粉体 |
| $TiO_2$ wt% | 95 | 95 | 81 | 98 |
| 粒子径(nm) | 7 | 20 | 7 | 180 |
| 比表面積($m^2/g$) | 320 | 50 | 260 | 9 |

（石原テクノ）

特に化学的に合成した材料の場合には、非常に高い密度で分布している。

この表面にある格子欠陥をどんどん解消していく形で結晶成長させると、粒径が大きくなって比表面積は減少しガスの捕集力は落ちるが、電荷分離の量子効率は上げることができる。

ST-01のように比表面積の大きな粒子を塗料的に使うのは非常に難しい。たとえばバインダー樹脂の中に酸化チタン粒子を分散させるときには、酸化チタンの表面を全部樹脂溶液で濡らす必要があるが、そもそも酸化チタンはきわめて親水性が大きい物質である。均一に分散させるためには、まず機械的な力で酸化チタン表面全体を濡らさなければならないが、これはほとんど不可能である。実際、分散技術が最も進んでいる塗料業界には分散機というものがあるが、およそ$10m^2/g$前後の比表面積の粒子を分散させるために開発されているもので、$300m^2/g$もあるものを分散することは非常に難しい。

このようなことから、ST-21では比表面積を$300m^2/g$から$50m^2/g$くらいまで落とすことによって、分散させられないことはない、という程度に設計されている。

〈ST-41〉　　　　ST-41は、およそ顔料の酸化チタンと同じような粒径で、粒径はかなり大きい。急激ではなく時間をかけて徐々に結晶成長させることにより、高い量子効率が得られるよう作られている。比表面積が小さいためガスの吸着・分解には適さないが、表面の汚染防止や抗菌という用途に対して優れた効果を示す。ただし、ST-41の場合は粒径が大きいために光散乱が強く、これを混ぜた塗膜は真白になる。ある程度透明性が欲しいときはST-21で妥協することを考えたほうがよい。

〈ST-31〉　　　　ST-31では表面を塩基性の酸化亜鉛で処理して、酸性・塩基性両ガス

に対する吸着速度のバランスがとれる形にしている。これは脱臭という目的で使用する場合、酸化チタンは固体酸として非常に強いため、塩基性のガスに対する吸着が良い半面、酸性のガスに対する吸着は弱く、吸着速度に偏りがみられるためである。

たとえば、タバコの臭いは一般にアセトアルデヒドが代表的と言われるが、実際はアンモニア、酢酸、その他数千種類の成分が混ざっている。そういう酸性、塩基性、あらゆるものを含んだ臭いを対象に分解するとき、平均的に吸着・分解させる必要がある。

**粉末の分散化（表7）**　粉末のまま使うケースよりも、実際には分散させて使うケースのほうが多いため、ゾルという形の商品も上市されている。この場合、水に分散させた状態で凝集しないよう工夫されている。たとえば、粒径が小さいSTS-01の場合はプロトンを吸着させて表面にプラスの電荷をもたせ、その反発力で凝集しない形で分散の安定性を保っている。この粒径では可視光を全く散乱しないため、ほとんど透明なゾルになる。

**脱臭フィルター**　酸化チタンは粉末のままでは使いにくく応用商品の開発も必要である。少し加工度を上げたものも手に入れることができる。

そのうちの1つが脱臭用のフィルターである。この図11は酸化チタンを活性炭と複合体にして紙に漉き込み、段ボールのような形に加工したものである（コルゲート加工）。活性炭と共同で悪臭分子を捕集し、活性炭が捕集したものを酸化チタンが分解するという形で初期の処理速度を上げると非常に効率が良い。この脱臭フィルターを組み込んだものがすでに数社によって商品化され、空気清浄機として活躍している。

**コーティング液**　物体の表面にコーティングして光触媒の膜を作る形のコーティング液も手に入れることができる（第3章2参照）。

**セメントバインダー**　大気中の$NO_x$除去用として、セメントをバインダーにする方法もフィールドテストが進行している。

**水処理への期待**　金魚鉢の浄化槽に光触媒をつけたセラミックボールを使って試して

みたところ、水を循環させる系ではたいへん効果があることがわかった。しかし、実際の水処理に光触媒を応用するとなると難しい点が多々ある。1つには水中と大気中では拡散係数の桁が違うため、大気中と同じ考えでは処理効率が上がらないことなどがある。酸化チタンによる水処理が実用化するにはもう少し時間がかかるようである。

表7 光触媒酸化チタンゾルの銘柄

| Grade | TiO$_2$濃度<br>(重量%) | X線粒径<br>(nm) | pH | 使用粉体 | 安定剤 |
|---|---|---|---|---|---|
| STS-01(Titania sol) | 30 | 7 | 1.5 | ST-01 | 硝酸 |
| STS-02(Titania sol) | 30 | 7 | 1.5 | ST-01 | 塩酸 |
| STS-21(Titania slurry) | 40 | 20 | 8.5 | ST-21 | 分散剤 |

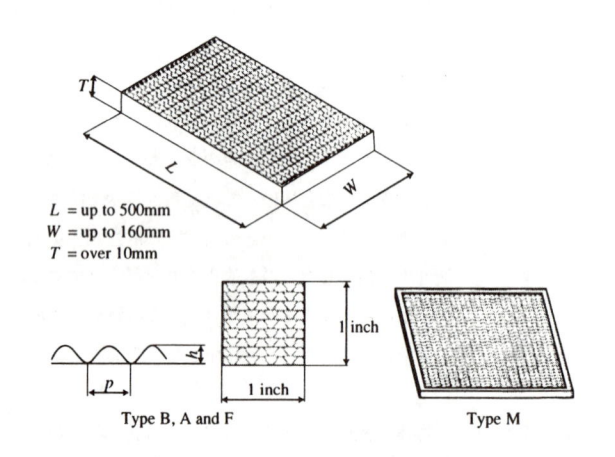

$L$ = up to 500mm
$W$ = up to 160mm
$T$ = over 10mm

Type B, A and F　　　　Type M

| Type | セルサイズ<br>(mm) | 1インチ平方<br>当たりのセル数 | (Nomograph of<br>Pressure Drop) | バルク密度<br>(g/cm$^3$) |
|---|---|---|---|---|
| B | 2.8×5.9 | 77 | Nomograph B | 0.16 |
| A | 4.7×8.4 | 33 | Nomograph A | 0.10 |
| F | 2.1×4.5 | 134 | Nomograph F | 0.20 |
| M | 1.2×1.3 | | Nomograph M | |

図11 光触媒酸化チタンハニカム脱臭フィルター

**参考文献**

1) バークスベール、「チタニウム」、ロナルドプレス (1966)：酸化チタン工業の最初から出版当時に至るまでのさまざまな特許、文献を網羅している。タイトルからわかるように、金属チタンも含んで、いわゆるチタニウムを扱った産業全般の解説書。
2) 清野学、「酸化チタン」、技報堂 (1991)：酸化チタン工業に携わる人間が常識として知っていることをまとめた書。

# 2 酸化チタンの担持法

酸化チタンの光触媒反応を実用化するためには、何らかの方法で基材に酸化チタンを担持する必要がある。膜として担持する場合には、焼結するか熱分解法で行うかという発想になるが、その場合にはどうしても基材の耐熱性が高くなければならないという問題がある。耐熱性の低い基材に担持する場合には、コーティング剤にして上に塗るか、あるいは分散させるかということになる。

## 2.1 酸化チタン膜コーティング法

15年ほど前に、チタンアルコキシドを原料とする高屈折率で透明な酸化チタン膜の研究が行われていた。この膜は、透明なアナターゼタイプの酸化チタン膜で、防眩ミラーや光干渉フィルター(可視光透過・赤外反射多層膜)などに応用する目的で研究されていた。当時は、この膜の光触媒機能は全く注目されていなかったが成膜方法はずいぶん検討されてきた。この長年の間に培われてきた酸化チタン膜の成膜方法は光触媒膜の作製に有効である。

### 1 ゾルゲル法

| | |
|---|---|
| ゾルとは何か | ゾルとは、10～1,000 Åの固体粒子(コロイド)が媒体中に分散している状態をさす。 |
| ゲルとは何か | ゲルとは、コロイドが集合して網目構造となり固体化したもの。媒体は網目構造の中に保持されている。 |
| ゾルゲル法とは(図1) | まず加水分解や重合法によって、金属の有機および無機化合物の溶液を、金属酸化物や水酸化物の微粒子が溶解したゾルにする。その後、反応を進ませてゲル化させ、その多孔質のゲルを加熱して、非晶質やガラス、多結晶体を作る。 |

長所・短所(表1)　　ここでは主に金属アルコキシドを使ったゾルゲル反応の特徴を考える。長所としては、①蒸留できるため高純度の原料を使用できる、②セラミックスでは溶融物からガラスを作る場合2,000℃くらい必要なのに対して、ゾルゲルガラスの場合、800℃くらいの低温で合成できる、③溶液レベルを通過するため、均一に混合できる、④微粒子のセラミックスを合成できる、⑤ディップコーティング法（後述）において2m×5mくらいの大きなガラスを処理することが可能であり、生産効率の向上を図ることができる。

短所としては、①いわゆる無機塩の原料に比べて金属アルコキシドはやや高価である、②有機膜から無機膜にするため、体積収縮が大きい、③細孔、カーボン、OH基などが残存する（ただし、これは場合によっては利点となるかもしれない）。

## 2　ゾルゲル法の原料

原料化合物　　　　　①金属化合物、②水、③溶媒、④酸またはアンモニア、⑤その他添加物。

金属アルコキシドとは　　厳密に言うと、有機金属化合物（Organo metallic compounds）と、金

表1　ゾルゲル法の特徴

| 長　所 | 短　所 |
|---|---|
| 高純度原料の使用<br>低温合成（ガラス）<br>分子レベル高均一性<br>微粒子セラミックス<br>高生産効率 | 原料高価<br>　（金属アルコキシド）<br>体積収縮大<br>　（有機膜→無機膜）<br>細孔、カーボン<br>OH基等の残存 |

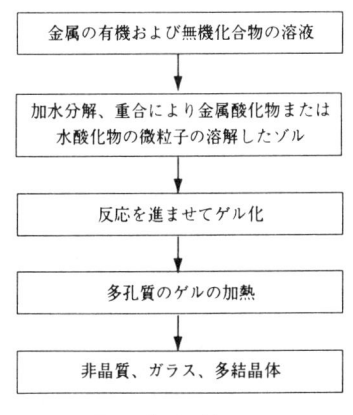

図1　ゾルゲル法とは

金属の有機および無機化合物の溶液
↓
加水分解、重合により金属酸化物または水酸化物の微粒子の溶解したゾル
↓
反応を進ませてゲル化
↓
多孔質のゲルの加熱
↓
非晶質、ガラス、多結晶体

属有機化合物（Metallo-organic compounds）は違う（表2）。

カーボンと金属が直接結合しているものを有機金属化合物という。一方、金属（M）とOの結合、MとNの結合、MとSの結合の化合物を金属有機化合物という。その中で、MとOが結合している化合物を金属アルコキシドという。構造的には金属があってORがある。たとえば、チタンのアルコキシドとしてはチタニウムイソプロポキシドがある。

性状は、金属の電気陰性度にすべて依存する。金属の陰性度により、モノマーで存在したり、イオン性で会合していたりする。周期律表でみると、図2に示すように太線で囲んだものがアルコキシドになる。つまり、金属の特性によってM-Oの結合ができにくいもの以外、ほとん

表2　金属アルコキシドとは？

| | |
|---|---|
| 有機金属化合物（Organo metallic compounds） | |
| Metal-C結合 | |
| $(CH_3)_2Zn$ | Dimethylzinc |
| $(C_2H_5)_4Pb$ | Tetraethyllead |
| 金属有機化合物（Metallo-organic compouds） | |
| Metal-O結合（金属アルコキシド）Metal-N結合 | |
| Metal-S結合 | |

元素の周期表

| 族＼周期 | IA | IIA | IIIA | IVA | VA | VIA | VIIA | VIII | | | IB | IIB | IIIB | IVB | VB | VIB | VIIB | 0 |
|---|---|---|---|---|---|---|---|---|---|---|---|---|---|---|---|---|---|---|
| 1 | H 1 | | | | | | | | | | | | | | | | H 1 | He 2 |
| 2 | Li 3 | Be 4 | | | | | | | | | | | B 5 | C 6 | N 7 | O 8 | F 9 | Ne 10 |
| 3 | Na 11 | Mg 12 | | | | | | | | | | | Al 13 | Si 14 | P 15 | S 16 | Cl 17 | Ar 18 |
| 4 | K 19 | Ca 20 | Sc 21 | Ti 22 | V 23 | Cr 24 | Mn 25 | Fe 26 | Co 27 | Ni 28 | Cu 29 | Zn 30 | Ga 31 | Ge 32 | As 33 | Se 34 | Br 35 | Kr 36 |
| 5 | Rb 37 | Sr 38 | Y 39 | Zr 40 | Nb 41 | Mo 42 | Tc 43 | Ru 44 | Rh 45 | Pd 46 | Ag 47 | Cd 48 | In 49 | Sn 50 | Sb 51 | Te 52 | I 53 | Xe 54 |
| 6 | Cs 55 | Ba 65 | ' 57～71 | Hf 72 | Ta 73 | W 74 | Re 75 | Os 76 | Ir 77 | Pt 78 | Au 79 | Hg 80 | Tl 81 | Pb 82 | Bi 83 | Po 84 | At 85 | Rn 86 |
| 7 | Fr 87 | Ra 88 | '' 89～103 | | | | | | | | | | | | | | | |

| | | | | | | | | | | | | | | | |
|---|---|---|---|---|---|---|---|---|---|---|---|---|---|---|---|
| ' ランタン系列元素 | La 57 | Ce 58 | Pr 59 | Nd 60 | Pm 61 | Sm 62 | Eu 63 | Gd 64 | Tb 65 | Dy 66 | Ho 67 | Er 68 | Tm 69 | Yb 70 | Lu 71 |
| '' アクチニウム系列元素 | Ac 89 | Th 90 | Pa 91 | U 92 | Np 93 | Pu 94 | Am 95 | Cm 96 | Bk 97 | Cf 98 | Es 99 | Fm 100 | Md 101 | No 102 | Lr 103 |

図2　アルコキシドを形成する元素

ど大部分の元素がアルコキシドになる。

金属アルコキシドの合成　　合成方法も、金属元素の電気陰性度に依存する。陽性金属の場合、金属をアルコールの中に入れるだけで反応が起こり、すぐに水素が出て$M(OR)_n$になる。一方、電気陰性度の低い金属の場合、塩化物からアルコールと触媒を使って作る（図3）。

　　金属からの合成として最も簡単なのは、金属ナトリウム（金曹）である。たとえば溶剤の脱水には金曹を使うが、それと同様にすぐにアルコキシドが生成される。また、活性の低い陽性金属としてはベリリウム、マグネシウム、アルミニウムなどがあるが、これらの場合にはヨウ素を使って反応させる。

　　電気陰性の金属の場合、金属ハロゲン化物から合成するが、使うアルコールが1級、2級あるいは3級の場合で反応性が異なる。特に、3級になると置換しにくいため、ピリジンなどの塩基性の触媒を使って反応を進ませる。

〈アルコール交換反応〉　　アルコール交換反応とは、アルコールによりORを置換する反応である（図4）。ブトキシを出発原料とするチタニウムアルコキシドを、簡単に違うものに変換できる。たとえば、テトラブトキシチタンをエタノールの溶液に入れると、ブトキシが簡単にエトキシに変わる。何でもないことだが、ゾルゲルをやる場合には最終的にこういう反応があることが参考になると思われる。トランスエステル化反応（図5）も同じようなことで、たとえばジルコニウムイソプロポキシドがエステルで簡単にジルコニウムブトキシドに変わる。

〈複合アルコキシド〉　　特定の組み合わせでは、2種類以上の金属元素を含むアルコキシドができる。たとえば金属としてリチウム、ナトリウム、カリウムなどが

①合成方法は金属元素の電気陰性度に依存
②陽性の高い元素

$$M + nROH \xrightarrow{\text{直接反応}} M(OR)_n + n/2H_2$$
金属　アルコール

③電気陰性の元素

$$MCl_n + nR'OH \xrightarrow{\text{cat.}} M(OR')_n + nHCl$$
塩化物　　　　　触媒

図3　金属アルコキシドの合成

· $M(OR)_n + xR'OH \rightleftharpoons M(OR)_{n-x}(OR')_x + xR'OH$

具体例
$Ti(OBu^t)_4 + 2EtOH \rightleftharpoons Ti(OBu^t)_2(OEt)_2 + 2Bu^tOH$

図4 アルコール交換反応

· $M(OR)_n + xCH_3COOR' \rightleftharpoons M(OR)_{n-x}(OR')_x + xCH_3COOR$
　　　　　　　　　　　　　　　　　　　　　　低沸点エステル

例(1)
$Zr(OPr^i)_4 + 4CH_3COOBu^t \longrightarrow Zr(OBu^t)_4 + 4CH_3COOPr^i$
　　　　　　bp 98℃　　　　　　　　　　　　　bp 89℃
　　　　　　$\Delta t = 9$℃

例(2)
· $Ti(OPr^i)_4 + 4CH_3COOSiR'_3 \longrightarrow Ti(OSiR')_4 + 4CH_3COOPr^i$
　　　　　　Trialkilsilyl acetate　　　Trialkilsiloxide
　　　　　　　　　　　　　　　　　　titanate

長所
アルコール交換反応と比べて
・エステル間の沸点差が大のため　$OPr^i \rightarrow OBu^t$の合成が容易
・立体的な影響を受けにくい

図5 トランスエステル化反応

あって、それにM'としてアルミニウム、ガリウムなどを反応させると、金属が2つ入ったアルコキシドができる。また、金属ハロゲン化物とアルミニウムアルコキシドの場合でも、インジウムとアルミ、鉄とアルミ、あるいはアルミとジルコンの2つの元素が入ったアルコキシドができる。

これらは光触媒と直接には関係ないかもしれないが、何かに利用することができるのではないかと考えている。

**チタンアルコキシドの反応性**　　酸化チタン膜を作る方法としては、最初から結晶になっているチタンの粉末（チタニアゾル）を使う場合と、結晶化していないチタンのアルコキシドを用いてアナターゼやルチルの結晶膜を作る場合がある。後者の利点は、液状のものから成膜するため、非常に透明で強固な密着性のある膜を作りやすい点である。ここでは、成膜法の基礎となるチタンアルコキシドの反応性について触れる。

〈加水分解反応〉　　チタンアルコキシドは水との反応性が高く、空気中の水分と容易に

反応する。水分量をコントロールできるような条件では、さらに脱アルコール反応、脱水反応と縮合反応が進む（図6）。この3つの反応はほとんど平衡して生じるため、分離することは難しい（ただし、水が過剰にある場合にはこのような反応は進まないと思われる）。

$Ti(OR)_4$のRの構造をいろいろと変えることによりチタンアルコキシドの性状は変化するが、なかでも特に加水分解性が異なってくる。

〈加水分解因子〉

①アルコキシドに対する水の添加molの倍数で議論することがある。これを$h = H_2O/Ti(OR)_4$とすると、$h=1.3$すなわち1.3倍molの水で$TiO_2$が生成する。

②$Ti(OR)_4$の4個のアルコキシ基のうち3個は速やかに加水分解するが、残り1個は遅い。

③分解反応は温度により平衡反応がある。

④同一炭素数、たとえば炭素4つなら、立体構造により反応性が異なる。

⑤同一構造の場合、アルキル基の長さ、メチレン基の長さによって反応性が異なってくる。長くなればなるほど、反応性は遅くなる。

⑥重合度によってアルコキシ基の反応性はだんだん弱くなる。

⑦塩素が1つ入る場合とすべてORの場合とでも、反応性は異なる。

⑧アシレートにする場合とキレートの場合でも当然反応性は異なる。

このようなことから、チタンアルコキシドから酸化チタン膜を作るにあたっては、うまく分解温度にあった安定化方法を見つけて溶液（ディッピング溶液）を作ることがまず必要になってくる。

$Ti(OR)_4$ RのC〜4のとき非常に加水分解しやすい
（空気中の水分で反応）

加水分解素反応
①ヒドロキシル化反応
$Ti(OR)_4 + H_2O \longrightarrow Ti(OR)_3OH + ROH$
②脱アルコール反応（縮合反応1）
$Ti(OR)_4 + Ti(OR)_3OH \longrightarrow Ti(OR)_3\text{-O-}Ti(OR)_3 + ROH$
③脱水反応（縮合反応2）
$2Ti(OR)_3OH \longrightarrow Ti(OR)_3\text{-O-}Ti(OR)_3 + H_2O$
①②③の反応は平行的に生じ分離は困難

図6　チタンアルコキシドの加水分解反応

〈アシレートの形成〉　　アシレート化とは、カルボン酸を反応させて安定化させる方法である。図7には、カルボン酸を2倍、3倍入れたらどうなるか、また酸無水物の場合はどうなるかを示す。

キレート化合物　　重要な安定化法としてキレート化合物を用いる方法がある。「チタンは遷移金属で多くの空の $\alpha$ 軌道をもつ4価6配位の金属であるので、O、Nを中心にSを含む電子供与基では5または6員環のキレートを形成し安定化しやすい」という点が非常に重要である。キレート生成熱は10～15kcal/molである。

〈$\beta$-ジケトン〉　　$\beta$-ジケトン（アセチルアセトンキレート）というキレート化剤を使って安定化した薬剤が酸化チタン成膜用に商品化されている。チタンアルコキシドにアセチルアセトンが反応する際、1molのチタンアルコキシドに対して、ふつう2molのアセチルアセトン（AA）までは簡単に反応する。$Ti(AA)_2(OR)_2$ の2個のOR基は、$Ti(OR)_4$ のORより反応性が小さく、図8に示すように2つの環を作って安定化する。

また、$Ti(AA)_2(OR)_2$ に水を加えると加水分解して縮合し、$n=12$ くらいまではアルコールに可溶なものができる。アルコキシ基を交換する

① カルボン酸
$Ti(OR)_4 + nR'COOH \longrightarrow Ti(OR)_{4-n}(OCOR')_n + nROH$
$n=2$ のとき
　$Ti(OR)_4 + 2R'COOH \longrightarrow Ti(OR)_2(OCOR')_2 + 2ROH$
$n=3$ のとき
　$Ti(OR)_2(OCOR')_2 + R'COOH \longrightarrow Ti(OR)(OCOR')_3 + ROH$
　$Ti(OR)(OCOR')_3 \longrightarrow O=Ti(OCOR')_2 + R'COOH$
　$Ti(OR)(OCOR')_3 + Ti(OR)_2(OCOR')_2 \longrightarrow (RO)_2TiOTi(OCOR')_2 + R'COOR$
　　　　　　　　　　　　　　　　　　　　　　　ダイマー

② 酸無水物 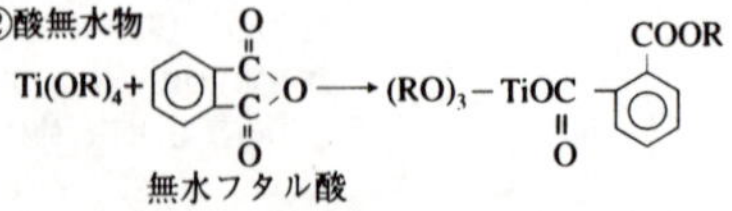
$Ti(OR)_4 + $ 無水フタル酸 $\longrightarrow (RO)_3-TiOC\text{-}C_6H_4\text{-}COOR$

図7　アシレートの形成

## コラム◆最近のカーワックスが長持ちなのは

近頃のカーワックスはたいへん長持ちするようになってきました。一度塗れば3カ月もつとか、最近では6カ月もつものもあると思います。これはアルコキシドが残っていてアシレートを形成するために、うまく車の塗装面に結合しているおかげです。いわゆるチタンカップリング剤と呼ばれるものです。結合して強固な膜ができるため、長持ちのカーワックスになるのだと思います。

① $\beta$-ジケトン(アセチルアセトンキレート)
工業上大量に製造されているキレート

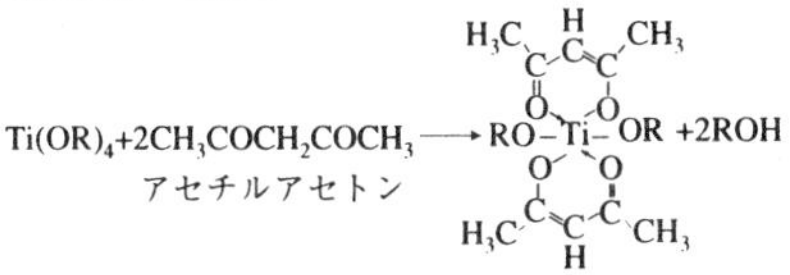

$Ti(OR)_4 + 2CH_3COCH_2COCH_3 \longrightarrow RO-Ti-OR + 2ROH$
アセチルアセトン

・6員環には環電流
・完全な共役系ではなく高温下では解列性に差が出て反応サイトができる
・$Ti(AA)_2(OR)_2$ 個のORは$Ti(OR)_4$のORより反応性は小さい

ジイソプロポキシービス〔アセチルアセトナト〕チタン
TAA 非会合性 単量体
bp 123℃/0.5mmHg

図8 キレート化合物による安定化の一例

ときにも、$Ti(AA)_2(OR)_2$を使う場合がある。

〈ヒドロキシカルボン酸キレート〉　　$\alpha$-カルボン酸にはグリコール酸、乳酸、リンゴ酸などいろいろあるが、特に乳酸はおもしろいキレート剤である。OH基とCOOH基の両方が結合に関与すると考えられている。水、アルコールに可溶であり、水性塗料などに利用される。

〈$\beta$-ケトエステル〉　　アセト酢酸メチルは若干キレート化能が弱いが、これはこれなりの利用方法があると思われる。

〈グリコールキレート〉　　グリコールも安定化剤になる。いろいろなグリコールがあるが、たとえばエチレングリコールやヘキシレングリコールはそれぞれの安定化物ができて、それなりの利用方法がある。

主な有機チタネート　　有機チタネートは日本国内で年間約1,000トン生産されており、そのうちのかなりの量はエステル化触媒用に使われている。また、高層ビ

表 3-1 主な有機チタネート①

| | TPT(TPT-100, A-1) | TBT(TBT-100, B-1) | TOT | TST |
|---|---|---|---|---|
| Structural Formula | $Ti(O\text{-}iC_3H_7)_4$ | $Ti(O\text{-}nC_4H_9)_4$ | $Ti[OCH_2CH(C_2H_5)C_4H_9]_4$ | $Ti(O\text{-}C_{17}H_{35})_4$ |
| Chemical Name | Tetra-$i$-propyl titanate | Tetra-$n$-bytyl titanate | Tetrakis(2-ethylhexyl) titanate | Tetrastearyl titanate |
| Molecular Weight | 284 | 340 | 564 | 1124 |
| Physical Appearance | Clear pale yellow liquid | Clear pale yellow liquid | Clear pale yellow liquid | Pale yellow waxy solid |
| Purity(%) | >99 | >99 | >95 | >93 |
| $TiO_2$ Content(%) | >27.8 | >23.2 | >13.5 | >6.6 |
| Spec. Gravity(25℃) | 0.950-0.960 | 0.992-0.998 | 1.06-1.08 | — |
| Viscosity(cps. at 25℃) | 5 | 82 | 148 | — |
| Boiling Point (℃/mmhg) | 58/1, 116/10, 175/100 | 120/1, 206/10 | 243/3 | (Decomposition) |
| Flash Point(℃) | 75 | 73 | — | — |
| Freezing Point(℃) | 17 | <-40 | <-25 | 64 |
| Effect of Water | Extremely rapid hydrolysis | Extremely rapid hydrolysis | Rapid hydrolysis | Gradual hydrolysis |
| Typical Solvents | $i$-Propanol<br>$n$-Hexane<br>Benzene<br>Toluene<br>Methylchloroform | $n$-Butanol<br>$n$-Hexane<br>Benzene<br>Toluene<br>Methylchloroform | Benzene<br>$n$-Hexane<br>Toluene<br>Methylchloroform | Carbon tetrachloride<br>Benzene<br>Toluene<br>Methylchloroform |
| Main Uses | Catalyst<br>Adhension promoter<br>Surface treatment agent<br>Cross-linking agent | Catalyst<br>Adhension promoter<br>Surface treatment agent<br>Heat resistant paint | Adhension promoter<br>Cross-linking agent | Dispersant<br>Water repellent agent |

ルの窓ガラスには熱線反射膜ガラスというものが採用されているが、その製造過程でも有機チタネートが用いられる。以下に主な有機チタネートを簡単に紹介する。

　表3-1にA-1とあるのは、テトライソプロピルチタネートである。分子量は284で、ほとんど透明である。酸化物含量（液状のテトライソプロピルチタネートを熱処理して酸化チタンにしたときの、全体に対する酸化物の割合）は約28%である。

　アルコキシド（OR）のRがノルマルブトキシの場合をB-1という。また、もう少しアルキル基の長いエチルヘキシルオキシチタン（TOT）も作っている。表中のEffect of Waterの欄にあるように、A-1、B-1は

表 3-2 主な有機チタネート②

| | TAA(Titabond-50) | TAT | TLA(Tilac) | TOG |
|---|---|---|---|---|
| Structural Formula | $Ti(O\text{-}iC_3H_7)_2$ $[OC(CH_3)CHCOCH_3]_2$ | $Ti(O\text{-}nC_4H_9)_2$ $[OC_2H_4N(C_2H_4OH)_2]_2$ | $Ti(OH_2)[OCH(CH_3)COOH]_2$ | $Ti[(OCH_2CH(C_2H_5)CH(OH)C_3H_7]_4$ |
| Chemical Name | Di-$i$-propoxy·bis (acetylacetone) titanium | Di-$n$-butoxy·bis (triethanolamine) titanium | Dihydroxy·bis (lactic acid)titanium | Tetraoctyleneglycol titanate |
| Molecular Weight | 364 | 490 | 260 | 628 |
| Physical Appearance | Clear pale red liquid | Clear yellow liquid | Pale yellow crystal | Pale yellow liquid |
| Purity(%) | >75 ($i$-propanol solution) | >77 ($n$-butanol solution) | >90 | >72 ($i$-propanol solution) |
| $TiO_2$ Content(%) | >16.5 | >12.5 | >30.7 | >9.2 |
| Spec. Gravity(25℃) | 0.99-1.01 | 1.04-1.06 | — | 0.95-0.97 |
| Viscosity(cps. at 25℃) | 10 | 50 | — | 100 |
| Boiling Point (℃/mmHg) | — | — | (Decomposition) | — |
| Flash Point(℃) | — | — | — | — |
| Freezing Point(℃) | 10 | <-20 | — | <-20 |
| Effect of Water | Soluble in $i$-propanol+Water, Gradual hydrolysis | Gradual hydrolysis | Stable in water | Gradual hydrolysis |
| Typical Solvents | $i$-Propanol $i$-Propanol+Water Benzene Methylchloroform | Water $i$-Propanol Benzene Methylchloroform | Water | $i$-Propanol $n$-Hexane Benzene Methylchloroform |
| Main Uses | Surface treatment agent Adhension promoter Paint modifier | Dispersant | Adhension promoter Cross-linking agent Surface treatment agent | Surface treatment agent |

速く加水分解するが、TOTまでアルキル基が長くなると、水に対して少し安定になる。さらにステアリン酸（TST）までいくと、水に対して非常に安定になる。

表3-2のTAAは、1molのチタンアルコキシドを2molのアセチルアセトンで安定化させたものである。少しは加水分解するが、水に対して安定である。TATは、チタンアルコキシド1molに対してトリエタノールアミンを2mol反応させたもので、溶液としてこのままでもディッピングできるなど、それなりの使い方がある。

その他にもさまざまな用途にあわせた有機チタネートが作られている。

## コラム◆金属アルコキシドに関する簡単なデモンストレーション

　Siのアルコキシドであるテトラエトキシシラン(TEOS)と、Tiのアルコキシドであるテトライソプロピルチタネート(A-1)を使って、SiとTiという金属の差による反応性の違いを、簡単に説明します。

　まず、TEOSを水の中に入れると、水と油のようなものでTEOSが上に浮かんで、ほとんど反応している様子はありません。一方、同量のA-1を同じように水に入れると、表面が反応して蒸気を出します。梅雨の時期だと、A-1を入れている容器のフタを開けただけで煙が出るほど反応性が高いことがわかります（チタンアルコキシドを使って酸化チタン膜を作ろうとするときは、まずこの反応性の高さを考慮しないとよい膜はできません。つまり、いかに安定化させるかという点が重要になってくるわけです）。

　次に、エチルアルコールに入れてみます。TEOSはエトキシのシラン化合物ですのでORが同じであり、きれいに溶けてほとんど何も起こりません。その中にさらにA-1を少し入れると、アルコールが十分脱水されているようで白く濁りませんが、そこに水を入れると、A-1だけが反応して沈殿します。

　TEOSは$SiO_2$を作るための主な原料となっているものです。Ti-O-Siの結合を作って安定化させるためには、2つのアルコキシドの反応性の違いをうまく利用する必要があります。

　A-1というイソプロピルチタネートを縮合させて、10量体相当の酸化チタン含量にしたものをA-10という。B-1のブチルチタネートの縮合物も、2量体、4量体、7量体、10量体くらいまで作られている。

**Ti-O-Siの結合を作るには**

　普通のガラスは温度をかけると膨張するが、$TiO_2$と$SiO_2$をある割合で混ぜたガラスを作ると、温度変化に対してどちらかが膨張、どちらかが収縮する性質があり、うまくバランスがとれると無膨張ガラスができる。無膨張ガラスの研究を通して、Ti-O-Siの結合を作るにはどうすればよいか、さまざまな提案がなされてきた。たとえば以下のようなものである。

　①反応性の遅いSiのアルコキシドを先に加水分解し、そこにTiのアルコキシドを入れて、活性なOHを利用する。

　②反応性の高いTiのアルコキシドに安定化剤を加え、少し活性を落とす。そこにエトキシシランを添加してTi-O-Siを作る。

　③酢酸と水を少しずつ入れて、アシレートさせながら酸性で安定化させ、水で加水分解してTi-O-Siを作る。

　④アセチルアセトンとエチレングリコールをキレートに使ってうま

く安定化させる。

上記の④に関しては定量的な実験が行われている。アセチルアセトン1molとエチレングリコール1molで安定化させたチタンのキレート化物に、Siのアルコキシドを入れて、水を共存させて反応を進めたときの、水の消費量とTi-O-Siの強度との関係を調べると、水の消費量が多いほどTi-O-Siの強度が強いことが明らかになった。また、この反応に関してはpH依存性があることもわかっている。すなわち、添加する水のpHが低いほどTi-O-Siの結合が強いという実験結果が得られた（文献14）。

これらの事実は、光触媒には直接は関係ないが、実際の製品を開発していくうえでは、ひとつのキーポイントとなるかもしれない。

## 3　ゾルゲル法によるコーティング膜

ディップ
コーティング法

簡単にいうと、チタンのアルコキシドの溶液を入れ物に入れて、そこに浸積する基材を入れて引き上げ、乾燥させる、というのがディッピングである。しかし、簡単なようで、実際によいものを作ろうとすると、いろいろとノウハウが必要になってくる。

〈5つのステップ〉

工程を整理すると、図9に示すように5つぐらいのステップに分けることができる。すなわち、①浸漬：溶液に基材を浸漬する工程、②引き上げ：基材をあるところまで溶液に入れて、それを引き上げる工程、③成膜：液面に基材を上げて、液を定着させている状態、④排液：余分な溶液が下に流れ落ちる状態、⑤蒸発：溶剤が飛びながら加水分解が進む状態。

実際に酸化チタン膜を作ってみて、良いものができない場合には、どのステップに問題があるのか考えてみるとよい。

・ディップコーティング法
(a)Immersion（浸漬）、(b)Srart-Up（引き上げ）、(c)Deposition（成膜）、
(d)Drainage（排液）、(e)Evaporation（蒸発）

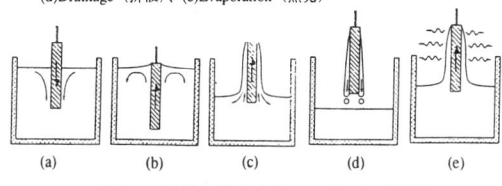

図9　ゾルゲル法によるコーティング膜[13]

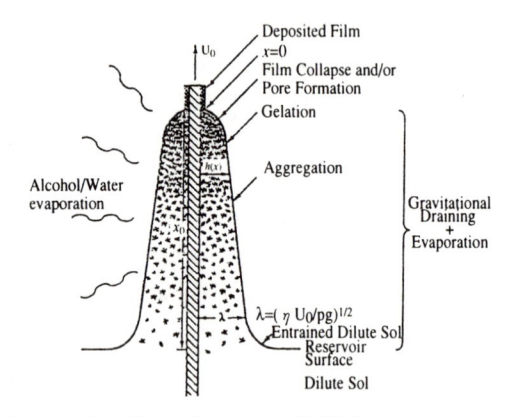

図10 ゲルのディップコーティングの模式図 [13]

成膜するときに何が起こっているのかを模式的に示したのが図10である。一部溶剤が蒸発しながらゲル化反応が起こり、上のほうから縮合が進み膜ができる。

〈膜厚の変動因子〉

ディップ膜の性能を左右する因子として、膜厚に関しては表4に示す6つの因子をあげることができる。まず、当然のことながら溶液中の有効酸化物濃度である。また、基材を引き上げるため、溶液の粘度、表面張力、使う溶剤の蒸気圧の問題がある。

引き上げ速度については、感覚的にはゆっくり引き上げたほうが厚くなると考えがちだが、一般にはDislichらの式というのがあって、膜厚は速度の2/3乗に比例するといわれる。したがって、速く引き上げたほうが膜厚は厚くなる。この式は垂直に引き上げたときの式だが、たとえば斜めに引き上げた場合には、両面の膜厚は異なってくる。

表4 ディップコーティング法

| 膜厚 ($t$) の変動因子 |
| --- |
| 溶液中の酸化物成分濃度（$MO_x$） |
| 溶液の粘度（$\eta$），表面張力，蒸気圧 |
| 引き上げ速度（$v$）:Dislichらの式　$t=k \times v^{2/3}$ |
| 引き上げ角度 |
| ディップ槽直上の相対湿度 |
| 加熱条件（温度×時間） |

さらに、雰囲気の湿度も膜質、膜厚に影響する。最もダイレクトに効くのは加熱条件の温度と時間である。温度といっても室温からゆっくり上げるのか、ある温度の加熱炉の中にいきなり入れるのかによっても違ってくる。

図11は、すでに日本曹達で製品化されたディッピング液で膜厚と引き上げ速度、および濃度との関係を調べたものである。$TiO_2$のディップ液については、濃度が5%から3%、1%と薄くなるに従って膜厚は薄くなること、また濃度に関係なく引き上げ速度が速くなると膜厚は厚くなることが示されている。

$SiO_2$のディップ液についても、濃度が5%のときに同様に引き上げ速度が速くなると膜厚が厚くなることが示されている。また、引き上げ速度を20cm/minに固定すると、$SiO_2$の濃度に依存して膜厚は厚くなる。

〈ディップ液管理モデル〉　実際に工場生産を想定したディップ液の管理モデルを作ってみた(表5;ただし、実際の工場ではもっと大きな40cm角くらいのガラスを、一度に30枚くらいディッピングする)。想定条件としては、20cm×30cm×30cmのディップ槽に、14リットルのNSi-500という$SiO_2$のディップ液を入れて、1日21時間作業して、1時間に12回ディッピングして360枚処理するというものである。

その場合の液量変化は、自然蒸発量が180g、ガラスによる液持ち出し量が4,386g、$SiO_2$の含有率は初期の5.0%から5.1%に上昇した(図12-1)。このデータを得たときの相対湿度は76%であったが、理想的には50%くらいがよいと思われる。さらに、ここまで液量が変化しないように、7時間おきに溶剤と薬剤を元の量まで補充すると(図12-2)、それほど差がなく薬剤のコントロールができる。工場で操業する際には、このような点が重要になるであろう。

また、光触媒と直接は関係ないが、われわれは昭和60年頃に東芝と共同で、$SiO_2$と$TiO_2$のディップ液を使ってハロゲンランプの可視光透過赤外反射膜を開発した。このような光干渉フィルターを作るための$TiO_2$膜の条件として、屈折率が高いこと、$SiO_2$と$TiO_2$の層間密着性がよいこと、なるべくなら低温で屈折率の高い$TiO_2$膜にすること、などがある。現在、光触媒として研究されているアナターゼ型の結晶性の高い透明な膜に関しても、当時の研究がある程度役立っている。

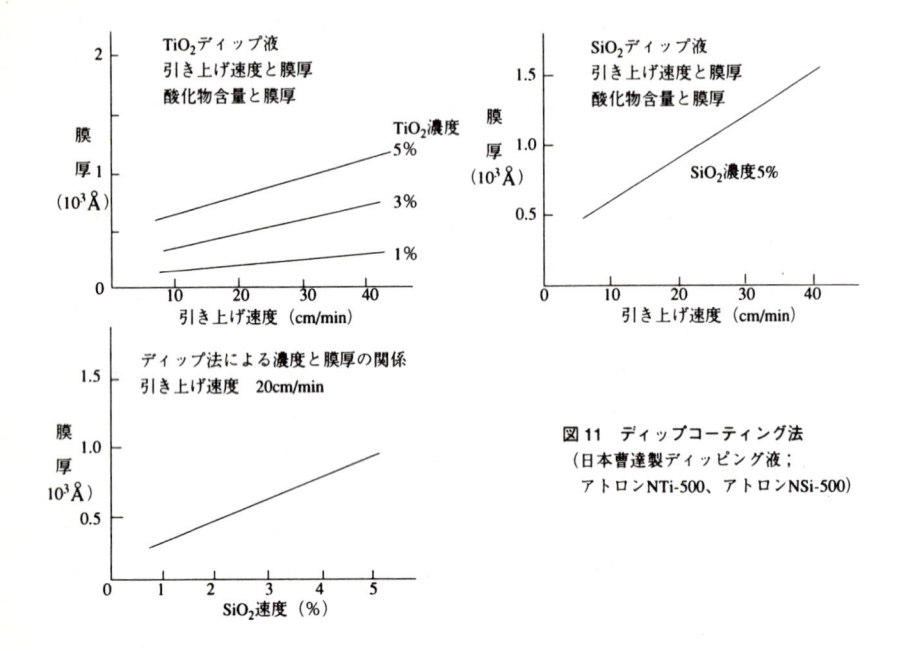

図11 ディップコーティング法
（日本曹達製ディッピング液；
アトロンNTi-500、アトロンNSi-500）

表5 ディップ液管理モデル(NSi-500)

1) 想定条件
    硝子サイズ（200×150×1mm）
    ディップ槽サイズ（200×300×300mm）
    治具（30枚/回）・液充填（14リットル 1.2kg）
    作業時間（21時間/日）・ディップ回数（12回/hr）
    硝子処理数（360枚/hr）

2) 液量変化
    液充填量（14リットル 1.2kg）
    溶剤自然蒸発量（180g, 液面積600cm², 21時間）
    硝子による液持ち出し量（4386g, 硝子7560枚）
    $SiO_2$含有率変化（5.0%→5.1%）

3) 作業条件
    23℃, 76%RH

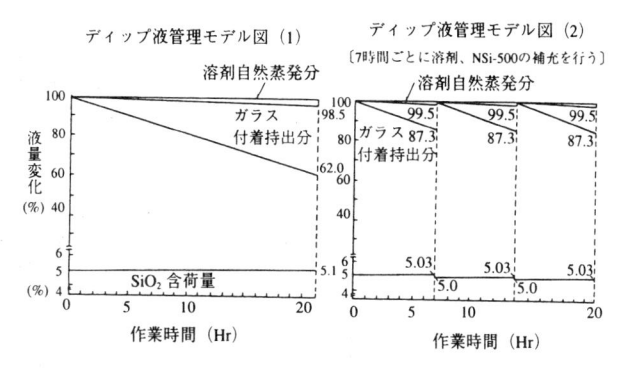

図12 ディップ液管理モデル (NSi-500)

**スピンコーティング法**　あまり経験がないため、原理のみ簡単に触れるにとどめる。この方法にもそれなりのよさがあり、電気関係のコーティングにはずいぶん利用されているようである。特に、小さなものに片面コートする場合には有効である。

　ディップ薬剤とスピンコート薬剤とでは、溶剤の選択にかなり差がある。この点が唯一のキーポイントであろう。

　工程としては、まず基板のほぼ中央に、基板を十分に充足できる量以上の溶液を供給する。その後、回転させるが、ふつうは最初はあまり高速で回さない。数百回転/分くらいで回転させて、ある程度液が均一に回った時点で高速にする。高速なほど均一に薄い膜ができるが、溶液の濃度によっても異なるため、試行錯誤で条件を決めていく。われわれは、最終的には数千回転がよいのではないかと考えている。

　図13は、注入した溶液が遠心力で外のほうへ向かって流れていく状態を示している。ある程度均一な膜が形成された状態で回転を止めると、余分な溶剤は基板の外に飛び散る。スピンコートで良い膜を作るには、溶液をより安定化させる必要がある。

**パイロゾル法**　もう1つの成膜方法として、あまり知られてはいないが、パイロゾルという方法がある。われわれは、この方法を用いて、透明で活性の高い酸化チタン光触媒膜の作成に成功した。

スピンコーティング法
(a)Deposition（溶液の供給）、(b)Spin-up（回転）、
(c)Spin-off（振り切り）、(d)Evaporation（蒸発）

Stages of the Batch Spinning Process

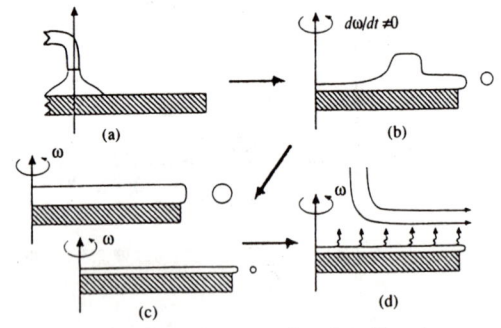

(a) (b) (c) (d)

Stages of the spin-coating process. From Bornside *et al.*

図13　ゾルゲル法によるコーティング膜[13]

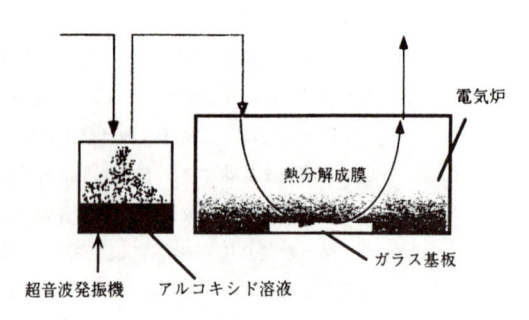

図14　パイロゾルプロセス

パイロゾルとは、いわば超音波加湿器である。この中に酸化チタン用の溶液を入れ、超音波を発振させると、ある粒径のミストになる。このミストをキャリアーガスで加熱した基板の上に運び、熱分解する（図14）。CVDとスプレーの中間的な成膜方法である。

〈パイロゾルの特徴〉　いわゆる熱スプレーと違うのは、超音波を使うことによりミストのサイズ分布がシャープになる点である。たとえば、超音波の周波数が3MHzだと$2\mu m$くらいの直径のミストを中心に均一なものができる。

このミストを加熱した基板のところへ送り熱分解成膜を行うと、CVD様の良い膜質のものができる。

基板の温度が低いと（＜350℃）、液滴がそのままボシャッと付いてしまうが、もう少し基板温度が高くなると、溶媒だけが飛んで、溶質がそのまま付くようになる。さらに温度が高くなると（ここが最も良い条件）、ペーパーの状態で基板に付き、成膜機構としてはCVDということになる。

もっと温度が上がると、基板に付く前にファインパウダーになってしまい、基板には粉が付くことになり、良い膜はできない。したがって、パイロゾル法においては、基板の温度コントロールが大きな問題となる。この方法は、1つの液の中に複数の成分が入っているような多成分系の酸化物膜を作るのには適した方法である。

〈透明薄膜の形成〉 酸化チタンを光触媒として使う研究が始まった当初は、透明で光触媒活性の高い酸化チタン膜を作ることはかなり難しいとされていた。われわれは、基板に石英を用いた場合と、ソーダライムガラスを用いた場合では、両方とも活性はあるが石英基板の上に成膜したほうが、より活性が高いことを見出し（図15）、この差は何かというところから研究を進めた。

検討の結果、ソーダライムガラス基板の上に酸化チタン膜を熱分解成膜する際には、ソーダライムガラス中のナトリウムと酸化チタンが反応して、チタン酸ナトリウム$Na_xTi_yO_z$というものができてしまうため、有効な酸化チタンはごく少なくなり活性が落ちるのではないかと推測された。そこで、ナトリウムの拡散を防ぐ目的で、$SiO_2$のアンダーコートを行ったところ（図16）、推測どおり透明で高い光触媒活性の膜が得られた。

〈膜厚と透過率〉 $SiO_2$をアンダーコートしても膜厚による可視光の透過率の減少は認められる。しかし、膜厚が1$\mu$m以上の厚い膜でも平均80％の透過率があることが確認されている。

一方、$SiO_2$をアンダーコートしない場合には、膜厚による透過率の減少は急激である。これは、膜厚を厚くするには何回も成膜工程を繰り返す必要があり、加熱によるナトリウム拡散が相当起こるためと考えられる。

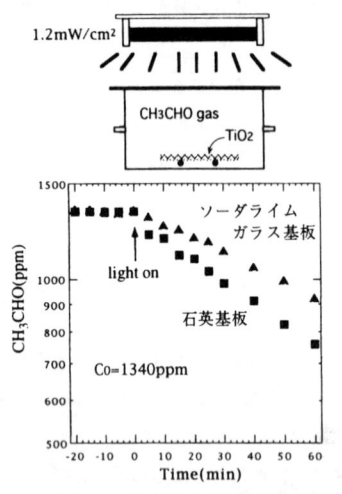

図15　アセトアルデヒドの光触媒分解　　　図16　基板不純物の熱拡散防止効果

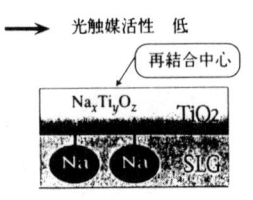

たとえば、照明器具やガラス器具などに光触媒機能を付加した製品を開発しようとする際には、透過率の高さ、膜厚の薄さ、光触媒活性の高さなどが求められるようになるものと思われる。

〈裏面照射〉　ソーダライムガラスの上に透明な酸化チタン膜を作ることができるようになったため、裏面から光を照射したときにどのような反応が起こるのかを調べることが可能になった。

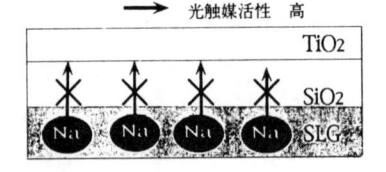

　結論としては、アセトアルデヒドの分解については、表面照射とほぼ同程度の活性が得られた（図17）。光触媒反応は酸化チタンの表面で起こる反応であるが、膜厚が$1\mu m$くらいまでなら、裏面から光を当てても同程度の活性があるということは反応機構の面からも興味深い結果である。

〈防汚効果〉　図18は酸化チタン膜の表面に塗ったサラダオイルを光触媒反応によって分解できるという最初のデータである。この実験を行うまで、光触媒活性を測る指標としてはアセトアルデヒドガスの分解のみが用いられていた。

　光触媒反応で悪臭をとるだけでなく、汚れを付かないようにすることもできるという発見によって、その後の応用研究は大きな展開をみせることになった。

〈抗菌効果〉　光触媒反応には、脱臭・防汚効果に加えて、さらに大腸菌などを殺す効

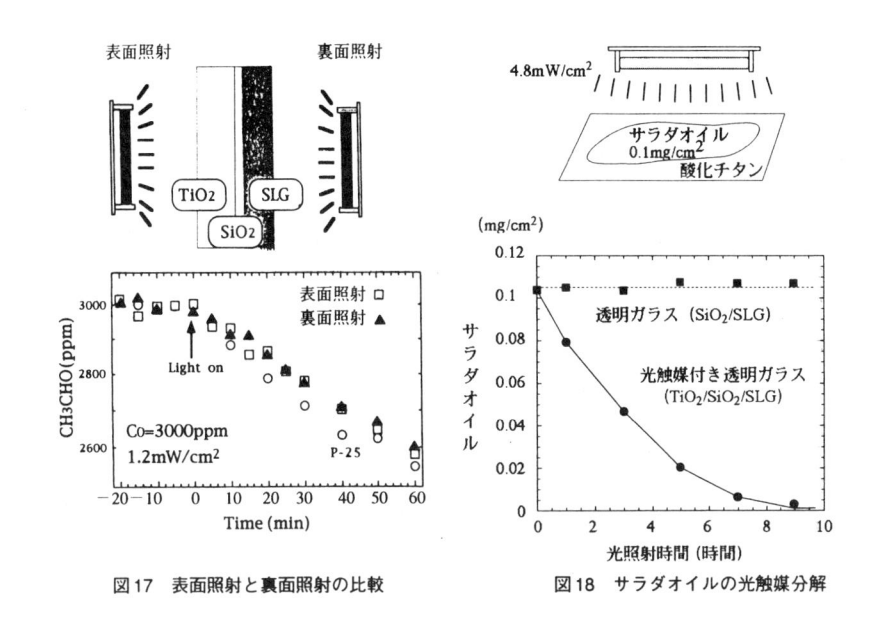

図17　表面照射と裏面照射の比較

図18　サラダオイルの光触媒分解

果、および大腸菌が死んだ後に出す毒素を分解する効果もあることが明らかになり、注目を浴びるようになったが、これについては他項を参照のこと。

## 4　高活性膜を設計するには

**有機チタネート化合物の結晶化**

図19と図20は、縦軸が異なるためにわかりにくいかもしれないが、使う原料によってできる膜の結晶形が異なることを示している。図19のTATとは、表3-2にあるようにチタンのブトキシドをトリエタノールアミン2molで安定化させたものである。これをアルコールの溶液にしてディッピングで引き上げて、加熱焼成した膜のルチルの割合を測定すると、650℃でおよそ70%のルチル型の膜ができる。しかしこの場合、温度依存性が高く、活性や屈折率のコントロールは難しい。

一方、同じように安定化させた別のチタンアルコキシドを使うと(図20)、800℃くらいまではほとんどアナターゼ型で、アモルファスの中にアナターゼの結晶が分散している状態である。800℃をすぎると屈折率が高くなり、ルチル型ができてくる。

ようするに600〜800℃で焼成するかぎり、ディップ液の原料を選ぶ

ことによって、屈折率に関してはほとんど一定でアナターゼ型の膜を得ることができる。

**膜厚の効果**　　まず、$SiO_2$をアンダーコートして酸化チタンの膜厚をいろいろ変えたときの、サラダオイルの分解活性を測定した。当然、膜厚の厚いもののほうが短時間でサラダオイルは消失した。膜厚と360nmの紫外線の透過率の関係をみると、膜厚が厚いほど吸収は大きく、これは活性の高さとも相応した。

次にアンダーコートの膜厚を変えるとどうなるかを調べたところ、ある膜厚までは$SiO_2$の厚さに比例して触媒活性は高くなり、それ以上は平行となった。これは、その時点でナトリウムが完全にブロックされたことを意味するものと思われる。

$SiO_2$のアンダーコートも酸化チタンも両方とも$0.1\mu m$くらいの膜厚のディップ膜でも、蛍光灯の光で大腸菌を殺菌できることが確かめられている。

**膜の表面状態**　　表6は、膜の表面設計に関してわれわれが抱いているイメージである。また、これから商品を開発していくうえで考えていかなければならない点ということもできよう。

防汚機能を狙うためには緻密な膜が必要である。緻密な膜にすれば、ゴミの付着性も小さくなる。タバコのヤニによる黄ばみなどに対して

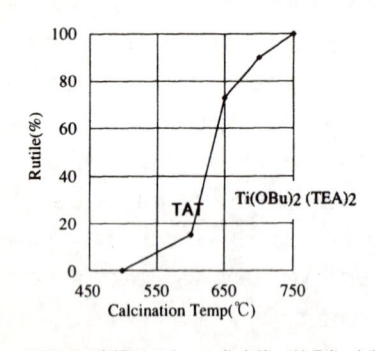

図19　有機チタネート化合物の結晶化（1） 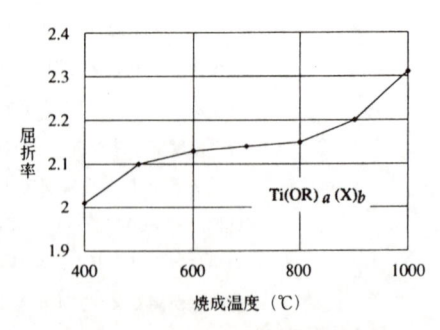　　図20　有機チタネート化合物の結晶化（2）

表6 触媒活性機能と膜表面設計（イメージ）

|  | 緻密性 | 付着性<br>(油性ゴミ) | 親水性 | 表面硬度 |
|---|---|---|---|---|
| 防汚機能 | 緻密 | → 小 | 大 | 大 |
| 消臭機能 | ポーラス | → 大 | 中<br>(両性) | 大 |
| 抗菌機能 | 緻密 | → 小 | 小 | 大 |

は、非常に有効であることがわかっている。また、防汚に関しては親水性もかなりあったほうがよいと考えている。

　一方、消臭機能を狙う場合には、ポーラスにしないと効果が少ない。しかし、ポーラスにするとゴミの付着性は高くなるため、汚れが付着して酸化チタンの分解能力を越えてしまうという難しい問題が残る。これは設計の際にはバランスの問題となってこよう。また、吸着水の量によって分解能が左右されることが示唆されており、実使用に際しては相対湿度も勘案する必要がある。

　抗菌機能に関するデータは少ないが、おそらく防汚機能に類似して緻密なほうがよいと考えている。

〈$NO_x$の分解例〉
　ゾルゲル法を用いて膜の表面の形状、およびNOの分解性に及ぼす膜厚依存性を調べた例を示す（表7）。薬剤としては、チタンのイソプロポキシドに安定化剤としてポリエチレングリコール（PEG）の分子量をいろいろ変えてディッピング液を作った。ディップコーティング法により、450℃で1時間焼成を繰り返し、膜厚1μmの膜を作り、透明性やAFMイメージを検討した（文献11、p.60～61）。

〈透明性〉
　PEGが入っていない状態でディッピングするのは（P0）、安定化剤がない状態であり非常に難しいのだが、ある乾燥した条件であれば可能である。この場合、1μmの膜は透明であった。

　PEGの分子量は600でも透明、1,000だと半透明、1,500の長いものを入れると光が散乱して白く濁ってきた。散乱するということは、表面がポーラスであることを意味するが、必ずしも連通気泡（連続している気泡）かどうかはわからない。

表7 光触媒薄膜の構造制御と活性変化

| 出典: |
| --- |
| 資源環境研の根岸信彰（文献11） |

ディップコーティング法
　薬剤:Ti(OPr)$_4$+PEG300/600/1000/1500
　成膜条件:450℃×1Hr, 繰り返し成膜で1μm膜厚

|  | P0 | P600 | P1000 | P1500 |
| --- | --- | --- | --- | --- |
| 透明性 | ○ | ○ | △ | × |
| ミクロン領域 |  | 平滑 |  | 0.5μm角の粒子 |
| ナノ領域 |  | 7nm微粒子 |  | 観測されず |
| 表面積 |  | 70m$^2$/g |  | 70m$^2$/g |

AFMイメージ

NOの分解性に及ぼす膜厚依存性

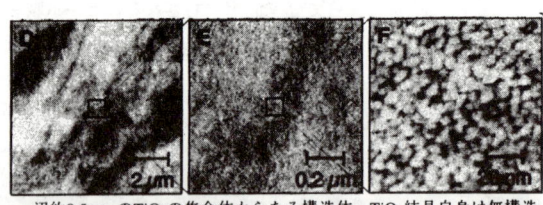

一辺約0.5μmのTiO$_2$の集合体からなる構造体。TiO$_2$結晶自身は無構造。

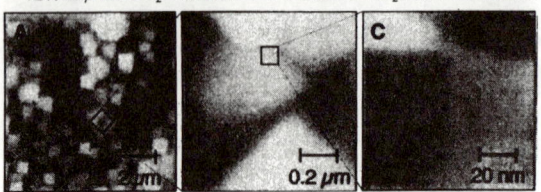

直径約5nmのTiO$_2$単結晶集合体からなる構造体。ナノ領域のみ構造を有する。

A,B, and C show TiO$_2$-P1000. D, E, and F show TiO$_2$-P600.

図21　AMF image of the surface of TiO$_2$ thin films
（資料提供：資源環境技術総合研究所）

〈AFMイメージ〉　　　図21は、AFMイメージを順に拡大したものである。A、B、Cは分子量1,000のPEGを安定化剤に使った酸化チタン膜のAFMイメージである。1辺約0.5μmの酸化チタン結晶の集合体からなる構造体が観察されるが、ナノ領域では粒子はみられない。

一方、D、E、Fは分子量600のPEGを使った場合である。この場合はミクロンオーダーでは平滑にみえるが、ナノ領域で直径約5nmの酸化チタン単結晶集合体からなる構造体が観察された。

しかし、これらの例ではいずれも表面積は70m$^2$/gと同じであった。

〈膜厚と分解性〉　　　排気ガスの中のNOはまずNO$_2$に酸化され、さらにHNO$_3$まで酸化されて初めて除去されることになる。図22左は、1ppmのNOを定常的に流し、PEG600で安定化させた酸化チタンの膜厚を変えることで、NOの分解に及ぼす膜厚の効果をみている。その際のNO$_2$の生成量を調べたものが図22右である。

膜厚が厚いほどNOの除去率は高く、NO$_2$の生成量は少ない。つまり、膜厚の厚いものほどNO$_2$を効率的にHNO$_3$に変換していることが示唆される。

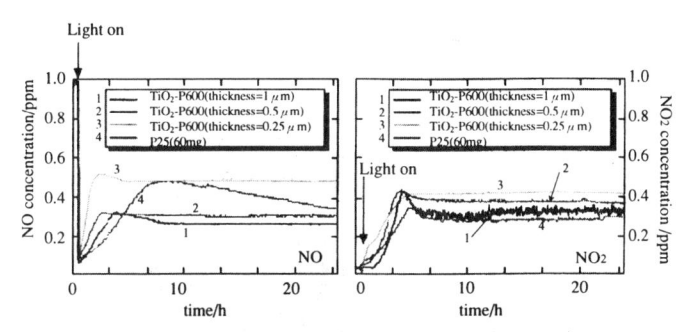

Light intensity=0.38mW/cm$^2$ ($\lambda$ = 360 nm), catalyst size = (10×10cm) ×2, Air flow rate = 1.5 $l$/min.

膜厚が厚い触媒ではNOの除去率は高く、膜厚が薄いものではNOの除去率は低い。逆に、NO$_2$生成量は、膜厚が厚い触媒では最も低く、膜厚の薄いもので最も多い。つまり、膜厚の厚いものほどNO$_2$を効率的にHNO$_3$に変換していることを示す。

図22　時間変化に伴う膜厚の異なる薄膜光触媒によるNO除去およびNO$_2$生成変化
（資料提供：資源環境技術総合研究所）

## 5 コーティング剤の実際

**高温焼き付けタイプ**　ガラス、金属、セラミックスなど各種耐熱性基材の表面に、透明で硬い酸化チタン膜を形成するためのコーティング薬剤である。特に、透過率、触媒活性の高さが求められる用途にはアンダーコート剤の併用が好ましい。ディップ法、スプレー法それぞれの薬剤がある。

ディップ法では、膜厚の均一性や表面外観の優れた膜が、大面積で大量生産でき、両面膜付きの防汚・抗菌ガラスの製造に適している。

スプレー法では、曲面形状などの基体にも塗工でき、ガラス製の照明器具の防汚性や抗菌性の付与に適している。

**低温硬化2層タイプ**　ポリエステルフィルム、汎用樹脂、各種紙製品などさまざまな基材の表面に、接着層（A液）と光触媒層（C液）の2層からなる透明で硬い膜を形成するためのコーティング薬剤である。塗工方法としては、ディップ法、スプレー法の他に刷毛塗り法も可能である。

ディップ法の場合も、基材をディッピングして引き上げて、たとえば80℃くらいで乾かし、また次の層をディッピングして引き上げて乾かすという2回コートを行う。こうすることによって、相当活性の高い膜が低温で形成できる。透明膜からスリガラス状膜まで必要に応じて

図23　酸化チタン光触媒をコーティングしたPETフィルム

選択できる。

　この方法で酸化チタンをコーティングしたPETフィルムにインクジェットで模様を付け、NISSOと書いてあるところだけ光が通るように穴をあけたカバーの上からブラックライトを照射すると、NISSOの文字の部分だけがきれいに分解される（図23）。このコーティングフィルムの光触媒活性の高さを示すよい例である。

　ゾルゲル法の操作そのものは極めて簡単なもので、ラボスケールでの酸化チタン膜の作製は容易である。しかし、簡単なゆえに、生産となると多くのノウハウが必要で、いくつかある光触媒機能のうちのどれか1つを選択した膜設計を行い、それに応じた薬剤の最適化が重要となる。

## 参考文献

1) 作花済夫、ゾル-ゲル法の科学、アグネ承風社（1988）
2) D. C. Bradle、R. C. Mehrotra、D. P. Gaur、*Metal Alkoxides*、ACADEMIC PRESS（1978）
3) 昭和63年度「金属エトキシドの製造及び利用技術に関する調査研究報告書」、アルコール協会、日本ファインセラミック協会（1989）
4) 加藤石生、菊地一郎、アルコキシドを原料とする機能性薄膜、*FC REPORT*、**4**、8（1986）
5) 藤嶋昭、橋本和仁、渡部俊也、光クリーン革命、シーエムシー（1997）
6) K. Honda、A. Ishizaki、Y. Yuge、T. Saitoh, "Infrared reflective filter and its application"、*SPIE*、**428**、29-31（1983）
7) S. Fukayama、K. Kawamura、T. Saito、T. Iyoda、K. Hashimoto、A. Fujishima, "Highly transparent and photoactive $TiO_2$ thin film coated on glass substrate"、ECS（1995）
8) 斉藤徳良、深山重道、自己浄化性酸化チタン光触媒、材料技術、**14**（5）、133-137（1996）
9) 光触媒反応の最近の展開、第1回シンポジウム要旨集、光機能材料研究会（1994）
10) 光触媒反応の最近の展開、第2回シンポジウム要旨集、光機能材料研究会（1995）
11) 光触媒反応の最近の展開、第3回シンポジウム要旨集、光機能材料研究会（1996）
12) 久保田広、応用光学、岩波全書（1984）
13) C. J. Brinker、G. W. Scherer、Film Formation、787-853、Sol-Gel Science、ACADEMIC PRESS（1990）
14) M. Aizawa、Y. Nosaka、N. Fujii, "FT-IR liquid attenuated total reflection study of $TiO_2$-$SiO_2$ sol-gel reaction"、*J. Non-Cryst. Solids*、**128**、77-85（1991）

## 2.2 酸化チタン粉末分散法① ……酸化チタン粉末担持紙

### 1 パルプは優れた担体

アセトアルデヒドの分解　　紙を構成しているパルプは非常に優れた酸化チタンの分散担体となる。酸化チタンの入っていない紙、および重量%でパルプに対して酸化チタンをそれぞれ2%、5%、10%混入させた紙片（5cm×5cm）を、1リットルの密閉容器に入れ、10ppmの濃度のアセトアルデヒドで満たし、ここに蛍光灯を照射したときのアセトアルデヒドの濃度の変化を図1に示した。対照実験として、酸化チタンP25の粉末を同じ面積に敷きつめて同様の実験を行うと、驚くべきことにパルプに10%の酸化チタンを分散させたときとほぼ同じレベルであった。

タバコのヤニの分解　　図1の実験では、気相中にある悪臭物質を触媒表面に集めて分解させたが、もう1つの重要な光触媒の応用に、表面に付く汚れを分解するという考え方がある。図2に、紙の表面にタバコのヤニを付けた際の分解の様子を示した。

この図では縦軸に紙の色差（黄変度）をとっている。パルプシートだけよりも酸化チタンが入っているほうがタバコのヤニをよく吸着することも考慮して初期条件を設定してある。

パルプシートだけの場合、$3.0mW/cm^2$のブラックライトの光を当てて

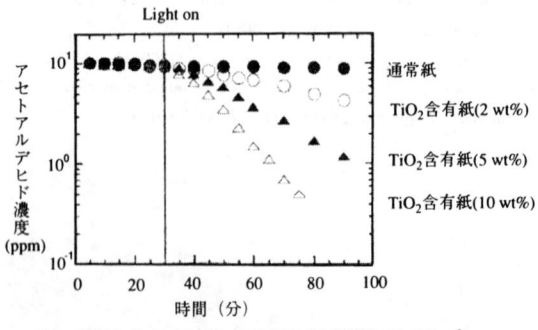

図1　気相アセトアルデヒドの分解（UV強度$0.08mW/cm^2$）

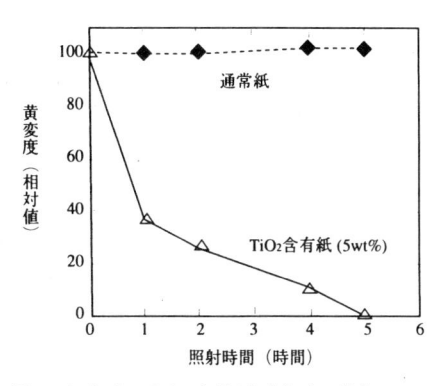

図2 タバコヤニのついた紙の色変化（UV強度3.0mW/cm$^2$）

も、黄変度は全く変化していない。それに対して酸化チタンの入っている紙では、黄変度は時間とともに減少し、光を5時間当てると完全にゼロになった。このことは、酸化チタンの上に吸着したヤニだけでなく、パルプの上に付いたものまで完全に分解されたことを意味するのか、あるいは酸化チタンがヤニを強く吸着するため、酸化チタン含有紙ではパルプ上にはヤニがほとんど付着しないかのいずれかによると思われる。

## 2 紙の安定性を保持するには

**紙の破裂強度**　　実用化していくうえでは紙の強度を保持することが重要である。

紙の強度を評価する指標は一般に破裂強度（bursting strength）が使われる。和紙（障子紙）の場合、JIS規格が0.8kgf/cm$^2$である。

図3に示すように、酸化チタンを入れない紙では、1.6mW/cm$^2$の光を50時間照射しても破裂強度は変化しない。この光の強さは、真夏の窓に直射日光が斜めから当たったぐらいの紫外線に相当する。一方、酸化チタンを入れた紙の場合、次の2つの明らかな特徴が現れる。

〈酸化チタンの影響1〉　光照射前の初期強度の値が酸化チタンの混入により大きく減少している。酸化チタンを入れる量を2％、5％、10％と増やすに従い、紙の強度は低下している。紙の強度は基本的にはパルプ間の水素結合をもとにできているが、酸化チタンの粉末が水素結合の生成を阻害しているためである。そのため、初期値がJIS規格を下回らない範囲で酸化チタ

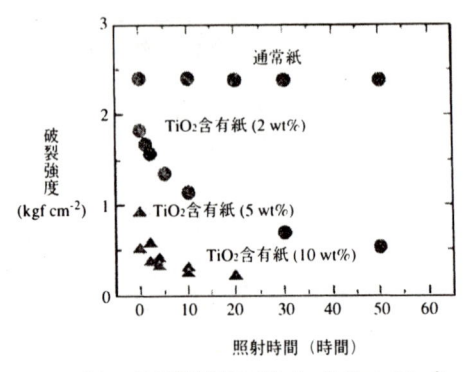

図3 紙の破裂強度の変化（UV強度1.6mW/cm$^2$）

〈酸化チタンの影響2〉　　酸化チタンを入れた紙では光照射により破裂強度が著しく低下する。たとえば酸化チタン10%含有紙では最初は見た目には酸化チタンが入っていることはほとんどわからないが、これを真夏の窓辺に貼っておくと、数時間で顕著な変化が目視できる。

　図4（a）は5%の酸化チタンを含有した紙の光照射前の電子顕微鏡写真である。数十nmの酸化チタン粒子がパルプ全面に付いている様子がみられる。この紙に4日間、0.6mW/cm$^2$の光照射を行った後の写真が図4（b）である。パルプ自身が分解されて、酸化チタンと区別がつかなくなっている。この写真を見るかぎり、光触媒反応を紙に応用することは不可能であるように思われる。

酸化チタンの凝集　　光を当てると酸化チタンと接する部分のパルプは分解する。図4では、パルプ上に酸化チタン微粒子が高密度に分散していたため、パルプがボロボロになってしまっている。そこで、酸化チタンを凝集させ、パルプと接触する部分を少なくすれば、紙全体としての強度は保たれると予想される。

　しかも、前述のようにタバコのヤニを分解させると黄変度がゼロになることから（図3参照）、酸化チタンを凝集させても、光触媒効率は落ちないのではないかと期待できる。

〈凝集プロセス〉　　以下、酸化チタンを凝集させずに入れた図5のような紙を酸化チタン

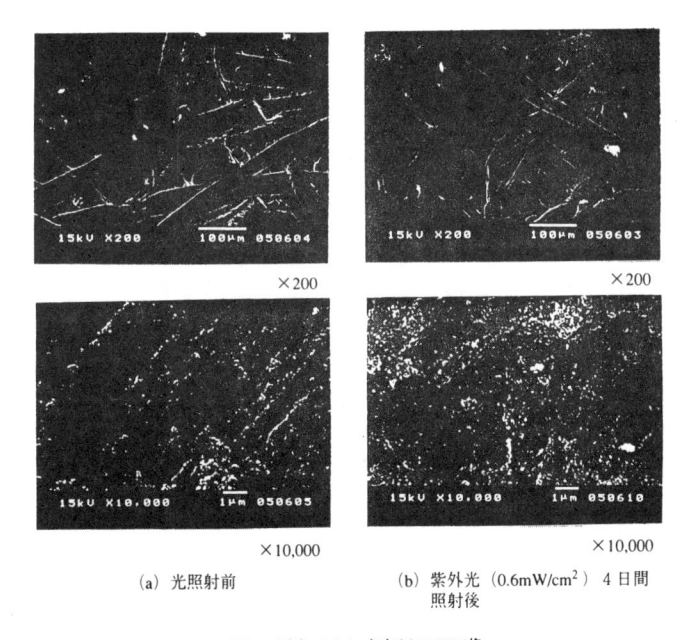

|  |  |
|---|---|
| ×200 | ×200 |
| ×10,000 | ×10,000 |
| (a) 光照射前 | (b) 紫外光（0.6mW/cm²）4日間照射後 |

図4　酸化チタン含有紙のSEM像

内添紙Type A、酸化チタンを凝集させて内添した紙をType Bと呼ぶことにする。

　Type Aの紙は、最初に酸化チタンとパルプを混ぜ、その後に凝集剤を入れる。一方、Type Bでは最初に酸化チタンのゾルの中に凝集剤を入れて凝集させ、それをパルプと混ぜる。図5に製紙プロセスを示した。

　図6にそれぞれの方法で製紙した内添紙の電子顕微鏡写真の一例を示す。Type Aの紙では酸化チタン粒子の大きさは0.1 $\mu$m以下であるのに対し、Type Bでは、数十 $\mu$mほどに凝集した酸化チタンがまばらに担持されている。

〈強度の変化〉　　図7にそれぞれの$TiO_2$内添紙の破裂強度の時間変化を示す。これから次の2点がわかる。

　まず、同じ重量の酸化チタンを入れているにもかかわらず、光を当てる前の破裂強度の初期値は圧倒的にType Bのほうが高い。また、Type Bでは光照射を行うと初期にやや強度の減少がみられるものの、

その後は600時間光を当て続けてもほとんど一定の値を保っている。これは、実用的な紙強度を確保できたと考えてよい値である。

〈光触媒活性〉　　図8にタバコのヤニを付着させ黄変させたそれぞれの$TiO_2$内添紙に光照射した際の色変化の様子を示す。

Type A と Type B でほとんど脱色の速度は変わらない。これは酸化チタンが強い吸着力を有するためである。

```
┌─────────────────────────┬─────────────────────────┐
│         Type A          │         Type B          │
├─────────────────────────┼─────────────────────────┤
│ 1. TiO₂ Aqueous sol     │ 1. TiO₂ sol             │
│    is mixed with Softwood│    alone is coagulated │
│    Kraft Pulp.          │    on Al(OH)₃.          │
│                         │                         │
│ 2. Pulp-TiO₂            │ 2. TiO₂-Al(OH)₃         │
│    suspension is coagulated│ suspension is        │
│    on Al(OH)₃ in        │    flocculated with     │
│    aqueous solution.    │    organic binder and   │
│                         │    mixed with Pulp.     │
└─────────────────────────┴─────────────────────────┘
```

3. Pulp-TiO₂ suspension is flocculated with Polyacrylamide & Polyamine binder.

4. Papermaking using a Tappi standard sheet machine

5. Dried by press-drying at 115℃ for 3 min.

Weight of the pulp: 100g/m²
TiO₂ content: 2-15 wt%

図5　酸化チタン含有紙の製紙プロセス

酸化チタン内添紙A
（酸化チタンをそのまま分散担持）

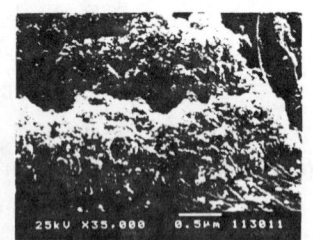

酸化チタン内添紙B
（凝集した酸化チタンを担持）

図6　酸化チタン内添紙（10 wt%）のSEM写真

**粉落ちの問題**　　凝集した酸化チタンのまわりのパルプが分解されると、酸化チタンは浮き上がりすぐに粉落ちするように思われるが、実際の紙ではパルプファイバーが何千、何万層にも重なっているため、簡単には粉落ちしない。

しかし、製品化に際しては、さらに厳しい評価が必要であることを強調しておく。

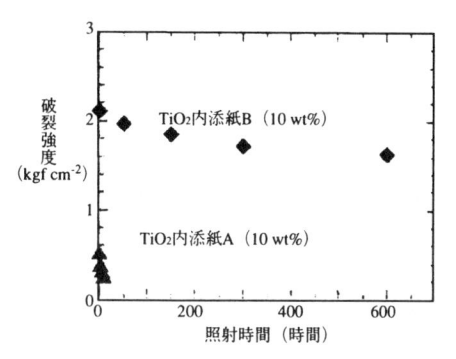

図7　酸化チタン内添紙破裂強度変化（UV強度1.6 mW/cm$^2$）

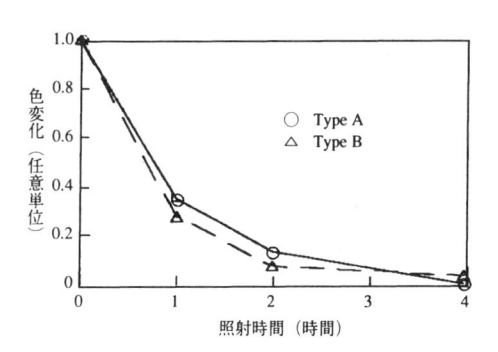

図8　タバコヤニのついた紙の色変化（UV強度3mW/cm$^2$）

**コラム◆材料開発はアイディア勝負**

この研究を始めた当初は、紙に酸化チタンを入れるということを研究者仲間に話すと、だれもそんなことはできるはずがない、だめに決まっているという反応を示しました。確かに、酸化チタンは強力な酸化分解力をもっているわけですから、パルプをズタズタにしてしまうのはあたりまえのことでした。

しかし、実際にやってみると、パルプは酸化チタンの担体として結構優れていることがわかってきて、あとはどうやったら紙の強度を保持できるかという問題になりました。そこからは、アイディアというかイメージの勝負だったと思います。ボロボロになった紙の電顕を見たとき、ファイバー全体に酸化チタンを分散させるからいけないんだ、一部分だけが酸化チタンと接するようにすれば、紙全体としてはそれほど弱くはならないのではないか、というイメージが浮かびました。そこで、酸化チタンを凝集させるということをやったわけです。その結果、まさに狙いどおりうまくいったと思っています。

同じように狙いどおりにいった系として、透明ガラスの酸化チタン膜コーティングがあります（第3章2.1参照）。このときは吸収スペクトルがシフトしていくデータを見たときに、ナトリウムが拡散しているのではないかというイメージが浮かびました。そこまでわかれば、ナトリウム拡散をブロックするために$SiO_2$のアンダーコーティングを行えばよいということがみえてきます。実際に行ってみると、見事にナトリウム拡散を抑えて光触媒活性を引き出すことができました。これらの例はまさに、研究開発の醍醐味と言えるかもしれません。

## 3 実用的応用例

空気浄化や脱臭効果を狙い空気との接触面積を大きくした紙材料開発の例を示す。

大気浄化が注目される背景には、われわれの生活空間が建築材料の接着剤などから出る化学物質で汚染され、化学物質過敏症などとして社会問題化していることがある。特にホルムアルデヒドについては吸着剤でなかなか除去できないため、酸化チタンで捉えて光で分解することに期待がかかっている。

この目的でわれわれがイメージしたのは、壁紙全体に光触媒機能をもたせ、反応面積をできるだけ増やしたほうが、室内空間をよりきれいにできるであろうというものである。

**吸着剤との組み合わせ**　酸化チタンは、ホルムアルデヒド、タバコのヤニなどに対する吸着特性は高いという特徴がある。しかし、より効率よく、かつ他の物質

### コラム◆繊維業界にも光触媒の波

繊維業界には消臭繊維という1つのトレンドがあるそうです。そこで当然、光触媒を応用しようという動きも出ています。タバコに含まれるアセトアルデヒドという悪臭物質に対しては他に良い吸着剤がないことも、酸化チタンが注目される要因となっているようです。しかし、紙の開発と同様、繊維をボロボロにせずに酸化チタンを入れて光触媒効果を引き出すのは、そう簡単ではありません。1つの考え方として、酸化チタンのまわりに不活性層としてアルミナをまぶしたような構造にし、ナイロンなどの繊維には直接酸化チタンが接触しないようにして練り込む方法があります。このような工夫をすることによって、光触媒活性の高い繊維がやがてできてくるものと期待しています。

表1 サンプルシート一覧（三菱製紙 株）提供）

| 名　　称 | 特　　徴 |
| --- | --- |
| CR(N)-AC | コルゲートタイプ 活性炭/酸化チタン<br>多量の粉体が保持できる。最大220g/m$^2$<br>タバコ臭の脱臭に優れ照明器具用途として新聞にも掲載された |
| CR(N)-IN | 白色吸収剤/酸化チタン<br>アンモニア臭の脱臭に優れている |
| EM | エンボスタイプ 2枚の通気性不織布間に封入<br>染めや印刷が可能 |
| PM-AC | シートタイプ 粉体を均一にシート内に封じている<br>活性炭/酸化チタン<br>光照射により優れた脱臭効果を示す<br>フィルター材等の利用が可能 |
| PM-IN | 白色吸収剤/酸化チタン<br>脱臭のほか優れた抗菌性を示す |
| PM-ACF | 活性炭素繊維を組み合わせてある<br>吸着効果が特に優れている |
| PM-IN-HM | マニラ麻使用 |
| PM-IN-AR | 難燃性が付与されている |
| PM-AC/IN | 活性炭と白色吸着剤/酸化チタン |

に対する効果を高めるために、一般の吸着剤と複合化すると効率的である。

**種々のサンプル製作**　吸着剤と酸化チタンの組み合わせや構成を変えることにより、さま

ざまな種類のサンプルを作ることができる。表1は三菱製紙で試作されているサンプルの一覧である。ACはActivated Carbonを意味し全体的に黒色を呈する。INは白色系の無機吸着剤を意味する。

　また、活性炭素繊維を組み合わせたものがAFCである。活性炭素繊維のシートに酸化チタンを入れると非常に吸着が良くなる。その他、難燃性を付加したり、あるいは活性炭と白色系のものを組み合わせたりしたシートタイプがある。

## 2.3 酸化チタン粉末分散法② ……酸化チタン粉末担持フッ素樹脂膜

酸化チタンを分散担持する第2の例として、フッ素樹脂を使った膜構造材の開発例を紹介する。基本的には紙の場合と同様、ある程度酸化チタンを凝集させた構造で分散担持しているが、フッ素樹脂には特に耐酸化性があるため、光触媒反応でも分解されにくいという特性をもっている。主に屋外テント材として防汚効果を期待した開発が進んでいる。今後は$NO_x$浄化、脱臭などへの応用も考えられている。

## 1 フッ素樹脂の特性

**担持材料としての特徴**　光触媒の応用は多岐にわたるため、まず担持材料、目的別の使い分けを図1に示す。担持材料別にみると、直接ブレンドが可能な材料として、ガラス、セラミックス、タイル、セメントなどの無機物があげられる。これまで検討した結果、フッ素樹脂もここに入るものと思われる。これらの材料は、酸化チタンの粉末を直接担持できる。

一方、紙や布、汎用プラスチックなどに光触媒能をもたせようとする場合、酸化反応による材料の劣化を防ぐため、基材と光触媒の間に何らかの形でバリア層を設ける必要がある。担持材料別には、大きくこの2つに分けられよう。

**使用目的と構造**　応用開発が進められている光触媒の機能は、主に抗菌と防汚、および脱臭と浄化の2通りに大別できる。抗菌と防汚とでも実際には異なった構成がとられるのかもしれないが、おおまかにはどちらも表面が平滑な薄層があればよく、それほど厚い層は必要としない。

しかしながら、積極的に脱臭や浄化を目指す場合には、表面積を大きくし、厚み方向に体積をもたせる構成が必要になる。われわれはフッ素樹脂を用いて多孔質化や繊維化を検討している。その他、吸着剤の併用や、酸化チタンの活性を上げるために金属を担持するなどの方法がとられることが多い。

**フッ素樹脂の有利性**　さらに、これをフッ素樹脂に光触媒を担持する有利性としては、①有

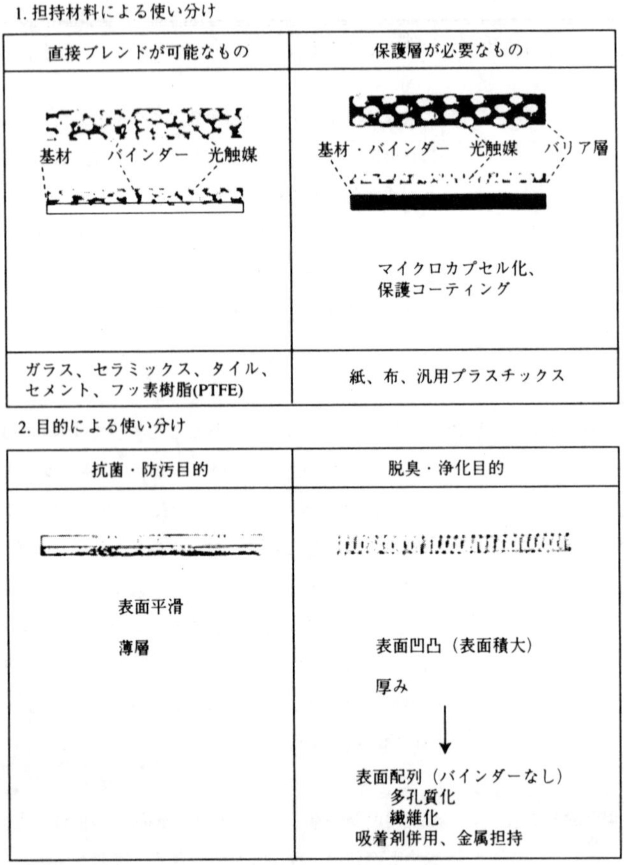

1. 担持材料による使い分け

| 直接ブレンドが可能なもの | 保護層が必要なもの |
|---|---|
| 基材　バインダー　光触媒 | 基材・バインダー　光触媒　バリア層 |
| | マイクロカプセル化、保護コーティング |
| ガラス、セラミックス、タイル、セメント、フッ素樹脂(PTFE) | 紙、布、汎用プラスチックス |

2. 目的による使い分け

| 抗菌・防汚目的 | 脱臭・浄化目的 |
|---|---|
| 表面平滑<br>薄層 | 表面凹凸（表面積大）<br>厚み<br>↓<br>表面配列（バインダーなし）<br>多孔質化<br>繊維化<br>吸着剤併用、金属担持 |

**図1　光触媒応用の分類**

機物であるため柔軟性がある、②屋外でドームの屋根材として使われており、耐候性、耐久性は30年間保証されている、③耐薬品性に優れ安定である、④テフロンに使われるように非粘着性で、ものを付けにくく、なおかつ滑り性があり、防汚用途には有利である、などの点がある。

　また、フッ素樹脂の中でもこれから述べるPTFE膜は、⑤溶融しないため酸化チタンを包み込まず、光触媒活性が失われない、⑥多孔質化、繊維化しやすく、接触面積を大きくして効率を上げられる、という特

**表1 酸化チタン担持フッ素樹脂膜の利点**

1. 柔軟性がある
2. 耐候性に優れ、耐久性がある
3. 耐薬品性に優れ、安定である
4. 非粘着性に優れ、汚れにくい
5. PTFE膜は焼結膜であり、光触媒粒子を包みこまない
6. PTFEは、多孔質化、繊維化しやすく、接触面積を大きくできる

**表2 フッ素樹脂の種類と主用途**

| 樹脂種 | 化学名と構造式 | 用途 |
|---|---|---|
| PTFE(4F) | Polytetrafluoroethylene<br>$-(CF_2-CF_2)_n-$<br>mp.327℃ | 一般耐熱離型用<br>各種摺動材<br>高周波部品 |
| PFA | Tetrafluoroethylene-<br>perfluoroalkylvinylether copolymer<br>$-(CF_2-CF_2)_m-+-(CF_2-CF)_n-$<br>　　　　　　　　　ORf　mp.310℃ | 半導体製造用<br>キャリヤ、チューブ |
| FEP | Tetrafluoroethylene-<br>hexafluoropropylene copolymer<br>(Fluorinated ethylene-propylene)<br>$-(CF_2-CF_2)_m-+-(CF_2-CF)_n-$<br>　　　　　　　CF$_3$　mp.270℃ | 電線被覆用 |
| PCTFE(3F) | Polychlorotrifluoroethylene<br>$-(CF_2-CF)_n-$<br>　　　Cl　mp.215℃ | 防湿シート<br>包装用 |
| ETFE | Ethylene-tetrafluoroethylene<br>copolymer<br>$-(CF_2-CF_2)_m-+-(CH_2-CH_2)_n-$　mp.260℃ | 農業用ハウス<br>太陽電池用<br>　　カバー材 |
| PVDF(2F) | Polyvinylidenefluoride<br>$-(CF_2-CH_2)_n-$　mp.170℃ | 耐候性塗料<br>誘電フィルム |
| PVF(1F) | Polyvinylfluoride<br>$-(CFH-CH_2)_n-$　mp.200℃ | 外装建材被覆用 |

徴をもっている（**表1**）。

**フッ素樹脂の種類**　　フッ素原子を分子中に含む樹脂をフッ素樹脂と総称するため、一言にフッ素樹脂と言ってもその種類は数多い（**表2**）。なかでもポリテトラフルオロエチレン樹脂（PTFE樹脂）は、現在使用されているフッ素樹脂の中心であり、フライパンのテフロン加工をはじめ幅広い用途に

使用されている。

　PTFE樹脂はポリエチレン樹脂の水素原子をすべてフッ素原子で置き換えた形をしており、炭素原子鎖を骨格として、そのまわりをすべてのフッ素原子が取り巻いた構造をしている。きわめて強いC-F結合とフッ素原子によって強化されたC-C結合からなり、分子量は$10^6 \sim 10^7$程

**PTFEの分子構造**

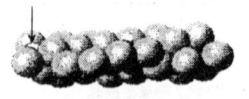

- C原子（矢印）
- F原子

1) CとFの2原子からなる、直鎖状高分子
    C-F結合：110〜116kcal/mol（有機結合中最大）
2) フッ素原子が炭素の鎖を緊密に覆い、C-C結合を保護
3) 分子量が100万〜1,000万で、非常に分子鎖の長い高分子
4) 分子内の原子配列が緊密で、対称的である
5) TFE分子の異種分子に対する分子間凝集力はきわめて小さく、表面自由エネルギーが著しく低い

| 耐熱性 | 低摩擦性 | 電気特性 |
|---|---|---|
| 連続使用温度：−100〜260℃<br>融点：327℃ | 固体物質中最低の摩擦係数をもち、優れた自己潤滑性を示す。 | 誘電率・誘電正接とも固体物質中最低。広範囲の周波数・外的環境に対しても安定している。高周波絶縁材料として最適。 |

| 耐薬品性 | 非粘着性 | 耐候性 |
|---|---|---|
| 安定した分子構造をもっているため、ほとんどの工業薬品や溶剤にもおかされることはない。 | 粘着物が付着しにくいため、容易に離型することができる。 | 可視光線や紫外線・湿気などからほとんど影響を受けないので、屋外での長期の使用に適している。 |

図2　PTFE樹脂の構造と特徴

度の線状高分子である（図2）。PTFE樹脂は、フッ素樹脂のなかでも最も耐熱性、耐薬品性、誘電特性に優れ、かつユニークな非粘着性と低摩擦性を有している。

**PTFE樹脂の特徴**
〈耐酸化性など〉

PTFE樹脂を特徴づけているのがC-F結合である。フッ素原子は半径が小さいため、C-F結合の結合距離は短く、またフッ素原子の電気陰性度が大きいことと相まって、C-F結合のエネルギーは116kcal/molと、他の結合エネルギーに比べてエネルギー的に大きい。PTFE樹脂は、C-F結合という強い結合をもつために、耐熱性、耐酸化性、および耐候性に優れる。なかでも耐酸化性に優れていることが、光触媒反応に耐える理由となっている。

〈低誘電率〉

直線で長い分子であるため電気的な分極が小さく、電磁波に対する吸収または抵抗が少なく、誘電率や誘電正接も低い。

〈耐薬品性〉

分子鎖は剛直で分子間凝集力が小さいため、機械的な強度を得るためには、高分子化して分子間の絡みに依存する必要がある。この高分子量のために、たいがいの薬品には溶けない、すなわち耐薬品性に優れることになる。

これまでに、表3に示した薬品はすべて試されている。PTFE樹脂が侵された薬品は、フッ素樹脂の接着処理に使っている溶融アルカリ金属と、高温のフッ素ガス、および三フッ化塩素の3つだけである。

しかし、耐薬品性には弊害もあり、溶融加工できない理由もこれである。380℃でも$10^{11}$ポアズぐらいあり、流動性を示さない。これが普通のポリマーと異なる点である。加工する場合は、粉末焼結のようなセラミックスと似た方法をとらなければならない。

〈すべり性〉

分子間力が小さいと、結晶内であまり束縛を受けないため、他の物質と接触すると容易に表面の分子膜が転移する。特にPTFE樹脂の場合、長い分子が結晶内に折りたたまれ、いびつな形をしているため、外から力が加わると簡単に転移してしまう。表4は、摩擦係数を比較したものであるが、PTFE樹脂はポリマー/ポリマーでも、ポリマー/スチールでもすべりやすいことがわかる。

〈撥水性〉

図3の左図は液滴の接触角を示したものである。球体である液滴には、当然丸くなろうとする力と、界面で広がろうとする力が働いている。右

## 表3 フッ素樹脂の耐薬品性

1. 浸漬テストで化学的に不活性であることが確認された薬品
   (デュポン社が耐薬品性をテストした代表的薬品)

| | | | | |
|---|---|---|---|---|
| アビエチン酸 | 二酸化炭素 | 塩化鉄(Ⅲ) | ナフトール | 水酸化カリウム |
| 酢酸 | セタン | リン酸鉄(Ⅲ) | 硝酸 | 過マンガン酸カリウム |
| 無水酢酸 | 塩素 | フッ化ナフタリン | ニトロベンゼン | ピリジン |
| アセトン | クロロホルム | フッ化ニトロベンゼン | 2-ニトロブタノール | 石けん、合成洗剤 |
| アセトフェノン | クロロスルホン酸 | ホルムアルデヒド | ニトロメタン | 水酸化ナトリウム |
| 無水アクリル酸 | クロム酸 | ギ酸 | 二酸化窒素 | 次亜塩素酸ナトリウム |
| 酢酸アリル | シクロヘキサン | フラン | 2-ニトロ-2-メチル | 過酸化ナトリウム |
| メタクリル酸アリル | シクロヘキサノン | ガソリン | プロパノール | 脂肪族、芳香族系溶剤 |
| 塩化アルミニウム | フタル酸ジブチル | ヘキサクロロエタン | n-オクタデカノール | 塩化スズ(Ⅱ) |
| 液体アンモニア | セバシン酸ジブチル | ヘキサン | 動植物油 | 硫黄 |
| 塩化アンモニウム | 炭酸ジエチル | ヒドラジン | オゾン | 硫酸 |
| アニリン | ジメチルエーテル | 塩酸 | パークロロエチレン | テトラブロモエタン |
| ベンゾニトリル | ジメチルホルムアミド | フッ酸 | 五塩化ベンズアミド | テトラクロロエチレン |
| 塩化ベンゾイル | アジピン酸ジイソブチル | 過酸化水素 | パーフロロキシレン | トリクロロ酢酸 |
| ベンジルアルコール | 非対称ジメチルヒドラジン | 鉛 | フェノール | リン酸トリクレシル |
| ホウ砂 | ジオキサン | 塩化マグネシウム | リン酸 | トリクロロエチレン |
| ホウ酸 | 酢酸エチル | 水銀 | 塩化リン(Ⅴ) | トリエタノールアミン |
| 臭素 | エタノール | メチルエチルケトン | フタル酸 | メタクリル酸ビニル |
| n-ブチルアミン | エチルエーテル | メタクリル酸 | ピネン | 水 |
| 酢酸ブチル | ヘキシ酸エチル | メタノール | ピペリジン | キシレン |
| 塩化カルシウム | エチレングリコール | ナフタレン | 酢酸カリウム | 塩化亜鉛 |

2. フッ素樹脂を侵す薬品および条件
   (1) 溶融アルカリ金属（ナトリウム、カリウム、リチウム等）
       高温のフッ素ガス（$F_2$）、および$ClF_3$、$OF_2$（高温でフッ素ガスを出す化合物）等に侵される。
   (2) 連続使用温度の上限値あるいはその付近でかつ高濃度になると反応する薬品も存在する。
       ・80%KOH、$B_2H_5$のような金属水素化合物やアンモニア等
       ・加圧下、250℃の70%硝酸
   (3) 微粉砕した金属粉（たとえば、Al、Mg等）をフッ素樹脂粉末とよく混合したものは点火すると激しく反応する。

## 表4 摩擦係数の比較

| No. | プラスチックの種類 | ポリマー/ポリマー | ポリマー/スチール | スチール/ポリマー |
|---|---|---|---|---|
| 1. | PTFE | 0.04 | 0.04 | 0.10 |
| 2. | ポリエチレン | 0.1 | 0.15 | 0.2 |
| 3. | ポリスチレン | 0.5* | 0.3 | 0.35 |
| 4. | アクリル樹脂 | 0.8* | 0.5* | 0.45* |

\*：スティック-スリップ運動
測定条件：Bowden-Leben 型測定器、荷重9.8～39.2N(1～4kgf)
すべり速度0.01cm/sec

図は固体表面層を模式的に表したものである。固体内部の分子、原子は引力で前後左右に引き合い釣り合いを保っているが、表面にはその引き合う相手がいないため、表面自由エネルギーといわれる引張る力が存在することになる。これは表面がもつ特性である（第4章3参照）。単位

接触角θの液滴

固体表面層のモデル

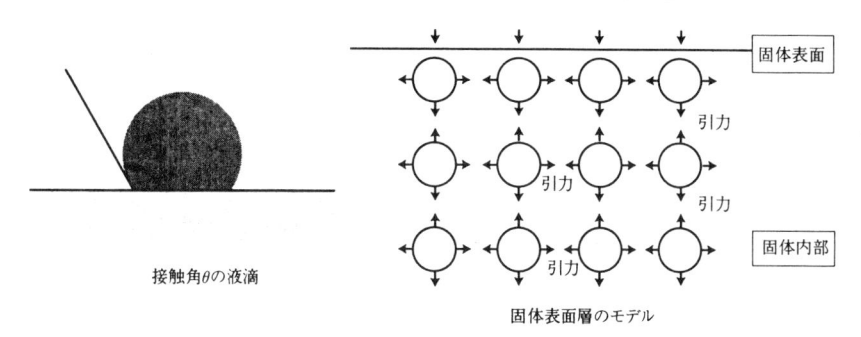

図3　接触角を決める因子

　面積当たりの表面自由エネルギーのことを表面張力という。分子間の引き合う力が大きいものほど、表面張力も大きくなり、表面は濡れやすい性質をもつ。
　フッ素樹脂の場合、フッ素の分子間力が小さいため、表面張力も小さく、表面は濡れにくい性質をもつ。したがって、接触する液滴に対しては、重力を除けば丸くなろうとする方向に力が働き、フッ素樹脂は撥水性をもつことになる。フッ素樹脂の中でも、PTFE樹脂は特に接触角が大きく撥水性に優れている（**表5**）。

〈非粘着性〉　　撥水性と接着性は相関もあるが、材料によっては相関のないものもあり、一概に言うことはできない。しかし、濡れ性と接着性はそこそこの相関があると考えられており、濡れにくい性質をもつフッ素樹脂は接着性も低く、逆に言えば非粘着性に優れた性質をもつことになる。

塗膜の接触角と用途　　ここで、塗膜の接触角とその用途についてまとめておく（**表6**）。水との接触角が10度以下の場合を超親水性という。これは水を均一に広げる性質で、熱交換器の効率アップ、曇り止めなどとして有効である。親水性（接触角は40度以下）とあわせて、雨水による洗浄効果なども期待される（詳しくは第3章3および第5章5を参照のこと）。
　一方、撥水性にもさまざまな用途が考えられる。たとえば、海洋構造物にフジツボなどの生物が付着するのを防ぐ、あるいはガスレンジ

表5 フッ素樹脂の特性（撥水性）

| 樹脂種 | 化学名と構造式 | 接触角 | 臨界表面張力 $r_C$ (dyne/cm) |
|---|---|---|---|
| PTFE(4F) | $-(CF_2+CF_2)_n-$ | 110 | 19 |
| PFA | $-(CF_2-CF_2)_m-+(CF_2-CF)_n-$<br>＼<br>ORf | 115 | 18 |
| FEP | $-(CF_2-CF_2)_m-+(CF_2-CF_2)_n-$<br>＼<br>$CF_3$ | 114 | 18 |
| PCTFE(3F) | $-(CF_2-CF)_n-$<br>＼<br>Cl | 84 | 31 |
| ETFE | $-(CF_2-CF_2)_m-+(CH_2-CH_2)_n-$ | 96 | 22 |
| PVDF(2F) | $-(CF_2-CH_2)_n-$ | 82 | 25 |
| PVF(1F) | $-(CFH-CH_2)_n-$ | 81 | 28 |
| シリコーン樹脂 | $-(Si(Me_2)-O)_n-$ | 100 | 25～31 |
| ポリエチレン | $-(CH_2-CH_2)_n-$ | 88 | 31 |
| PA | $-(CH_2CH_2CONH)_n-$ | 77 | 46 |
| PET | $-(CO\bigcirc COOCH_2CH_2O)_n-$ | 81 | 43 |

表6 塗膜の表面物性と用途

| 水との接触角 | 分類 | 用途 |
|---|---|---|
| <10° | 超親水性 | 熱交換器の効率アップ<br>曇り防止 |
| ～40° | 親水性 | 建築外装用汚れ防止（雨水洗浄性） |
| ～90° | ― | 一般用 |
| ～150° | 撥水性 | 建築外装材のコケ、カビ汚染防止<br>船、海洋構造物の生物付着汚染防止<br>レンジフード、台所まわりの汚れ防止<br>屋根などの着雪防止（易滑落）<br>高耐候性建築外装<br>自動車用撥水ウィンドーシステム |
| >150° | 超撥水性 | 屋外構造物の着雪防止（自然滑落）<br>水溶性成分による汚染防止 |

超撥水性技術は、現在、表面粗化やせん毛突起を形成する物理的な方法が主流であり、機械的性質および耐久性等に問題がある。

など台所まわりの汚れを防ぐことなどがあげられよう。また、建築物外装への着雪防止や自動車の窓ガラスへの水滴付着防止などの応用研究も進んでいる。

最近では、接触角が150度以上の超撥水性にすることで、船の抵抗を

少なくし燃料を節約しようとのアイディアもあるようである。ただし、現在の超撥水技術は、主に表面粗化やせん毛突起を形成する物理的な方法が主流であり、機械的性質および耐久性には問題が残っている。

## 2 PTFE樹脂の加工方法

**PTFE材料**　　材料としては、乳化重合で得られるディスパージョンポリマーを濃縮安定化したコーティング用ディスパージョンと、それを凝析・乾燥して作られるファインパウダーおよび懸濁重合で得られるモールディングパウダーがある（表7）。PTFE樹脂は、溶かせる溶剤がなく、溶融しないため、下記のとおり、セラミックスの成形に似た方法がとられる（図4）。

**モールディングパウダー**　これまでの一般的なPTFE樹脂フィルムの作製法は、懸濁重合で作**の成形方法**　　れたモールディングパウダーを用いる方法である。粉末を充填し、プレスで圧縮成形する。これを炉に入れて焼成すると、そのままの形で成形ブロックができる（図5）。100kgの円筒状ブロックを作り、これに芯を入れて、刃物をあてて削る。刃物の送りと回転速度で厚みを決めて巻き取ると連続したフィルムができる（0.03mm～3mm）。技術的には、このようなフィルムの製造工程で酸化チタン粉末を直接入れることも可能である。

表7　PTFE材料と加工方法

| 製造方法 | 種類 | 加工方法 | 応用製品 |
|---|---|---|---|
| 乳化重合 | ファインパウダー | ペースト押出し | チューブ<br>未焼成テープ(生テープ)<br>多孔質膜、繊維 |
|  | ディスパージョン | ディップコート<br>スプレーコート | ガラスクロス含浸布<br>(膜構造材)<br>キャストフィルム |
| 懸濁重合 | モールディングパウダー | 圧縮成形(切削)<br>ラム押出し | 切削フィルム<br>機械加工品<br>丸棒 |

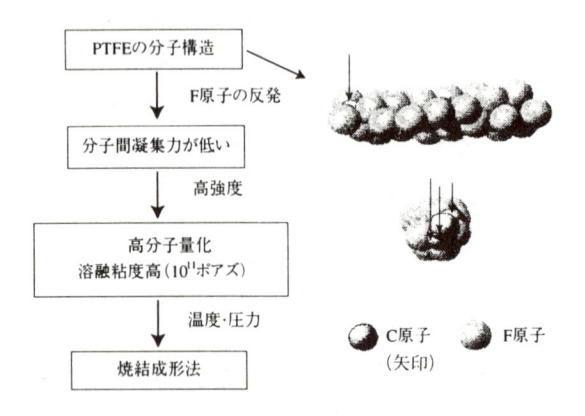

図4 PTFEの成形要件

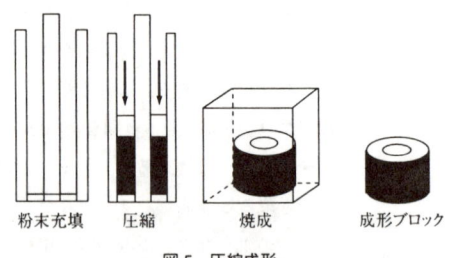

図5 圧縮成形

**ファインパウダーの成形方法**

ファインパウダーは約300〜600μmの2次粒子であり、小さな剪断力で粒子が簡単に繊維化しやすく、また比表面積が大きいため有機溶剤をよく吸収しペースト状になる。

チューブはファインパウダーと助剤を混ぜて予備成形を行い、ビュレットを作る。これを金型で押出してチューブ形状にすると、生の成形品ができる。これを助剤を除去した後360℃〜400℃に加熱して焼成チューブが作られる（図6）。

未焼成テープとは、パイプシール用の生で柔らかい白いテープで、水道管などのネジ部に巻くものである。丸棒状の予備成形品を長手方向に厚みが0.1mmくらいになるようにロール圧延し、加熱して助剤を

図6 チューブ押出し成形

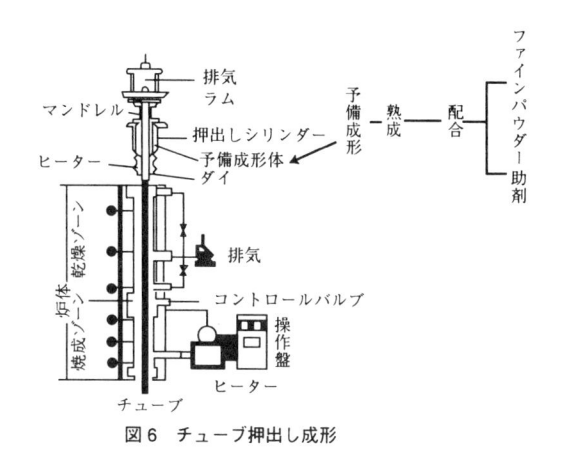

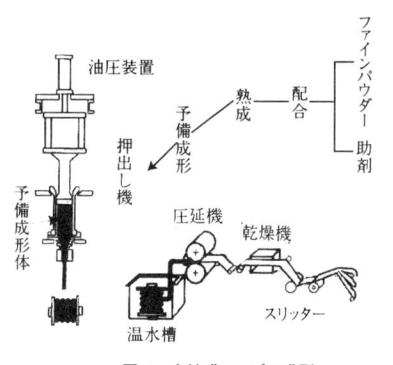

図7 未焼成テープの成形

除去する。このテープは生テープとも呼ばれ焼成はしない（図7）。
　これらの製法でも、予備成形体に酸化チタン粉末を混合することで、光触媒機能を付与することは可能である。

ディスパージョン加工　　われわれの開発した防汚膜はこのディスパージョン加工技術を応用した。ガラスクロスをディスパージョンに浸漬し引き上げて乾燥して360〜400℃で焼結するとPTFE樹脂含浸ガラスクロスが得られる（図8）。
　ガラスクロスにPTFE樹脂を焼き付けたフィルムは、PTFE樹脂単独

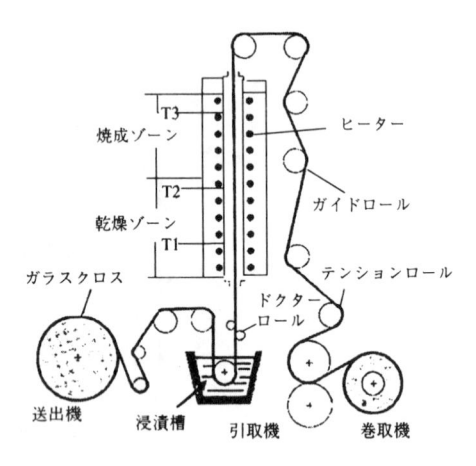

図8 ガラス含浸

のフィルムに比べて熱膨張、収縮が少なく、伸びが小さく、高温でも十分な強度をもつ。ガラスクロスの強度とPTFE樹脂の長所を兼ね備えているため、ヒートシール用離型シートや巨大建造物の屋根材などの膜構造材として使用されている。この製法では、ディスパージョン中に酸化チタン粉末を混合した液をトップコートすることで容易に光触媒機能をもった表面層が付与できる。

## 3 光触媒含有フッ素樹脂膜の開発

**開発に至る経緯**　東京ドームに代表される巨大建造物の屋根材やパラボラアンテナのカバー材として、フッ素樹脂製の膜構造材が利用されている。フッ素樹脂は耐候性に優れ、その非粘着性と撥水性から防汚機能も期待されたが、1カ月程度で汚れが堆積し、黒ずみを起こすことがわかってきた。この汚れは降雨などでは洗い流されないため、定期的に機械洗浄する必要がある。

汚れのメカニズムとしては、自動車の排気ガスなどによる微量の油分を含む無機物の汚れが、疎水性のフッ素樹脂表面に付着し堆積することで、油のネットワークが形成されるために起こると考えられた（図9）。

そこで、このネットワーク形成を光触媒により阻害することができ

従来フッ素樹脂膜　　　　　光触媒含有防汚膜
PTFE or FEP　　　　　　PTFE+TiO₂

油汚れ　ほこり

油のネットワーク形成　　　　油の光触媒分解

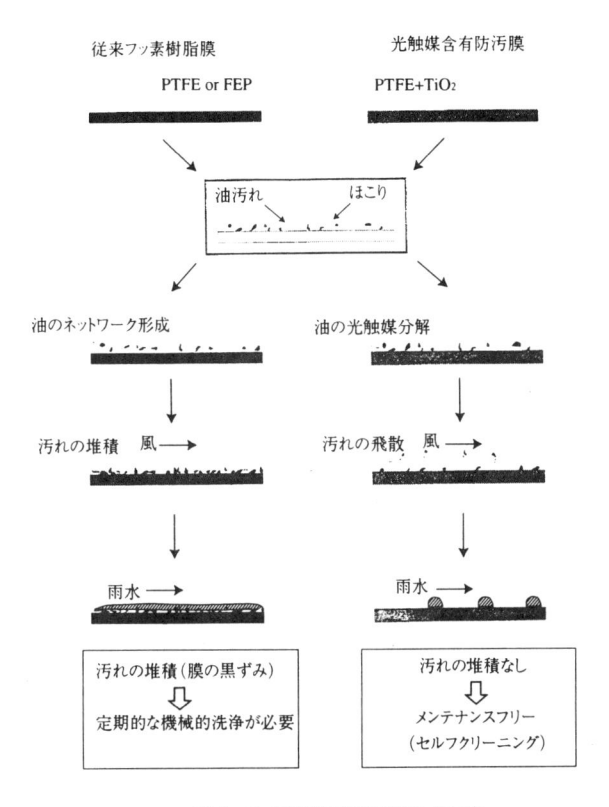

汚れの堆積　風→　　　　　　汚れの飛散　風→

雨水→　　　　　　　　　　　雨水→

汚れの堆積（膜の黒ずみ）　　汚れの堆積なし
⇩　　　　　　　　　　　　　⇩
定期的な機械的洗浄が必要　　メンテナンスフリー
　　　　　　　　　　　　　　（セルフクリーニング）

図9　フッ素樹脂撥水膜の防汚メカニズム

れば、降雨によるセルフクリーニング効果で、初期の外観を維持できるメンテナンスフリーの膜構造材ができると考え研究開発を進めた。

**フッ素樹脂撥水膜の構造**

従来のフッ素樹脂膜はガラスクロスにフッ素樹脂を焼き付けた構造をしていた。これは強度も強く、柔軟性があり、軽量で、不燃性という特性をもっている。この表面に、酸化チタンとフッ素樹脂を直接ブレンドした層を設けたのが今回の防汚膜である（図10）。

光触媒膜に使用したフッ素樹脂は、耐酸化性の強いPTFE樹脂で、酸化チタンは粒径の異なる3種類（7nm、20nm、50nm）を用いた。紫外線暴露、屋外暴露を行い、水との接触角の変化、および防汚性を評価した。

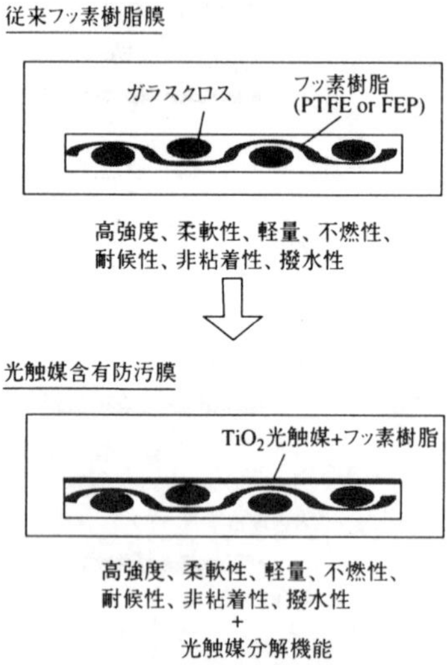

従来フッ素樹脂膜

ガラスクロス　フッ素樹脂(PTFE or FEP)

高強度、柔軟性、軽量、不燃性、
耐候性、非粘着性、撥水性

⇩

光触媒含有防汚膜

TiO₂光触媒+フッ素樹脂

高強度、柔軟性、軽量、不燃性、
耐候性、非粘着性、撥水性
＋
光触媒分解機能

図10　フッ素樹脂撥水膜の構造

TiO₂ particle size 7nm　　TiO₂ particle size 20nm　　TiO₂ particle size 50nm

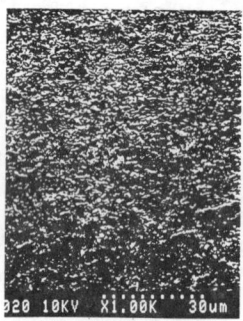

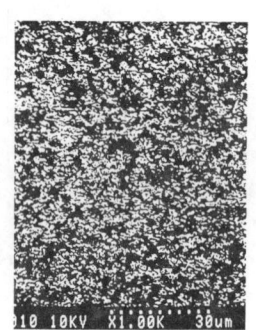

図11　SEM photo of Membrane surfaces containing TiO$_2$(40wt%)

図11は、酸化チタンの粒径の違いによって、膜表面の構造はどうなっているのか、電顕で観察したものである。酸化チタンの粒径が7nmのものでは、見かけ上、大きな固まりに見えるが、これは酸化チタンの凝集物と考えられる。粒径が20nm、50nmになると、酸化チタンは均一に混ざり、分散状態は良い。

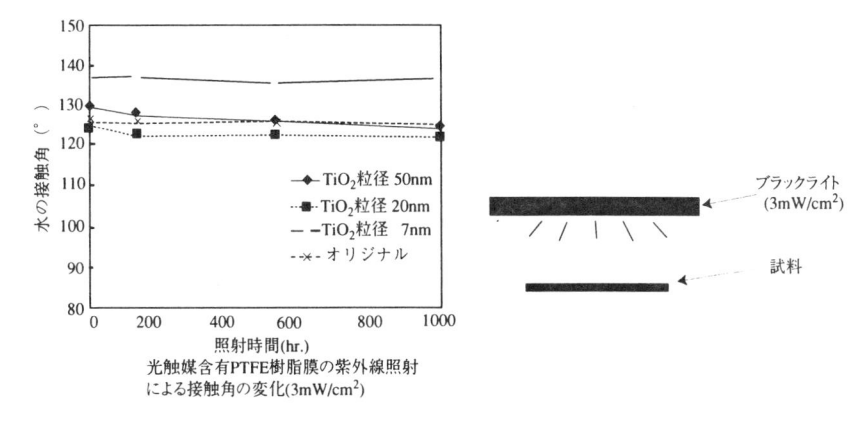

図 12　TiO$_2$含有PTFE膜の耐紫外線性

**耐紫外線性**　　試料にブラックライトを照射して、粒径が小さく光触媒活性の強い膜では表面が劣化しないかを調べた。フッ素樹脂本来の水との接触角は110度くらいであるが、膜構造材は表面が少し粗れており、接触角は大きくなる。酸化チタンの粒径が20nmおよび50nmの膜では、初期値が125度程度であった。7nmの粒径の膜ではさらに接触角は大きくなり、およそ135度であった。ブラックライトを1,000時間照射したが、接触角は変わらず、表面が親水化することも着色することもなく、撥水性は維持されていた（図12）。

また、ウェザーメーターによる2,000時間の促進試験においても、変色、脱落などはみられなかった。よって、PTFE樹脂は酸化チタンの酸化力に耐える十分な耐久性をもっているといえる。

**屋外暴露試験**　　このシートの防汚性を確認するため、屋外暴露した結果、特に雨跡、雨筋汚れに対して効果的であったのは、粒径の大きい50nmの酸化チタンを入れたものであった。

屋外暴露試験で粒径の小さいものの結果が良くなかったのは、粒径が小さくなると吸着性も強くなるため、その吸着性がフッ素樹脂の非粘着性を上回ったためではないかと考えている。

洗浄効果　　　1年近く屋外暴露すると、防汚膜にも当然汚れが付く。泥水がかかれば汚れたままになり、それを落とす力はない。しかし、汚れたところに水を噴霧すると、汚れは洗い流される（図13）。つまり、水の量が十分であれば、常に表面はきれいな状態に保たれるものと期待できる。顕微鏡でみると、膜表面の撥水性によって水滴が縮むときに、周囲の汚れが集まってくるようである（図14）。超撥水性になると、水滴は最初から球体に近いため、洗浄性は逆に弱くなるのではないかと予想される。つまり、撥水性の場合、水滴が適当な接触面積に広がり流れ落

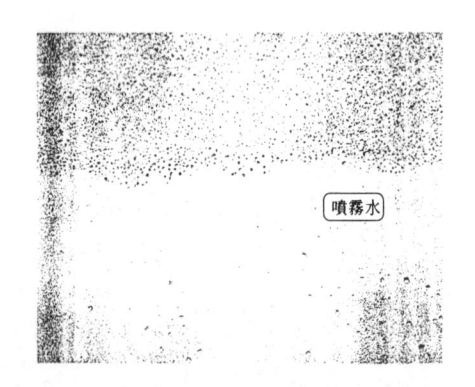

図13　光触媒含有防汚膜の流水洗浄性（屋外暴露11カ月）

Waterdrop of Conventional membrane　　　Waterdrop of Anti-fouling membrane

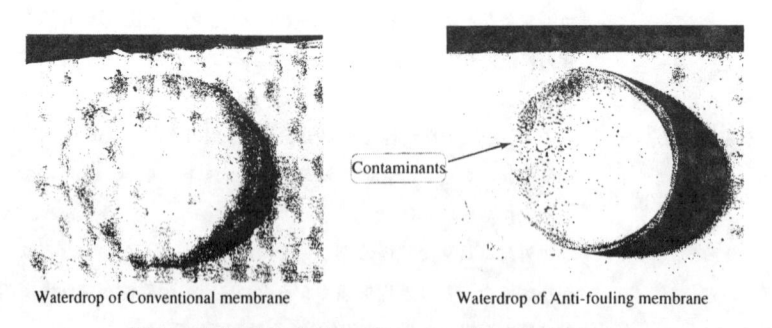

図14　Self-cleaning effect of Anti-fouling membrane material

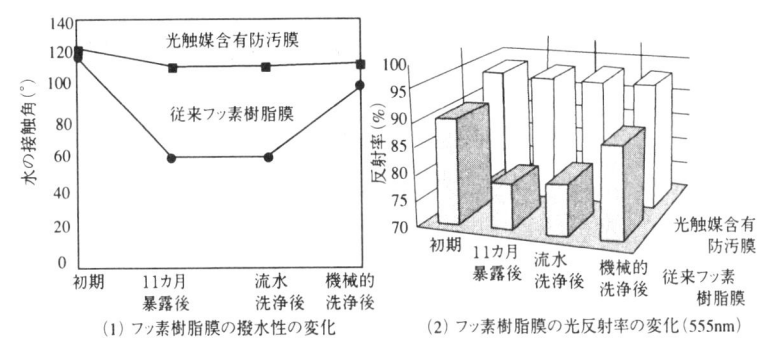

図15 フッ素樹脂膜の洗浄効果
(1) フッ素樹脂膜の撥水性の変化
(2) フッ素樹脂膜の光反射率の変化(555nm)

ちるため、洗浄効果に優れているのではないだろうか。

従来のフッ素樹脂膜と今回われわれが試作した防汚膜の洗浄効果を比較したのが図15である。従来のフッ素樹脂膜の場合、流水洗浄しても何ら効果はみられなかったが、機械的に石けん水とブラシで洗浄すれば、撥水性はかなり回復した。

一方、光触媒含有防汚膜では、ほとんど手入れがいらず、太陽光と雨だけで十分撥水性が保たれていた。図15の右図は、表面の汚れを光の反射率で評価したものであり、同様の結果が得られた。

**色素分解能**　　光触媒機能をみるには、いろいろな評価方法があるが、ここではacid redという色素を膜の上に塗り、光を照射したときの色落ちの具合を調べた（図16）。粉末担持したものでも、明らかに色落ちの効果がみられた。

**抗菌性**　　粉末担持の場合、酸化チタンの粉末が表面に出ていれば抗菌性があると期待された。われわれの膜は撥水性であるため、フィルム密着法と呼ばれる方法で菌液を広げたところに光を照射して、抗菌性をテストした。蛍光灯の光でも24時間あれば完全に大腸菌は死滅し、撥水性の光触媒含有フッ素樹脂膜にも抗菌力があることが確かめられた（図17）。

1. 試験方法

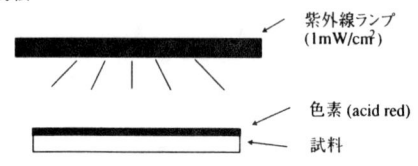

紫外線ランプ (1mW/cm²)
色素 (acid red)
試料

2. 結果: UV照射による透過率の経時変化

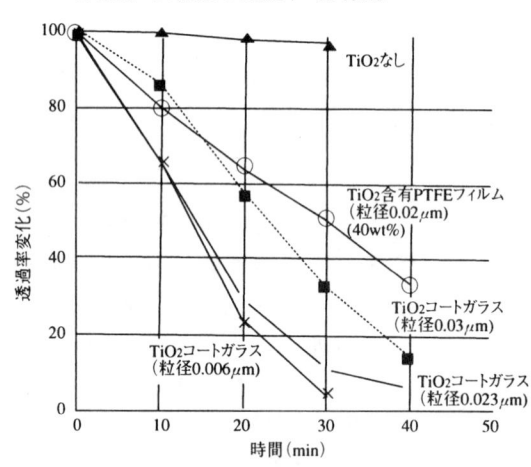

[グラフ: 横軸 時間(min) 0〜50、縦軸 透過率変化(%) 0〜100]
- TiO₂なし
- TiO₂含有PTFEフィルム（粒径0.02μm）（40wt%）
- TiO₂コートガラス（粒径0.03μm）
- TiO₂コートガラス（粒径0.006μm）
- TiO₂コートガラス（粒径0.023μm）

図16 酸化チタンの防汚性能（色素の分解）

## 脱臭・浄化用途への展開

　表9にわれわれが考えている今後の応用展開をまとめてみた。防汚効果については、建築外装材、特に膜構造材として、また屋内ではフッ素の薄いフィルムを用いて台所まわりの汚れ防止材として展開していく。抗菌効果については、屋内の抗菌建材としてロールカーテンなどへ応用する。

　脱臭・浄化効果についても、$NO_x$のアクティブ浄化やゴミ焼却場の有害ガスの除去などさまざまな用途が期待できる。半導体の製造工程で出る微量の有害ガスの分解などは、特に光触媒の特性を生かした活用法ではないかと思われる。また、フッ素樹脂は耐薬品性に優れるだ

けでなく、耐水性も強いことから、水中への応用も可能ではないかと考えている。しかし、これらの用途には、これまで述べてきたように、表面が比較的平滑な材料ではなく表面積を増加させた構造（たとえば多孔質）にする必要がある。

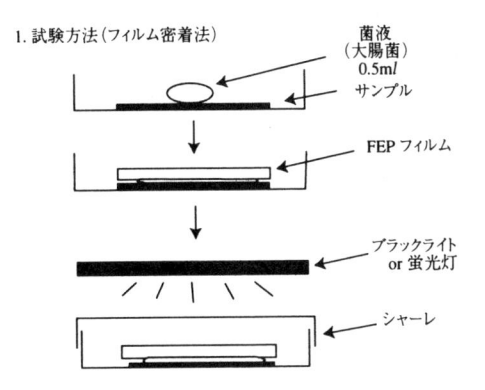

1. 試験方法（フィルム密着法）

菌液
（大腸菌）
0.5m$l$
サンプル

FEPフィルム

ブラックライト or 蛍光灯

シャーレ

2. 試験結果： 光触媒含有フッ素樹脂膜の殺菌力

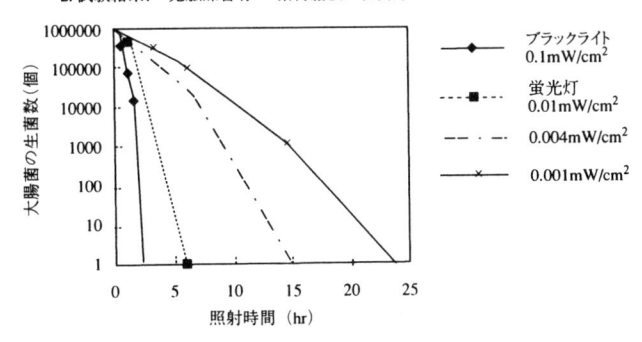

ブラックライト 0.1mW/cm$^2$
蛍光灯 0.01mW/cm$^2$
0.004mW/cm$^2$
0.001mW/cm$^2$

大腸菌の生菌数（個）
照射時間（hr）

図17　光触媒含有フッ素樹脂膜の抗菌性

表9 光触媒担持フッ素樹脂の用途展開

| 目的機能 | 用途 | 形態 | 製品 |
|---|---|---|---|
| 防汚・抗菌 | 高耐候建築外装材<br>屋内抗菌、防汚建材<br>レンジフード、台所まわりの汚れ防止 | ガラスクロス含浸布<br>薄層フィルム | 膜構造材<br>ロールカーテン<br>ラミネート鋼板 |
| 脱臭・浄化 | $NO_x$アクティブ浄化<br>ゴミ焼却場の有害ガス除去<br>半導体製造工程の有害微量ガス<br>　　分解<br>水中の有害物質の分解 | 多孔質膜<br>繊維<br>粉末担持フィルム<br>結束チューブ | 大気処理用<br>　フィルター・シート<br>水処理用<br>　フィルター・シート・チューブ |

**参考文献**

1)「ふっ素樹脂ハンドブック」、里川孝臣編（1990）：フッ素樹脂材料について、実際に研究開発を担当された、斯界の第一人者というべき方々が執筆した最高レベルの専門書。
2)「テフロン実用ハンドブック」、三井・デュポンフロロケミカル（株）（1992）：高機能樹脂"テフロン"の性質を正しく知り、応用するために書かれた、"テフロン"を使用する人のためのハンドブック。

# 3 超親水性材料

光触媒反応の応用といえば、これまでは光触媒分解を利用して表面にくる物質に直接働きかけることが考えられてきたが、ここで述べる考え方はそれとは根本的に異なったものである。すなわち、酸化チタン表面の性状、具体的には水の弾きやすさを光触媒反応によって変えようという考え方である（図1）。光が当たってどんどん濡れやすくなった状態を工業的に利用する、というのが超親水性技術の1つのポイントである。

## 1 超親水化現象とは

**水との接触角の低下**　　光触媒酸化チタンに光照射すると、表面における水との接触角が減少し、最後には接触角が0度になる。これを超親水化現象という。酸化チタン単独の膜の場合、光照射を止めると接触角は徐々に元に戻って水を弾くようになるが、再び光を当てると、また水を弾かなくなる（図2）。実際に材料開発するうえでは、後述するようにシリコンなどの蓄水性物質を混合することによって、暗所でも超親水性を確保することが重要となってくる。

**励起波長**　　図3は、光の波長を変えたときの接触角の変化をみたものである。接触角が時間とともに減少し超親水化するのは313、365nmの波長の光を当てたときで、酸化チタンの励起波長を超えた405nmの波長の光ではこの現象は起きなかった。つまり、超親水化現象は、光触媒分解反応と同様、酸化チタンが光エネルギーを吸収することによって起こる光励起反応である。

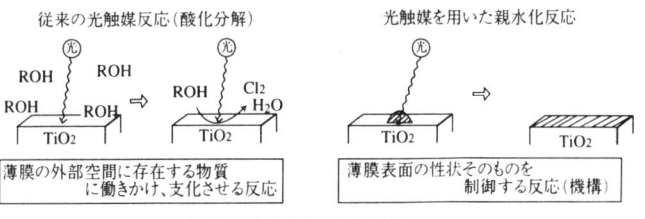

図1　光触媒薄膜の界面反応

| 膜厚と超親水性 | しかし、光触媒分解とは反応の様相がかなり異なっている。その一例として膜厚依存性をあげることができる。オイルの分解実験を行うと、2 $\mu$m という厚い膜では分解反応が進行したが、0.1 $\mu$m 以下の厚さの膜では反応が進まなかった（図4）。一方、超親水性の場合、膜厚は50nm あれば十分で（図5）、その後の実験からは20nm くらいの厚さでも効果があることが確かめられている。 |
|---|---|
| 界面活性剤にはない耐久性 | 親水性というのは元来、撥水性とともに工業的に重要な性能であったが、これまでの親水性技術は界面活性剤を使うものがほとんどで、耐久性をもっていなかった。特に、日光が当たるようなところで長持ちする親水性材料は全く皆無であった。ここで述べている材料は、光が当たれば当たるほど親水性が良くなるわけで、材料的には特異な位 |

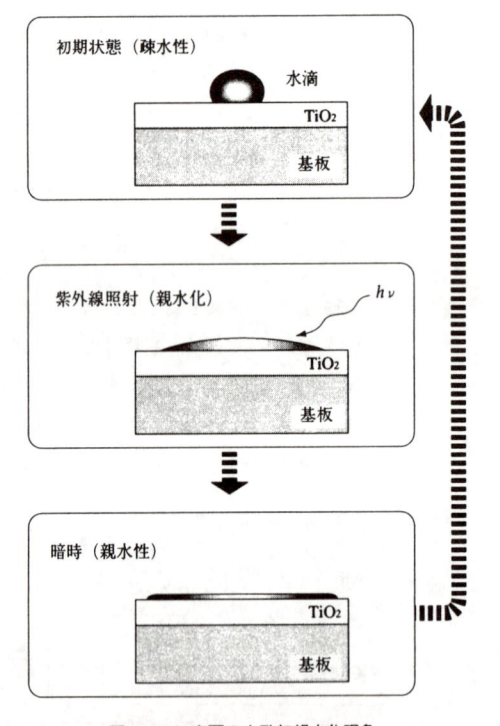

図2　$TiO_2$表面の光励起親水化現象

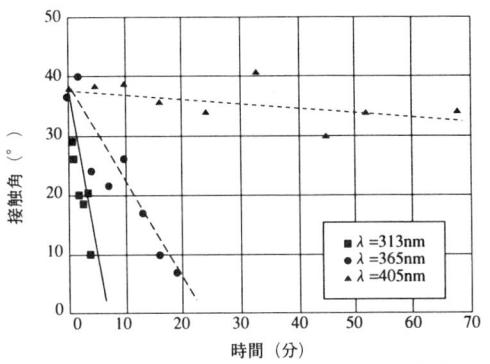

図3 入射光の波長とTiO₂表面の光励起親水化

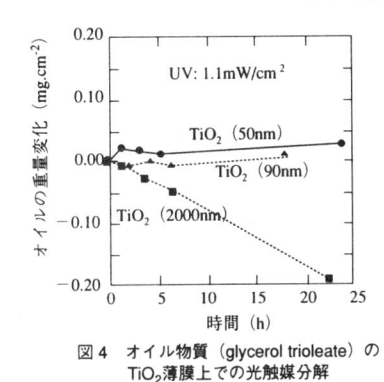

図4 オイル物質（glycerol trioleate）の
TiO₂薄膜上での光触媒分解

図5 TiO₂薄膜上の光励起親水化反応

置を占めることになる。したがって、この材料でしかできない用途というものが現実的にかなり出てきている。

## 2 超親水性材料開発

われわれは、これまでに光触媒分解を応用した抗菌タイルを開発してきた（第5章1参照）。そこでまず、そのときの方法で酸化チタンのコロイドをタイルにスプレーして焼き付け、光を当てたときの接触角の変化を調べた（図6）。焼き付け温度は、このプロセスでは最も活性が高い条件の700℃に設定した。

0.3mW/cm$^2$の光を照射して接触角の変化を測定すると、親水化速度は比較的緩やかで、しかも接触角が十数度のところで飽和してしまい、

光を当てるのを止めると、すぐに元に戻るというデータが得られた。このままの性質では、工業的に良いものはできないと思われた。

**蓄水性物質との混合** 1つの解決手段として、シリカを添加する方法がある。図6の実験では20時間以上かかって接触角は十数度までしか下がらなかったのに対して、シリカを混ぜたゾルをスプレーした薄膜では、3時間でわずか数度のところまで接触角が下がった（図7）。しかも、光を当てるのを止めてもすぐには元に戻らず、非常に低い接触角を維持するという好ましい性能が現れた。

このような親水化速度の上昇と暗所での親水維持性能が発現するメカニズムについては、これからAFMなどを用いて表面の構造解析をしていかなければならないが、おそらくシリカは構造中に水を少しずつ蓄える性質をもつため、水が表面構造の中に入り込むことによって、表面にできる水膜が安定化することに関係するのではないかと考えている。

現在のところ図8に示すように、$0.02mW/cm^2$の紫外線強度（1,000ルクスの蛍光灯の光に相当）を当てると、速やかに親水化して、しかも長時間接触角の上がらない材料が開発されている。

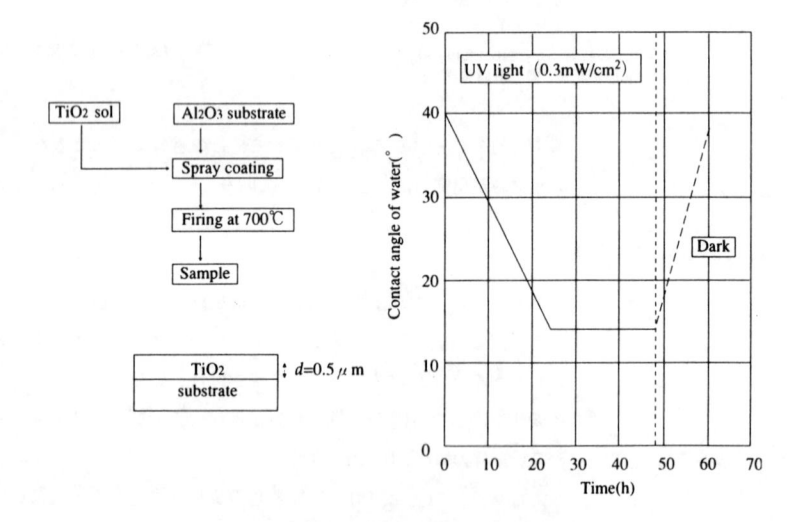

図6 酸化チタン焼結膜の作製と親水化挙動

**基材とコーティング法**　超親水性酸化チタン薄膜は表1に示すようないくつかの方法で作ることができる。これらは基本的には第2章2.1で述べたコーティング膜作製法と同様である。コーティングプロセスについては、ウェットプロセスが多く、ドライプロセスをとる場合もある。プラスチックやPETフィルム、アルミニウム、ガラス、タイル、セラミックスなどいろいろな材料に超親水性光触媒を付けることが可能となっている。

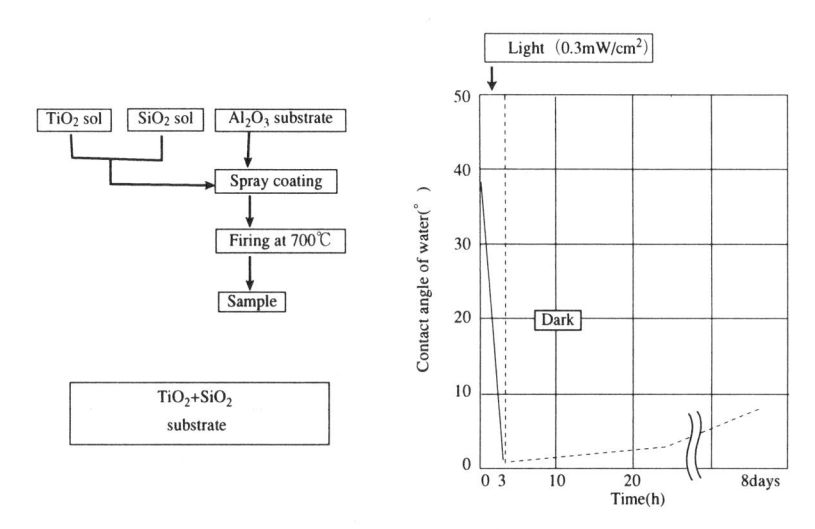

図7　$SiO_2$を添加した$TiO_2$焼結膜の作製と親水化挙動

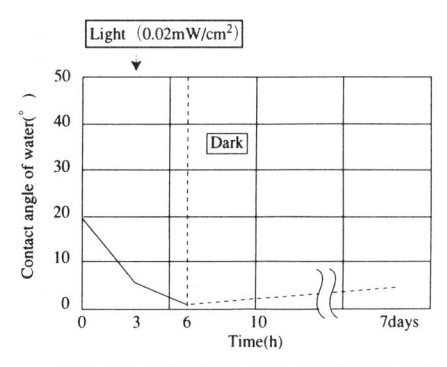

図8　$SiO_2$を特殊配合した$TiO_2$焼結膜の親水化挙動

表1　超親水性コーティングのプロセス

| 製造プロセス | 焼結法 | バインダー法 | 乾式法 |
|---|---|---|---|
| 作製温度 | 500～800℃ | 室温～150℃ | 室温～500℃ |
| 原　料 | 酸化チタンゾル<br>有機チタネート | 酸化チタンゾル<br>＋<br>シリコーン、シリカ<br>アルミナ　他 | 電子ビーム蒸着<br>CVD<br>スパッタリング |
| 適用材料 | ガラス<br>セラミックス | 高分子樹脂<br>金属、フィルム | ガラス（光学部品） |

## 3　工業的に期待される機能

前述したとおり、耐久性をもつ親水性材料ができれば、従来にない技術となり、特異的な機能を発揮するものと期待される。現在、応用開発が進んでおり、最初に実用化されると思われるのは防曇・防滴性である。

**防曇性**

図9は、鏡の半分を超親水性光触媒加工したものであるが、水蒸気を当てても加工した鏡には全く曇りが付かない。加工していない普通の鏡には、さまざまな粒径の水滴が付着し、光を乱反射するために白く見える。これに対して加工した鏡の表面では水は水滴にならず、滑らかな水膜となるため、光の反射がみられず曇らない。酸化チタンの光触媒薄膜上では、接触角が7度を切ると、防曇性が出てくることがわかっている（表2）。

**防滴性**

防滴性、つまり水滴を防止する効果は、接触角が15度を切ると出てくる。防曇性との違いは、結局水滴の大きさである。非常に細かい水滴が付く付かないという観点からは防曇性と言い、もっと大きな水滴が付く付かないを問題とする場合を防滴性と言う。

防曇性のほうが接触角がより低くないと性能が発揮されないことからも、防曇性を求める材料と、防滴性を求める材料とではだいぶスペックが違うような印象を受ける。すなわち、防曇性を求めるときには、より小さなポーションで超親水性が発現していなければならず、防滴性の場合にはもっとマクロにみて親水性を発現させる必要がある、という違い

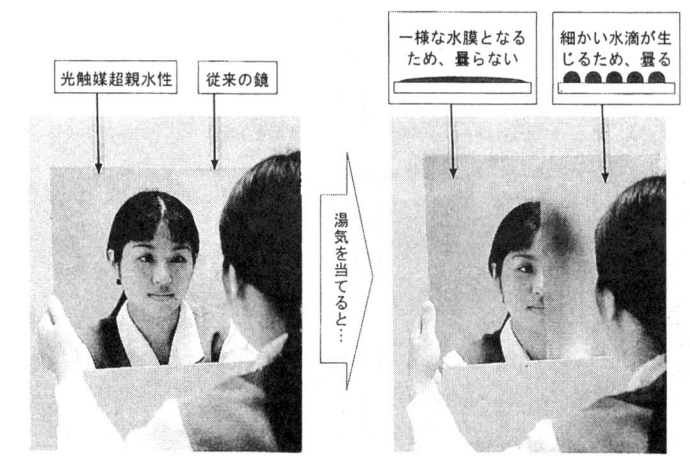

図9 機能の例：防曇性

表2 水に対する接触角と機能発現

| 機能 | 水に対する接触角 |
| --- | --- |
| 防曇性 | <7° |
| 防滴性 | <15° |
| 降雨によるセルフクリーニング | <20° |
| 水洗容易性 | <20° |
| 生体親和性 | <20° ? |
| 乾燥促進 | <20° ? |

があるのではないかと考えている。

**易水洗効果**　　超親水性表面には水の膜ができやすく、それ以外の物質を弾いてしまう性質があるため、超親水性加工したタイルにサラダ油を付けて水の中に入れると、油は自然にタイルを離れて浮き上がってくる（図10）。

汚れを防ぐこの効果を利用すると、たとえばマンションやビルの外壁用タイル、車の排気ガスで汚れやすい道路標識など、さまざまな分野への応用が考えられる。なかでも、高速道路の天井や高層ビルの壁など、人が命懸けで洗っているようなところに応用され、メンテナンスフリーで事故もなくなれば、すばらしい応用例となるものと期待している。

将来的には、車のボディや室内の水まわり用タイルなど、さらに身

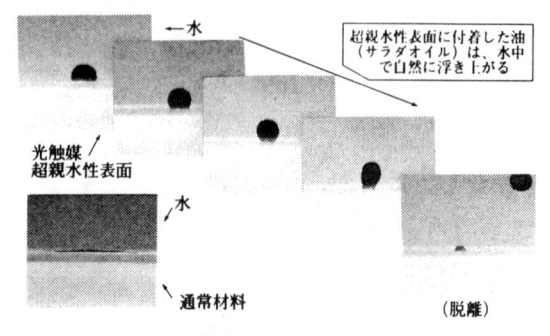

図10 易水洗効果（水によるセルフクリーニング性）

近なところにも応用されていくであろう。

**2つのセルフ　　　**われわれは、これを超親水性光触媒によるセルフクリーニング効果
**クリーニング**といっているが、光触媒分解で表面に徐々に付着するものを分解してきれいに保つ場合とは考え方は全く異なる。超親水性によるセルフクリーニング効果は、接触角が20度を切ると顕著に起きてくることがわかっている。

他にも生体親和性や、易乾燥性など、副次的にはいろいろな効果が現れてくる。今わかっている応用に加えて、さらにこのような効果を利用した応用が広がっていくものと考えている。

---

**参考文献**

1) 国際公開特許WO96/29735、表面を光触媒的に超親水性にする方法、超親水性の光触媒表面を備えた器材、およびその製造方法
2) 国際公開特許WO96/23572、表面を光触媒的に超親水性にする方法、超親水性の光触媒表面を備えた器材、およびその製造方法
3) 渡部俊也、「酸化チタン表面の光励起超親水化現象」、ニューセラミックス、(2)、p.45-49（1997）
4) 渡部俊也、「超親水化光触媒とその応用」、セラミックス、31、p.837-840（1996）

# 第4章　光触媒活性評価法

# 第4章　光触媒活性評価法

前章までに繰り返し述べてきたように光触媒反応は表面反応であるから、表面に吸着した物質のみが反応に関与する。その結果、空気浄化、水浄化用の光触媒と、防汚、抗菌用光触媒の表面は全く異なった性質が要求される（第2章3 微弱光を利用する光触媒反応）。また、酸化分解型の光触媒反応と酸化チタンに光誘起される超親水性は機構が異なる（第2章6 酸化チタン表面の光誘起両親媒性）。そこで、光触媒の評価はそれぞれの使用目的に応じた実験法が必要となる。

サンプルの形態　　　酸化チタン光触媒は通常、粉体の状態で市販されているが、それ以外にもボール状粉体担持体（ガラスビーズなど）、膜状粉体担持体（紙、布、テント）、酸化チタン膜コーティング材などの状態がある。空気浄化や水浄化の場合は粉体の状態で活性が評価できるが、それ以外の活性評価には担持状態の光触媒が必要である。

光源を選ぶ　　　光源は必要とする紫外線強度に応じて選ぶとよい。手に入りやすい光源には以下のような種類がある。

　　　UV強度

　　　$0.1\,\mu W/cm^2 \sim 0.1mW/cm^2$：　白色蛍光灯

　　　$0.1mW/cm^2 \sim 数\,mW/cm^2$：　ブラックライト

　　　$1mW/cm^2 \sim 数\,10\,mW/cm^2$：　キセノン・水銀灯、キセノン灯、
　　　　　　　　　　　　　　　　　　　　超高圧水銀灯

各光源のスペクトル分布を図1～3に示した。比較のため太陽光スペクトルと白熱灯のスペクトル、および酸化チタンの吸収端付近の吸収スペクトルも示してある。

単色光を得る　　　単色光（単一波長の光）を得るためにはキセノン・水銀灯などの輝線を用いるとよい。干渉フィルターを用いてある輝線のみを通過させることにより、単色光を作り出すことができる。図2に示したように、これ

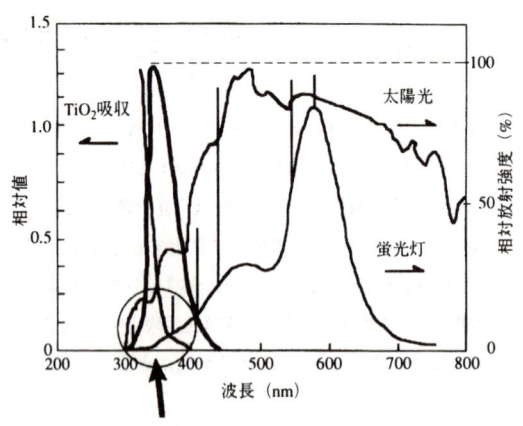

図1 白色蛍光灯、ブラックライト、太陽光のスペクトル分布と酸化チタンの吸収

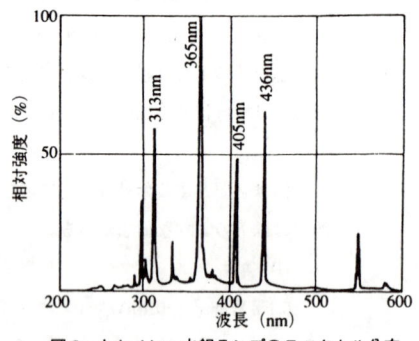

図2 キセノン・水銀ランプのスペクトル分布

らの光源を用いると、365nm, 313nm などの単色光を容易に得ることができる。それ以外の単色光を得るにはキセノン灯（図3）などの連続光を分光器や干渉フィルターに通して、波長選択をする必要がある。

光量の測定　　量子効率の測定など正確な紫外線強度を知る必要がある実験では、上述の方法で単色光を作り出して、光量測定を行う。しかし、通常の実験ではそれほど精密に紫外線強度を知る必要がないので、紫外線領域のみを通過させるガラスフィルター（図4）を使い、光量計で測定す

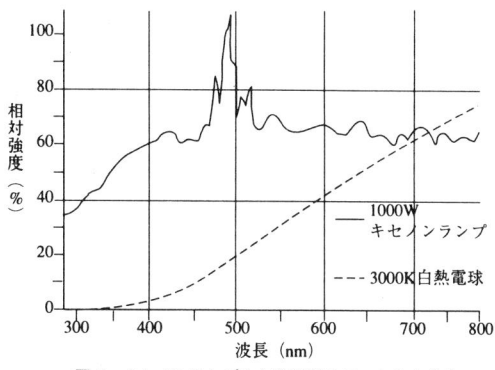

**図3** キセノンランプと白熱電球のスペクトル分布

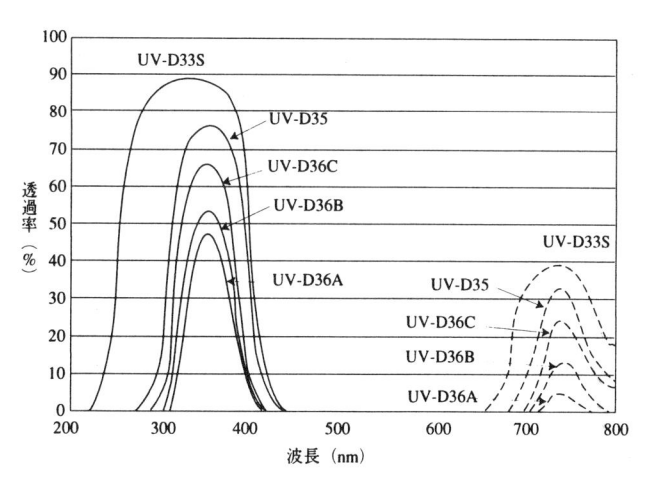

**図4** 紫外線透過可視吸収フィルター
（東芝ガラスフィルターのカタログより）

るとよい。このとき、一般に光量計の応答は大きな波長依存性をもっているので注意が必要である。もっと簡便には紫外領域のみに応答する光量計を用いると、特に紫外光通過フィルターなどを用いなくても大まかな紫外線強度を知ることができる。たとえばTOPCON（UVR-2）などは360 nm付近の波長のみに応答し、酸化チタンの実験には便利である。しかし、言うまでもなくこの方法では、得られる数値が同じで

も、実際の酸化チタンが吸収する紫外線量は光源の種類により異なる。たとえばTOPCON光量計を用いてブラックライト光と白色蛍光灯に含まれる紫外線を測定したとき、同じ$0.1mW/cm^2$の強度を示していたとしても、ブラックライト光のほうが蛍光灯よりも多くの紫外線を含んでいる。これはスペクトル分布が、前者のほうが短波長側にシフトしているからである。

# 1 酸化分解活性評価法

## 1 吸着物質の分解（防汚効果）

吸着物質の分解力評価は吸着物質の重量変化を直接天秤で測定する方法と、吸着物質の濃度変化を分光手法で測定する方法がある。前者のほうがより実用の形に近いが、時間がかかる、小さな（軽い）サンプルしか評価できないなどの欠点がある。後者は10分程度で評価でき、実用的に簡便な方法である。

### 1.1 重量変化法（油分解）

市販のサラダオイルを約0.1mg/cm$^2$の目安で酸化チタン薄膜上に塗り、光照射による重量の時間変化を化学天秤で読みとる。化学天秤は最小目盛0.01mgほどのものが必要である。

メタナイザー付のFID検出ガスクロマトグラフがある場合は、炭酸ガスの発生速度からも光触媒活性を評価することができる。

**標準的実験条件**

試料サイズ：5cm × 5cm
サラダオイル量：約2.5mg （約0.1mg/cm$^2$）
紫外光強度：1mW/cm$^2$
光照射面積：25cm$^2$
室温（約25℃）

この実験条件で2種類の試料の分解活性を評価した例を図5に示す。初期の傾きから求めたこの2種類の光触媒の活性の比は約1：3である。

### 1.2 吸光度変化（色素分解法）

実用条件に近い吸着物質としてタバコのヤニがあるが、一定の初期条件を得るのは比較的困難である。そこで汚れのモデル物質として色素を吸着させ、その脱色速度を測定することにより容易に再現性のあるデータが得られる。

**色素の選択**

分解活性の評価に使う色素は以下の条件を満足する必要がある

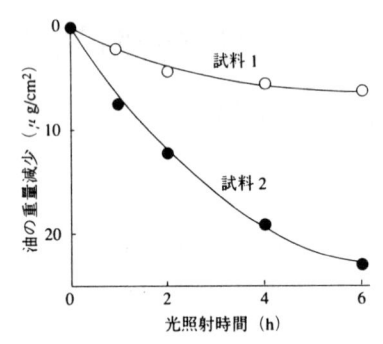

図5　2種類の酸化チタンコーティングガラス上に吸着した油の分解
（光強度 1mW/cm²）

① それ自体は紫外線に対して耐性があること
② 暗中では酸化チタンに吸着した状態でも分解しないこと
③ 酸化チタンの励起に用いる波長域（330～370nm付近）に強い吸収をもたないこと
④ 光触媒反応では比較的容易に分解すること

　これらの条件を満足する色素にメチレンブルー（図6）がある。この色素はガラスに吸着しているときは紫外線を照射してもほとんど変化せず、また酸化チタン上に吸着していても紫外線を照射しなければ全く変化しないが、酸化チタン上で紫外線を照射すると容易に脱色する（図7）。
　以下にこの色素を用いた活性評価法を解説する。

**必要な装置**　　試料が酸化チタンコーティングガラスのように透明な場合は、可視紫外分光光度計を用いて、色素の吸光度変化を測定するとよい。一方、試料が酸化チタンコートタイルや酸化チタン粉末含有紙のように不透明な場合は、反射率変化によって活性を評価できる。それには反射率を測定できるハンディータイプの色差計（たとえばGYK-Gardner社製、handy-specなど）が便利である。

**前処理**　　再現性の高いデータを得るためには、試料の初期状態を一定にしておく必要がある。そのため、色素を吸着させる前に光触媒表面に十分

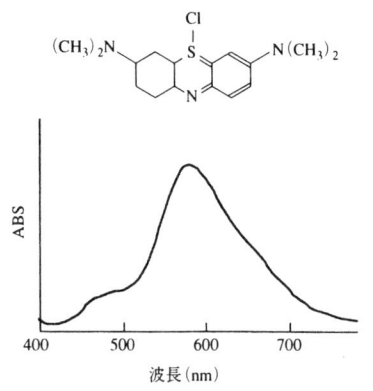

図6 メチレンブルーの化学構造と吸収スペクトル

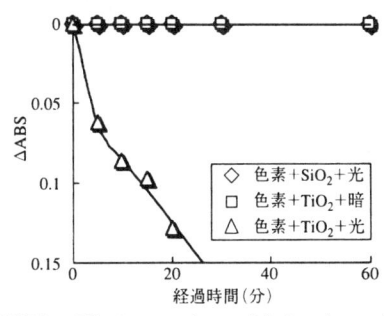

図7 各種基板上に吸着したメチレンブルーの吸収ピーク(580nm)の時間変化

に紫外線照射を行い、表面をクリーニングするほうがよい。また、光照射により酸化チタン表面は親水性になるから、色素を水溶液から吸着させる時に、より均一に色素が着き都合がよい。

**色素吸着**　　$10^{-5} \sim 10^{-2}$ mol/$l$ の色素水溶液に試料を浸漬し色素を吸着させる。色素の吸着量は試料により異なるが、吸収ピーク(580nm)の吸光度(absorbance)が0.02〜0.2程度になるように溶液濃度を調節する。図8には酸化チタン膜厚の異なる2種類の酸化チタンコートガラスの色素濃度と吸着色素の吸光度を示してある。

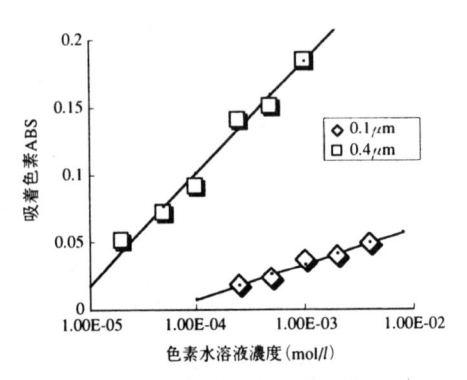

**図8** 色素溶液濃度と吸着色素量

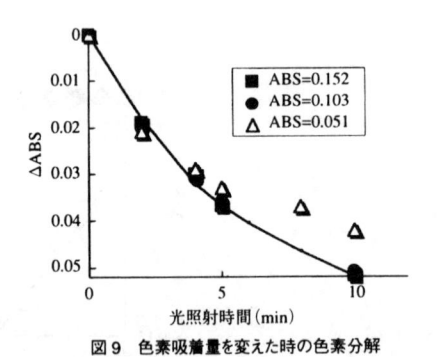

**図9** 色素吸着量を変えた時の色素分解

**透明試料の活性評価** 　紫外線照射に伴う吸収ピーク波長での吸光度変化を分光光度計で測定し、吸光度の初期値からの変化量（$\Delta$ABS）を時間に対してプロットする。この$\Delta$ABSは色素の分解量に対応する。図9に示したように、初期の吸光度が多少ばらついていても同じ試料であれば光照射初期の色素の分解速度は一定である。また分解速度は$0.1\mathrm{mW/cm^2}$から$2\mathrm{mW/cm^2}$の光強度領域では光強度に対し、ほぼ直線的に変化する。すなわち、活性の異なるサンプルをどの光強度で評価しても、その相対値は一定となる。

**油分解活性との比較** 　図5の油分解活性評価実験で用いた2種類の酸化チタンコーティング

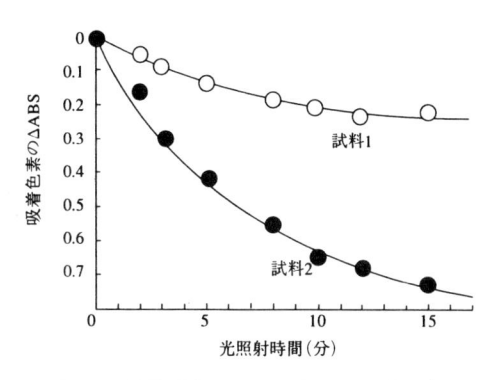

図10 2種類の酸化チタンコートガラス上に吸着した色素の脱色
（光強度1mW/cm²）

ガラスを、上述の色素分解法で評価した結果を図10に示す。この図の初期の傾きから決定した両者の活性の比は3.2：1であり、油分解法で得られた活性の比とよい一致を示している。

**白色不透明試料の活性評価**

試料が不透明な場合は反射率測定から活性を評価できる。図11にこのモデル実験の概略を示す。透明試料の下に白色の紙を置いて測定した反射スペクトルも示してある。前と同じ2種類の試料を用いて、吸収のピーク波長（580nm）の反射率の時間変化を測定した結果を図12に示す。初期の反射率増加量（$\Delta T\%$）の変化速度から求めた活性比は3.1：1で、吸光度変化から決めた比とよい一致を示す。

**着色不透明試料の活性評価**

基材がもともと着色している場合は酸化チタンのコーティングされていない同色の基材の580nmでの反射率$T_{sub}\%$を測定し、次式で定義される補正反射率

$$[補正 \Delta T\%]_{580nm} = [\Delta T\%]_{580nm} / [T_{sub}\%]_{580nm}$$

を用いて、その変化を調べると、基材の色によらない値が得られる。ただし、表1に示すように色が黒の場合は誤差が大きくなり正しい活性比は得られない。同様に青色の場合もモニター光（580nm）付近に吸収があるため誤差が大きくなる。この場合は他の色の色素を用いる必要がある。

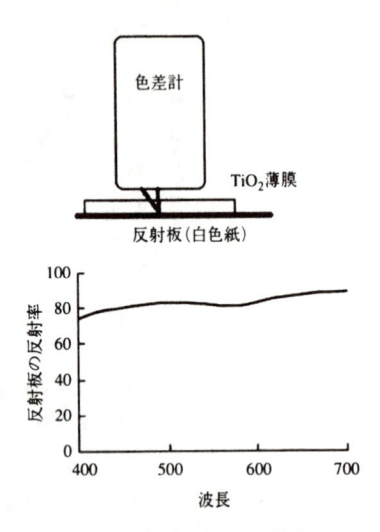

図11 反射率測定による活性評価

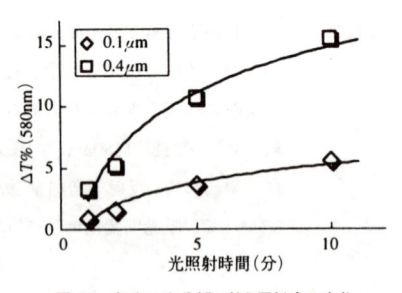

図12 色素の光分解に伴う反射率の変化

**活性の絶対値の決定は難しい**　　以上のことから推定できるように、この方法では光活性の絶対値（量子効率など）を決めることは困難である。あくまでも標準試料に対する相対比が得られる。

**標準的実験条件**　　色素水液濃度：$10^{-3}$ mol/$l$

　　　　　　　　　　光強度：　1mW/cm$^2$

表1 各色の反射板での光触媒活性評価

| 反射板の色 | 白色 | 灰色 | 黒色 | 青色 | 黄緑色 | 赤色 |
|---|---|---|---|---|---|---|
| 反射板反射率 | 81 | 40 | 4.0 | 5.6 | 40 | 18 |
| $\Delta T\%$ | 11 | 5 | 0.4 | 0.3 | 5 | 2 |
| 補正$\Delta T\%$ | 14 | 13 | 10 | 5 | 13 | 13 |

＊：色素の光分解に伴う580nmの反射率の変化$\Delta T\%$を、反射板自身の
反射率で補正すれば、その補正$\Delta T\%$は反射板自身の色に関係なく、
ほぼ一定になる
[補正$\Delta T\%$] = [$\Delta T\%_{580nm}$] / [反射板$_{580nm}$]

サンプリング時間：1分ごとに測定し、初期の直線領域の傾きを求める。

## 2 空気中物質の分解（空気浄化効果）

気相中の光触媒分解には、①気相中分子の酸化チタン表面への拡散、②吸着、③分解反応の3つの過程が関わる。実験的に求めることができるのは気相中の濃度であるが、反応速度に直接的に効くのは表面濃度であるため、防汚活性の評価（吸着系）の解析に比べて、空気浄化の活性評価は複雑になる。

そこでここではまず反応を解析するための基礎理論と反応速度を決める因子を解説し、その後、標準的な評価法を静置系と流通系について述べる。

### 2.1 解析のための基礎理論と反応速度の決定因子

**Langmuir吸着等温式** 気相中の物質が、表面に吸着した物質と平衡状態にあるとき、単分子層以下の吸着状態では、気相中濃度（$C$）と表面被覆率（$\theta$）の間に

$$\theta = KC / (1 + KC) \tag{1}$$

の関係が成立する。ここで$K$は吸着平衡定数で、吸着速度定数を$k_a$、脱離速度定数を$k_{-a}$としたとき

$$K = k_a / k_{-a} \tag{2}$$

また、被覆率は表面に吸着した物質量（$C_{ads}$）と飽和吸着量（$C_{sat}$）との比

$$\theta = C_{ads} / C_{sat} \tag{3}$$

で表される。

| 吸着平衡定数と飽和吸着量の求め方 | 種々の気相濃度（$C$）で吸着量（$C_{ads}$）を測定し、$1/C$に対し$1/C_{ads}$をプロットすると、傾きから吸着平衡定数($K$)、y切片から飽和吸着量（$C_{sat}$）を得ることができる。
$K$は平衡状態における吸着力を、$C_{sat}$は吸着サイトの数を表している。 |
|---|---|
| 物質の捕獲確率は必ずしも吸着平衡定数から予測できない | （2）式で示したように$K$は吸着速度定数（$k_a$）と脱離速度定数（$k_{-a}$）の比を表しており、$k_{-a}$が非常に小さい時は$k_a$が必ずしも大きくなくても大きな値を取りうる。一方、系が平衡から大きくずれているとき（光強度が十分に強いとき）の捕獲確率の大小は$k_a$の大小のみで決まる。一般に流通系では平衡から大きくずれている場合が多いため$K$は大きいが、捕獲確率はそれほど高くないといった結果が得られることになる。これは後述する静置系で評価した場合と流通系で評価した場合で活性が大きく異なる場合の原因と考えられる。 |
| Langmuir-Hinshelwoodの速度式 | 反応速度は表面濃度に比例するから、系がLangmuir吸着式を満たしているとき、反応速度（気相から物質が減少していく速度（$r$）は
$$r = -d[C]/dt = k\theta = kKC/(1+KC) \qquad (4)$$
で表される。ここで、$k$は反応速度定数である。
そこで種々の気相濃度で反応速度を測定すると反応速度定数、すなわち物質の反応しやすさ、および平衡定数を速度の逆数を濃度の逆数に対してプロットすることにより求めることができる。
$$1/r = 1/k + (1/kK) \cdot (1/C) \qquad (5)$$
ここで得られる平衡定数はLangmuir式から得られるものと同一のものである。
また注意しなければいけないのは、この式は系が平衡状態（厳密には平衡から微小変化しているとき）に成立する。したがって光強度が強くなり、吸着量に対して反応量が無視できなくなったときにはこの解析式は利用できない。 |
| 反応速度を決める因子 | 気相分子の除去速度を決める因子は、図13に示したように光強度と吸着速度の大小によって分類できる。まず吸着速度が光分解速度より |

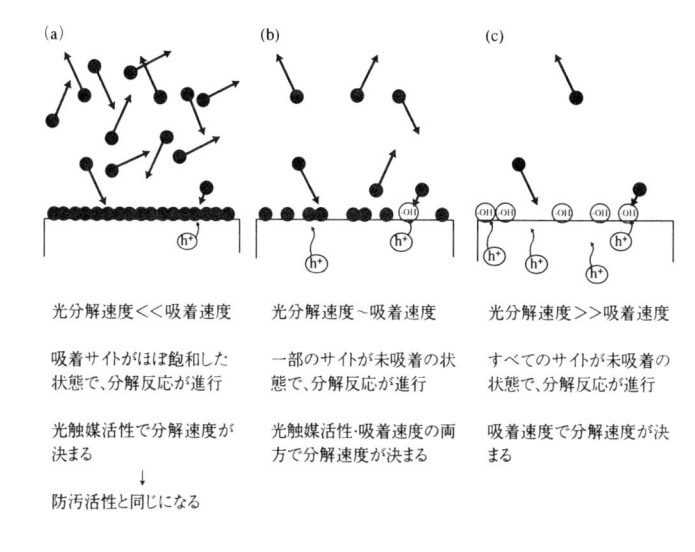

| (a) | (b) | (c) |
|---|---|---|
| 光分解速度≪吸着速度 | 光分解速度～吸着速度 | 光分解速度≫吸着速度 |
| 吸着サイトがほぼ飽和した状態で、分解反応が進行 | 一部のサイトが未吸着の状態で、分解反応が進行 | すべてのサイトが未吸着の状態で、分解反応が進行 |
| 光触媒活性で分解速度が決まる | 光触媒活性・吸着速度の両方で分解速度が決まる | 吸着速度で分解速度が決まる |
| ↓ | | |
| 防汚活性と同じになる | | |

図13　気相分子の濃度変化を決める要因

十分に多いとき（図13(a)）、吸着平衡は保たれ、反応速度は光量と光触媒の電荷分離効率で決まる。すなわちこの条件で求めた活性の順位は前述の防汚活性の順位と一致する。逆に吸着速度よりも分解速度が十分に大きいときには（図13(c)）、物質が表面に到達するとすぐに分解されてしまい、表面濃度は非常に低くなっている。このときは分解速度は物質の輸送速度（静置系では拡散速度、対流系では風速）と吸着確率で決まる。実際のほとんどの系はその中間（図13(b)）にあり、反応速度は光量、電荷分離効率、輸送速度および吸着確率の関数となる。

ここで注意しなければならないのは、前述のLangmuir-Hinshelwoodの式が成立するのは図13（a）の条件のときのみということである。すなわち、この式で求めた反応速度$k$には輸送速度や吸着確率に関する情報は含まれていない。

**反応速度の光強度依存性**

以上のことから、気相物質の初期濃度を一定にして、初期反応速度を種々の光強度で測定し、プロットすると図14のようになる。すなわち、光強度の弱い領域では反応速度は光強度に比例し、光強度の強い領域

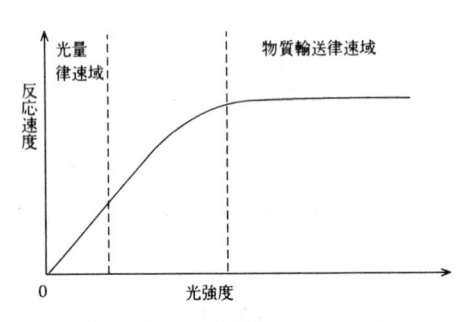

図14 気相分子分解反応速度の光強度依存

では反応速度は光強度に依存しなくなる。

**反応速度の濃度依存性**　気相中の物質の濃度が十分に高い領域（図13(a)）では反応速度は物質の濃度に依存しなくなるので、速度式は

$$-d[C]/dt = k \tag{6}$$

となり、気相中の物質濃度は

$$C(t) = C_0 - kt \tag{7}$$

と図15のように時間に対して直線的に減少する。このときゼロ次反応と呼び、反応速度定数 $k$ は光強度に比例する。

一方、物質濃度が十分に低い領域（図13(c)）では反応速度は気相中物質濃度に比例し、

$$-d[C]/dt = k[C] \tag{8}$$

$$C(t) = C_0 \exp(-kt) \tag{9}$$

と一次反応になり、濃度を時間に対して片対数にプロットすると直線になる（図16）。

## 2.2　静置系での活性評価

数リットルの容積の反応容器中に反応物質と光触媒を入れ、光を照射して、一定時間ごとに反応物質の濃度と反応生成物の濃度を測定する（図17）。

**必要な装置**　・内部気体のサンプリングの可能な密封容器（吸着の少ないガラス製

$C(t) = C_0 - kt$

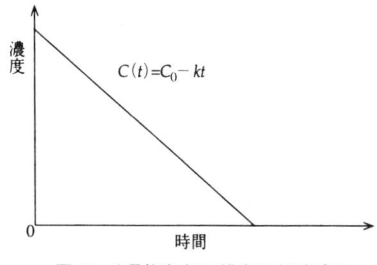

図15　光量律速域での濃度の時間依存性

$C(t) = C_0 \exp(-kt)$

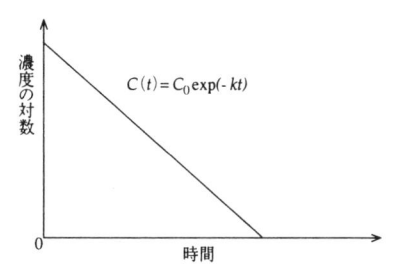

図16　物質輸送域での濃度の時間変化

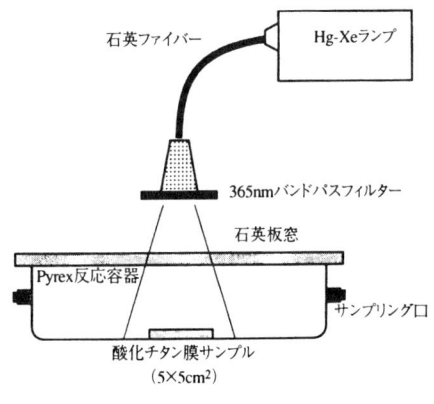

図17　静置系の実験

容器が望ましい)
- 反応物質、生成物質の濃度を測定する機器（検知管またはガスセンサーなどでもよいが、精密な実験にはガスクロマトグラフが望ましい)
- 炭酸ガス生成をみる場合には合成空気（窒素80%/酸素20%の1気圧混合気体)

**光触媒活性は光強度や気相濃度によって異なる**　いくつかの光触媒試料の活性を比較する際、前述のように気相物質の分解反応の場合は、光強度および反応物質濃度によって活性の度合は異なることになる。図18（a）に2種類の酸化チタン膜、サンプル1とサンプル2の分解速度の比の光強度に対するプロット、図18（b）に気相物質濃度に対するプロットを示した。一方、同じサンプルで防汚活性比を前述の色素分解法で評価したときの光強度依存性、色素濃度依存性を図19に示したが、こちらは光強度、反応物濃度に依存せず一定である。また、気相物質分解反応で光量が小さいとき、および気相濃度が高いときは反応はゼロ次反応に近づき、反応活性比は防汚活性比に一致するはずである。実際にデータはこの傾向を示している。

実験例を図20に示す。

**標準的実験条件**
容器　　：1リットルのガラス製容器
雰囲気　：1気圧の合成空気
反応物質：アセトアルデヒド（またはイソプロパノール）約1,000ppm

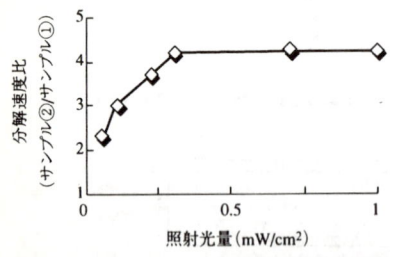

図18（a）　光量の変化に伴う気相分子の分解活性の変化
*イソプロパノール　200ppm*

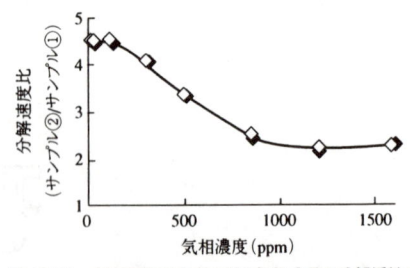

図18（b）　気相濃度の変化に伴う気相分子の分解活性の変化
照射光量　0.2mW/cm$^2$

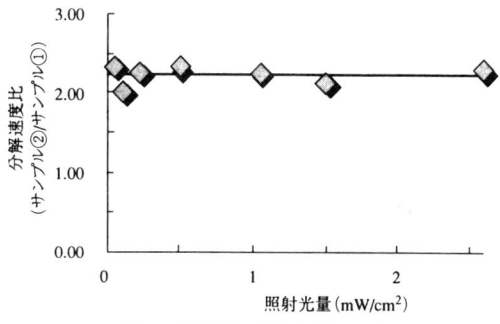

図19　吸着色素の分解速度比の照射光量依存性

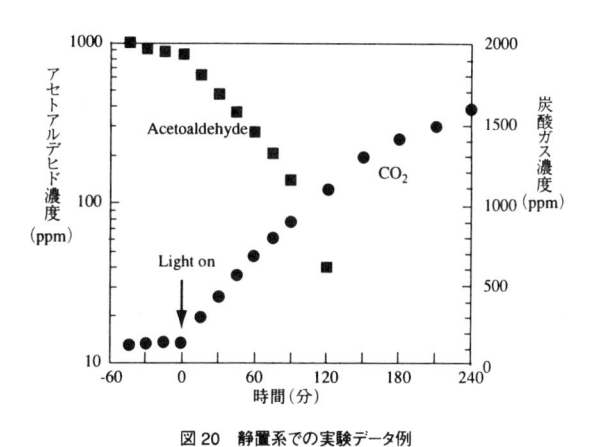

図20　静置系での実験データ例

光強度　　：1 mW/cm$^2$

分析機器：FID検出ガスクロマトグラフ（カラム：Porapak-Q）、炭酸ガスを検出するときはメタナイザーを利用する

サンプリング時間：10分ごと

## 2.3　流通法での活性評価

反応物質を含んだ気体を光触媒反応装置に導入し、その前後の濃度

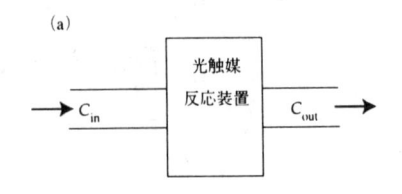

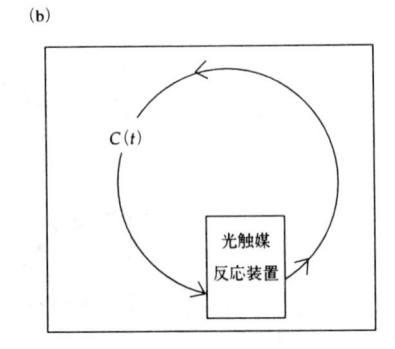

図21 流通法での活性評価

を測定するワンパス法（図21(a)）と、数m²程度の大きめな容器中に光触媒反応装置を入れ、容器内の濃度を測定する循環法（図21(b)）がある。

**除去率の求め方**　　光触媒反応装置を1度通過したときの物質の除去率（$x$）は、ワンパス法では導入前後の濃度 $C_{in}$、$C_{out}$ から計算できる。

$$x = (C_{in} - C_{out})/C_{in} \tag{10}$$

循環法では容器内の濃度（$C(t)$）は指数関数的に減少し、

$$C(t) = C_0 \exp\{-(vx/V) \cdot t\} = C_0 \exp(-kt) \tag{11}$$

となる。すなわち、濃度を片対数プロットした傾き（$k$）から除去率を求めることができる。

$$x = Vk/v \tag{12}$$

ここで $v$ は流速、$V$ は容器の体積である。

**流速と除去率の関係**　　光触媒と気相中物質の接触効率が十分に高く、かつ光強度が十分に強く物質輸送律速になっている時には流速 ($v$) を大きくしても除去率 ($x$) は変化しない。すなわち減衰速度 ($k$) は風量に比例する。しかし、一般的な条件では $x$ は $v$ に反比例し、風量を変化させても減衰速度は一定となる。

# 2　抗菌性の評価法

日本における抗菌剤の市場は、増加拡大の一途をたどり、過去10年間で10倍以上の規模にまで成長した。市場拡大の背景には、日本人の清潔志向のみならず、気密性の高い住宅が増加してきたこともある。また、医療関係施設では院内感染の問題、食品関係施設では病原性大腸菌などの問題が起こり、これらも抗菌剤へのニーズを高める社会的要因となっている。さらに、菌の繁殖を抑えることが脱臭につながることからも、抗菌性を付与した製品開発が盛んになった。抗菌材料の開発にあたっては、その材料がどの程度の抗菌性をもつかを客観的に把握する必要がある。われわれは現在、酸化チタンの抗菌性を評価する標準的な方法作りに取り組んでいるが、ここではそのベースとなる実験系について解説する。

## 1　抗菌性評価の手順

**菌株の入手方法**　　実際に手元に菌がないと実験は始められないため、まずは菌の入手を考えることになる。知人から譲り受けることができれば、それが最も早いが、菌株を保管している公的機関に申し込めば分譲を受けることができる。表1に主な保有機関を示す。

　菌株には、保有機関名と番号が付されていて、由来が明らかにされている。たとえば、現在われわれが評価に使用している *Escherichia coli* IFO3301株とは、大腸菌で大阪発酵研究所の3301番の菌株を意味する。

**菌株の保存方法**　　入手した菌株は、変異や死滅をしないように保存しながら、実験に用いる。
**〈継代培養保存法〉**　　入手した菌株は、その菌株に適した培地（栄養分が入っているもの）に植え、一度培養し元気にさせる。次に、その培養した菌株を寒天培地（スラント）などに植え替え（図1）、培養した後、死滅しない温度（普通は2～10℃の低温）に保存する。もちろんこのスラントは何本か作っておき、保存すると同時に実験にも使っていく。この植え替えの操作を定期的に行い（大腸菌の場合は、われわれはおよそ1～2カ月ごとに行っている）、次々と植え継いでいきながら保存する方法を継代培養保存

表1 菌株を保管している代表的な公的機関名

| | |
|---|---|
| 大阪発酵研究所 | IFO |
| 東京大学分子細胞生物学研究所（元 応用微生物学研究所） | IAM |
| 理化学研究所（埼玉） | JCM |
| The American Type Culture Collection | ATCC |
| Northern Regional Research Laboratory, USA | NRRL |

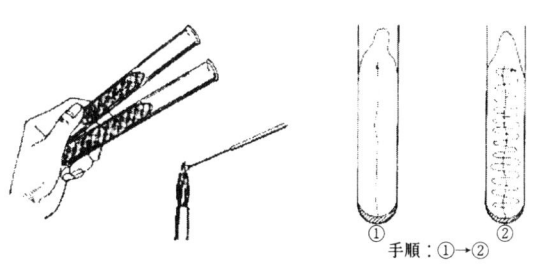

手順：①→②

図1 継代培養法－スラントの植え方

法という。ただし、菌株は変異の起こっていない状態に保っておく必要があるため、一般に植え継ぎは、すなわち継代培養は10回くらいを限度としたほうがよいとされている。そのため、長期にわたる保存は、凍結保存などの方法をとる。

〈凍結保存法〉　凍結することにより、細胞を休止状態にして生存させ、保存する方法をいう。入手した菌株を培養し、適当な分散媒に懸濁して凍結し、保存する。分散媒は、凍結の際のストレスにより菌が死滅するのを防ぐ役割をし、よくスキムミルクや血清が用いられる。たとえば、スキムミルクを20％に溶かしたものを滅菌し、培養した細胞をそれに懸濁して、－80℃くらいのディープフリーザーに入れ、保存する。－20℃くらいでも、1～2年間の保存は可能である。詳しい方法は文献などを参考にしていただきたい。

菌液の調製　以下に述べる操作方法は、菌に大腸菌を用いた場合として、話を進めることとする。

〈前培養〉　スラントに継代培養した菌（ごく少量）を、白金耳を使って液体培地（組成は後述）に植えて、30～37℃で一晩培養する（16～20時間）。前培養は菌を増殖させ、元気にするために行う操作である。われわれ

は、抗菌性を評価する際には、確かに増殖能をもつ元気な菌で評価するのが妥当だと考えている。

この評価方法は、1つの結果を出すまでに3日間かかるが、1日目の操作は前培養のみであり、以後は2日目の操作となる。

〈洗浄〉 遠沈管に無菌水5m$l$をとり、前培養した菌液を0.5m$l$加え、撹拌した後、3500rpmで20分間遠心し、上清を捨て、培地成分を取り除く。残った沈殿に無菌水5m$l$を加え懸濁する。これを、菌原液とする。

この菌原液におよそどれくらいの生菌数があるかを知るため、次に述べるような方法で検量線を作成し、菌原液の濁度(吸光度)からおよその生菌数を求める。

〈検量線の作製〉 上記の菌原液を3/4、1/2、1/4、1/10に無菌水で希釈し、630nmにおける各溶液の吸光度を測定する。さらに、各溶液(5つ)を$1/10^5$まで無菌水で希釈し、その100 $\mu l$ずつをシャーレの寒天培地3枚に植え、36℃で24時間培養する(図2)。

培養後、形成したコロニー数をカウントして、各溶液の吸光度と生菌数の関係をプロットし、検量線を作製する。図3に検量線作製の例を示す。図3からは、

$$y = 4.7 + 1158 \times \text{Abs.}$$

という関係式が得られた。ここで、$y$は生菌数を表している。単位は、$1/10^5$まで希釈したので、$10^5$個/100 $\mu l$、すなわち$10^6$個/m$l$である。

このような検量線は、定期的に行う継代培養をした際に作製し直すとよい。

〈菌液の希釈〉 われわれは、評価用の菌液としておよそ$2 \times 10^5$個/m$l$の濃度のものを用いることにした。そのため、図4に示すように菌液を希釈する必要がある。すなわち、前培養して、洗浄した菌原液の630nmでの吸光度を測定し、検量線の式から生菌数を求める。得られた生菌数から評価用菌液($2 \times 10^5$個/m$l$)の生菌数となるように希釈する。さらに、回収率(後述)を求めるためのコントロール菌液(200個/100 $\mu l$)まで希釈しておく。

以上述べたように、検量線を求めておいて、評価の際なるべく一定の菌数で実験できるように、菌液を調製する。ここまでの操作は多少煩雑ではあるが、この後の実際の抗菌性評価の手順は比較的シンプルなものである。

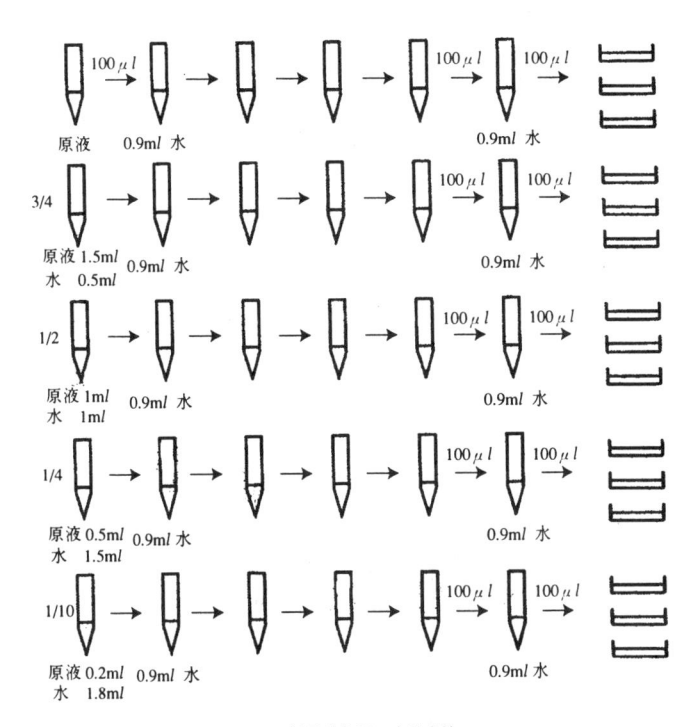

図2 検量線作製の実験方法

| | |
|---|---|
| 抗菌性の評価 | ここでは、日本曹達製のディップコーティング用酸化チタン光触媒 |
| 〈光触媒試料〉 | 液（NTi-500、NDH-500A）を用いてガラス片上に光触媒薄膜を作製し、抗菌性評価サンプルとした。 |
| 〈菌液の滴下〉 | 酸化チタン薄膜付きのガラスサンプル（5×5cm）を乾熱滅菌（オーブンで180℃30minまたは70℃1h加熱）し、そこに評価用菌液（2×$10^5$個/m$l$）を150μ$l$滴下する。滴下した液には、およそ30,000個の生きた大腸菌がいることになる（図5a）。 |
| 〈光照射〉 | 菌液を滴下したサンプルを、図5bに示すような反応器にセットし、25℃の恒温槽に入れる。反応器は、密閉できるようになっており、ある程度の湿度を保つために、中のシャーレに10〜15m$l$の水が入っている。恒温恒湿槽のようなものがあれば、このようにする必要はない。 |

| | 吸光度 | コロニー数（個） | | 吸光度 | コロニー数（個） | |
|---|---|---|---|---|---|---|
| | | | mean | | | mean |
| 原　液 | 0.335 | 382<br>398<br>334 | 371 | 0.337 | 442<br>386<br>394 | 407 |
| 3/4希釈 | 0.251 | 296<br>325<br>276 | 299 | 0.261 | 344<br>319<br>290 | 318 |
| 1/2希釈 | 0.168 | 212<br>188<br>185 | 195 | 0.172 | 209<br>203<br>210 | 207 |
| 1/4希釈 | 0.085 | 97<br>88<br>82 | 89 | 0.084 | 111<br>123<br>105 | 113 |
| 1/10希釈 | 0.029 | 42<br>44<br>52 | 46 | 0.034 | 35<br>36<br>37 | 36 |

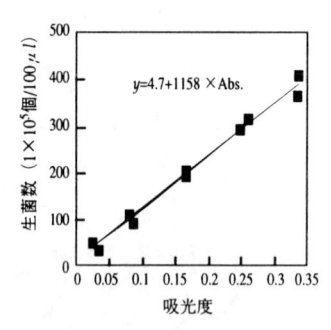

$y = 4.7 + 1158 \times \text{Abs.}$

図3　検量線の作製例

例　吸光度　0.336
$y = 4.7 + 1158 \times 0.336$
$= 394$ （$10^6$個/m$l$）

菌液200μ$l$　水0.9m$l$　　　　　　評価用菌液　　　　コントロール菌液
水194μ$l$
$2 \times 10^8$個/m$l$　　　　　　　　$2 \times 10^5$個/m$l$　　　$2 \times 10^3$個/m$l$
　　　　　　　　　　　　　　$2 \times 10^4$個/100μ$l$　200個/100μ$l$

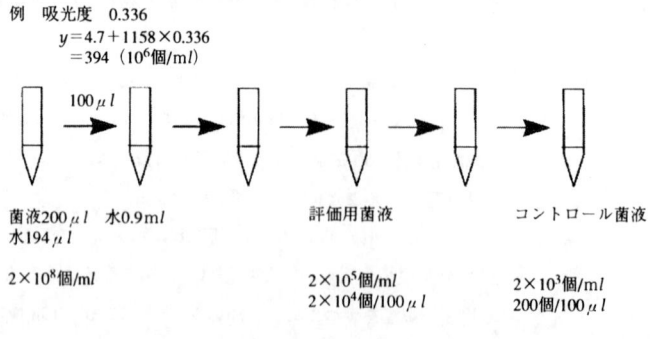

図4　菌液の希釈

反応器の上部はパイレックスガラスになっており、その上からブラックライトを照射する。サンプル面での光強度は、およそ1.0mW/cm$^2$とした。

〈菌の回収〉　1、2、3、4時間、あるいは30分、1時間、2時間と所定の時間だけ光照射を行った後、菌を回収する。菌の回収は、滅菌ガーゼを用いて、菌液をふき取り（3回くらいで）、そのガーゼを10m$l$の滅菌生理食塩水に入れ、十分に撹拌することによって行った。この操作で、回収と同時に希釈もしていることになる。もし死滅していないとしたら、30,000個/150 $\mu l$が30,000個/10m$l$に希釈されている。

〈菌の培養〉　よく撹拌した回収液から100 $\mu l$（死滅がなければ、上記よりこの100 $\mu l$にはおよそ300個の菌がいるはずである）をとって、寒天培地にコンラージ棒（使い捨てのものが便利）を使って塗り広げ、植菌する。誤差を少なくするため、1つの回収液から3枚くらいの寒天培地に植えるとよい。

われわれは、あらかじめ寒天培地を作っておいて、その上に菌を植える平板培養法を採用しているが、菌液と滅菌した寒天培地（寒天が固まらない温度に保っておいたもの）を混ぜて培養する混釈培養法もある。どちらの方法でもよい（図5c）。

植菌した寒天培地は裏返して、36℃の培養器で24時間培養する。ここまでが2日目の操作であり、3日目に寒天培地上にできたコロニーの数をカウントする。3日間で1つの実験の結果が出ることとなる。

### コラム◆コロニーのカウント方法

　大腸菌のコロニー1個のもとは、生菌の大腸菌1個です。この前提のもとにサンプルから回収した生菌数を知ることとなります。1個では目に見えなくて数えられない大腸菌を、一晩かけて目に見えるコロニーとなるまで増殖させ、そのコロニーの数を数えて、生菌数を求めているわけです。よって、この方法での生菌数とは、コロニーを形成することのできる増殖能のある菌を生菌数としていることになります。

　普通はコロニーのできたシャーレを裏返して、裏側から数えます。実験者が目と手を使って数えるのがいちばんシンプルで確かな数え方です。コロニーが重なって、ダルマのような形になっている場合も普通2個と数えますが、判別しにくいときもあると思います。大事なことは、1個と数えるときの自分の基準をもって、常に一定の気持ちで数えることだと思います。また、コンピューターを使って、スキャナーなどで読み込み、画像処理をして、機械的にカウントすることもできますし、そのような装置も市販されています。

表2 評価の結果例

TiO₂ガラス dip

| black | コロニー数（個）/100μl | | | 
|---|---|---|---|
| | 0hr | 0.5hr | 1hr |
| | 277<br>291<br>316 | 17<br>21<br>12 | 0<br>0<br>0 |
| MEAN<br>SD | 295<br>20 | 17<br>5 | 0<br>0 |
| 生存率(%) | 100 | 6 | 0 |

| 回収率 | コロニー数<br>（個）/100μl |
|---|---|
| | 207<br>194<br>190 |
| MEAN<br>SD | 197<br>9 |
| 回収率(%) | 99.8 |

TiO₂ガラス dip

| dark | コロニー数（個）/100μl | | |
|---|---|---|---|
| | 0hr | 1hr | 3hr |
| | 277<br>291<br>316 | 278<br>341<br>308 | 301<br>293<br>265 |
| MEAN<br>SD | 295<br>20 | 309<br>32 | 286<br>19 |
| 生存率(%) | 100 | 105 | 97 |

（a）菌液の滴下
 サンプルへ菌液の滴下
 （$2 \times 10^5$ cells/ml, 150μl）

（b）光照射

Pyrex window
Closed box
Water in Petri dish

光照射（25℃、湿度～70%）

（c）培養法

平板培養法

混釈培養法

図5 評価の方法

**実験結果**

〈菌の回収率〉

上述したようにガーゼを使って菌を回収するが、その方法で本当に全部菌が回収できているのかを確かめるために、回収率を求める。

表2に1つの実験の結果の例を示したが、光照射0hr（酸化チタン薄膜に評価用菌液を150 $\mu l$ 滴下し、すぐにガーゼを使って回収したもの）のコロニー数の平均値295個と、菌液の希釈のところで評価用菌液を100倍希釈したコントロール菌液から100 $\mu l$ とってそのまま寒天培地に植えたもののコロニー数の平均値197個とを比較し、回収率を求める。すなわち、

$$回収率(\%) = \frac{評価用菌液から回収した菌数}{コントロール菌液からの菌数 \times 1.5} \times 100$$

$$= \{295/(197 \times 1.5)\} \times 100 = 99.8\%$$

となり、回収は正しく行われていることがわかる。

われわれは、データの信頼性を考え、この回収率が80〜110%くらいの実験データのみを採用することにしている。

〈菌の生存率〉

図6aは結果をプロットした一例である。光を照射しないdarkの状態では、ほとんど菌が死滅しないのに対し、光を照射した系では30分で生存率が5〜6%となり、1時間では0%となった。これにより光触媒による抗菌効果は明らかである。

大腸菌はその環境条件（温度や湿度や種々の物質など）により、光を当てないdark下でも生存率が減少することがある（例として図7に湿度をコントロールしないで評価した結果を示す）。そのような条件の下では、光触媒の抗菌効果を正しく評価することは難しい。そのため、抗菌効果の評価実験の標準化に向けては、dark下ではほとんど大腸菌が死滅しない条件のもとで光を照射し、抗菌活性を評価することが重要であると考えている。また、大腸菌は、ブラックライトの光によっても死滅するので、酸化チタンを担持していないサンプル（この場合は普通のガラス）に光を照射した場合とも比較することが必要であると考えられる。その結果は図6aに示すように酸化チタンが担持してある系と明らかに違いがあり、この点からも光触媒による抗菌効果は確かめられた。

図6aは今まで述べてきた3日間で1つの実験を3回くらい繰り返し、

平均をとったものである。1つのサンプルを真に評価するときは、3回くらいの繰り返し実験が必要と思われる。

図6bは図6aの関係を生菌数の対数と照射時間の関係として再プロットしたものである。一般に加熱による微生物の死滅は1次反応に従うとされ、その微生物の生存数を1桁低下させる（90%死滅させる）のに要する加熱時間を$D$値（decimal reduction time）という。図6bの場合も、1次反応に従うとして$D$値を求めると、光照射時間として、およそ22minとなる。また$k$を死滅速度定数（$min^{-1}$）とすると

$$D = 2.303/k$$

の関係より、$k = 0.106$（$min^{-1}$）となる。ただし、光触媒による抗菌効果が常に1次反応に従うとは限らないので、$D$値を評価の基準とするこ

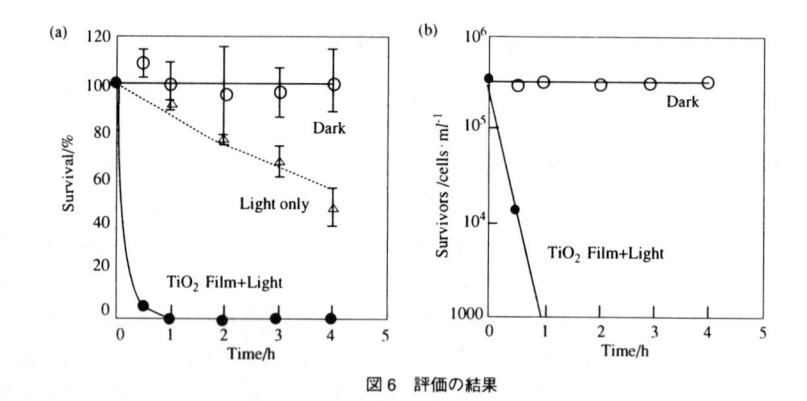

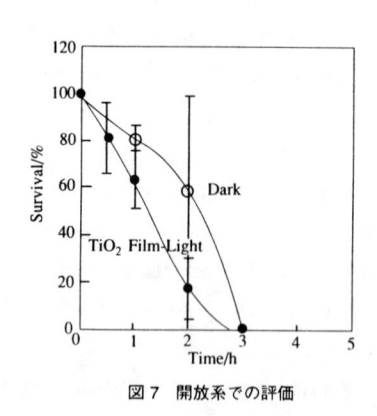

図6 評価の結果

図7 開放系での評価

とはできないように思われる。

〈抗菌性の比較〉　　上述の実験方法により、光触媒による抗菌効果を評価することが可能となったため、早速この実験系を用いて光触媒薄膜のコーティング方法（図8）や膜厚（図9）や菌濃度（図10）によって、どのように抗菌効果に違いがみられるかを検討してみた。

図8より、パイロゾル法やバインダーを用いた方法で形成した光触媒薄膜よりも、ディップコーティング法による膜のほうが優れた抗菌性を示した。光強度の弱いwhitelightを照射した場合の結果も示しておく。また、膜厚に関しては、ディップコーティング法でのディップ回数と抗菌効果の関係でみると、4回ディップした膜厚およそ$0.4\ \mu m$の膜のほうが、1～2回ディップした薄い膜よりも少し抗菌効果が高いという結果が得られた（図9）。菌濃度の効果については、初発菌濃度の増加に対し、死滅菌の濃度も直線的に増加したが、殺菌率としては、ある菌濃度以上から減少してくる（図10）。これは、菌液の濁度増加に伴う光の遮蔽と考えられる。

〈水処理系での実験〉　　水処理に酸化チタンを利用しようという考えもあることから、図11aのようなシステムで実験を行い、その結果を図11bに示す。殺菌にかかる時間は長くなるが、抗菌効果は得られている。

以上のように、作製した光触媒材料の抗菌効果を評価することで、より優れた材料の開発につながるものと考えている。

**器具や培地の準備**　　これまでの実験に必要な器具や培地を表3に示した。1つの結果を出すのに3日間を要したが、1日目の操作は前培養のみであった。よって、1日目は表3に示したものを用意し、2日目以降の実験に備えることが重要な仕事となる。

2日目は実際の実験を進めるが、翌日も評価実験する場合は、前培養を行うことを忘れないようにしなければならない。また、3日目は、使用済みの使い捨て器具やカウントし終えた寒天培地などをオートクレーブにかけ（滅菌してから）捨てるという作業も怠らないようにしたい。

図8 薄膜作製方法の違いと抗菌効果

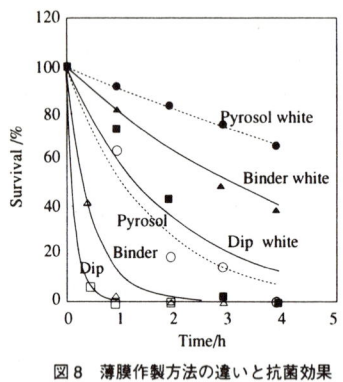

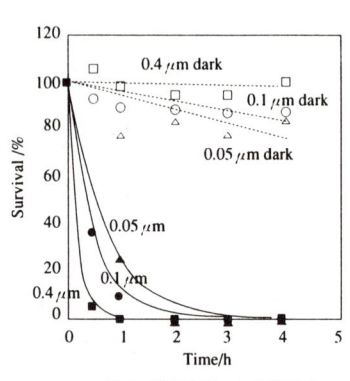

図9 膜厚の違いと抗菌効果

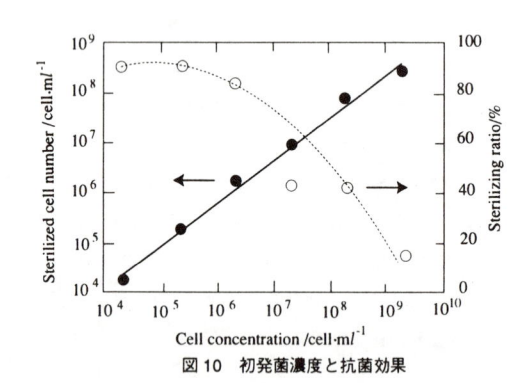

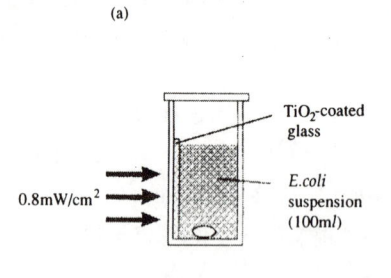

図10 初発菌濃度と抗菌効果

図11 水処理系での抗菌効果

188

表3 評価に用いる器具や培地の準備（第1日目）

・実験用具や培地の滅菌
　①蒸留水　500m*l*
　②生理食塩水　500m*l*
　　　試薬 NaCl 4.25g を蒸留水 500m*l* に溶解したもの
　③前培養用液体培地　100m*l*
　　　SCD（Soybean-Casein Digest Broth）培地3.0gを蒸留水100m*l*に溶解したもの
　④寒天培地　必要数を考えて（2*l*〜3*l*）
　　　普通寒天培地 35gを蒸留水1*l*に懸濁したもの
　⑤各種チップ（5m*l* 用、1m*l* 用、0.2m*l* 用）
　⑥ふき取り用ガーゼ
　⑦ピンセット
　①〜⑦のものを121℃、20minオートクレーブで滅菌する

・評価する材料、コントロールの材料を適当な大きさにし、乾熱滅菌する
・寒天培地の作製
・前培養する

| 培地の組成 | | | | |
|---|---|---|---|---|
| SCD培地 | | | 普通寒天培地 | |
| ポリペプトン（カゼイン製） | 17g | | 肉エキス | 5g |
| ポリペプトンS（大豆製） | 3g | | ペプトン | 10g |
| リン酸一水素カリウム | 2.5g | | 塩化ナトリウム | 5g |
| ブドウ糖 | 2.5g | | 寒天 | 15g |
| 塩化ナトリウム | 5g | | 水 | 1,000m*l* |
| 水 | 1,000m*l* | | pH7.0 | |
| pH7.1〜7.5 | | | | |

表4 無菌操作での注意

微生物は肉眼では見えず、しかもあらゆるところに存在しているので、実験系に目的とする微生物以外の微生物の混入（contamination）を避けるよう注意し、操作しなければならない。
　1．無菌状態
　2．純粋培養状態（目的とする微生物のみが存在する状態）
　3．通常状態（不特定の微生物が混在する状態）
この3つの状態のどれにあたるかを常に意識し、無菌状態や純粋培養状態をくずさないように操作することが大切である。

表5 用語の定義（参考資料より）

| | |
|---|---|
| 滅　菌 | すべての微生物を完全に殺滅すること |
| 殺　菌 | 広く微生物を殺滅すること |
| 消　毒 | 病原微生物を死滅または感染能力をなくして無害にすること |
| 制菌もしくは静菌 | 微生物の活動を停止または低下させ、増殖を抑制すること |
| 抗　菌 | 弱レベルの長期間の殺菌<br>　生活環境に生息する殺菌を対象として、一時的にではなく、その効果は数週間から数年、数十年間持続し、殺菌レベルとしては、静菌、殺菌の範囲である |
| 防カビ | カビを対象とした長期間の殺菌 |

| 無菌操作 | 抗菌評価の実験は主にクリーンベンチを使って行い、無菌操作を伴う。この無菌操作をするときの注意を、表4に示した。

用語の定義　　　参考資料などから引用して、表5によく用いられる言葉の定義を示す。「抗菌」という語は、長期的な効果が必要であるところがポイントと考えられる。また、酸化チタン光触媒による抗菌効果は、後に述べる特徴などから、その殺菌レベルは制菌ではなく殺菌と考えられる。

## 2　光触媒による抗菌性の特徴

　　光触媒による抗菌性を実験で追っていると、次のような興味深い特徴が明らかになってきた。

対数増殖期の菌に対する効果が大　　　1つは、図12に示すように、大腸菌の増殖段階と光触媒による殺菌率との関係から、対数増殖期にある、細胞分裂を活発に行っている菌ほど光触媒の効果を受けやすいという結果が得られた。上述した評価実験で用いている菌は、定常期の増殖段階にあり、対数増殖期にある菌より死滅させにくいことがわかったので、そのような死滅させにくい菌でも酸化チタン光触媒の効果が得られていることを示せたことと、上記の評価するための菌液は評価に適していることも示せたと考えている。ただ、なぜ対数期にある菌のほうが高い効果が得られるかの理由は、菌が細胞分裂をするために栄養分など細胞外の物質を取り込みやすい状態になっ

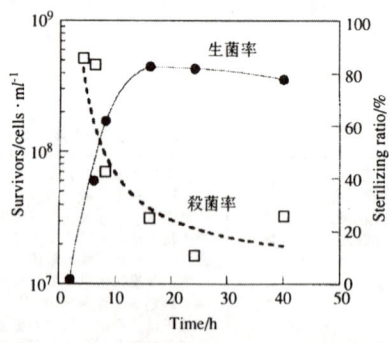

図12　大腸菌の増殖段階と光触媒による殺菌効果

ているためか、菌の活動が増殖することに集中していて防御機能が低下しているためかなどが考えられるが、まだ明らかではない。

**エンドトキシンも分解**　酸化チタン光触媒の抗菌性がもつもう1つの特徴は、大腸菌を死に至らしめるのと同時に、細胞壁にあるエンドトキシンという毒素も分解する点である。図13にあるように、普通のガラスにブラックライトを照射した場合と異なり、酸化チタン薄膜に光照射した場合は、大腸菌の生存率とともにエンドトキシンの濃度も減少した。このことから、光触媒は大腸菌を死滅させるだけではなく、その細胞の一部を破壊していることがわかった。エンドトキシンは医療現場や医薬品製造現場などで非常に問題視される物質なので、そのような場での抗菌剤としても、酸化チタンは有用であることが期待される。

**抗菌性の作用機構**　光触媒による抗菌性の発現には、表6に示すような活性酸素種が関与している。これらの活性酸素種の中で、はたしてどれがいちばん有効に働いているかを知るために、次のような実験を行った。

　図14には、・OH捕捉剤であるマンニトールを加えて実験した場合の結果を示す。マンニトールを加えていない系に比べて、殺菌は抑制されたことから、・OHが何らかの形で寄与していることが示唆された。しかし、寿命が非常に短く、反応性に富む・OHが直接大腸菌に作用して死滅に至らせるとは考えにくいという説もある。

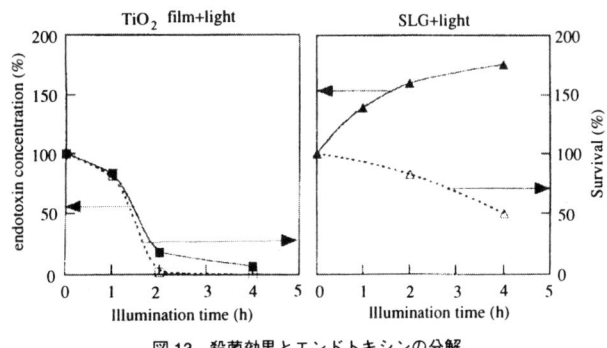

図13　殺菌効果とエンドトキシンの分解

リン酸buffer（pH7.4）を用いて評価実験を行った結果を図15に示す。殺菌効果の低下がみられたことから、還元側から生成する$O_2^-$の寄与の可能性が考えられる。

さらに、過酸化水素（$H_2O_2$）を消去するカタラーゼという酵素を添加した場合の結果を図16に示す。・OHや$O_2^-$に比べ、寿命も長く自由に動き回れる$H_2O_2$が光触媒の殺菌効果に大きく関与していると示唆される。

このように添加物の効果から活性酸素種の影響をみてきたが、まだまだ直接的な証拠が少ないのが現状である。さらなる研究が必要と思われる。

表6 酸化チタン光触媒反応における活性酸素種

| | |
|---|---|
| Generation | $OH + h^+ \longrightarrow \cdot OH$<br>$O_2^{\delta-} - Ti^{(1+\delta)} + e \longrightarrow O_2, O_2^{2-}$<br>$O_2 + h^+ \longrightarrow 2O$ |
| Deactivation | $2 \cdot OH \longrightarrow H_2O_2$<br>$2H^+ + 2O_2 \longrightarrow H_2O_2 + O_2$<br>$H^+ + O_2 \rightleftharpoons HO_2 \cdot \quad (pK_a (HO^2 \cdot) = 4.88)$<br>$HO_2 \cdot + O_2^- + H^+ \xrightarrow{k} H_2O_2 + O_2$<br>$\quad k = 1 \times 10^8 M^{-1} \cdot s^{-1}$<br>$HO_2 \cdot + HO_2 \cdot \xrightarrow{k} H_2O_2 + O_2$<br>$\quad k = 8.6 \times 10^5 M^{-1} \cdot s^{-1}$<br>$O_2^- + O_2^- + 2H^+ \xrightarrow{k} H_2O_2 + O_2$<br>$\quad k = 100 M^{-1} \cdot s^{-1}$<br>$HO \cdot + O_2^- + H^+ \xrightarrow{k} H_2O + O_2$<br>$\quad k = 10^{10} M^{-1} \cdot s^{-1}$ |

（KAST研究員 石橋による）

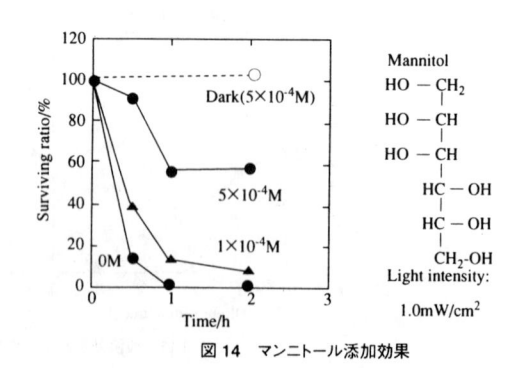

図14 マンニトール添加効果

Mannitol
HO — $CH_2$
|
HO — CH
|
HO — CH
|
HC — OH
|
HC — OH
|
$CH_2$-OH

Light intensity: 1.0mW/cm$^2$

図15 pHの効果

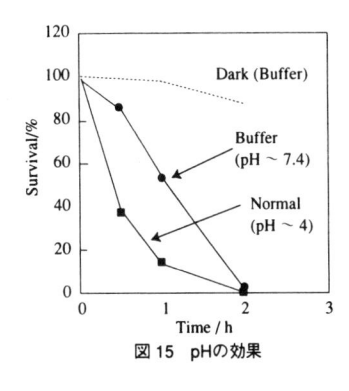

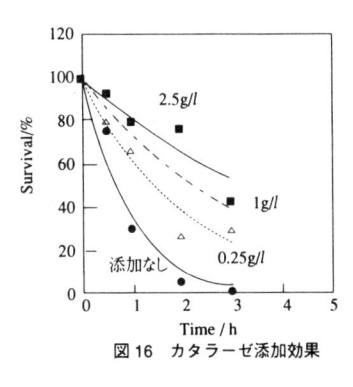

図16 カタラーゼ添加効果

**銀と酸化チタンの組み合わせ**

抗菌、防カビ剤は、大きく分けて有機系のものと無機系のものに分類される。有機系のものは主に防カビに使用されている場合が多い。無機系のものには、銀、銅、亜鉛などを使った抗菌剤とわれわれが提案している酸化チタン光触媒を使った抗菌剤と大きく2種類に分けられる。それぞれの長所、短所を考えて、酸化チタンと銀を組み合わせた抗菌剤が提案されている(第5章1参照)。

酸化チタンの上に銀を蒸着させて抗菌性を調べると、酸化チタン単独の場合より速い殺菌速度が得られた。また、銀イオンの効果により、dark下でも抗菌性が認められた。エンドトキシン分解に関しても、酸化チタンと銀を組み合わせた場合に、より良く分解することが示された(図17)。

このような結果から、実用的には酸化チタンと銀を組み合わせた抗菌剤がよいのではないかと思われる。

## 3 その他の評価方法の紹介

今まで述べてきた方法以外にも抗菌評価方法は種々の機関から提案されているので、ここに簡単に紹介する。酸化チタン光触媒の抗菌評価方法を標準化するためにも参考になればと思う。

**フィルム密着法(ラップ法)**

銀等無機抗菌剤研究会が銀などの無機抗菌剤を使用した抗菌加工製品に対して提案(1995年)している評価方法である。撥水性のあるプラスチック製品などの評価のために、試料表面に菌液を滴下した後、その上にポリエチレンフィルムでカバーし、菌液が試料表面に均一に

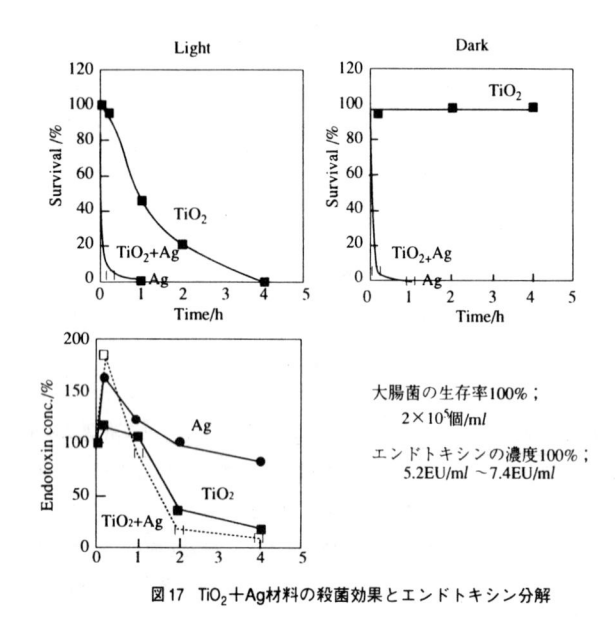

図17 TiO$_2$＋Ag材料の殺菌効果とエンドトキシン分解

大腸菌の生存率100%；2×10$^4$個/m$l$

エンドトキシンの濃度100%；5.2EU/m$l$ ～7.4EU/m$l$

広がるようにした方法である。

滴下法　　　　　　上記の方法でラップをしない方法である。われわれの評価方法もこ
（ドロップ法）　　の滴下法であるが、湿度をコントロールしたことがポイントである。
　　　　　　　　　繊維製品衛生加工協議会（SEK）が非溶出型薬剤の評価方法としている。

シェークフラスコ法　SEKの溶出型薬剤の評価方法である。菌液と試料をフラスコに入れ
　　　　　　　　　て、振とう培養し、一定時間後の菌数を測定する。プラスチック製品
　　　　　　　　　の評価方法としては、実際に使われる条件と異なるため、あまり適し
　　　　　　　　　ていない。
　　　　　　　　　他にも評価方法はあるが、資料などを参照していただきたい。

**参考文献**

1) 西野敦、富岡敏一、富田勝巳、小林晋 共著、「抗菌剤の科学」－安全性と快適性を求めて－、工業調査会（1996）：松下電器産業で銀錯体系抗菌剤の開発をなされた方々が、わかりやすく抗菌剤全般について書かれた解説書。「抗菌」などの用語の定義はここから引用させていただいた。
2) 微生物研究法懇談会編、「微生物学実験法」、講談社サイエンティフィク（1975）：実験法について書かれた解説書。基本的なことを理解するのや何かを調べるときに必要な書籍。これを書くにも、種々のところで利用させていただいた。
3) 「防菌防黴学会誌」、防菌防黴学会：防菌防黴剤応用講座（1995）や無機抗菌剤実用講座（1996～）など関係深い文献が掲載されている。「その他の評価方法」などの部分で参考にさせていただいた。

# 3 親水性評価法

第2章6節で述べたように、酸化チタン表面での光誘起親水性の発現機構は必ずしも明らかになっているわけではない。そのため、親水性を評価する評価基準もまだ確定していないのが現状である。ここでは最も一般的な接触角測定による評価法を解説する。

**接触角の測定** 接触角は通常、市販の接触角計を利用して測定する。これでは図1に示したように3点 $L$, $T$, $R$ の座標を決め、それから液滴の高さ ($h$) と直径 ($2r$) を求める。接触角 $\theta$ は図1からわかるように、

$$\theta = 2\tan^{-1}(h/r) \tag{1}$$

と計算できる。

**Youngの式** 図2に示したように固体の上に液滴ができると、その界面では、固体

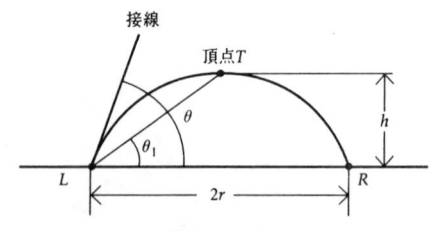

**図1 接触角の測定法**

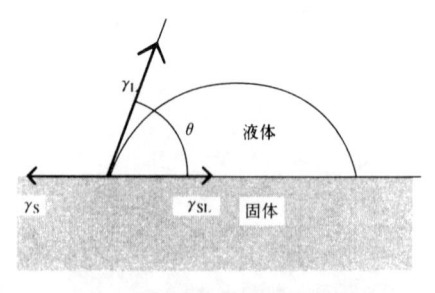

**図2 界面での力学的平衡を表す模式図**

の表面張力 $\gamma_S$、液体の表面張力 $\gamma_L$ および固体と液体の界面張力 $\gamma_{SL}$ の間に次の Young の式で表される力学的平衡が成立する。

$$\gamma_S = \gamma_L \cdot \cos\theta + \gamma_{SL} \tag{2}$$

すなわち接触角 $\theta$ は自由エネルギーに依存する値である。

**接触角の変化速度の意味**

光誘起超親水性には初期過程として電荷分離過程があるため、電荷分離効率の高い酸化チタンのほうがより接触角の減少速度は速い。しかし、接触角はマクロな量であり、フォトンの数、表面の原子、分子の数といったミクロ量を用いて直接的な関係式で表すことができているわけではない。

すなわち分解型の光触媒反応の場合と異なり、電荷分離効率の変化と接触角の減少速度には必ずしも比例関係はないと予想される。このことは、電荷分離効率以外のミクロな因子と接触角変化速度との関係についてもいえる。

**親水性評価の3因子**

酸化チタンコート材料表面の、水の接触角の経時変化例を模式的に図3に示す。材料の親水性を評価するには図に示した①光照射下で接触角が減少する速度（親水化速度）、②その光強度で達せられる最低の接触角（限界接触角）、③暗中での接触角の増加速度（暗所維持性）の3因子が重要である。

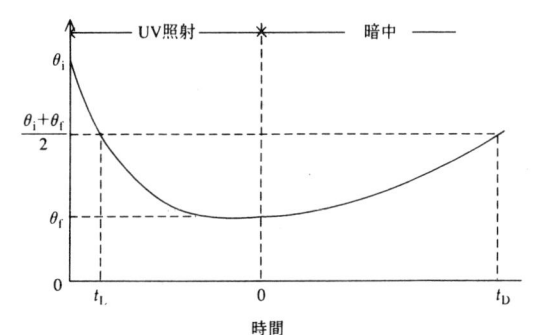

$\theta_i$：初期接触角、$\theta_f$：限界接触角
**図3 接触角の時間変化を示す模式図**

**親水化速度**　　親水化速度は光照射下において、接触角が初期の接触角（$\theta_i$）と限界接触角（$\theta_f$）の中間の値 $\frac{\theta_i+\theta_f}{2}$ になるのにかかる時間（図3の$t_L$）で表す。当然この値は光強度に依存する。しかし、光強度に比例して変化するわけではないので、標準的な光強度を定めておく必要がある。

　　われわれは1mW/cm$^2$と100 $\mu$W/cm$^2$の2種類の光強度で測定することが多い。試料によっては1 $\mu$W/cm$^2$の光強度でも測定している。

**限界接触角**　　光照射下で一定になった接触角で表す。これも大きな光強度依存性がある（図4）。一般的な光反応では光強度には依存せず、反応に関与した総光子数で決まるが、限界接触の場合は明らかに異なる。これは非線形的なプロセスがどこかに関与していることを示唆している。このような微弱な光反応で光強度依存性があるのはたいへん不思議であり、学術的にも興味深いが、実用的にも重要な意味あいをもつ。

　　われわれはこの値も1mW/cm$^2$と100 $\mu$W/cm$^2$および必要に応じて1 $\mu$W/cm$^2$の光強度で測定している。

**暗所維持性**　　一度限界接触角に達した後、接触角が限界接触角（$\theta_f$）と初期接触角（$\theta_i$）の間の値（$\theta_f+\theta_i$）/2に達するのにかかる時間（図3の$t_D$）で表す。暗所維持性はその環境、特に湿度や空気の汚染度に依存する。

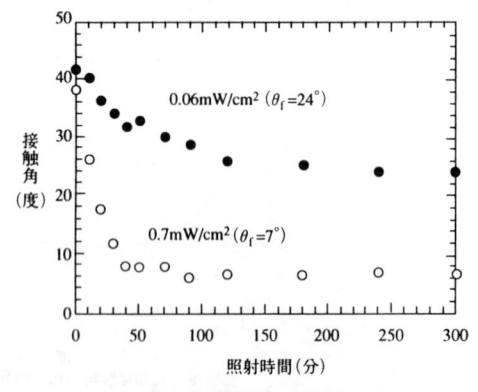

図4　限界接触角の光強度依存性

初期接触角　　　　以上の3因子の他にも光照射前の接触角（$\theta_i$）も重要なパラメーターである。しかし、これは試料の作製後の保存時間、保存条件に著しく依存するので、お互いに値を比較するのは難しい。

酸化分解活性と　　酸化分解型光触媒反応と光誘起超親水性反応は、いずれも紫外線照
超親水性活性の相関　射を必要とし、電荷分離プロセスを内包しているから、それらの活性間には相関があることは間違いない。しかし、第2章に記したように電荷分離後の反応はそれぞれ異なることから、必ずしも強い相関があるとは限らない。

図5、6に3種類の酸化チタンコーティングガラスの酸化分解活性を

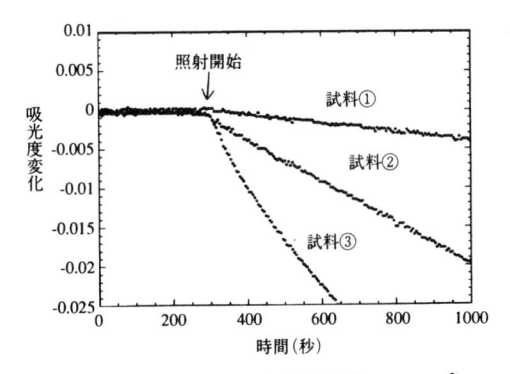

図5　酸化分解活性の比較（紫外線強度0.02mW/cm$^2$）

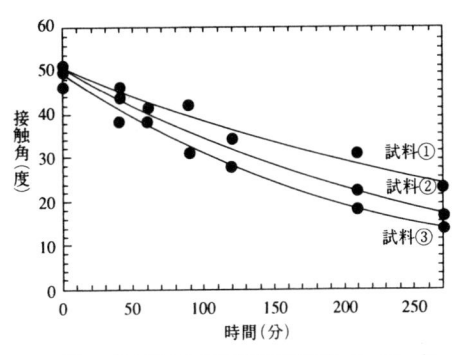

図6　親水化速度の比較（紫外線強度0.02mW/cm$^2$）

色素分解法で比較した実験結果（図5）と親水性を接触角評価した実験結果（図6）を示した。酸化分解活性は3種類の試料で大きく異なるが、親水性は親水化速度、限界接触角ともそれほど大きな変化はみられない。しかし、よく見ると活性の順序は両活性で一致していることがわかる。

**親油性**　　親油性の評価には水の代わりに油性液体を使う。このとき油の種類により接触角は大きく異なり、場合によってはサンプル間での順序（親油性の度合）まで変わることがある。通常われわれは$n$-ヘキサデカン（$C_{16}H_{34}$）を用いて評価している。

一般に酸化チタンは光照射前は疎水的で親油的であるが（酸化チタンの作り方によっては光照射前から親水的な場合もある）、光照射によりさらに親油的になり、接触角がゼロ度（超親油性）になる。さらに光照射を続けると、接触角は上昇する傾向がある（図7）。

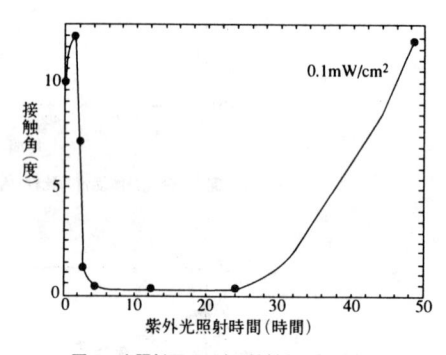

図7　光照射下での油の接触角の経時変化

# 第5章　光触媒の実用化

# 1 抗菌タイル

光触媒反応については、7、8年前までは主に酸化チタンの粉末を用いる研究が行われていたが、われわれは1992年の国際学会において、粉末ではなく酸化チタンの薄膜をタイルなどの基材にコーティングしたものを、光触媒の新しい応用方法として発表した。当時は世界的にみても、このような研究を行っているところは全くなかった。また、実際に製品として市場に登場したのも光触媒関連製品の中ではタイルが初めての例と言ってよい。その意味において光触媒タイルは新しい光触媒材料の象徴的な材料である。ここでは主としてTOTO機器において行った抗菌タイルの製品開発の例を示す。

## 1 反応性と光源の強度

### 反応性の評価法

〈ガス分解法〉　　われわれは当初、薄膜の光触媒の性能を評価するためにメチルメルカプタンを用いた実験を行った。ガラスのチャンバーの中に酸化チタンを塗ったタイルを入れ、そこにガスを入れると、光を当てないときにはガス濃度は変わらないのに、光を当てたときだけガスの濃度が下がる（図1）。

ガスの種類によっては中の材質に吸着するため、光を当てなくてもガス濃度が下がってしまうものもあるが、メチルメルカプタンはガラスチャンバーや光を当てない状態の酸化チタンにはあまり吸着しない。そのため、光を当てないときはガスの濃度は変化せず、光を当てたときの効果がよくわかる。

メチルメルカプタンはどちらかといえば分解しやすいほうのガスだが、実験がシンプルになることから、われわれはこのガスを用いることにした。この方法で評価できるのはあくまで光触媒による酸化分解力の大きさであり、バクテリアに対する殺菌性と1対1で対応するとは限らない。殺菌性を評価するのはあくまで実際のバクテリアを用いて行う必要がある。

〈殺菌効果〉　　そこで、酸化チタンをコーティングしたタイルに大腸菌やMRSAの菌液を滴下し、そこに光を当てたり当てなかったりして、菌液を綿棒で回

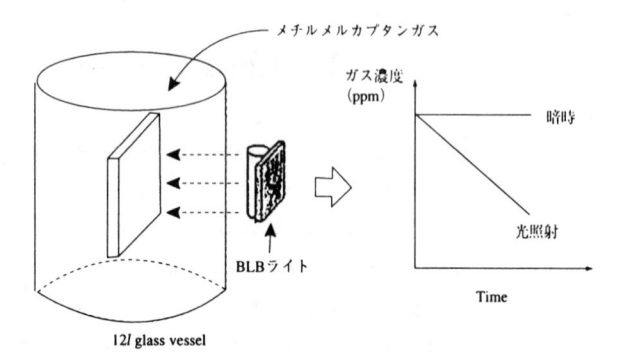

**図1　薄膜光触媒の活性評価**

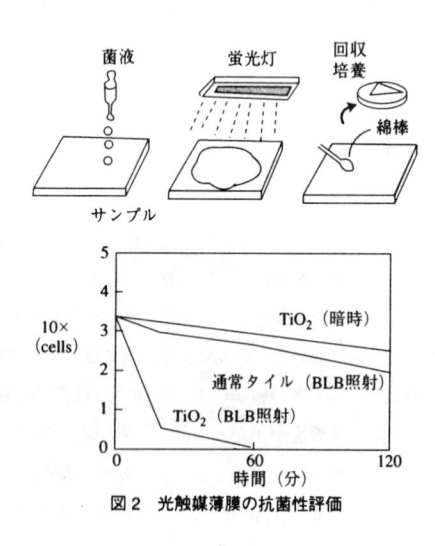

**図2　光触媒薄膜の抗菌性評価**

収してカウントするという実験を行った（図2）。光を当てない場合や、光を当てても酸化チタンのない普通のタイルの場合には、菌の個数はほとんど変わらないという条件にして（乾燥などによって菌は少しずつ減少するため、栄養を適当に与える）、酸化チタンに光を当てると、この場合のみ菌数は減少する。つまり、明らかに殺菌効果が認められた。

　酸化チタンの粉末に殺菌効果があることはすでに知られていたが、薄膜でも効果があるというデータは、1992年のわれわれの実験が初め

てだったと思う。

**微弱光の有効性**　光触媒薄膜の応用研究で1つのポイントとなったのは微弱光の有効性に気づいたことであった。酸化チタンの場合、380 nm以下の波長の光しか有効でないため、その部分がいかにたくさん入った光が当たるかが問題となる。ブラックライトなどの光源は有効であるが、一般的な室内にはこのような光は少ない。白色蛍光灯には365や313 nmの波長の光がわずかに含まれている程度である（図3）。酸化チタン薄膜を室内において特別な光源を持ち込まずに利用するには、このようなわずかな光を使って効果を出さなければならないことになる。

1992年当時には、太陽光あるいはもっと強い水銀ランプやキセノンランプなどを使って実験するのが一般的であり、弱い光を使うという発想は皆無であった。したがって、だれも微弱光による光触媒反応を試したことはない状態であった。

〈分解性〉　ところが、実際にこれを試してみると、意外に光触媒反応が進行するという事実が見出された。図4はメチルメルカプタンの分解の例である。光を当てないときは濃度変化はなく、ブラックライトを当てると急激に濃度が減少する。そのような条件において、白色蛍光灯についてもかなり効果的に濃度が減少するという印象を受けた。すなわち、紫外線含有量はブラックライトの1/30にも満たない蛍光灯の光の場合、同じ量子効率であれば反応性も1/30以下であるはずが、実際には予想以上にガスが分解されていたのである。

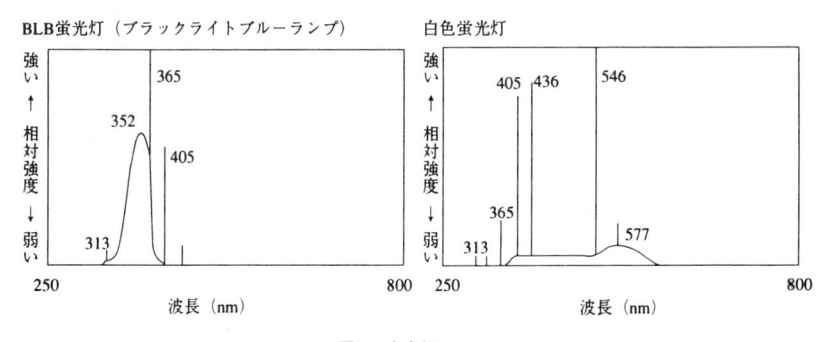

図3　室内灯のスペクトル

〈殺菌性〉　　　　　殺菌効果についても光源を変えて実験してみると、キセノン水銀の20mW/cm$^2$という非常に強い紫外線強度と白色蛍光灯の 10 $\mu$W/cm$^2$ とで殺菌率はほぼ同じであった（図5）。さらに光強度を弱くしていった結果が図6である。0.8 $\mu$W/cm$^2$ まで弱くすると殺菌の速度は遅くなるが、それでも明らかに殺菌効果がみられた。これは、それまで光触媒反応の研究で使われていた光源に比べると、非常に弱いものであった。

〈量子効率〉　　　　臭いの分解やオイルの分解実験でも基本的に同様の傾向が得られた。むしろ、紫外線量を増やしても反応の効率は落ちる、あるいは見方を

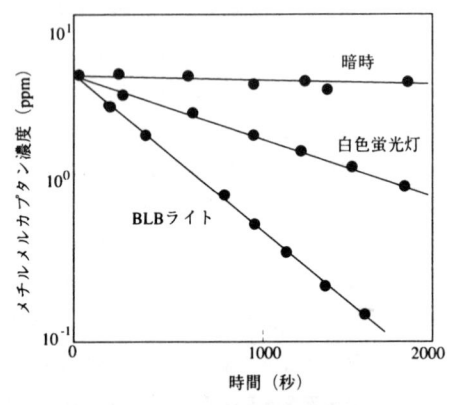

図4　蛍光灯下での脱臭実験

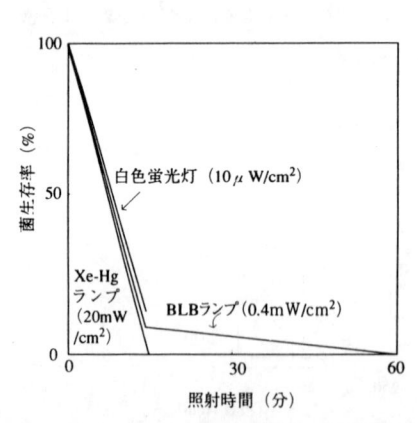

図5　光源ランプの差異によるTiO$_2$光触媒薄膜の殺菌速度への影響（大腸菌）

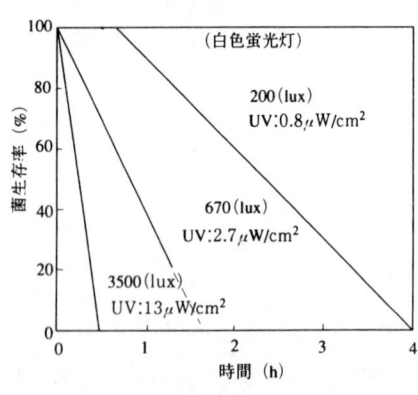

図6　TiO$_2$光触媒薄膜の殺菌速度に対する照度の影響（大腸菌）

変えれば紫外線量を減らすと効率が上がるという現象が見出された(図7)。当時の一般的な光触媒反応の実験は、紫外線量の多い光を用いて行われており、効率の低いところで物事が考えられていたことになる。

それに対してわれわれは、蛍光灯などの紫外線量の少ないところでも反応効率は高くなるため、光触媒の効果を活用することができるであろうという新たな認識を得た。これによって、光触媒タイルの開発は実用化へ向けて大きく前進することになった。

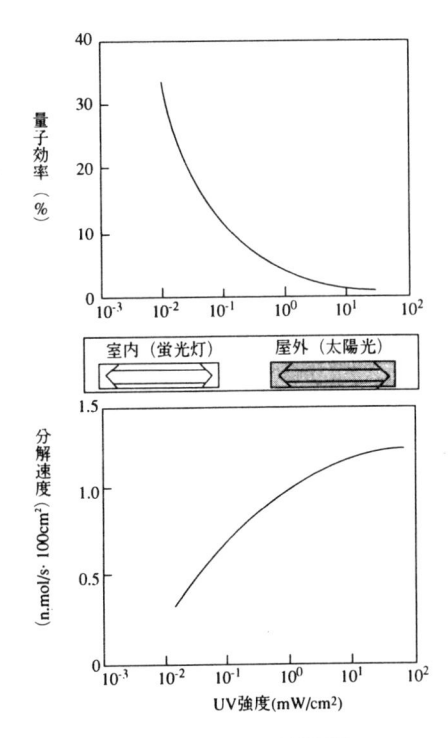

図7 微弱光下での光触媒反応

## 2 光触媒タイルの作製法

**陶磁器の製造工程**　図8は一般的な陶磁器の製造工程を3種類に分類したものである。タイルや衛生陶器の場合、ここに示した工程Ⅲのいわゆる「生がけ」といわれる方法をとる。これは原料を成形して釉薬をかけて焼いて製品にするという最もシンプルな方法である。無地や単色のタイルは、おおむねⅢの工程をとり、釉薬をかけて1回焼くと完成する。模様の付いたタイルは1回焼いて絵付けをした後、再度焼く。多いものは何回も焼くこともある。

**光触媒の焼成過程をどこに組み込むか**　酸化チタン光触媒をタイルの上にもってくる方法は何通りも考えられると思うが、われわれは絵付けと同じような感覚で光触媒を焼き付ける工程を想定して開発に取り組んだ。その時点でわれわれが考えていたことをまとめたのが、図9である。左図は原理とアイディアを示す。まず、粉末ではなく薄膜をコーティングし、生活空間にある悪臭、細菌、汚れを分解する。しかも、蛍光灯などの非常に弱い光源を使うというアイディアで、実際にそれを製造工程に落とし込む方法として右図のような工程を考えた。

　すなわち、タイルを成形して釉薬をかけたものの上に、酸化チタンのコロイド（水スラリー）を吹き付け、焼き付ける。このような工程をとると、絵柄や色物などいろいろなものに同じ工程で対応できると

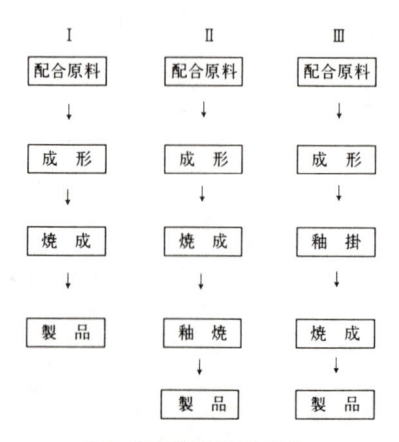

| Ⅰ | Ⅱ | Ⅲ |
|---|---|---|
| 配合原料 | 配合原料 | 配合原料 |
| ↓ | ↓ | ↓ |
| 成形 | 成形 | 成形 |
| ↓ | ↓ | ↓ |
| 焼成 | 焼成 | 釉掛 |
| ↓ | ↓ | ↓ |
| 製品 | 釉焼 | 焼成 |
|  | ↓ | ↓ |
|  | 製品 | 製品 |

図8　陶磁器の製造工程の例

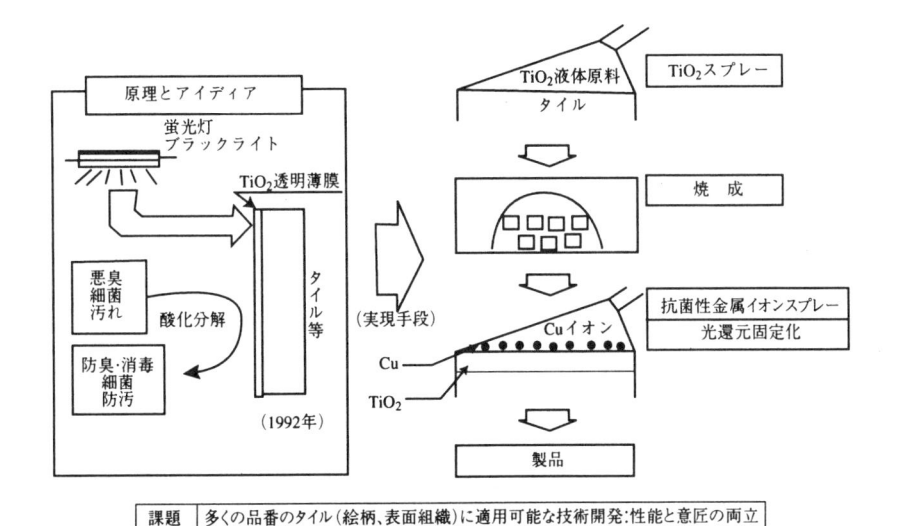

図9 光触媒タイルのコンセプトと製法

いうメリットがある。これは、機能と意匠を両立させることにつながり、今回の技術開発のなかで特に重要性を痛感した点である。

実際にはこの後、抗菌性金属イオンをスプレーする工程が入るが、これについては後述する。

**製造上の問題点**　光触媒を焼成する際の問題は、焼成温度と光触媒活性の高さ、および薄膜の硬度の関係をうまくコントロールしなければならない点である。

〈光触媒活性〉　焼成温度が低いときには光触媒活性も低く、温度が上がるにつれて活性も高くなるが、活性がピークとなる温度があり、それ以上焼成温度が上がると、活性は急激に低下する。図10では、およそ700℃で光触媒活性が最大になっている。活性が最大となる温度は、原料の不純物などで容易に変えることができる。純粋な原料の場合には、光触媒活性が最大となる焼成温度は500℃くらいと低くなる。

〈薄膜の硬度〉　一方、図10で焼成された光触媒薄膜の硬度をみると、400～600℃では×と評価されており、タイル表面にただ付いているだけの状態である。ここでの4段階の評価は、タイルの摩耗性に関する評価である。硬

度は焼成温度の上昇とともに獲得されるが、700℃ではまだ十分ではない。この時点では、光触媒膜の硬度と活性が両立しないことが、製造上の最大の問題点であった。

**活性低下の原因およひ解決方法**

図10に示したように、光触媒活性がある焼成温度でピークに達し、それ以上高い温度で焼くと急激に低下する原因としては、大きく分けて2つのことが考えられた。

〈釉薬と焼成条件〉

1つは、焼成温度が高くなると釉薬層の中に酸化チタンがすべて沈み込んでしまい、表面反応である光触媒反応が起こらなくなることである。

釉薬はガラス質であるため、焼成の際に軟化して酸化チタンが沈み込む。酸化チタンが釉薬の上に乗っているだけでは、基材であるタイルとの密着性は生じない。酸化チタン層とタイルとの密着性は、軟化した釉薬の結合性によるものである。そのため、酸化チタンは釉薬の中に適当に沈んだところで止まるような設計にしなければならない（図11）。

これが1つの技術的なポイントになる。そのためには、焼成温度だけではなく、釉薬の成分をコントロールすることも考えられる。

タイルの釉薬には、意匠の側から乳濁釉や、透明釉、つや消しなどいろいろな種類がある。図12は原料の配合比によって、さまざまな釉薬ができるという例である。現在では、焼成条件や釉薬の条件をコントロールすることで、密着性がありしかも酸化チタンが表面に顔を出した状態の膜を作ることができるような技術が確立されている。

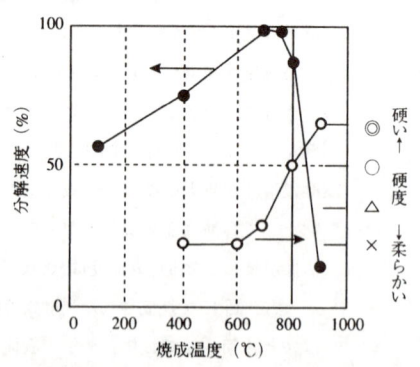

図10 $TiO_2$薄膜の焼成温度とガス分解速度・薄膜硬度との関係

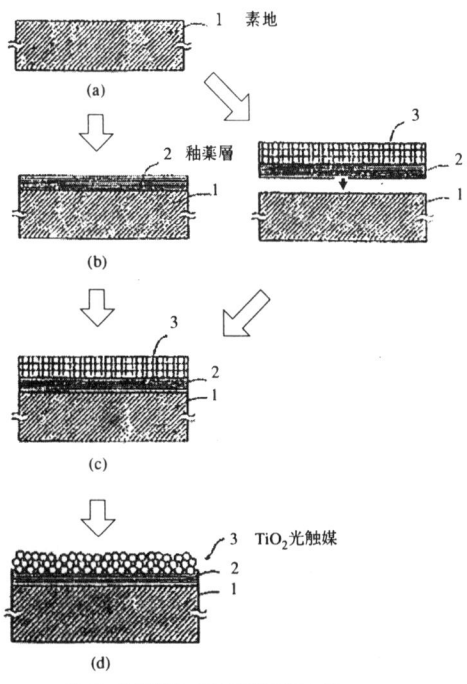

図11 光触媒タイルの製造プロセス

〈相転移と粒成長〉　ところが、この技術を用いても、まだ光触媒活性の低下を抑えることはできなかった。その原因は、酸化チタンの相転移、すなわちアナターゼから高温型のルチルに相転移すること、および相転移に伴って異常粒の成長が起こり粒径が非常に大きくなることにあった。

これに対しては、一度ルチルに相転移して活性が落ちた薄膜に銅や銀などの金属をメッキのような形で固定することを考えた。酸化チタンに金属を担持すると、たとえルチルになっていても活性が上がってくる現象がある。電子と正孔が関与する酸化還元反応である光触媒反応においては、酸化チタンに金属が担持されていると電子が酸素に移行しやすくなることが実験によって証明されている（詳しくは第2章参照）。

図13は、実際にスプレーする銅イオンあるいは銀イオンの濃度を高くして固定量を多くしたときの光触媒活性を調べたものである。最初はルチルに相転移してほとんど活性が失われているが、そこから光触

媒活性は徐々に上昇することがわかった。

　図14は、焼成温度との関係をみたものである。金属を付けない場合には、焼成温度が上がると光触媒活性は失われてしまうが、銅や銀を付けるとなんとか900℃くらいまでは活性を維持することができた。ガス分解法で測った場合以外に、水溶液中の反応で活性を評価しても同

(A)透明釉
酸性原料2.5mol% 中性原料0.30mol%

アルミナに対しシリカの比率が約8～10倍の領域ではガラス化が進み光沢を有するようになる。ブライトにあたるタイルはこの領域を製品化している。

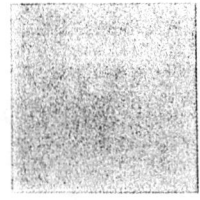

(C)つや消し釉
酸性原料6.0mol% 中性原料0.50mol%

透明釉・乳濁釉領域にさらにシリカあるいはアルミナを加えることにより、シリカ・アルミナ両系の細かい結晶が無数に表面に析出し光沢を失う。
(この場合は両方を加えたもの)

(B)乳濁釉
酸性原料2.5mol% 中性原料0.50mol%

透明釉領域にアルミナあるいはシリカを加えていくと、釉中に細かい結晶が分散し乳濁現象を起こす。
(この場合はアルミナを加えたもの)

(D)乳濁釉(結晶・分相が見られる)
酸性原料3.5mol% 中性原料0.15mol%

透明釉にシリカを加えた乳濁釉との中間領域では組成により結晶・分相が起き、特殊な表情の表面となる。伝統的釉薬はこの領域が用いられることが多い。

図12　特徴あるタイルの質感

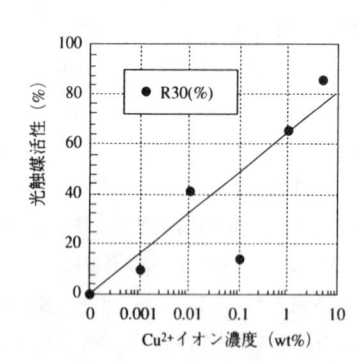

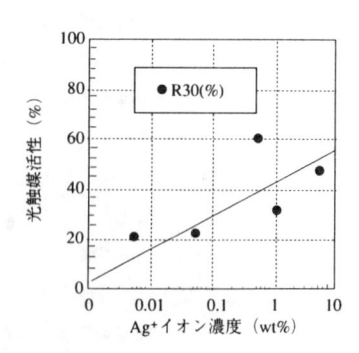

図13　金属イオンの光触媒活性に対する担持効果

じような傾向が得られた。図10の焼成温度と薄膜の硬度との関係をみると、焼成温度が900℃まで上がれば硬さが確保されていた。したがって、以上のような方法をとることにより、硬くて性能の良い酸化チタン膜を作製することが可能になったわけである。

図15に、ここまでの工程をまとめた。これはあくまでも実験室レベルでの工程であり、実際の生産レベルでこれを行っているのではないことを付け加えておく。

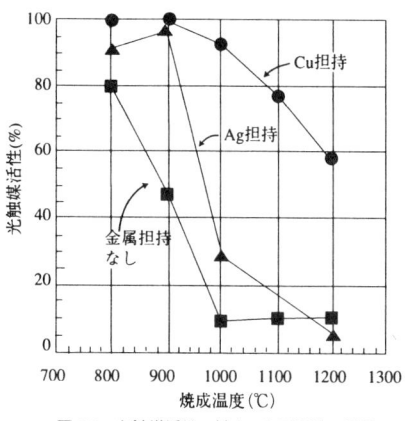

図14 光触媒活性に対する金属担持の効果

### コラム◆担持する金属の種類と光触媒活性

ルチルの酸化チタンについては、白金を担持すると活性が上がることは以前から知られていました。白金担持の酸化チタンを使って水分解を行った実験があります（S.N.Frank、A.J.Bard、*J.Phys.Chem.*、81、1484、1977）。また、5～6年前にはパラジウムのほうが優れているとの論文も出されています（C.W.Wang、A.Heller、H.Gerisher、*J.Am. Chem. Soc.*、114、5230-5234、1992）。

確かに光触媒による水分解については、白金やパラジウムが優れていて、銅や銀はあまり有効ではないというデータが出ます。しかし、抗菌や汚れ防止、ガスの分解などの用途には銅や銀でも十分に効果が出ます。われわれの経験からすると、白金やパラジウムとほぼ同程度の効果があります。

これは、ガスの分解や抗菌においては、水分解とは違い最後まで分解する必要がないからだろうと思います。ガスは一段酸化するとかなり臭気強度が落ちます。抗菌についても、細菌を全部分解する必要はなく、最低限、菌が死んでくれればよいのです。そのため、水分解で評価した場合と抗菌などの効果で評価した場合とでは、必ずしも金属の序列は一致しないのではないでしょうか。このような比較をする背景には、白金やパラジウムは銀や銅に比べて高価な金属であるということもあります。応用研究の場合、やはりコスト意識は欠かせません。

ただし、銀や銅が効果を現すメカニズムが白金などのそれと同じかどうかはよくわかっていません。鉄でもよいという話もあります。鉄が還元して付くと脱臭反応などはむしろ良くなるケースもあります。鉄がたくさん付くと色が付いてしまい光が入らなくなりますが、純然たる鉄に関しては、決して悪くないと思っています。

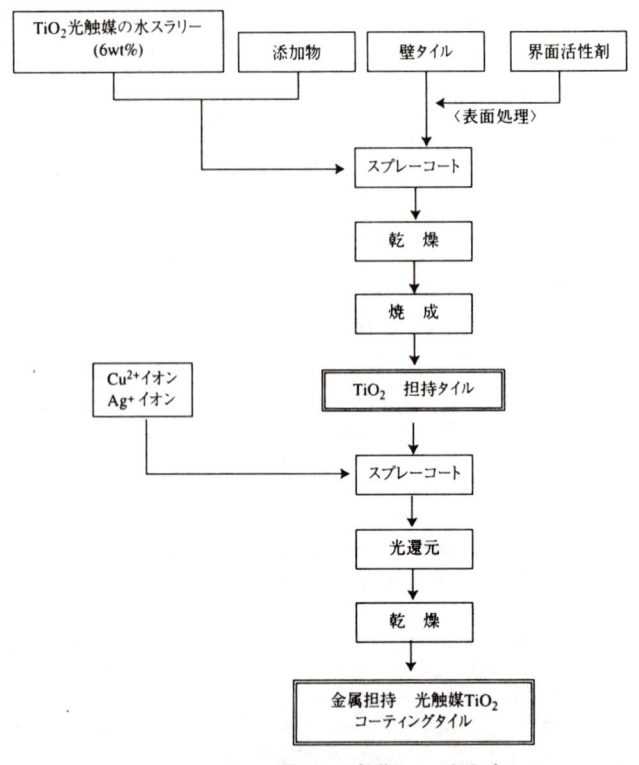

```
            ┌─────────────────┐  ┌─────────┐  ┌─────────┐  ┌─────────┐
            │ TiO₂光触媒の水スラリー │  │ 添加物  │  │ 壁タイル │  │ 界面活性剤│
            │     (6wt%)      │  │         │  │         │  │         │
            └────────┬────────┘  └────┬────┘  └─────────┘  └────┬────┘
                                                 │〈表面処理〉      │
                                                 ▼                │
                                          ┌─────────────┐         │
                                          │ スプレーコート │◀────────┘
                                          └──────┬──────┘
```

図15 光触媒タイルの製造プロセス

(フロー図: スプレーコート → 乾燥 → 焼成 → TiO₂担持タイル ← Cu²⁺イオン/Ag⁺イオンがスプレーコートへ → 光還元 → 乾燥 → 金属担持 光触媒TiO₂ コーティングタイル)

---

## 3 光触媒タイルの機能

**抗菌力の実証**　　　実験室的に光触媒活性も硬度もあるタイルができると、次はどのくらいの機能があるのかが問題となってくる。そこで、われわれはまず抗菌性を中心に据えて評価をしていくことにした（**表1**）。

テーブルテストで結果を出すことは難しくないが、現場でこのタイルを使ったときに本当に効果があることを実証するのは並大抵のことではなく、たくさんの実験をしなければならなかった。われわれは新聞発表の後、1年くらいはフィールドテストを行っていた。

表1 光触媒タイルの評価方法

| 試験分類 | 方　法 | 結果 |
| --- | --- | --- |
| テーブルテスト | ・菌液をタイル上に滴下して一定時間後の減少率を調べる | 良好 |
| モデルテスト | ・浴槽水を一定間隔でタイル上に噴霧して菌数の推移を調べる | 良好 |
|  | ・テストパネルを浴室に設置し、表面の菌数の推移を調べる | 良好 |
| フィールドテスト | ・実際の浴室、トイレ等に施行して、表面の菌数の推移を調べる<br>　①TOTO機器厚生浴場（神奈川県）<br>　②TOTOユニットバス（岐阜県）<br>　③赤穂中央病院（岡山県）<br>　④等潤病院（東京都）<br>　⑤産業医大病院（福岡県） | 良好 |

テーブルテスト

　　図16は、タイルの上に菌液を滴下して一定時間後の減少率を調べた、最も単純なテーブルテストである。その結果、菌の種類はあまり関係なく、MRSAも大腸菌も緑膿菌も、普通のタイルに乗せておいても死なない条件で、光触媒タイルに乗せて光を当てると、ほとんど死滅した。

　　また、暗所に3時間放置しても菌が減少した。これは銅や銀を担持しているためである。これらの金属は、それ自身が抗菌性をもっている。光を当てたときには光触媒と金属の抗菌性の重なった効果をみていることになる。暗くした場合には、金属だけの性能が現れている。

モデルテスト

　　抗菌性と汚れ防止効果は密接な関係にあると思われたため、そのあたりのことを調べようと、次のようなモデルテストを行った。

　　さまざまなバクテリアを含む使い終わった浴槽水をポンプで汲み上げ、タイルの上に垂らしては乾かすことを繰り返し、そこに照度をいろいろに変えた光を当てる実験をした（図17）。浴槽水にはおよそ$10^{7\sim9}$個/mlという膨大な数のバクテリアが含まれている。

　　普通のタイルの表面をみると、汚れが一面に付着しており（図18-a）、これを拡大すると、ほとんどがバクテリアの死骸などのタンパク質の

|  | 通常タイル | 光触媒抗菌タイル | |
|---|---|---|---|
|  | 1000ルクス光照射 | 暗所<br>(3時間) | 1000ルクス光照射<br>(1時間) |

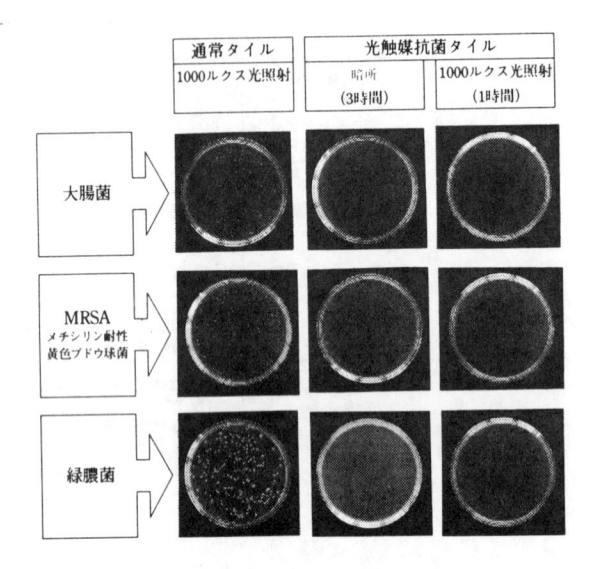

大腸菌

MRSA
メチシリン耐性
黄色ブドウ球菌

緑膿菌

図16　光触媒タイル上での殺菌効果

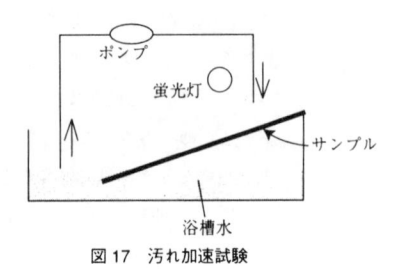

図17　汚れ加速試験

汚れであった（図19-a）。

　一方、光触媒タイルにも同じように浴槽水をかけ、ブラックライトという近紫外線量の多い光を当てると、汚れはほとんど付着していなかった（図18-b、19-b）。青色蛍光灯、あるいは白色蛍光灯にすると少しずつ汚れが付いてくるが、それでも普通のタイルよりは少なかった（図18-c、d、19-c、d）。

　普通のタイルと光触媒タイルの差はなぜ起きるのかを考えてみると、

光触媒タイルがバクテリアをすべて分解するとは考えにくかった。そうではなく、光触媒反応はバクテリアの増殖を抑制する働きをしてい

(a) 通常タイル　　　　　　　(b) 光触媒タイル（BLBランプ照射）

(c) 光触媒タイル（青色蛍光灯照射）　　(d) 光触媒タイル（白色蛍光灯照射）

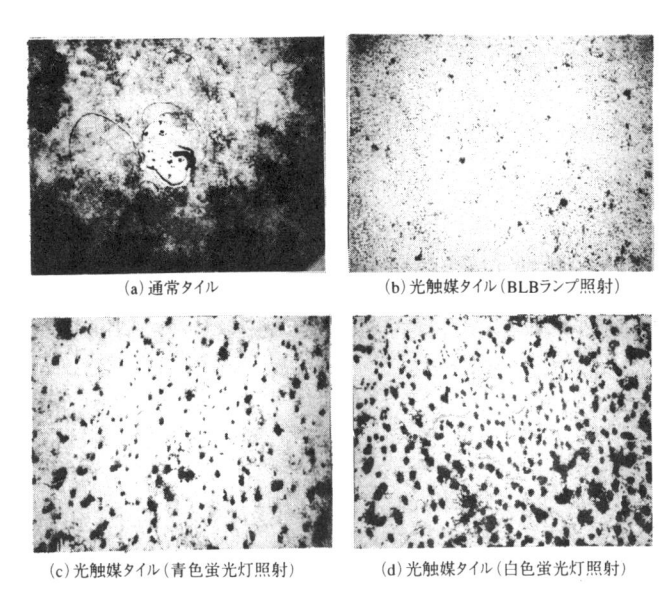

図18　タイル表面の付着汚れの顕微鏡写真

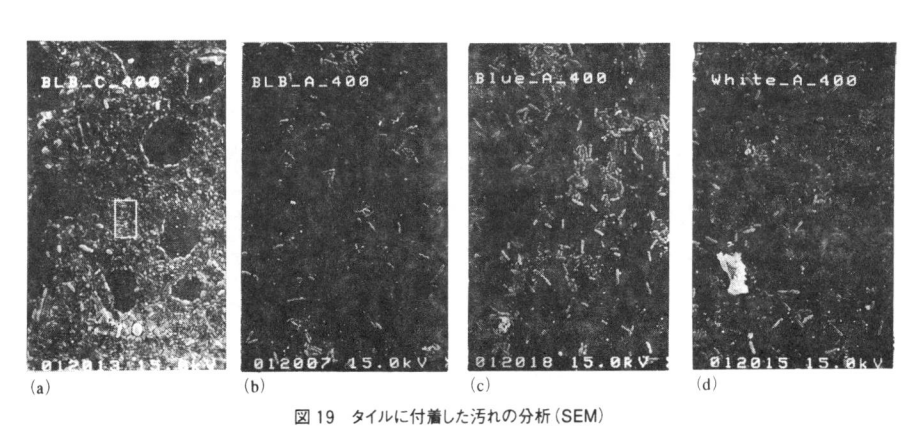

(a)　　　(b)　　　(c)　　　(d)

図19　タイルに付着した汚れの分析（SEM）
(a) 通常タイル、(b) 光触媒タイル（BLBランプ照射）、
(c) 光触媒タイル（青色蛍光灯照射）、(d) 光触媒タイル（白色蛍光灯照射）

図20 浴室におけるフィールドテスト

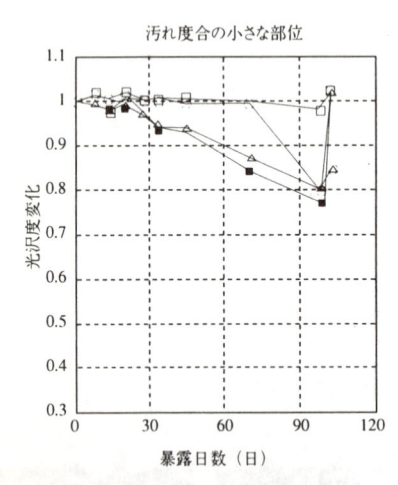

図21 光触媒タイルの浴室での暴露日数と
　　　光沢度変化
● 通常タイル　　　　　　　　初期光沢度　92
△ 光触媒タイル（ΔpH=0.3）初期光沢度197
□ 光触媒タイル（ΔpH=0.4）初期光沢度163
○ 光触媒タイル（ΔpH=1.1）初期光沢度163

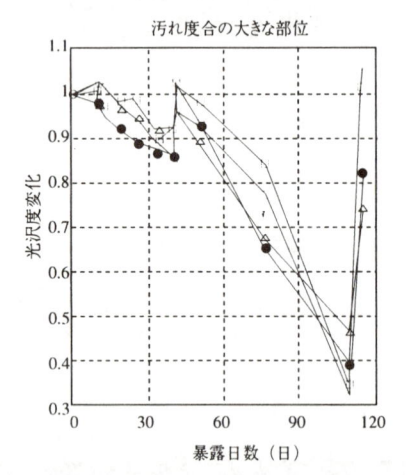

図23 光触媒タイルの浴室での暴露日数と
　　　光沢度変化
● 通常タイル　　　　　　　　初期光沢度　92
△ 光触媒タイル（ΔpH=0.3）初期光沢度174
□ 光触媒タイル（ΔpH=0.4）初期光沢度158
○ 光触媒タイル（ΔpH=1.1）初期光沢度158

　るのであろうと思われた。
　さらに現場に則した条件で実験しようと、社員の入る風呂場の壁にパネルを立てかけてみた。照度は非常に低く500ルクスくらいしかない（図20）。この実験では、パネルを設置する場所によって異なる結果となった。
　汚れの負荷が激しくないところでは、光触媒活性の高いタイルの光沢度はほとんど低下しなかった。しかし、500ルクスと照度は低いにも

かかわらず、光触媒活性の低いタイルほど光沢度は低下するという差が現れた（図21）。汚れが付着すると表面の光沢は失われ、汚れないと光沢は保たれることから、光沢度は汚れ具合の指標として用いられるものである。これらのタイルの表面を顕微鏡で調べると、光沢度の高いタイルほど、汚れの付着が少ない様子が見られた（図22）。

一方、風呂場のなかでも洗い場のすぐ近くのように汚れの負荷が非常に高いところにパネルを設置した場合には、タイルの光触媒活性のレベルにかかわらず、みな同じように光沢度は低下した（図23）。しかし、顕微鏡で見ると普通のタイルと光触媒タイルとでは、明らかな差があった。さらに洗浄すると、この差はより鮮明になった（図24）。普通のタイルのほうがいったん汚れが付いてしまうと落ちにくく、これが累積すると最終的には非常に大きな差になるものと思われた。

この他にもフィールドテストの前段階としてのモデルテストをいろいろと行った。図25は、洗面器の排水口のまわりにテストサンプルを

(a) 通常タイル　　　　　　(b) 光触媒タイル（$\Delta pH = 0.3$）

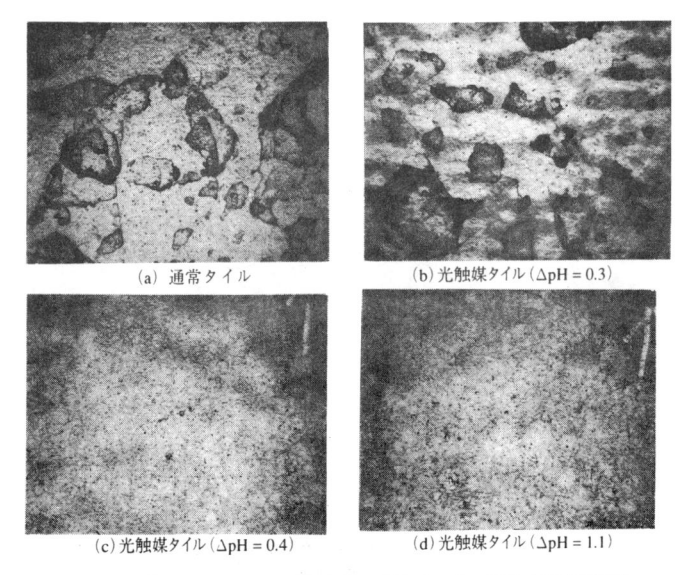

(c) 光触媒タイル（$\Delta pH = 0.4$）　　(d) 光触媒タイル（$\Delta pH = 1.1$）

図22　汚れ負荷の比較的低い部位に設置したパネルの汚れ付着（70日後）
$\Delta pH$はKI溶液のpH変化により評価した光触媒活性

(a) 通常タイル(洗浄前)　　　(b) 光触媒タイル(洗浄前)

(c) 通常タイル(洗浄後)　　　(d) 光触媒タイル(洗浄後)

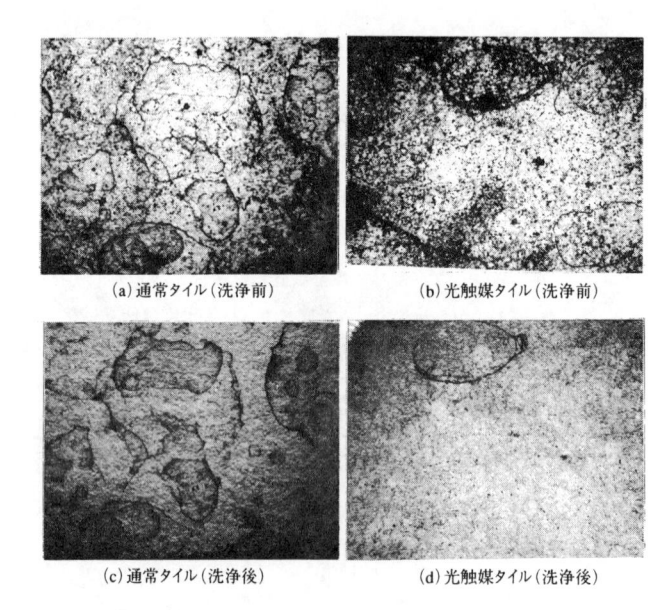

図24　汚れ負荷の高い部位に設置したパネルの汚れ付着

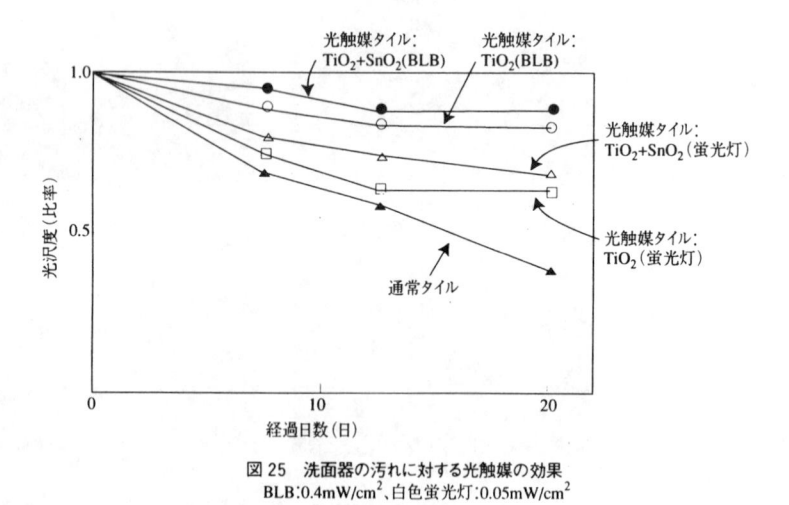

図25　洗面器の汚れに対する光触媒の効果
BLB：0.4mW/cm$^2$、白色蛍光灯：0.05mW/cm$^2$

置いて、紫外線強度などを変えた実験である。このときは、酸化チタンに酸化スズを加えた系などもテストした。室内灯のもとでも光沢度はほとんど落ちなかった。洗面器の汚れは手垢などさまざまであるが、最も多いのは金属石けんである。酸化チタン光触媒は金属石けんに対しても効果があることが明らかとなった。

また、トイレの小便器の中にテストサンプルを置いた実験も行った（図26）。普通のタイルサンプルの光沢度が落ちるときに、光触媒タイルでは、ブラックライトでも蛍光灯でも光沢度の減少は少なかった。

ここの汚れは尿石である。バクテリアが尿素や尿酸をアンモニアに変え、そのためにpHが上がってカルシウム分が沈殿するものである。光触媒の抗菌効果でバクテリアの増殖が抑えられると、アンモニアの発生も少なくなり、pHがあまり上がらないために尿石の発生も少なくなるものと思われる。しかしこの場合、直接光触媒が尿石を分解する効果とどちらが主であるのか、明らかにはされていない。

**汚れ、菌、臭いの相関**　図26の小便器の例からもわかるように、水まわりの汚れ、臭い、菌はそれぞれが複雑に絡み合い関連している（図27）。どこから始めても

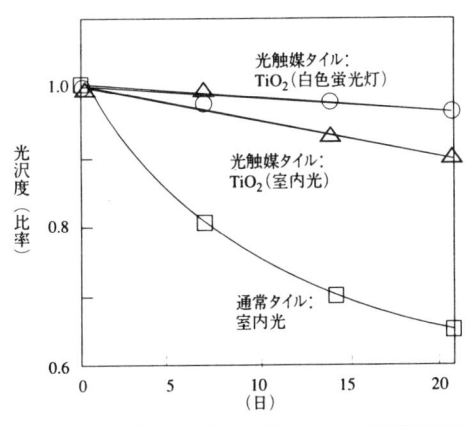

図26　小便器トラップ上面の汚れに対する光触媒の効果
白色蛍光灯：0.05mW/cm$^2$、室内光：0.001mW/cm$^2$

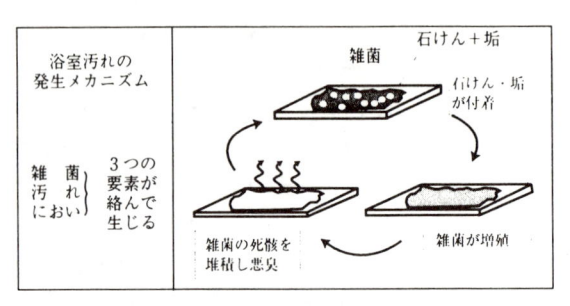

図27 水まわり空間における雑菌・汚れ・においの相関

同じであるが、菌が付着するとそこに汚れが付く。付いた汚れが栄養となって菌が増殖する。菌が増えると、糖類を出したり周囲のものを分解したりして悪臭が出る。そういう状態になるとますます菌が増える、というような悪循環を繰り返す環境ができるわけである。

酸化チタン光触媒は、菌自身に対する抗菌性があり、しかも汚れに対する分解効果、臭いに対する分解効果もあるため、この悪循環のどこに対しても攻める要素があることになる。

ただし、照度が低いところでは、抗菌性がかなり重要な効果を及ぼしている、というのがわれわれの印象である。実証することは難しいが、抗菌性の効果が7〜8割で、結果として汚れや悪臭も抑制しているのではないかと考えている。

**フィールドテスト**　以上のモデルテストまでの結果をもとに実際の物件に施工して実験を行った。図28は、等潤病院（東京都足立区）の手術室での例である。最初は壁だけに光触媒タイルを施工し、その後床についても施工した。

施工前の壁面付着菌は、$10cm^2$当たり5〜10個くらいであったが、光触媒タイルを施工後は半年経っても全く検出されていない。空中浮遊菌についてもかなり効果があった。施工前は壁面を消毒していたが、施工後は水拭きだけで殺菌剤も使わなかったのにこの結果が得られた。

**防汚効果の実証**　防汚効果については、寮の共同風呂場（神奈川県茅ヶ崎市）の床に実際に施工して確かめた（図29）。光触媒タイルと普通のタイルを市松模様に施工したところ、施工直後はほとんど色の差異がなかったのが、

時間が経つにつれて普通のタイルには汚れが付着していった。この汚れは主に金属石けんとバクテリアの死骸であろうと思われた。光触媒タイルのほうは白いままで、明らかに市松模様として差が現れた。その後、一度清掃して汚れを取り除いてから再び経過をみたが、やはり同じように市松模様が再現された。

図30はそのときのタイルの洗いやすさを比較したものである。普通のタイルは、スポンジで洗って、ナイロンブラシで洗って、さらに両方で洗ってもなかなか汚れが取れなかった。光触媒タイルにも多少汚

○壁面付着菌数の推移

| サンプリング | 〈光触媒タイル施工〉 付着菌数 (CFU/10cm$^2$) | | | | | | | |
|---|---|---|---|---|---|---|---|---|
| | 施工前 | 11/9 | 11/30 | 12/16 | 12/28 | 1/11 | 1/25 | 2/8 |
| 前処理室<br>オペ室1<br>オペ室2<br>準備室 | 5〜10 | 検出されず | 検出されず | 検出されず | 検出されず | 検出されず | 検出されず | 検出されず |

○空中浮遊菌数の推移

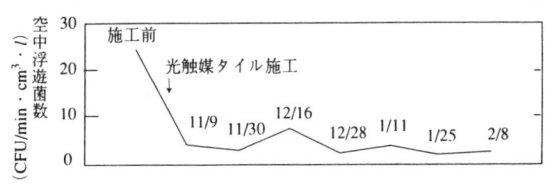

図28 光触媒タイルの病院手術室への応用

図29 光触媒タイルの浴室床への応用

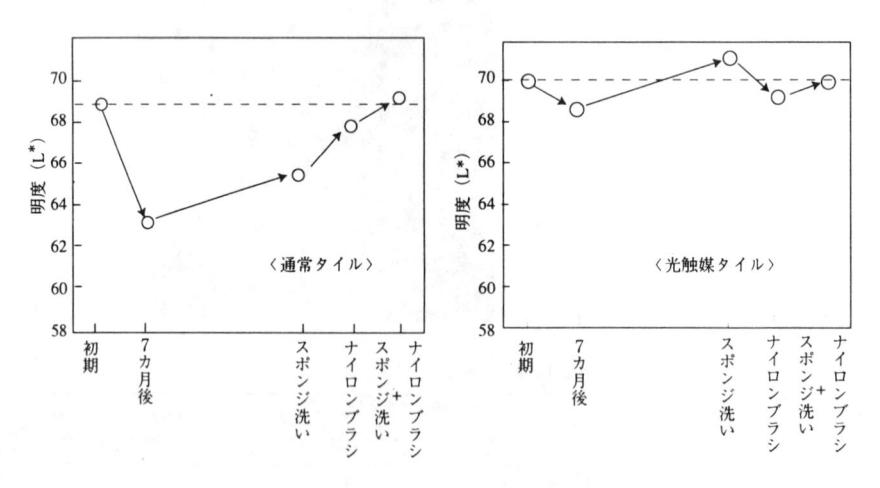

図30 光触媒タイルの洗浄回復性（浴室床）

れが付いていたが、スポンジで洗ったところで、簡単に汚れが落ちて、汚れの落としやすさがずいぶん違うという結果が得られた。

以上のようなことから、テーブルテストだけでなく、現場に施工しても明らかな効果があることが確かめられた。

## 4 光触媒タイルの施工例と商品化

**病院への施工例**　　図31は、赤穂中央病院（岡山県）のトイレと浴室と汚物処理室に施

工した例である。菌数変化の測定は、北里環境衛生研究所に依頼した。竣工9カ月後に、表面を全く洗わないとき、きれいに洗ったとき、光エネルギーは普通の蛍光灯だけのときと、ブラックライトという紫外線がたくさんあるランプを入れたときと入れないときの組み合わせを作り、細かく一般細菌数を評価した。

抗菌性能は殺菌率で表されている。たとえばⅢという条件は、抗菌タイルに表面清掃をして特別な照明は入れない場合であるが、このとき殺菌率は76.6%であった。表面清掃しないで光エネルギーを入れると（条件Ⅰ）、殺菌率は88.9%となり、紫外線量が多くなると当然それだけ殺菌率は上昇するとの結果が得られた。また、表面清掃を行い、光もたくさん当てると殺菌率は98.6%まで上がった。

このことは、光触媒タイルでも、全くメンテナンスフリーにするよりは、表面に徐々に堆積する汚れをとり除いたほうが性能は良くなることを意味する。汚れをとらなくても十分に効果はあるが、性能をいかに向上させるかという観点からすれば、最小限のメンテナンスを行い、照明はそれなりに紫外線量の多いほうがより良いことになる。

ただし、実際に商品として院内感染防止システムを構築する場合に、そこまでの性能が必要か、ということは議論の余地があると思われる。

〈試験条件〉

| 試験条件 | 試験場所 | 表面清掃[a] | 浴室使用 | 光エネルギー照射[b] (BL-Lamp) | |
|---|---|---|---|---|---|
| Ⅰ | 抗菌タイル | NO | 9人 | ON | 試料採取 |
| Ⅱ | | | | OFF | |
| Ⅲ | | YES | | | |
| Ⅳ | 普通タイル | | 8人 | ON | |

16:00　18:00　20:00　8:00

a) タイル表面の付着物（炭酸カルシウム等）を希塩酸で除去
b) 紫外線強度：$0.20\,\mu\mathrm{W/cm^2}$ (380nm)

〈付着生菌数試験結果〉
抗菌性能：Ⅰ 88.9、Ⅱ 98.6、Ⅲ 76.6

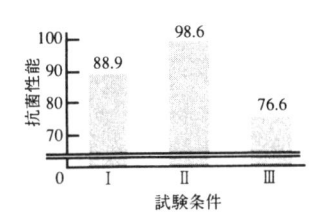

浴室床抗菌タイル面（新館）と普通タイル面（旧館）について、竣工9カ月後の実使用環境下でのタイル表面の付着生菌数（一般細菌数）を測定、評価した。

$$抗菌性能（\%）= \frac{A - B}{A} \times 100$$

$A$：試験条件Ⅳの生菌数
$B$：試験条件Ⅰ〜Ⅲの生菌数

図31　病院浴室床における施工実験

ラット飼育室
への施工例

　図32は、産業医科大学（北九州市）のラット飼育室に施工した例である。ここでは、ウイルスによってラットが大量に死んでしまう事態が発生しており、光触媒タイルを施工してウイルスに対する効果をみることになった。

　その結果、ウイルスに対する効果も検証できたが、たまたまこの現場では、期待しなかった臭いに対する効果も確認できた。実際にアンモニアの濃度を評価すると、かなりの違いが現れた。

　この場合、飼育室の空間全体に広がるアンモニアを光触媒タイルの表面に吸着して分解したと考えるのは難しく、むしろ菌の増殖を抑えたために臭いの発生自体が減少したのではないかと思われた。どちらのメカニズムかを解析して実証することは難しいが、少なくとも脱臭効果が得られたことは確かである。

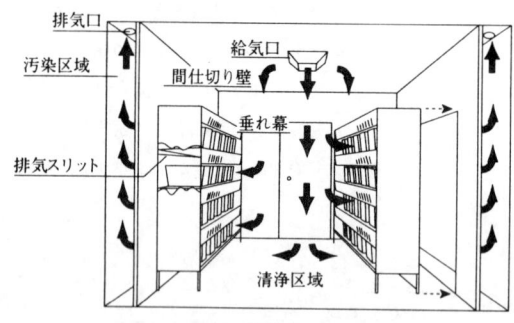

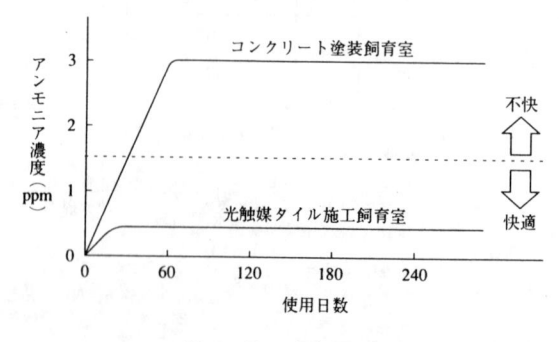

図32　ラット飼育室への施工

抗ウイルス効果　　　　図33は、東京大学（都市工学科）において評価したタイルのウイルスに対する効果の例である。Q $\beta$ は単独で生存することはできず、大腸菌の中に寄生しているウイルスである。このウイルスについて、大腸菌の中に住んでいる状態で光触媒タイルの効果を評価した。

ところがこの光触媒タイルの表面には銅や銀などの抗菌金属を担持しているため、大腸菌では光を当てなくてもある程度死ぬ。しかし、酸化チタンなし、ライトなし、あるいは酸化チタンあり、ライトなしではウイルスは全く死ななかった。すなわち銀や銅などの抗菌性金属はウイルスには全く効果を及ぼさないと言える。

しかし、光を照射すると顕著な抗ウイルス効果がみられた。このようにウイルスに対しては特に光触媒タイルは有効であることがわかる。

防カビ試験　　　　従来の銀系抗菌剤は防カビ性も低いといわれる。日常の生活空間では抗菌よりも防カビが問題となることが多い。そこで、光触媒タイルの防カビ性を兵庫県予防医学会・保険環境検査センターで評価した（表2）。

カビの評価もたいへん難しく、再現性に問題があるが、ここでは健康住宅推進協議会のKJK法という評価法を用いた。まず、湿らせてカビが生えるかどうか評価する、それに栄養を入れて評価する、次に乾

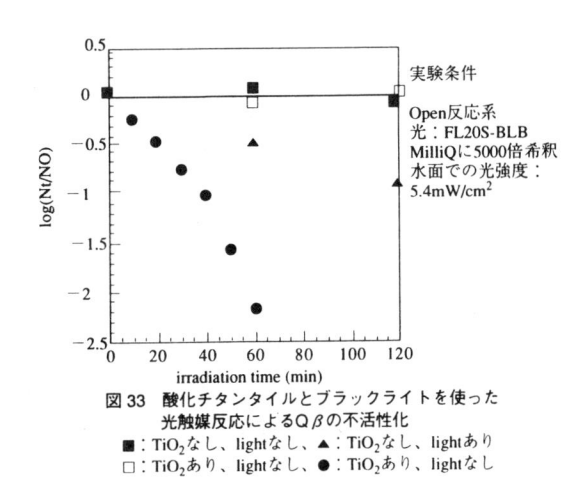

図33　酸化チタンタイルとブラックライトを使った
光触媒反応によるQ $\beta$ の不活性化
■：TiO$_2$なし、lightなし、▲：TiO$_2$なし、lightあり
□：TiO$_2$あり、lightなし、●：TiO$_2$あり、lightなし

実験条件
Open反応系
光：FL20S-BLB
MilliQに5000倍希釈
水面での光強度：
5.4mW/cm$^2$

表2 カビ抵抗性試験結果

〈試験場所〉　(財)兵庫県予防医学会・保険環境検査センター
　　　　　　（神戸市東灘区田中町5-3-23、TEL：078-452-1400）

〈評価方法〉
KJK（健康住宅推進協議会）評価方法を用いる。その理由として、現行JIS Z 2911では3段階評価で肉眼観察を基準にしており、カビの育成程度がわからないという欠点があるが、KJK方法では顕微鏡（200倍）観察による5段階評価を行うので、カビの育成程度がよく把握できる長所があるためである。

| 菌糸の発育（KJK評価方法） | カビ抵抗性の表示 | JIS Z 2911 |
|---|---|---|
| 200倍の顕微鏡下でカビの発育は認められない | 5 | 3 |
| 肉眼では発育は認められないが200倍の顕微鏡下ではわずかな菌糸の発育が認められる | 4 | 3 |
| 肉眼で間欠的に発育が認められ200倍の顕微鏡下では菌糸の発育が顕著に認められる | 3 | |
| 肉眼で明白にカビの集落発生が全試料面の1/3に認められる | 2 | 2 |
| 肉眼で明白にカビの発育が認められ、全試料面にカビの発育が拡大している | 1 | 1 |

〈結果〉

| サンプル | 普通湿式法 | 栄養付加湿式法 | 普通乾式法 | 栄養付加乾式法 |
|---|---|---|---|---|
| TOTOカラーメジ | 5 | 5 | 5 | 5 |
| スコルト | 5 | 5 | 5 | 4 |

かして評価する、栄養を入れるなど、何種類か条件を変えて菌糸がどのように生えてくるか調べるものである。

　これによると、光触媒タイルは湿式、栄養を入れて湿式、普通乾式、栄養を入れて乾式のすべての条件で優れた防カビ効果をもつことが示された。

## タイルの商品化

〈商品企画の観点から〉　以上のようなテーブルテストからフィールドテストに至るさまざまな試験の結果を経て、タイルの商品化を企画した。タイルを設計する場合、商品企画的な観点からは図34に示すような状況がある。浴室などのタイルでは、すべり抵抗性を確保することが重要である。従来のやり方では、表面を粗くしてポーラスにするしかなかった。これだと

最初はすべりにくくてよいのだが、ポーラスにすることで、そこにバクテリアが住みつきやすくなり、汚れが付いてとれなくなり、やがて滑りが生じてすべりやすくなる。

　この問題は、光触媒技術を組み合わせることで、最初はポーラスですべりにくく、しかもそのすべりにくさを維持するという機能を付加できることになる。

〈デザインと機能〉　このような「機能」という考え方は、いままでのタイルの世界には全くなかったもので、タイルはほとんどデザインだけで決まるものであった。あとは、施工の問題として乾式か湿式かという周辺技術の問題があるくらいで、タイル単体でみるとデザインが唯一の選択規準であった。

　ここに光触媒という新しい技術を導入することで、デザインの他に機能という軸が新たに加わったわけである（図35）。機能を付けたことで、商品の幅を大きく広げることができると思われる。

〈価格設定〉　選択規準が増えることは、価格の設定に関しても重要な意味をもってくる。これまで、デザインのみで決まっていたタイルの価格に、機能という幅をもたせることができる。

　このタイルについては、最初は病院用に限定していたが、その後、防汚性をはじめさまざまな波及的なデータが得られたため、多機能タイルということで、脱臭、防汚まで訴求した形で一般品として市場に

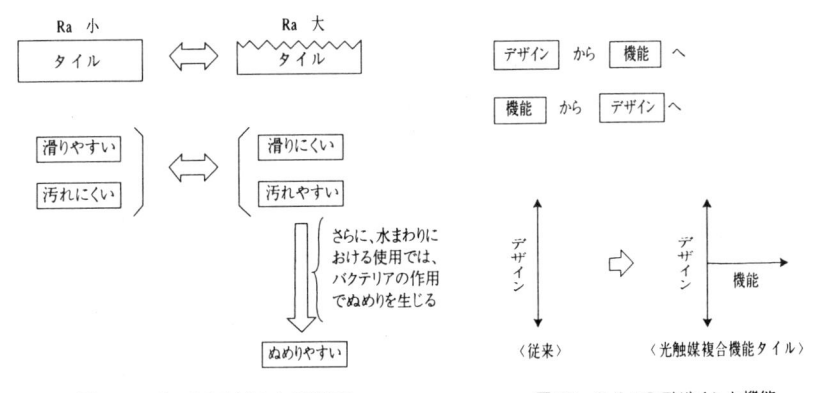

図34　タイルのぬめりにくさの設計

図35　タイルのデザインと機能

出ており、たいへん好評を得ている。

〈耐久性〉　　　　耐久性も当然必要な項目である。JIS規格によって、耐ひび割れ性などいくつかの項目が決まっている。それぞれに関して通常のタイルと変わらない耐久性を保持するとの評価が得られている（**表3**）。

〈安全性〉　　　　酸化チタンは、もともと食品添加物として認められている非常に安全性の高い物質である。われわれも独自に、皮膚刺激試験や経口毒性試験などで評価したが、全く問題なかった。金属を少し使っているが、これについても安全性を確認している（①皮膚1次刺激性試験：（財）日本食品分析センター/試験成績書発行年月日1995年3月10日/試験成績書発行番号第TM88020114-2号、②急性経口毒性試験：（財）日本食

**表3　光触媒タイルの信頼性試験**

| 項　目 | 測定規格 | 試験方法 | 試験結果 | |
|---|---|---|---|---|
| | | | 外観品質 | 抗菌性能 |
| 耐ひび割れ性 | JIS A 5209 | ゲージ圧力1MPa（約180℃）に設定したオートクレーブ内で、1時間経過後、評価 | 変化なし | 劣化なし |
| 耐薬品性 | JIS A 5209 | 3%HCl溶液および3%NaOH溶液に24時間浸漬後、評価 | 変化なし | 劣化なし |
| 耐洗剤性 | JIS K 6902 | 洗剤原液を滴下、48時間放置後、評価<br>洗剤・酸性洗剤<br>　・中性洗剤<br>　・アルカリ性洗剤 | 変化なし | 劣化なし |
| 耐消毒剤性 | JIS K 6902 | 消毒剤原液を滴下、48時間放置後、評価<br>消毒剤・クレゾール<br>　・塩化ベンザルコニウム<br>　・塩化ベンザルトニウム<br>　・グルコン酸クロルヘキシン<br>　・エタノール<br>　・次亜塩素酸ナトリウム | 変化なし | 劣化なし |
| 耐摩耗性 | 参考<br>JIS A 6909 | 液掃用具と洗剤を用いて10年相当の摺動負荷をかけた後、評価<br>試験荷重：1kg/70cm$^2$<br>摺動負荷：壁2万回<br>　　　　　床4万回<br>掃除用具：雑巾、スポンジ<br>　　　　　ナイロンタワシ<br>　　　　　デッキブラシ | 変化なし | 劣化なし |

品分析センター/試験成績書発行年月日1995年4月6日/試験成績書発行番号第TM88020114-4号)。

　光触媒活性という点から、活性酸素はどうかという議論があるが、普通に空気中に存在する活性酸素に比べ微々たる量であり、問題ないと考えている(これに関しては、第2章、第4章参照)。

**参考文献**

1) 渡部俊也、環境問題における光触媒応用の現状と展望、太陽エネルギー、21 (5)、21-25 (1995)
2) 渡部俊也、黒川徹也、住宅における触媒利用の現状、触媒、37 (3) 247-251 (1995)
3) 渡部俊也、活性酸素発生による脱臭殺菌技術、抗菌抗カビ技術と応用、282-298、シーエムシー (1996)
4) 渡部俊也、光触媒反応による微生物の殺菌とその応用、化学工業、12、978-982 (1995)
5) T. Watanabe、A. Kimura、"The 1st Int Conf. on Advanced Oxidation Technology for Water and Air Remediation"、London、Ontario、Canada、June 25-30、abst.205 (1994)
6) T. Watanabe、A.Kitamura、E. Kojima、C. Nakayama、K. Hashimoto、A. Fujishima、"Photocatalytic Purification and Treatment of Water and Air"、edited by D. F. Ollis and H. A. Ekabi、Elsevier、747 (1993)
7) 国際公開特許WO95/15816、光触媒機能を有する多機能材およびその製造方法
8) 国際公開特許WO94/11092、室内照明下における光触媒による空気処理方法
9) 国際公開特許WO96/14932、光触媒機能を有する多機能材

# 2 セルフクリーニング照明

光触媒を応用した製品は種々の分野で開発されているが、照明製品はその用途などから特に応用に適した製品である。ここでは最近商品化されたセルフクリーニング機能（防汚機能）をもった器具、ランプの紹介をするが、読者には、照明の光を利用した光触媒応用製品を検討されている人も多いと考えられるので、照明製品の紫外線に関係する一般的特性についても解説する。

ランプ、器具は種類が多く、それぞれ近紫外線の発光強度、スペクトルに違いがあり、またランプ特性も異なる。照明製品への応用を考えた場合もこの紫外線の強度などが重要なので、まず光触媒と照明製品の関わりを述べた後、照明光源の種類と特性を紹介し、使用上のポイント、紫外線の安全性などを解説する。その後、光触媒を照明製品に応用した例として、トンネル照明器具、道路灯、街路灯、蛍光ランプなどについて主として東芝ライテックでの研究例を紹介する。

## 1 照明と光触媒

光化学反応　　光触媒反応は、光のエネルギーを使った化学反応の一種であると考えられる。この光化学反応を利用した従来技術としては、表1に示すようなものがある。たとえば可視光を使った技術では、ナイロンの原料のラクタムというモノマーの合成が有名である。

また紫外線を使ったものとして、UV硬化塗料、半導体のリソグラフィー、液晶用のガラスパネルやウェハー表面のUV洗浄がある。また、殺菌灯としても紫外線ランプが使用されている。

表1　光化学反応を利用した技術

| 分　野 | 使用波長 (nm) |
|---|---|
| ナイロン原料のラクタム合成 | 400 ～ 650 |
| UV塗料硬化 | 200 ～ 450 |
| リソグラフィー | 193、248、365、436 |
| 光洗浄 | 185、254 |
| 殺菌 | 254 |

これらの応用は基本的に多量の紫外線を出す専用ランプが使用されているが、光触媒は一般ランプからの微量の紫外線で効果が得られ、さらに害の少ない近紫外線を利用できる点で従来にない新しい技術である。

**酸化チタンと照明製品**　酸化チタンは白色塗料として大量に使用されているが、照明製品でもいろいろな部分に使われている。器具の白色反射板の大部分は酸化チタンが入っており、ガラスミラーの干渉反射膜や、電球の光拡散材、放電灯の紫外線カット材料に使用されている。特に最近は紫外線が嫌われているため、ガラス、プラスチック部分に紫外線カット対策が行われているため、ランプ器具から放射される近紫外線を光触媒に応用しようとする場合注意が必要である。

## 2　照明用ランプと紫外線

照明用ランプは本来可視光を出すのが目的であるが、ほとんどのランプは微量ではあるが近紫外線を放射する。そのおおよその値を**表2**に示す。この表の値は入力W当たりの紫外線の量を%で示したものである。実際は同じ種類でも使用される材料によって強度は異なり、メーカーによっても差がある。

以下、各ランプの原理と紫外線について電球、蛍光ランプ、HIDランプの順で述べる。

**白熱電球**
**（ハロゲン電球）**

電球には大きく分けて一般電球とハロゲン電球がある。これらは基本的には同じ構造であるが、ハロゲン電球はガラスバルブの材料とし

表2　ランプと紫外線出力

| ランプ種類 | 紫外線量<br>(入力電力に対する%) |
|---|---|
| 一般電球 | 0.3 |
| ハロゲン電球 | 0.3～0.5 |
| 蛍光ランプ | 0.5～0.7 |
| 高圧水銀ランプ | 4 |
| メタルハライドランプ | 1.5 |
| 高圧ナトリウムランプ | 0.1 |
| 低圧ナトリウムランプ | 0 |

て石英ガラスを使用して小型化し、微量の臭素や塩素化合物を封入し、蒸発したタングステンが管壁に付着して黒くなるのを防止する構造になっている。

一般に白熱電球からは紫外線が出ないと考えられているが、近紫外線は少し出ている。

電球はタングステンコイルを通電加熱し、放射される熱輻射の可視光部分を利用しており、その放射スペクトルは黒体熱輻射のPlanckの放射則（(I)式）で与えられる。タングステンそのものは黒体ではないが、ランプの実測値はかなりよくこの式に一致する。

$$W(\lambda T) = \frac{C_1 \lambda^{-5}}{\exp(C_2/\lambda T) - 1} \text{ W/m}^2 \cdot \text{nm} \tag{I}$$

$C_1 : 3.74 \times 10^{20}$ W・nm$^5$/m$^2$

$C_2 : 1.439 \times 10^7$ nm・K

図1にそのスペクトル分布例を示す。この図のように電球の光にも400nm以下の紫外線が含まれるので、光触媒の効果を得ることができる。特にハロゲン電球ではガラスに石英ガラスを使用しているので、紫外線の透過率が高く（図2）、またフィラメント温度も高いので紫外線量が多くなる。このため欧米ではガラスバルブに金属酸化物を含んだ紫外線吸収ガラスを使用した製品が増えている。

また、電球には拡散膜が塗布されたものが多く、その拡散材はふつうシリカ微粒子が多いが、酸化チタン微粒子を使用したものもあるので注意が必要である。

以上、電球の光での触媒効果は実験で確認されているが、紫外線を

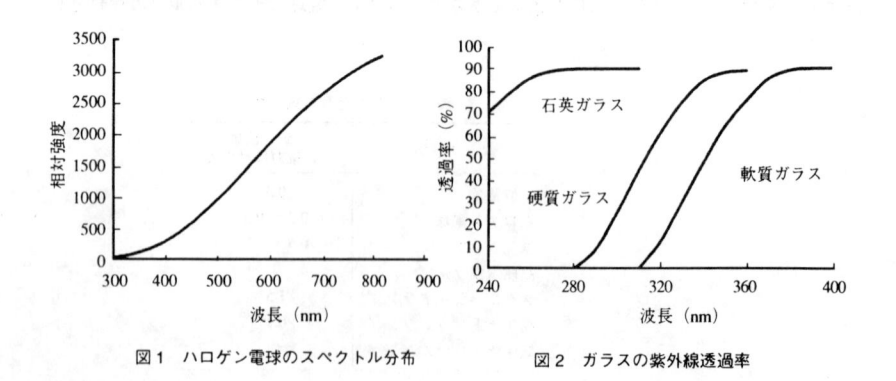

図1　ハロゲン電球のスペクトル分布

図2　ガラスの紫外線透過率

出さないものも多いので応用製品は限られると考えられる。

蛍光ランプ　　　　蛍光ランプはガラスバルブ内に微量の水銀と不活性ガスを封入し、放電により水銀蒸気を励起して、放射される紫外線を蛍光体で可視光に変換している。蛍光ランプの効率が良いのは水銀より放射される254nmの紫外線の放射効率が高く、入力電力の60%に近い値をもつためである。この254nmの紫外線は蛍光体やガラスバルブで吸収されるため外には全く出ないが、その他に微量に放射される365nmや436nm、546nmの光はランプより出てくる。また蛍光体から出る光は大部分が可視光であるが、近紫外線成分も含まれており、光触媒はこの近紫外線を利用することになる。

蛍光ランプの種類　　蛍光ランプにはかなり多くの種類があるが、大まかには一般照明用と特殊照明用に分けられる。一般照明用としては、ハロリン酸カルシウム蛍光体を使用したものが古くから使用されており、比較的安価なため、現在も事務所、工場などで多く使用されている。このランプは色の見え方があまり良くないので、最近は希土類蛍光体を使用した3波長型が増加している。この3波長型はブラウン管と同様に赤、緑、青の3原色のラインスペクトルを出し、色がきれいに見えるほか、効率も向上している。400nm以下の紫外波長成分はハロリン酸カルシウムタイプのほうが若干（1.5倍程度）多い。スペクトル分布を図3に示す。

　　一般照明用はこの蛍光体の種類のほか、形状による品種も多い。直管、環型、コンパクト型、電球型などがあり、最近は小型化、細管化が進んでいる。

　　特殊ランプには多くの種類があるが、ここでは紫外線用ランプについて紹介する。光触媒の評価にはブラックライトがよく使用される。これは蛍光体として$BaSi_2O_5:Pb$を使用し、352nmにピークをもつスペクトルを出すランプである。上述のように水銀からの放射に若干可視光が含まれるため、通常のガラスバルブでは青く光って見えるため、ガラスバルブにNi、Coを添加した黒いガラスを使用して可視光を遮断している。スペクトル分布を図4-aに示す。このランプの光にはわずかではあるが有害紫外線が含まれるため、あまり長時間直視しないほうが

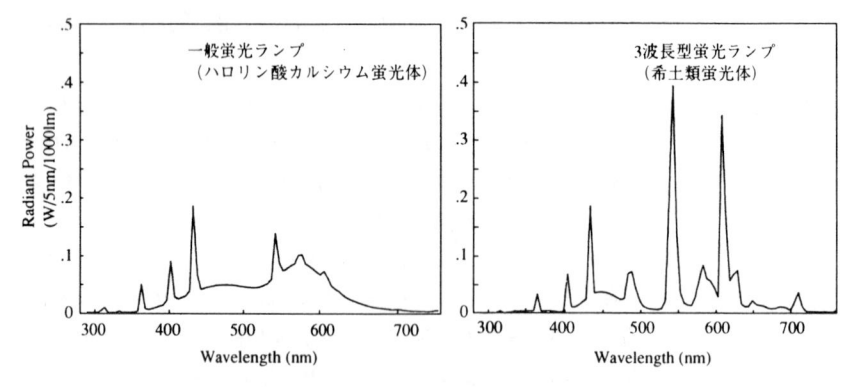

図3 蛍光ランプのスペクトル分布

よい。同様なランプとしてケミカルランプがある。これは基本的にはブラックライトと同じであるが、ガラスバルブに透明ガラスを使用したものである（価格的にはこちらのほうが安価）。

その他、水銀が出す254nmを通すガラスを使用した殺菌ランプ、日焼けサロンなどで使用される健康線ランプ（320nm）がある。参考にスペクトル分布を図4-b～dに示す。

なお、これらのランプに使用されている蛍光体は使用中の劣化が大きく、寿命は3,000から5,000時間程度である。光触媒効果の評価を行う場合は定期的に紫外線強度を確認する必要がある。後述するように最近この劣化対策を行ったランプも開発されている。

**蛍光ランプの使用上の注意**　蛍光ランプは水銀蒸気から発光する紫外線で蛍光体を光らせているので、発光強度は原理的に水銀蒸気圧に依存し温度変化をする。普通はガラスバルブ温度が40℃のときに最高効率になり、通常の室温で使用する場合は問題ないが、低温や風が当たる状態で使用すると発光強度が低下する。

空気清浄機などに入れて使用する場合はこの温度対策をすることが望ましい。

また、実際の応用製品を開発している方から紫外線強度を増やしたいという要望も多く、電流を増やせば明るさも増加するのではと言われるが、電流を増やしても効率が飽和してあまり増えない。これは水

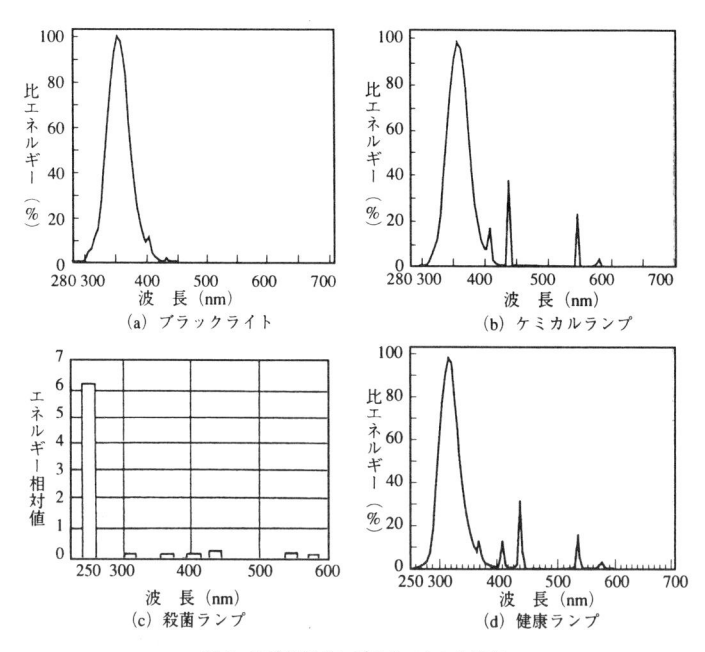

図4 特殊蛍光ランプのスペクトル分布

　銀の蒸気圧が高くなり、254nmの紫外線の自己吸収が増えるためである。なお、紫外線への変換効率は入力電力の25%程度で紫外線用ランプと一般照明用のランプとの差はあまりない。

　一般蛍光ランプの中には紫外線吸収膜を塗布したものがあり、美術館などで使用されている。さらに最近の紫外線を嫌う傾向に合わせて、特に欧米を中心にガラスバルブに鉄やチタンを添加し、紫外線放射を減らしたランプが増えている。光触媒を室内で使用する場合は注意しておいたほうがよい。なお、最近電球の光に似た色温度の低いランプが使われているところもあるが、このランプからの紫外線強度は一般のものと変わらない。

**光触媒励起用蛍光ランプ**　　空気清浄機などの器具内に光触媒を応用した製品が増えつつある。このような器具内に使用する場合は、ランプの寿命が長い冷陰極ラン

ブが適している。この冷陰極ランプは電極にNi板などの金属が使用されており、通常のランプのように電極材料の消耗がないので、寿命が2～3倍ある（20,000時間以上）。また、管径が2～6mmでたいへん細く、長さも比較的自由に変えられ、また点灯回路も電子回路なので小型軽量で、器具に組み込むのに適している。

最近この冷陰極ランプを使用した光触媒励起用ランプが売り出されている。このランプは前述の紫外線発光蛍光体の劣化対策をして、安定した光出力が得られるようにしたものである。光出力の時間変化を図5に示す。波長としてナロウタイプ（368nm）とワイドタイプ（352nm）の2種類があり（図6）、目に光が入るおそれがある場合は368nmを使用し、密閉される場合は351nmのほうがよいと考えられる。器具内に実装する場合はランプの光が触媒膜（フィルターなど）に効率よく照射されるように、反射板などの光学設計が重要である。

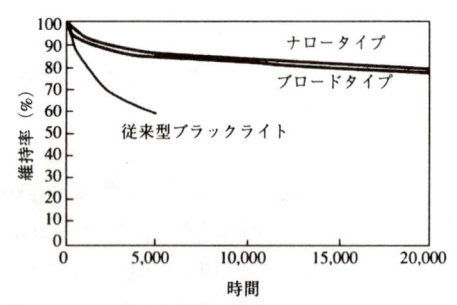

**図5 光触媒励起用ランプの光束維持率**

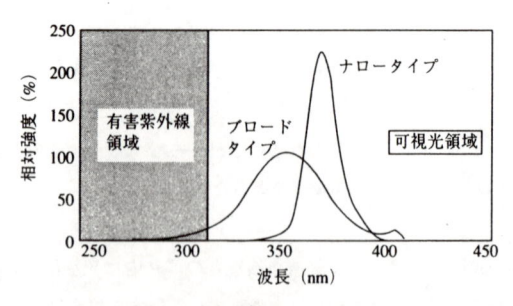

**図6 光触媒励起用ランプのスペクトル分布**

HIDランプ　　　　HIDランプはHigh Intensity Lamp（高輝度放電灯）の略称で、高圧水銀ランプ、メタルハライドランプ、高圧ナトリウムランプなどのことである。これらのランプの発光原理は石英ガラス管（高圧ナトリウムランプはアルミナチューブ）に水銀と金属ハロゲン化物を封入し、放電により封入金属を発光させるものである。水銀ランプの場合は水銀が発光し、ランプ温度が高いので254nmの紫外線は自己吸収によりほとんど放射されず、可視光が出る。水銀からの光のみでは色の見え方が悪いので、365nmで励起される赤成分を含んだ発光をする蛍光体が塗布されたものが多い。メタルハライドランプは封入された種々の金属（Sn、Sc、In、Tl、Na、Dyなど）の発光を利用したもので色の見え方の良いランプで店舗用、スタジオ用などを中心に増えつつある。低圧ナトリウムランプはナトリウムのいわゆるDラインを出すもので、トンネル照明などに多く使用されている。高圧ナトリウムランプは低圧ナトリウムランプの欠点を改良したもので、ナトリウムと若干の水銀を封入し透光性アルミナチューブを使用して小型化し、ナトリウム蒸気圧を高くしてスペクトル幅を広げ、色の見え方を若干良くしている。これらのランプのスペクトルを図7に示す。水銀ランプとメタルハライドランプは比較的近紫外線が多く、高圧ナトリウムランプもわずかに紫外線を出すが、低圧ナトリウムランプは全く紫外線を出さない。

　　高圧水銀ランプは2重構造で石英バルブ内管を硬質ガラスバルブで覆っている。内管からは入力の18%程度紫外線が出ており、これをガラス管で吸収している。またメタルハライドランプも内管からの紫外線は多く、ガラス管で吸収している。これらは熱になるだけなのでたいへんむだである。光触媒技術がもっと一般的になれば、この紫外線を有効に使用できる可能性がある。

　　その他HIDランプには紫外線専用のランプがあり、UV硬化や半導体製造プロセスで使用されている。詳しくはメーカーのカタログなどを参考にして欲しい。

## 3　照明器具

　　照明器具はデザイン性が重要視され、使用場所の雰囲気に合ったものが選ばれるため、種類が非常に多く、1社でも数千種以上製造されて

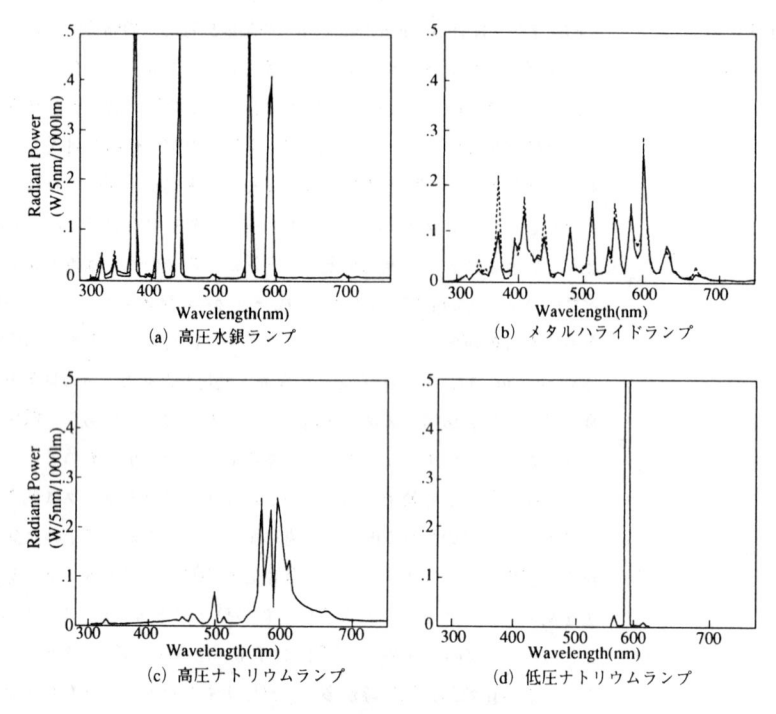

図7　各種HIDランプのスペクトル分布

(a) 高圧水銀ランプ
(b) メタルハライドランプ
(c) 高圧ナトリウムランプ
(d) 低圧ナトリウムランプ

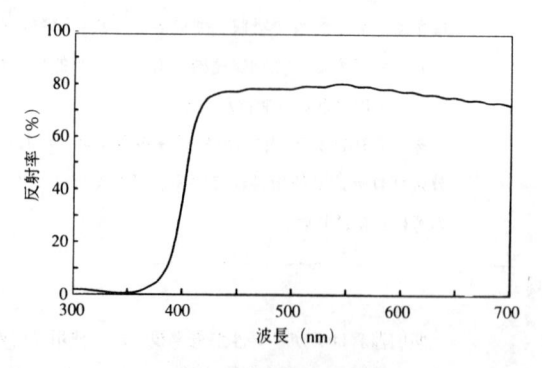

図8　白色塗装面の反射率

いる。そのため使用される材料の種類も多いが、基本的に反射板は白色塗装面か金属面である。この白色反射板の塗料には一般的に酸化チタンが使用されている。そのため反射光の紫外線は少なくなっている。白色塗装面の反射率の例を図8に示す。この測定値は一般の蛍光ランプ器具の反射面に使用されている白色メラミン塗装である。光触媒に必要な光が反射されないことがわかる。また、拡散性のプラスチックカバーにも酸化チタン粉をフィラーとして使ったものが多く、蛍光ランプを使用している部屋でも紫外線がほとんどない場合がある。触媒の壁材への応用などを考える場合、注意が必要である。器具の材料については光触媒応用器具の項で再度述べる。

## 4 紫外線について

酸化チタン光触媒の応用を考える場合、紫外線を利用することになるので、ここでは紫外線について少し解説する。

用 語

最近照明分野では紫外線という用語は学術用語ではなくなりつつある。紫外線はもともと英語の ultraviolet ray の訳からきているが、欧米では ray という表現があいまいなので最近では ultraviolet radiation が使用されている。この日本語訳は"紫外放射"になるが、日本語の放射はイメージがつかみにくいので、日本照明学会などでは単に UV としたほうがよいという意見もある。

表3 紫外線の種類

| 用 語 | 波 長 | |
|---|---|---|
| 紫外放射 | 400nm 以下 | UV-A:315 ~ 400nm<br>UV-B:280 ~ 315nm<br>UV-C:100 ~ 280nm |
| 近紫外放射<br>(Black Light) | 320 ~ 400nm | 300 ~ 400 とする場合もある |
| 中紫外放射 | 220 ~ 320nm | UV-B よりは広い範囲 |
| 遠紫外放射<br>(真空紫外放射) | 1 ~ 220nm | 軟X線波長から空気による吸収が始まる波長まで |

**紫外線の種類**　　紫外線の種類にもいろいろな用語が使用されており（表3）、紫外線放射とは400nm以下の可視光をはずれた短波長の光を意味し、UV-A、UV-B、UV-Cの3ランクに分けられる。JISでは315nm以下のUV-B、UV-Cが有害紫外線とされている。

320〜400nmを近紫外放射と言い（英語ではBlack Light）、220〜320nmを中紫外放射、1〜220nmを遠紫外放射（真空紫外放射）と言う。光触媒で利用する光は正式には近紫外放射（Black Light）ということになる。

**太陽光からのUV強度**　　赤道直下の晴れた日で、太陽光のUV強度はおおよそ72mW/cm²、日本では田無市で快晴のとき60mW/cm²、晴れの日で11mW/cm²という値が電総研より報告[1]されている（表4）。

表4　太陽光の紫外線照度

| 場所 | 太陽高度 | 天候 | 照度（lx） | UV照度（W/m²） |
|---|---|---|---|---|
| 赤　道 | 90° | 晴れ | 123946 | 72 |
| 田無市 | 79° | 快晴 | 113450 | 60 |
|  | 27° | 晴れ | 25966 | 11 |

（電総研研究報告.830.1983より）

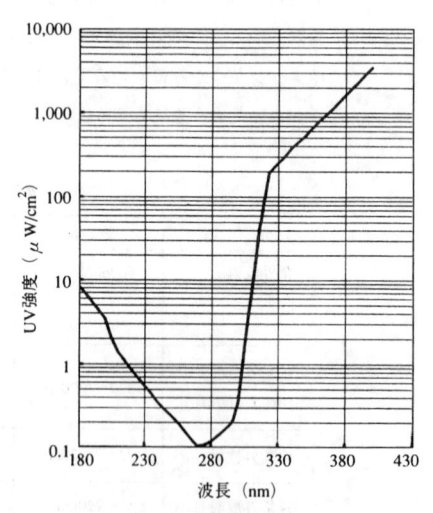

図9　紫外線許容限界値（TLV）
ACGIH（米国労働衛生官会議）の報告値

| 生体への影響 | 紫外線の人体に対する影響の明確な基準はないが、一般的には ACGIH：American Conference of Government Industrial Hygienistの勧告値が使用されている（図9）。

この値はJIS Z-8812にも引用されている。この図の値は8時間作業する場合この値以下にすべきというガイドラインである。光触媒で利用する近紫外線では $1mW/cm^2$ 以下であればある程度安全と言える。しかし、最近環境問題としてオゾン層破壊による紫外線増加による皮膚癌発生が話題になっていることもあって、居住空間での紫外線を嫌う人が増えている。人体への影響は $220 \sim 320nm$ で紫外性眼炎、$250 \sim 330nm$ で紅はん（皮膚が赤くなる）が起き、光触媒で利用する波長 $340 \sim 440nm$ ではメラミン色素が増え肌が褐色になる[2]。日本人はメラミン色素が多いのであまり問題はないと言われているが、近紫外線でも多くするのは好ましくないと言える。

| 紫外線の測定方法 | 紫外線強度の測定は通常市販の紫外線照度計を使用して測定する。これらの測定器はシリコンフォトダイオードの前面に紫外線透過、可視光遮断のフィルターを設置したものである。

注意点はこのフィルターにより測定波長範囲と分光感度が異なる点で、目的とした測定波長にあった機種を選ぶことである。また市販されている測定器は一般に感度変化が大きく、1年間で $10 \sim 30\%$ 変化するものもある。メーカーに依頼して定期的に校正することが望ましいが、できれば同じ機種を2台所有し、1台を常用として使用して、ときどきもう1台と比較測定をするとよい。

本来ならば基準光源を用いて校正すべきであるが、現在基準になる適当な光源がない状態で、メーカーでは電総研で値づけしたハロゲン電球タイプの分光放射照度標準用電球が使用されている。

紫外線の分光分布や市販の測定器で測定できない範囲はフォトマルを使用した装置が必要であるが、現状では適当な製品がなく自作が必要である。

いずれにしろ、測定器メーカーに測定目的を説明して相談することをおすすめする。測定器メーカーはトプコン、オーク製作所、ウシオ電機、岩崎電気などがある。

## 5　光触媒膜の照明製品への応用

最初に述べたように、照明製品は光触媒を応用するのに最も適した製品の1つである。

まず、光があること、防汚効果が製品性能向上に直結すること、酸化チタンの光学特性が照明向きであるなどの点で他の製品より有利なためである。

ここでは現在までに東芝ライテックにおいて商品化された製品の概要と開発ポイントについて紹介する。

**開発の流れ**

光触媒の応用効果としては防汚、消臭、殺菌、有害物分解、防曇などがあるが、製品開発は防汚効果を第1にして進めている。照明製品は使用範囲が広く、使用中の汚れの度合が異なる。図10はIES（米国照明学会）の資料[3]から引用したデータで、使用場所による汚れでの明るさ低下を示したものである。当然、この明るさ低下が大きい場所で使用される製品に対するユーザーニーズが大きいので、商品化はトンネル照明器具、道路灯、街路灯などから進めている。

現在までに商品化された製品を表5に示す。以下順にその内容を紹介する。

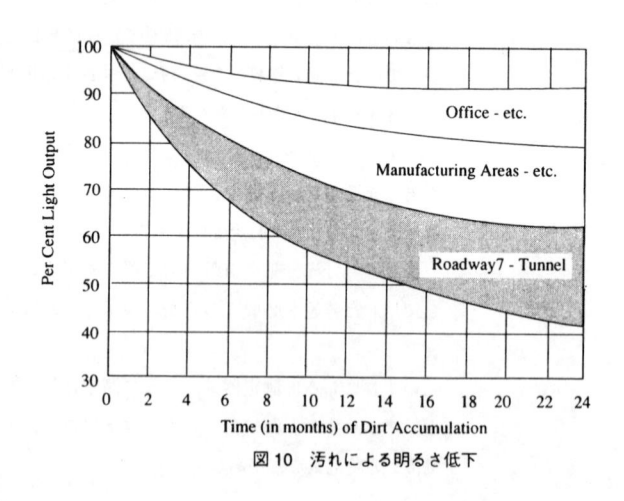

図10　汚れによる明るさ低下

表5 光触媒を応用した照明製品

| 商品化した製品 | 基　材 | 膜の種類 |
|---|---|---|
| トンネル照明器具 | 強化ガラス | 保護層付きゾルゲル膜 |
| 道路灯 | 硬質ガラス | ディップ |
| 街路灯 | 硬質ガラス、アクリル | ディップ、2層タイプ |
| 防犯灯 | アクリル | 2層タイプ |
| 蛍光灯器具 | メラミン塗装 | 2層タイプ |
| 蛍光ランプ | ガラス | 微粒子ゾル |
| その他 | 触媒励起用ランプ | |

**トンネル照明器具**

トンネル照明器具は最も汚れの激しい場所で使用される製品で、定期的に清掃が行われている。この清掃は直接的な費用の他に交通規制による渋滞、作業の安全性などの問題も大きく、強く対策が望まれていた製品である。

開発はまず実験室で排気ガスのススの分解試験により、膜の種類構造を選定した。膜に必要な条件は、①ソーダライムガラスに均一に塗布でき強化処理で変化しないこと、②ブラシ清掃に耐え30年以上の耐久性があること、③ガラスの反射率増加が少ないこと、④ススの分解能力が高いこと、⑤製造が容易なことなどである。

これらの要求を満足する膜の種類としてゾルゲル法による膜を採用し、適正化を行った。

①の強化処理では瞬時であるが700℃の高温になるためガラスからナトリウムイオンの移動が生じ、酸化チタンと結合し、触媒効果が劣化する。この対策として、神奈川科学技術アカデミーで開発されたシリカを主成分とする保護膜を付けた構造を採用している。②の耐久性はゾルゲル法による膜は硬い膜になり、20年相当のブラシ清掃試験でも問題がないことを確認している。③の反射率増加の問題は酸化チタンの屈折率が高いためで材料変更による対策は困難なので、図11に示すように膜厚を調整し、ランプからの光のピーク波長に干渉の最大値を合わせることを行っている。この場合問題になるのは、④の触媒効果が図11、12に示すような膜厚依存性をもっていることである。図12はガラス側から紫外線を照射した場合の膜厚と触媒効果を波長を変え

て測定した結果である。横軸が膜厚で縦軸が相対触媒効果である。照明器具のカバーガラスの場合はこの状態になり、約 0.1 ～ 1 $\mu$m の範囲で最大値になる。トンネル照明器具に使用されるランプは高圧ナトリウムランプで、放射される紫外線は 330 ～ 360nm の波長で 0.2 ～ 0.5 $\mu$m が最適である。図 11 の干渉ピークを合わせた膜厚は 0.15 $\mu$m 程度で、最大値より若干薄い膜となっている。

図 13 は汚れのほうから光を照射した場合で、この場合は 1 $\mu$m 以上にすることが望ましいという結果である。

膜の製造プロセスを図 14 に示す。これは普通のデイップ法で強化処理の温度で最終の結晶化を行っている。

以上の方法で作製した膜のスス分解効果を最近の例を加えて図 15 に示す。ディーゼルエンジンの排気ガスのスス（量は汚れのひどいトンネルの約 1 カ月分）を付着し、BLB の光による加速試験結果である。実際の器具による実験（高圧ナトリウムランプよりの光で紫外線強度は約 0.5mW/cm$^2$）でも、時間は長くなるが同様の効果が得られている。酸

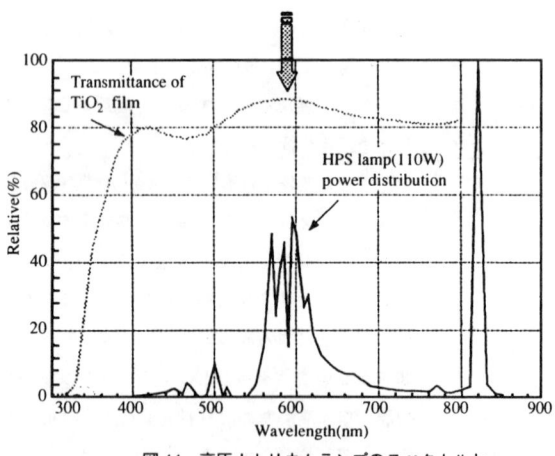

図 11　高圧ナトリウムランプのスペクトルと
　　　酸化チタン触媒膜の分光透過率

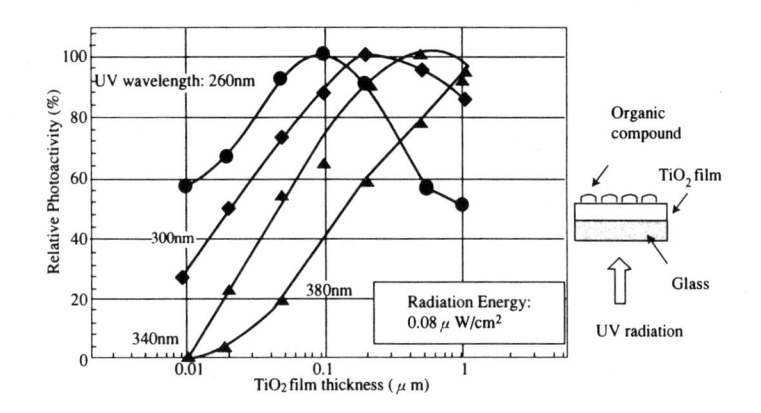

図12 触媒膜の厚さと触媒効果
ガラス側よりUV照射した場合

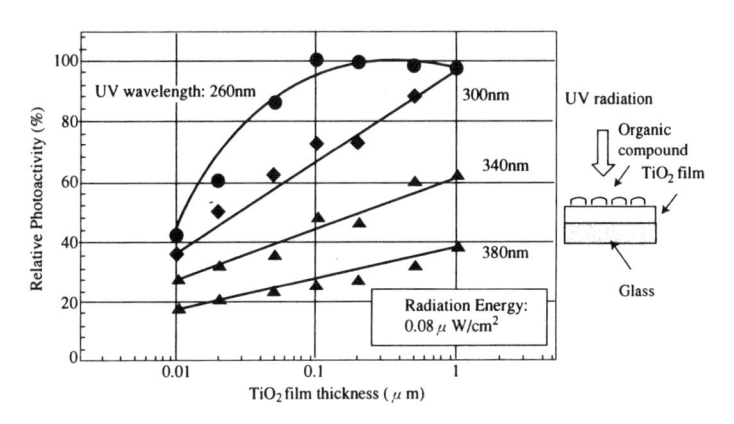

図13 触媒膜の厚さと触媒効果
膜側よりUV照射した場合

　化チタン膜の原料は単純なTiアルコレートではなく、添加物を使用しており、図のABCは膜の種類である。
　図16にこの器具を使用して日本道路公団と共同で行った実用試験結果を示す。実験場所は横浜横須賀道路の長浜トンネルである。このト

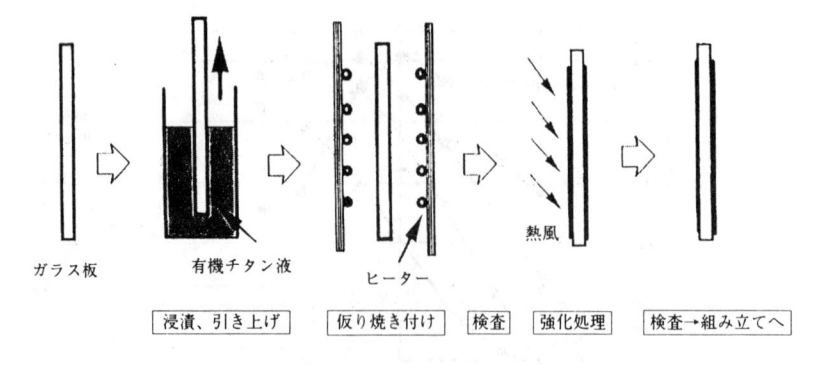

図14 触媒膜のガラスへの塗布プロセス

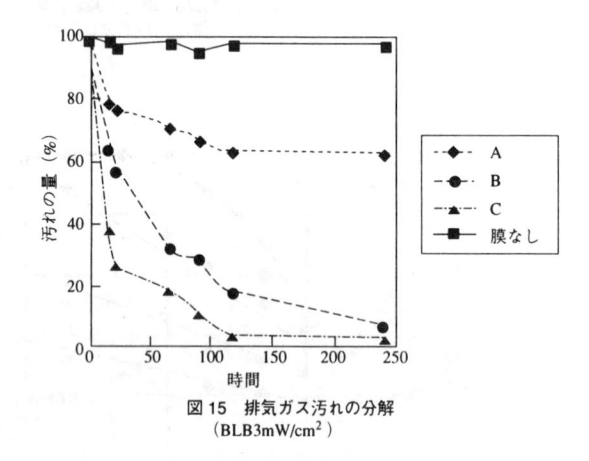

(ガラス板 → 有機チタン液（浸漬、引き上げ）→ ヒーター（仮り焼き付け）→ 検査 → 熱風（強化処理）→ 検査→組み立てへ)

図15 排気ガス汚れの分解
（BLB3mW/cm$^2$）

ンネルの汚れの程度は全国のトンネルの中間的なものである。約4カ月後の時点で汚れによる明るさ低下がほぼ半減している。実験室で行った試験に比べて効果が少ないのは、汚れに砂塵など無機物が含まれているためである。このため完全に清掃が不要というわけにはいかないが、清掃回数が減らせるという効果は大きいので、道路公団と共同で製品化を行った。現在（1997年末）、約4万台が高速道路のトンネルで使用されている。器具の写真を**写真1**に示す。

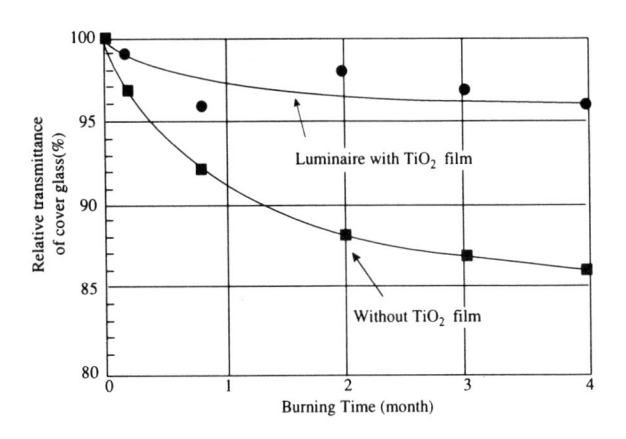

図16 トンネル照明器具の汚れによる明るさ低下

写真1 光触媒付きトンネル照明器具

**道路灯**

トンネル照明器具と同様に、道路灯も場所によっては汚れがひどい。トンネル器具の場合と異なり道路灯では雨と太陽光が当たるので効果は出しやすいが、ガラスカバーの形状が曲面で塗布方法が問題になる。また外観上の汚れも問題になる場合があり、この場合は塗装面の上に触媒膜を塗布することになる。ガラスカバーはディップ法で、引き上げ速度をコントロールして塗布し、液だまりを防ぐため最後は回転を

**写真2　道路灯の試験結果**

　行っている。塗装部分は実際の明るさには影響しないので標準仕様にはなっていないが、要求により塗布を行っている。有機塗装面に塗布することになるので、日本曹達で開発された保護層付きの2層構造の膜を採用している。効果を確認するため、半分だけ塗布した器具の実用試験結果を**写真2**に示す。この写真で白く見える部分に光触媒が塗布してある。約1カ月後の結果でたいへんきれいに差が出ている。この状態は1年近くたっても同じで、太陽光による分解と雨による流れでの防汚効果が大きいことを示している。

　ガラス部分の明るさの低下にも実際の数値として効果が出ており、商品化も終了している。

**街路灯、防犯灯など**　　前述のように照明器具は種類が非常に多いので、上述の2機種も加えて光触媒応用製品をシリーズとして製品化している。

　**写真3-a**は街路灯で、カバーの部分はアクリル製で2層構造の膜をスプレー法で塗布してある。この場合問題になるのは膜の透明性で、ノズルの選択、液剤の濃度調整などかなり工夫をしてヘイズ値を下げている。

　**写真3-b**も街路灯で、ガラスは強化ガラスである。この場合はトンネル器具の膜を使用しているがサイズがそれぞれ異なり、生産性が現在も問題となっている。

　**写真3-c**の投光器は丸いガラス板にスピンコートで膜を塗布している。

　**写真3-d**の防犯灯はアクリルカバーにスプレー法で2層膜を塗布して

いる。この場合も白濁対策を工夫している。

　以上、屋外器具については一応商品化が進んでいるが、形状、材質など種類が多いため、塗布方法も多く、現在も歩留まり対策などの改良を進めている。

　これらの製品の開発ポイントは、基材にあった液剤、製法の選定である。東芝ライテック社が検討している膜の種類を表6に示す。大きく分けて高温タイプと低温タイプがあり、基板が並ガラスで強度の高い膜が必要な場合は保護膜付きのゾルゲルディップ膜、あまり強度が必要でなく量産性が重要な場合は微粒子ゾル膜を使用している。低温タイプでは基板がプラスチックの場合は2層構造の膜を採用しているが、塗布方法はスピンコート、スプレー法、流し塗りなど種々の方法を採用している。問題は、塗膜としての性能を重視して、酸化チタン膜に無機バインダーを加えると触媒効果が急に減少することで、今後の開発が望まれる。

**蛍光灯器具**　　屋内用の蛍光灯器具については実用試験による効果確認がほぼ終了し、商品化準備中である。図17がその効果を確認した結果である。40W2灯用の器具の白色反射板に触媒膜を塗布し、約11カ月工場の喫煙

写真3-a　光触媒膜付き街路灯　HID110W～400W(E39)

写真3-b　光触媒膜付き街路灯　ニュースクェア ¥311,000／ニュースクェア ¥224,000

写真3-c　光触媒膜付き投光器　中角配光／広角配光

写真3-d　光触媒膜付き防犯灯　HID100W1灯(E26)(防雨型)／ユーライン36W1灯(GY10q-6)(防雨型)

者の多い休憩室で使用した後の反射板の分光反射率である。膜のない器具は初期の値より十数％近く低下しているが、膜のある器具はほとんど変化していない。サンプル間のばらつきも少なく良好な結果が得られている。問題としては光の照射されない部分に膜がある場合、逆にヤニの付着が多くなることで、膜は光の当たる部分のみに塗布する必要がある。この器具は次に述べる触媒膜付き蛍光ランプと組み合わせて使用した場合、効果がなくなるので、省エネルギー型の高周波専用ランプ器具で商品化を行う予定である。

**表6 光触媒膜の種類**

〈高温焼成型〉

|  | 透明タイプ | | |
| --- | --- | --- | --- |
| 膜断面イメージ | チタンアルコキシド＋添加剤／ガラス基板 | 光触媒用チタニア／ガラス基板 | 光触媒用チタニア／ガラス基板 |
| 光触媒効果 | 大 | 大 | 大 |
| 汚れ吸着性 | 中 | 中 | 大 |
| 光線透過率 | 良 | 良 | 中 |
| 膜強度 | 大 | 中 | 中 |
| 塗布方法 | ディップ法 | ディップ法、フロー法 | スプレー法 |
| 特長・用途 | 触媒効果・直線透過率が高く、膜強度も強い。照明器具前面ガラス(強化ガラス) | 触媒効果が高く、量産性に優れる。ランプ用など | |

〈低温焼成型〉

|  | 2層タイプ | 1層タイプ | |
| --- | --- | --- | --- |
| 膜断面イメージ | 光触媒用チタニア／接着層／プラスチック基板 | シリカ＋光触媒用チタニア／プラスチック基板 | フッ素樹脂＋光触媒用チタニア／金属基板・ガラス基板 |
| 光触媒効果 | 大 | 小 | 中 |
| 汚れ吸着性 | 大 | 小 | 小 |
| 光線透過率 | 拡散性中 | 拡散性小 | 拡散性大 |
| 膜強度 | 中 | 大 | 中 |
| 塗布方法 | スプレー法、刷毛塗り、 | ディップ法、スピンコート法 | スプレー法 |
| 特長・用途 | 触媒効果が高い。プラスチック・器具の塗装面に塗布可能 | 平滑で膜強度が高い。プラスチック・器具の塗装面に塗布可能 | 汚れが付着しにくく、ふき取りが容易。台所器具など |

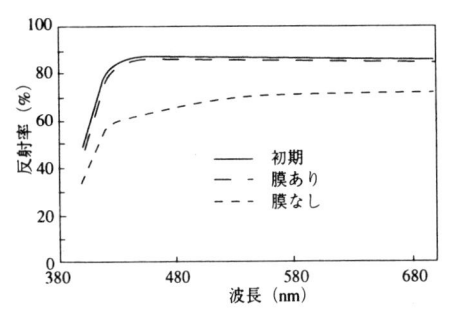

図17　光触媒膜付き蛍光灯器具の反射率（11カ月使用後）

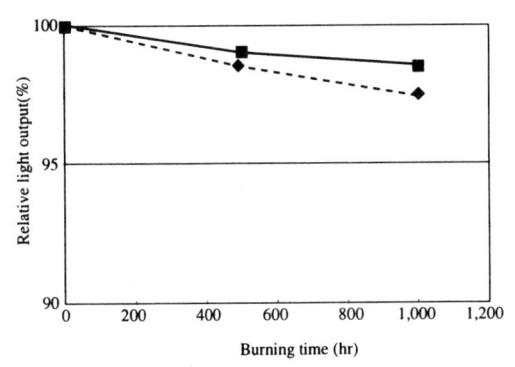

図18　光触媒膜付き蛍光ランプの明るさ変化
- - ◆ - - The lamp without $TiO_2$ under the smoking
—■— The lamp with $TiO_2$ under the smoking

蛍光ランプ

蛍光ランプは基板がガラスで、膜が若干白濁しても問題がなく、また強度もそれほど要求されない。これらの点からは比較的容易と考えられるが、一般に蛍光ランプは高速な量産ラインで製造されているため、塗布方法が問題になる。またガラス加工工場のためガスバーナーが多数使用されており、防爆の対策が必要である。そのため液剤として水系のスラリーを使用して製品化を行っている。品種は直管20Wを発売し、40Wを準備中である。

この触媒膜付きランプの効果確認試験結果を図18に示す。点灯中のランプの汚れは比較的少なく、この結果では1,000時間で2～3%である。

触媒効果は出ているが明るさが低下しないとアピールするには変化が少ないので、消臭機能と紫外線カット機能を入れている。

図19は消臭効果をアセトアルデヒドについて測定した結果で、1.2m³の狭い空間での実験結果である。この結果をもとに臭いが濃度拡散のみで移動するとして、6畳の部屋での濃度変化を計算した結果では、6時間後でも床より1m以下の部分は3〜4%程度しか減少しない。より高い効果を得るためには、対流などの空気の動きが必要である。図20は

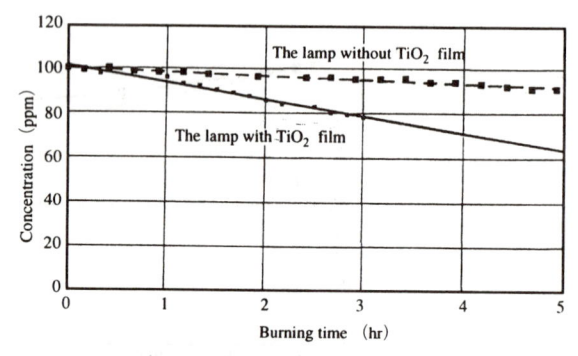

図19 光触媒付き蛍光ランプの消臭効果（アセトアルデヒドの分解）
Box volume: 1.2m³
Light source: FL203p
Detector: Gas Chromatography

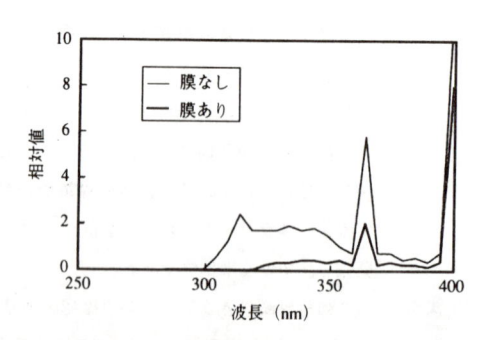

図20 光触媒膜付き蛍光ランプからの紫外線放射

このランプの紫外線放射分布である。膜のない従来品に比べて紫外線量が減っている。

以上のように蛍光ランプの場合は経済効果をアピールするには有意差が不足しているので、従来製品に付加価値を付けた商品としてテスト販売中である。

## 6　今後の動き

照明業界の技術開発の流れは効率向上を中心に進んできたが、最近は環境問題、省資源などの点から長寿命化が進められており、それと同時に使用中の光束低下の改善が大きく進歩している。具体的製品としては、寿命が60,000時間の無電極ランプ、20,000時間の寿命で点灯中の明るさ低下が3％以下（従来は12,000時間で20～30％の低下）の製品も出始めている。器具についても反射板の反射率改善、不要なところへ光を出さないようにルーバーといわれる遮光板を設置したものも増えてきている。これらの動きは光触媒による防汚効果がますます歓迎されることになり、数年後には世界中で照明製品に酸化チタン光触媒が使用される状態が予想される。

そのためには膜の材料がポイントで、触媒効果を維持し従来の塗装に近い塗布作業性がある材料を開発する必要がある。材料メーカーの方々の開発を期待する。

**参考文献**

1) 羽生、鈴木、長坂、電子技術総合研究所研究報告、830（1983）
2) ライティングハンドブック、日本照明学会編、オーム社（1987）
3) ACGIH、TLVs and BELs、114（1996）

# 3　空気清浄機

居住空間の空気環境に関しては、タバコの煙や車の排気ガス中のNO$_x$、新建材からのVOCなど数多くの問題が提起されている。住宅の高気密化が進むとともに、室内の空気環境の改善が強く望まれるようになってきた。従来のオゾン分解法よりも安全で、かつ高い空気清浄効果を求めて光触媒技術を用いた家庭用空気清浄機の開発が盛んに行われるようになった。商品化の口火となったのは1996年に発売された光クリエール（ダイキン工業）で、大ヒット商品となった。ここでは、空気環境に対する最近の考え方に簡単に触れ、ダイキン工業での製品化までの概略を解説する。

## 1　快適室内環境（IAQ：Indoor Air Quality）とは

空調機の業界において、最近特に関心を集めているのがIAQである。IAQとは、Indoor Air Quality（快適室内環境）の略で、1982年にASHRAE（American Society of Heating, Refrigeration and Air conditioning Engineers）という米国の冷凍空調協会によって定義されたものである（図1）。

快適室内環境には、大きく分けて温度、湿度、気流、清浄度の4つの要素が相互に深く結び付いている。これらがうまく調和して初めて快適室内環境が実現する。逆に、これら要素のバランスが崩れると、作業能率の低下、ストレスの増大をまねくことになる。

最近では、空調を単なる温熱環境の調節として捉えるのではなく、換気、空気清浄機との効果的な連動で、空気質環境を含めた総合的な室内環境の高品質化を図るものとして捉えるようになってきた（図2）。

IAQに関心が集まるようになった契機の1つは、シックビル症候群という現象である（コラム参照）。1980年代に入ると米国では、細菌やカビ、ウイルス、ホルムアルデヒド、アスベストなどの空気中の汚染物質が人体に対して悪影響を及ぼすことが明らかにされるようになり、そこから室内の空気質が問題とされ始めた。

Indoor Air Quality （室内の空気）
日本では、"快適室内環境
1982年　ASHRAEが定義"

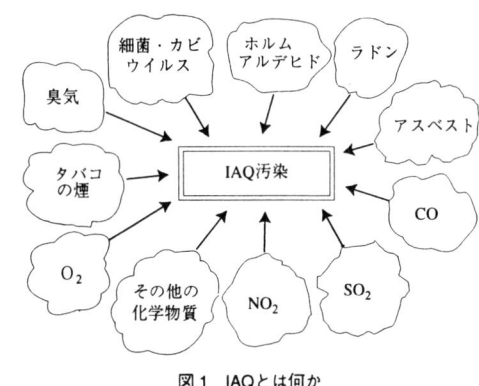

**図1　IAQとは何か**

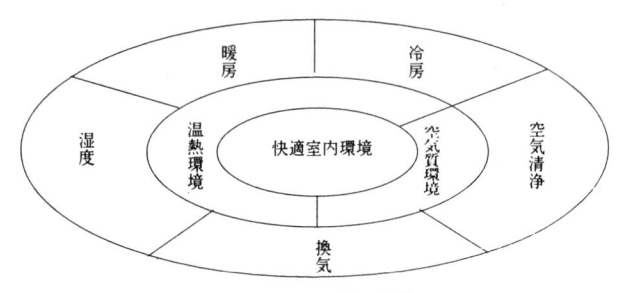

**図2　快適環境の要素**

IAQに関しては2年に1度INTERNATIONAL CONFERENCE ON INDOOR AIR QUALITY AND CLIMATEという国際会議がもたれており、1996年には名古屋で開催された。会議の内容は最近の動向を知るうえでも参考になるものと思われる。

## 2　生活環境の健康・快適志向

日本国内では、1980年頃から快適志向が強くなり、90年代に入るとさらに健康志向あるいは清潔志向といったものが強まっている（図3）。

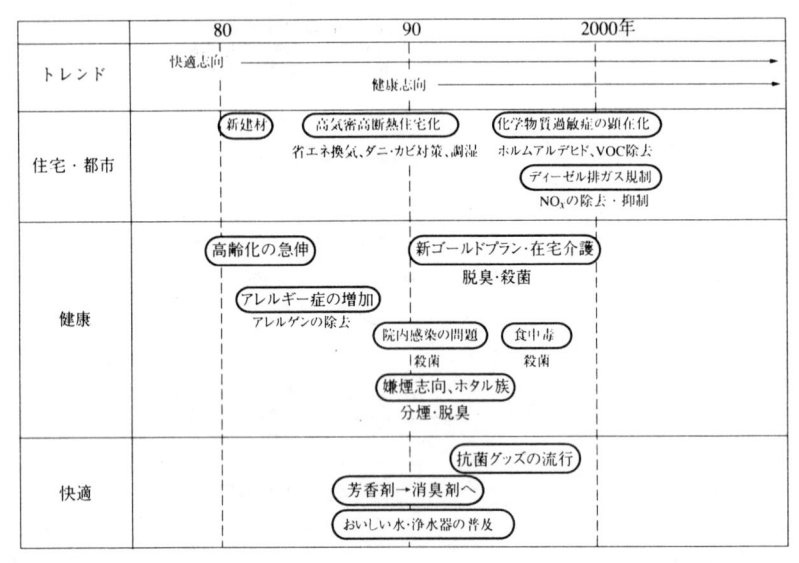

図3 生活環境における脱臭・有害ガス除去・殺菌のニーズの変遷と将来

**住宅の高気密化**　住宅に関してみれば、新建材が出回り、省エネルギーの目的で高気密、高断熱化が進んだ。そのために、ダニ、カビなどが生息しやすくなり、湿度調節の必要性も生じ、以前よりもかえって換気が必要となってきた。新建材と高気密住宅化により、化学物質過敏症の問題も顕在化してきた。

**$NO_x$に対する規制**　もう1つの傾向として、都市の大気汚染のなかで、$SO_x$やCO、ハイドロカーボンなどは車に付ける触媒の働きでかなり減少してきたが、$NO_x$だけはなかなか減少せず、ディーゼル車の排ガス規制が検討されるなど、$NO_x$を重視した政策が取られるようになっている。

**高齢化と老人医療**　一方、健康という切り口で考えてみると、日本では特に今後20～30年の間に急激に高齢化が進むことに社会的関心が高まっている。厚生省では1990年から2000年にかけての10年間で、病院にいる高齢者を家庭に戻し、在宅看護を充実させる方針を打ち出している。在宅看護をフォローするために、ホームヘルパーを増員したり、ケアハウスや特

別養護老人施設を増設する計画が立てられている。

そのような老人医療の現場において、消臭や抗菌機能をもつ製品に対するニーズが高まるのではないかと推測できる。老人病棟での日和見感染症の流行が院内感染としてマスコミに取りざたされたことは記憶に新しい。

**アレルギー症の増加**　さらに、アレルギー症の増加も、乳幼児から大人までを含み大きな問題となっている。国民の3人に1人は、何らかのアレルギー症をもっていると言われる。小児喘息やアトピー性皮膚炎などは、必ずしも空気環境が原因であるとは断定できないが、少なくとも花粉症のようにスギやダニ、カビなどがアレルゲンとして特定できるものでは、環境中からアレルゲンを除去することは重要な技術課題である。

**食品衛生**　また、病原性大腸菌O-157の問題は、食品業界に衝撃を与えた。学校給食では2週間の保存が義務づけられ、大型冷蔵庫が品薄になるなどの影響が出た。最近になり米国からHACCP（ハセップ；総合衛生管理基準）という食品衛生管理基準が導入されたこともあり、食品業界では菌に対する管理へのニーズが高まっている。また、食品運送中の脱臭などにも関心が寄せられている。

食品関連では、おいしい水に対する需要も伸びている。ガソリン以上の値段がしてもペットボトルの水を買う時代となってきた。浄水器のニーズは増え続けており、消費者の健康志向あるいは快適志向は今後も変わらないと思われる。

## 3　主な空気汚染物質

**空気汚染物質の分類**　具体的に室内を汚染している物質としては、表1[1]に示すようなものがある。大別するとガス状物質と粒子状物質の2つに分けられる。ガス状物質には、一般の有害ガスや臭気物質がある。後述するCOやNO$_x$はここに入る。

粒子状汚染物質は、さらに固体粒子と液体粒子に分けることができる。液状粒子には、たとえばタバコの煙に含まれるニコチンやタール類などでが含まれる。

**表1 空気汚染物質の分類[1]**

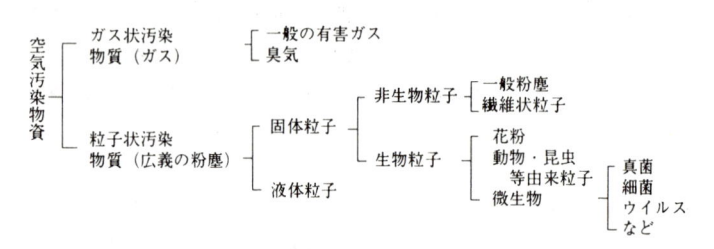

```
空気汚染物質 ─┬─ ガス状汚染物質（ガス）─┬─ 一般の有害ガス
              │                          └─ 臭気
              └─ 粒子状汚染物質（広義の粉塵）─┬─ 固体粒子 ─┬─ 非生物粒子 ─┬─ 一般粉塵
                                               │             │              └─ 繊維状粒子
                                               │             └─ 生物粒子 ─┬─ 花粉
                                               │                          ├─ 動物・昆虫等由来粒子
                                               │                          └─ 微生物 ─┬─ 真菌
                                               │                                     ├─ 細菌
                                               │                                     ├─ ウイルス
                                               │                                     └─ など
                                               └─ 液体粒子
```

　固体粒子には、生物的なものと非生物的なものがある。非生物粒子とは普通のホコリや砂のことである。生物粒子には、スギなどの花粉、動物や昆虫由来のアレルゲン、カビやバクテリア、ウイルスなどの微生物などがある。

**光触媒の対象となる空気汚染物質とは**

　空気汚染物質は上述のように分類されるが、ここで光触媒技術の対象と考えているのはガス状物質である。ガス状汚染物質のほとんどのものは光触媒で浄化可能である。浄化は光照射で酸化チタンに発生する強い酸化力による酸化分解が主であるが、オゾンのように還元反応によって分解される場合もある。

　さらに、細菌やウイルスなどの生物粒子の中の微生物についても光触媒は可能性をもっている。

　基礎実験では長時間かけることによりニコチン、タール類などの液状粒子も光触媒で除去可能であるという結果が得られている。

**汚染物質の発生源と健康への影響**

　表2[2]は、室内の空気汚染物質がどこから発生するかという視点でまとめられた表である。人体および衣類から発生するもの、人の活動によって生じるもの、建物自体やその維持管理によって出るもの、殺虫剤類などがあり、これ以外には汚染された外気の侵入が考えられる。

　光触媒の対象となるガス状汚染物質について、その種類と主な発生源、健康への影響をまとめた（表3）[1]。COは主に燃焼器具、大気汚染、タバコなどが発生源となる。$CO_2$とは異なり低濃度でも猛毒である。今後は、窒素酸化物やホルムアルデヒド、炭化水素類、VOC（揮発性有機化合物）などに対する対策が重要になるものと思われる。

窒素酸化物は、室内の燃焼器具からも生じるが、特に車の排気ガスからの大気汚染が最も大きな発生源である。ホルムアルデヒドやVOCは、新建材の合板やチップボード、断熱材からかなり発生する。

　健康への影響は、濃度によって異なるが、粘膜への刺激、頭痛、吐き気などが現れる。これらは化学物質過敏症として最近、社会問題化している。化学物質過敏症は非常に個人差が大きいもので、同じ濃度のVOCで汚染された環境にいて大部分の人には症状が現れない場合も、特定の人には重篤な症状が現れる。この点ではアレルギー症とも類似している。

表2　室内で発生する主要な汚染物質[2]

| | | | | | |
|---|---|---|---|---|---|
| 人体 | 呼吸 | $CO_2$・水蒸気・臭気 | 建物自体 | 合板類<br>耐火性<br>断熱材<br>施工<br>発生物 | ホルムアルデヒド・アスベスト・繊維・ガラス繊維・ラドンおよびその壊変物質・接着剤・溶剤、カビ・細菌・ダニ |
| | くしゃみ・せき・会話 | 細菌粒子 | | | |
| | 皮膚 | 皮膚片・ふけ・アンモニア・臭気 | 維持管理 | 作業材料 | 砂じん・洗剤・溶剤・カビ・細菌 |
| | 衣類 | 繊維・砂じん・細菌・カビ・臭気 | 殺虫剤類 | 直接 | 噴射剤（フッ化炭化水素）殺虫剤・消毒剤・防虫剤 |
| | 化粧品 | 各種微量物質 | | 再飛散 | 殺虫剤・殺菌剤・殺そ剤・防黴剤・防蟻剤 |
| 人の活動 | 喫煙 | 粉じん：タール・ニコチン・各種の発癌物質 | | | |
| | ガス | $CO_2$・CO・アンモニア・NO・$NO_2$・炭化水素類・臭気 | | | |
| | 歩行など動作 | 砂じん・繊維類・細菌・カビ | | | |
| | 燃焼器具 | $CO_2$・CO・NO・$NO_2$・$NO_x$・$SO_2$・炭化水素・ばい煙・臭気 | | | |
| | 事務機器 | アンモニア・オゾン・溶剤類 | | | |

表3 ガス状汚染物質の種類[1]

| 物質名 | 主な発生源 | 健康影響 |
|---|---|---|
| 二酸化炭素$CO_2$（炭酸ガス） | 人体、燃焼器具 | 高濃度でないかぎり、直接的な害はない |
| 一酸化炭素CO | 燃焼器具、大気汚染、タバコ | 低濃度でも猛毒である |
| 窒素酸化物$NO_X$ | 燃焼器具、大気汚染、タバコ | $NO_2$は器管、肺に刺激を与え有害である。NOは人体に対する害作用は不明であるが、酸化して$NO_2$になりうる |
| ホルムアルデヒドHCHO | 合板、チップボード、断熱材（尿素樹脂系） | 目、皮膚、粘膜に刺激。頭痛、吐き気を起こす |
| 二酸化硫黄$SO_2$（亜硫酸ガス） | 燃焼器具、大気汚染 | 目、皮膚、粘膜に刺激 |
| オゾン$O_3$ | 乾式複写機、大気汚染 | 目、皮膚、粘膜、上部気道に刺激 |
| ラドンRn | 床下土壌、石、RC、地下水 | 肺癌を起こす |
| その他<br>　炭化水素<br>　殺虫剤<br>　洗剤（じゅうたん用） | | |
| 臭　気 | 人体、調理臭、タバコ、冷・暖房設備、その他 | 一般建築物内の悪臭は肉体的障害を与えるものではないが、不快感を与える |

## 4　法規制の動向および汚染物質の現状

**生活環境における規制**　　近年、室内環境基準の規制対象項目は追加される傾向にある（表4）。特に最近米国では、CO、$CO_2$、ホルムアルデヒド、VOCの規制が強化されようとしている。これまで、米国で規制強化されると日本も追随して規制を強化する傾向があることから、これらのガスについては日本でも追随して規制強化されるであろう。

　悪臭防止法に関しては、1971年には規制対象が5種類であったものが、1979年に12種、1994年には22種と規制対象が増加している。上水基準についてもトリハロメタンなどの消毒副性物質の規制強化が行われている。また、具体的においしい水を目指すということで、関連項目が新設された。

　院内感染については、1991年に病院内で院内感染防止策を施すよう義務づけられたが、この時点では自助努力という形で保険点数にはなっていなかった。そのため、病院側としては対策を実施すればそれだけ持ち出しになっていた。しかし、1996年4月に保険点数の改正があり、5点（1人1日1ベッド50円）ではあるが、初めてこのような環境対策に保険点数が付くことになった。

表4　生活環境における規制の動向

| 主な規制 | 規制内容 |
|---|---|
| 室内環境基準の改訂 | ・規制対象項目の追加<br>・米国で$CO$、$CO_2$、ホルムアルデヒド、VOCの規制強化<br>　日本でも追随の動きあり |
| 悪臭防止法の改訂（94） | ・規制対象の強化（揮発性有機物質の規制強化-1994）<br>　5種（1971）→12種（1979）→22種（1994） |
| 上水基準の改訂（92） | ・おいしい水目指し快適水質項目の新規設定<br>・一般有機化学物質/消毒副生物質/農薬の規制強化 |
| 院内感染防止（91） | ・病院内で院内感染防止策を施すよう義務づけ |
| 食品衛生管理の導入（96） | ・HACCP（ハセップ＝総合衛生管理基準）の導入 |
| O-157対策（96） | ・学校給食での冷凍・冷蔵庫の設置、2週間保存用冷凍庫設置 |

**揮発性有機化合物（VOC）**

基準ではないが、WHOからガイドラインが出ている。それによると全揮発性有機化合物（TVOC）で$300\ \mu g/m^3$という数字があげられている（表5）[3]。この表にあるように、正式にはVOCとホルムアルデヒドは分けて議論されるようである。

WHOのガイドラインの$300\ \mu g/m^3$に対して、新建材を使った最近の新築の家は満足しているかどうか調べた例が図4[4]である。図4は新築のビルであるが、おそらくほとんどの家でこのような傾向にあると思われる。入居してから1カ月後は、まだ$1,200 \sim 1,300\ \mu g/m^3$くらいあり、2カ月後におよそ$300\ \mu g/m^3$に落ち着き、3カ月後にはもう少し下がっている。外気のVOC濃度はごくわずかであることから、これは明らかに室内で発生したものである。

表5　全揮発性有機化合物（TVOC）のガイドライン（WHO）[3]

| 分　類 | 濃度（$\mu/m^3$） |
|---|---|
| アルカン | 100 |
| 芳香性炭化水素 | 50 |
| テルペン | 30 |
| ハローカーボン | 30 |
| エステル | 20 |
| アルデヒドおよびケトン<br>（ホルムアデヒドを除く） | 20 |
| その他 | 50 |
| ガイドライン（総計） | 300 |

注：個々の化合物の濃度は、それらが該当する族の
　　全濃度の50％を超えてはならない。
　　かつTVOC濃度の10％を超えてはならない。

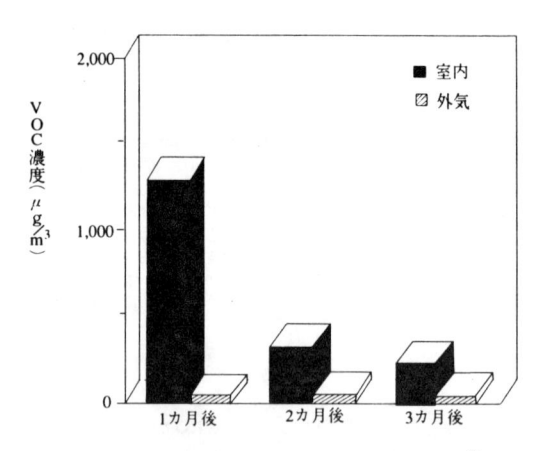

図4 新築ビルにおけるVOC濃度の変化[4]

　早期にVOC濃度を下げるには、換気しながら2日間ほど35℃以上に加熱するベーキングという方法が取られることもある。しかし、建築物に狂いが生じる可能性もあってあまり普及していない。日本ではベーキング後に施主に引き渡しているのは0.1％以下ということである。
　新建材の中のVOCを減らす方向についても、コストの問題などがあり現状では技術開発はあまり進んでいない。

ホルムアルデヒド　　VOCとならび問題となっているガス状汚染物質にホルムアルデヒドがある（表6）[5]。一般住居の場合、0.5～10ppmで目の痛み、頭痛、皮膚障害、呼吸器障害が現れる。ホルムアルデヒドも各種建材から発生するが、特に合板の類からはかなりの量が出ている（表7）[5]。築後2～3カ月するとなくなると言われるが、新築当初はかなり発生する。表8[5]は実際のホルムアルデヒドの測定例である。

二酸化窒素（$NO_2$）　　1995年度に環境庁が調べた大気汚染状況によると、他の汚染物質についてはほぼ良好な状態が続いているなかで、唯一二酸化窒素に関しては、東京、横浜、大阪などの大都市を中心に環境維持への達成状況が依然として低いと指摘されている（図5）[6]。
　日本の二酸化窒素の環境基準は、1時間値の1日平均値が0.04～

## コラム◆シックビル症候群と Building related illness(BRI)

欧米では80年代に入り、新築ビルの約30%にシックビル症候群(SBS)と呼ばれる症状が現れました。米国では、オイルショックを契機にビルの換気量の基準を25.5m³/hr・人から1/3の8.5m³/hr・人に下げたこととSBSの発生との間に何らかの関連があるのではないかと言われました。その頃の日本にSBSが少なかったのは、建築基準法の中のビル管理法で3,000m²以上のビルでは$CO_2$の濃度を1,000ppm以下にするという基準が設けられており、これを維持するには30m³/hr・人の換気量が必要であったためではないかと思われます。

SBSは一部循環空気を利用する全館空調システムを採用しているビルに多発しました。また、比較的軽量構造の建物や、室内がテキスタイルやカーペット仕上げのビル、気密性の高いビルに多く発生する傾向がありました。具体的には、目や喉への刺激、頭痛、筋肉痛、集中不能、だるさなどの症状がみられます。結局その当時は原因を特定することはできませんでしたが、現在ではVOCが原因ではないだろうかと言われています。

米国でも以前下げた換気量の基準をまた元に戻しました。その結果、最近ではSBSの発生は比較的少なくなっているそうです。

一方、ビルの中で現れた症状が外へ出ても消えないようなものはBRI(Building related illness)と言われます。代表的なものに在郷軍人病や月曜病があります。在郷軍人病は、水冷式の空調機の冷却塔の中にレジオネラ菌が繁殖し、この菌が空気中にばらまかれるために起こることがわかっています。実際に在郷軍人のパーティで起こったことからこう呼ばれているそうです。月曜病は、スプレー式の加湿器を使っている場合に、土日の休日の間に滞留している水に真菌が繁殖し、これが月曜になって出勤した人に感染して起こるものです。このようにBRIの場合は感染源を特定し、SBSとは分けて考える必要があります。

表6 ホルムアルデヒドの人体影響[5]

| 濃度(ppm) | 暴露条件 | 影響 |
|---|---|---|
| 20 | チャンバー<br>(1分以下) | 不快感、流涙 |
| 13.8 | チャンバー<br>(30分) | 眼と鼻の痛み |
| 0.5〜10 | 一般住居 | 眼の痛み、頭痛、皮膚障害、呼吸器障害 |
| 4〜5 | 作業場<br>(10〜30分) | 不快感、下痢、流涙 |
| 0.67〜4.82 | 一般住居 | 嘔吐、下痢、流涙 |
| 0.02〜4.15 | 一般住居 | 眼と上部気道の痛み、頭痛、疲労、下痢、嘔気 |
| 0.9〜2.7 | 作業場 | 上部気道の痛み、流涙 |
| 0.3〜2.7 | 作業場 | 不快感、流涙、呼吸気気道の痛み、不眠、ねむけ、嘔気、頭痛 |

表7 各種建材からのホルムアルデヒド発生量[5]

| 試料 | 放散量 |
|---|---|
| 本（A6判）（厚さ2cm） | 1.1 $\mu$g/冊/h |
| サンダル | 1.1 $\mu$g/足/h |
| 子供用運動靴 | 1.6 $\mu$g/足/h |
| オフィスじゅうたん | 0.2 $\mu$g/100cm$^2$/h |
| 天井材（不燃） | 0.3 $\mu$g/100cm$^2$/h |
| ベニヤ合板 | 18.0 $\mu$g/100cm$^2$/h |
| 普通合板 | 8.3 $\mu$g/100cm$^2$/h |
| 天然木化粧合板 | 10.7 $\mu$g/100cm$^2$/h |
| 特殊加工化粧品（塩ビ） | 3.9 $\mu$g/100cm$^2$/h |
| 特殊加工化粧合板（ポリエステル） | 10.7 $\mu$g/100cm$^2$/h |
| タバコ（副流煙） | 107 $\mu$g/本 |

注：合板試料　10×10cm、1本

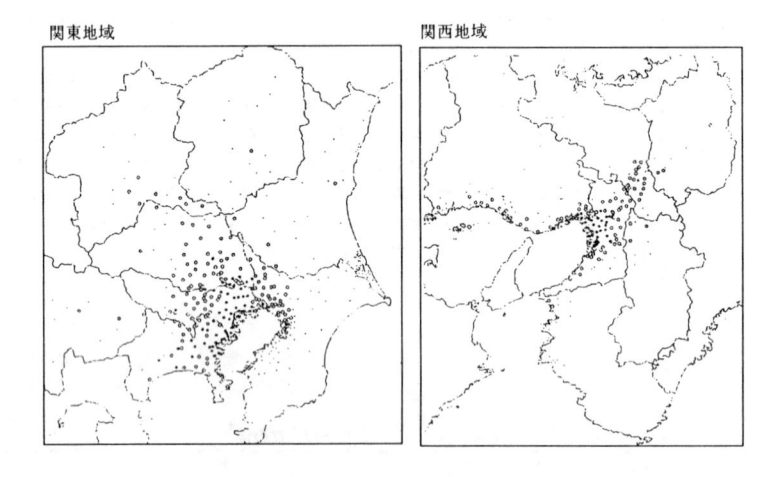

図5　二酸化窒素濃度の年平均値の分布（一般環境大気測定局）[6]
　●：年平均値が0.03ppmを超えた測定局
　○：年平均値が0.02～0.03ppmの範囲にある測定局
　・：年平均値が0.02ppm未満の測定局

0.06ppmのゾーンまたはそれ以下とされている。一般的にはWHOより日本の基準のほうが軽いことが多いが、二酸化窒素に限っては厳しい基準が設けられている（表9）[7]。しかし、これが実際の環境改善にはなかなか結び付かないのが現状である。

表8 わが国における室内ホルムアルデヒド濃度の測定例[5)]

| 建築物 | 測定場所 | 時間値 (ppb) | 建築物 | | 測定場所 | 時間値 (ppb) |
|---|---|---|---|---|---|---|
| マンション | 居間 | 83 | デパート | A | 家具売り場 | 2~79 |
| | 寝室 | 125 | | | 玩具売り場 | 40 |
| | 子供部屋 | 48 | | | 乳児休憩室 | 29 |
| オフィスビルA | 事務室 | 1~41 | | B | 木工用品売り場 | 44 |
| 公共図書館 | 閲覧室 | 28 | | | カーペット売り場 | 89 |
| 同 | 同 | 35 | スーパーマーケットA | | 雑貨売り場 | 65 |
| オフィスビルB | 本館 | 47 | | | | 32 |
| | | 71 | | | | 57 |
| 映画館A | | 1~9 | | | 飲食店 | 4~42 |
| B | | 35 | | B | 洋服売り場 | 7~36 |
| | | | | | 雑貨売り場 | 30~65 |
| 病 院 | 待合室 | 25 | 一般住宅 | A | 居間 | 8~45 |
| | 診療室 | 13 | | | | 12~125 |
| オフィスビルC | 喫茶室 | 40 | | B | 居間 | 172 |
| | | 63 | | | 寝室 | 136 |
| 大規模家具店 | | 60 | | | 台所 | 145 |
| プレハブ住宅A | (新築) | 42~200 | | C | 居間 | 197 |
| B | (築7年) | 2~67 | | | 子供部屋 | 290 |
| | | | | | 台所 | 107 |

**タバコ煙**

　タバコの煙は、基本的には主流煙という口から入る煙と、副流煙というタバコの先から出ていく煙の2種類に分けられるが、それらを一緒にして粒子状物質とガス状物質に分けることもできる。タバコ煙の組成をみると、窒素、二酸化炭素、酸素以外に、有害ガスおよび有害粒子がある（図6）。

　有害粒子には、ニコチン、ヒ素などがあり、有害ガスにはCO、$NO_x$、アルデヒド、シアン化水素、アンモニアなどがある。分析していくと5,000～6,000種類はあるといわれるほど、タバコには多数の有害物質が含まれる。

　オフィスビル内の浮遊粉塵の成分を分析してみると、普通の塵よりもタバコ煙のほうがはるかに多いという結果も出ている（図7）。

　空気清浄機は電気集塵部分をもつため、タバコ煙についても粒子状物質はこの機能によって除去することが可能である。そこで、残るガス状物質を光触媒で除去することができればよいわけである。

有害ガス
CO（全体の3%）
NO$_x$
アルデヒド
シアン化水素
アンモニア
その他

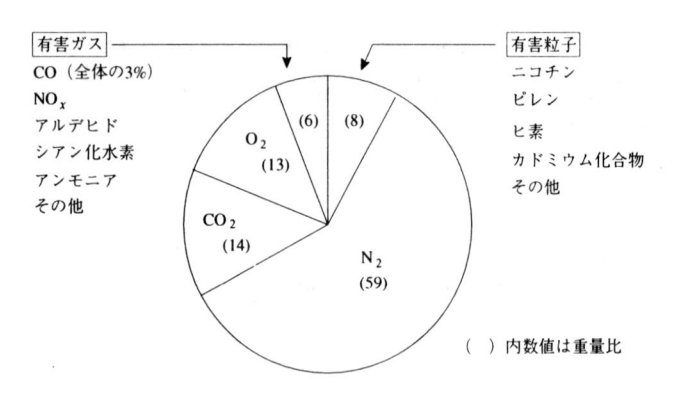

有害粒子
ニコチン
ピレン
ヒ素
カドミウム化合物
その他

O$_2$ (13)
(6) (8)
CO$_2$ (14)
N$_2$ (59)

（ ）内数値は重量比

図6　タバコ煙の組成と有害物質

表9　二酸化窒素に関する各種基準[7]

| | 法律等 | 基準値(ppm) | 備考 |
|---|---|---|---|
| 一般環境 | WHO |  0.08 | 1日平均値 |
| | | 0.21 | 1時間平均値 |
| | EPA | 0.05 | 年平均値 |
| | ASHRAE | 0.19 | オフィス |
| | 大気汚染に備わる環境基準 | 0.04-0.06 | 1時間の値の日平均 |
| 労働環境 | 日本産業衛生学会許容濃度 | 5 | |
| | ACGIH | 3 | |

**悪臭物質**

〈臭気分類〉

　　脱臭目的の製品開発の観点から、臭気の種類を、①し尿糞尿臭、②汗・体臭、③タバコ臭、④腐敗臭（生ゴミなど）、⑤食品臭、⑥溶剤臭の6つに分類し、さらに、施設ごとにどのようなにおいが悪臭の原因となっているかを整理したのが表10である。

　　たとえば病院施設では、し尿糞尿臭、汗・体臭がにおいの主な原因である。老人施設などでは、老人特有の体臭が問題のようである。娯楽施設になると、汗・体臭に加えてタバコ臭が目立ってくる。ペットショップではペットのし尿臭、体臭が主になり、スーパーマーケットの食品貯蔵庫やプレハブの冷蔵庫では腐敗臭や食品臭が問題となる。理髪店や美容院では特有の溶剤臭が発生する。

その他
（大気塵、繊維etc.）

8〜9割

タバコ煙

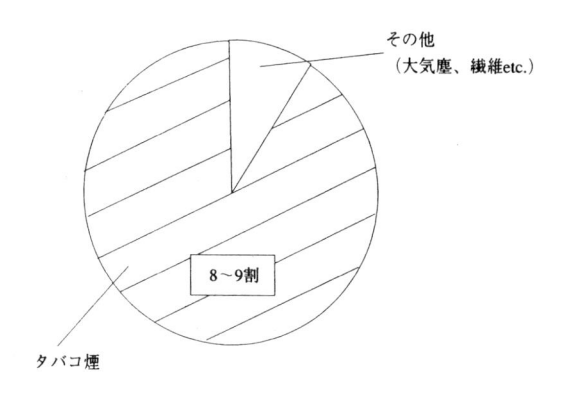

オフィスビル内浮遊粉塵の成分分析結果

**図7　タバコ煙によるIAQ汚染**

**表10　臭気の種類とその成分**

(1) 脱臭市場の分類（○印の臭気の種類が存在する）

| 臭気の種類 | し尿<br>糞尿臭 | 汗・体臭 | タバコ臭 | 腐敗臭<br>（生ゴミ） | 食品臭 | 溶剤臭 |
|---|---|---|---|---|---|---|
| 病院施設 | | | | | | |
| 　病　院 | ○ | ○ | | | | |
| 　診察室 | ○ | ○ | | | | |
| 　検尿室 | ○ | | | | | |
| 老人施設 | | | | | | |
| 　居　室 | | ○ | | | | |
| 　集合所 | | ○ | | | | |
| 　リハビリ室 | | ○ | | | | |
| 娯楽施設 | | | | | | |
| 　バー・スナック | | ○ | ○ | | | |
| 　パチンコ店 | | ○ | ○ | | | |
| 　麻雀荘 | | ○ | ○ | | | |
| ホテル客室 | | ○ | ○ | | | |
| スーパーバックヤード | | | | ○ | ○ | |
| プレハブ冷蔵庫 | | | | ○ | ○ | |
| 理美容院 | | | | | | ○ |
| ペットショップ | ○ | ○ | | | | |
| 施設一般 | | | | | | |
| 　厨　房 | | | | ○ | ○ | |
| 　更衣室 | | ○ | | | | |
| 　トイレ | ○ | ○ | | | | |

（つづく）

(2) におい成分（＊印は悪臭防止法にて規制の対象とされている成分）

| | 臭気の種類 | し尿糞尿臭 | 汗・体臭 | タバコ臭 | 腐敗臭（生ゴミ） | 食品臭 | 溶剤臭 |
|---|---|---|---|---|---|---|---|
| | **窒素化合物** | | | | | | |
| | アンモニア* | ■ | ▨ | ▨ | | | |
| | ジメチルアミン | ▨ | ▨ | | ■ | ▨ | |
| | トリメチルアミン* | | | | | | |
| | **硫黄化合物** | | | | | | |
| | 硫化水素* | ■ | ▨ | | ■ | ▨ | |
| | メチルメルカプタン* | ■ | ▨ | | ■ | ▨ | |
| | 硫化メチル* | ■ | | | ■ | ▨ | |
| | **脂肪酸類** | | | | | | |
| | 酢酸 | | ■ | | ▨ | ▨ | |
| | プロピオン酸* | | ▨ | | ▨ | ▨ | |
| | イソ吉草酸* | | ■ | | ▨ | | |
| | ノルマル酪酸* | | ■ | | ▨ | | |
| | **アルデヒド類** | | | | | | |
| | ホルムアルデヒド | | | | | | |
| | アセトアルデヒド* | | | ▨ | | | |
| | ブチルアルデヒド* | | | ▨ | | | |
| | アクロレイン | | | | | | |
| 有機溶剤系の成分 | **ケトン類** | | | | | | |
| | アセトン | | | ▨ | | | ■ |
| | メチルエチルケトン | | | | | | ■ |
| | メチルイソブチルケトン* | | | | | | ■ |
| | **エステル類** | | | | | | |
| | 酢酸メチル | | | | | | ■ |
| | 酢酸エチル* | | | | | | ▨ |
| | アクリル酸メチル | | | | | | |
| | **芳香族炭化水素類** | | | | | | |
| | フェノール | | | | | | ■ |
| | クレゾール | | | | | | ▨ |
| | トルエン* | | | | | | ■ |
| | スチレン* | | | | | | ■ |
| | キシレン* | | | | | | ■ |
| | **その他** | | | | | | |
| | ニコチン | | | ■ | | | |
| | タール | | | ■ | | | |

〈におい成分と
　その割合〉
　　　　これらのにおいについて、におい成分とその割合を表10（2）に示した。し尿臭の主な成分は、アンモニアと硫化水素とメチルメルカプタンで、N成分のにおいとS成分のにおいが多く含まれる。汗・体臭になると脂肪酸類のイソ吉草酸やノルマル酪酸の割合が増加する。
　　　　タバコ臭では、アンモニアと酢酸とアセトアルデヒドの割合が高く、それ以外に粒子成分のニコチンやタールも含まれる。腐敗臭には、窒素化合物のジメチルアミンやトリメチルアミン、硫黄化合物のにおい、さらに脂肪酸類など多数のにおい成分がある。食品臭については、硫化水素と酢酸の割合が高い。溶剤臭にはケトン類やエステル類、芳香族炭化水素類など用途によりさまざまな成分が含まれる。ちなみに、表10において＊印の付いているものは、悪臭防止法で基準が定められている。

〈規制基準値〉
　　　　臭気強度は、基本的には臭い物質を抽出し、訓練された人間が0～5までの6段階の評価を行って判断する。感覚値であるため、におい成分の濃度を半分にしてもにおいの感度は半減しない。濃度を1桁落として初めて半分くらいの臭気強度になる。
　　　　また、においの種類によって微量でも強烈ににおうものもあれば、そうではないにおいもある。したがって、同じ臭気強度でも濃度は異なる（表11）。居住環境の規制基準は、悪臭防止法の規制により臭気強度で2.5となっている。工場環境の基準は自治体により異なるが、同じく臭気強度で2.5～3.5と定められている。
　　　　ちなみに、硫化水素、アンモニア、アルデヒドの3要素を評価し、他の成分について推測すると、脱臭性能を評価するという目的は基本的に満たされる場合が多い。

## 5　光触媒による空気清浄化

**脱臭方式の原理別分類**　　図8[8]に示したように、さまざまな脱臭方式があるが、現在多く使われているのは、物理的方法の中の活性炭やゼオライトを使った吸着方式である。この方式は、家庭用の空気清浄機にもよく使われている。
　　　　業務用の脱臭機には、オゾンがよく用いられる。また、工場の排ガス処理には直接燃焼方式や触媒酸化法がよく使われている。濃度の濃いものを脱臭する場合にはこれらの方式が有効である。光触媒法も分

表11 悪臭物質の規制基準値　　　　　　　　　　　　　　　　　　(ppm)

| 物質名 | におい | 1 | 2 | 2.5 | 3 | 3.5 | 4 | 5 |
|---|---|---|---|---|---|---|---|---|
| 硫化水素 | 腐った卵のにおい | 0.005 | 0.006 | 0.02 | 0.06 | 0.2 | 0.7 | 8 |
| アンモニア | し尿のにおい | 0.1 | 0.6 | 1 | 2 | 5 | 10 | 40 |
| アセトアルデヒド | 刺激的な青臭いにおい | 0.002 | 0.01 | 0.05 | 0.1 | 0.5 | 1 | 10 |
| メチルメルカプタン | 腐ったタマネギのにおい | 0.0001 | 0.0007 | 0.002 | 0.004 | 0.01 | 0.03 | 0.02 |
| トリメチルアミン | 腐った魚のにおい | 0.0001 | 0.001 | 0.005 | 0.02 | 0.07 | 0.2 | 3 |
| イソ吉草酸 | むれた靴下のにおい | 0.00005 | 0.0004 | 0.001 | 0.004 | 0.01 | 0.03 | 0.3 |
| トルエン | ガソリンのようなにおい | 0.9 | 5 | 10 | 30 | 60 | 100 | 700 |

悪臭防止法の規制基準値

| 臭気強度 | においの程度 |
|---|---|
| 0 | 無臭 |
| 1 | やっと感知できるにおい（検知閾値濃度） |
| 2 | 何のにおいであるかわかる弱いにおい（認知閾値濃度） |
| 3 | らくに感知できるにおい |
| 4 | 強いにおい |
| 5 | 強烈なにおい |

類的にはこの触媒酸化法の1つになるが、光触媒の場合には、逆に濃度の薄いところのほうが有効であろう。

それ以外には、家庭用の芳香剤によるマスキング法や中和剤による中和法などがある。生物的方法としては、排水中のにおいを微生物を使ってとる方法などが行われている。

**光触媒方式の利点**　光触媒を空気清浄化に応用する場合、次のような利点があると考えられる。

① 基本的には化学物質を放散せず、毒性がない。
② 光触媒は化学的に安定であり、長期間使用しても経時変化が少ない。
③ 光エネルギーを利用する反応であり、触媒活性が高い。
④ 貴金属などの触媒は使い難いが、その点酸化チタンは価格的に有利である（表12）。

**オゾン脱臭との比較**　業務用によく使われるオゾン脱臭と光触媒脱臭の性能を比較した（図9）。オゾンは脱臭機の外に出ると人体に悪影響を及ぼすため、触媒を使って脱臭機の中で分解しなければならない。オゾン分解触媒と

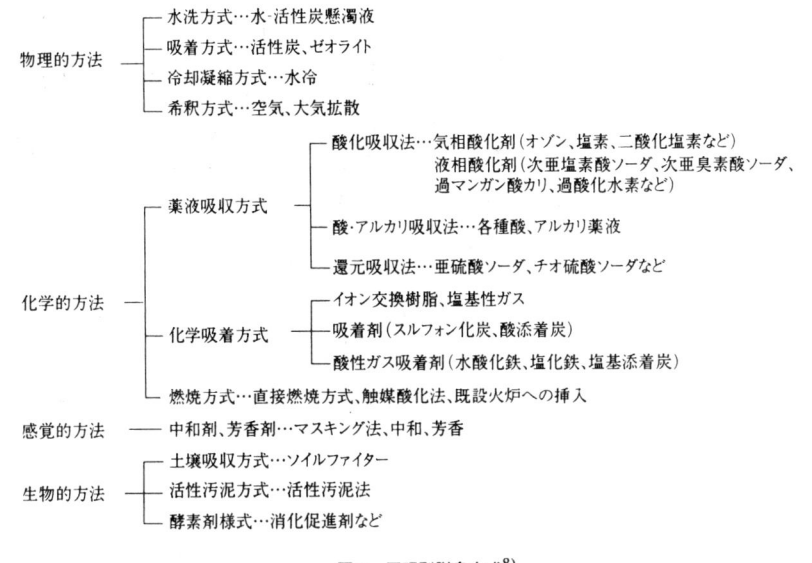

```
物理的方法 ─┬─ 水洗方式…水-活性炭懸濁液
           ├─ 吸着方式…活性炭、ゼオライト
           ├─ 冷却凝縮方式…水冷
           └─ 希釈方式…空気、大気拡散

化学的方法 ─┬─ 薬液吸収方式 ─┬─ 酸化吸収法…気相酸化剤(オゾン、塩素、二酸化塩素など)
           │                │                液相酸化剤(次亜塩素酸ソーダ、次亜臭素酸ソーダ、
           │                │                過マンガン酸カリ、過酸化水素など)
           │                ├─ 酸・アルカリ吸収法…各種酸、アルカリ薬液
           │                └─ 還元吸収法…亜硫酸ソーダ、チオ硫酸ソーダなど
           ├─ 化学吸着方式 ─┬─ イオン交換樹脂、塩基性ガス
           │                ├─ 吸着剤(スルフォン化炭、酸添着炭)
           │                └─ 酸性ガス吸着剤(水酸化鉄、塩化鉄、塩基添着炭)
           └─ 燃焼方式…直接燃焼方式、触媒酸化法、既設火炉への挿入

感覚的方法 ── 中和剤、芳香剤…マスキング法、中和、芳香

生物的方法 ─┬─ 土壌吸収方式…ソイルファイター
           ├─ 活性汚泥方式…活性汚泥法
           └─ 酵素剤様式…消化促進剤など
```

図8　原理別脱臭方式[8]

表12　光触媒脱臭法の利点

| |
|---|
| 1．毒性がないこと |
| 2．化学的に安定であること |
| 3．触媒活性が良いこと |
| 4．価格的に有利であること |

しては主に二酸化マンガンが使われる。オゾンを分解するには比表面積を広くする必要がある。面積比でおよそ50：1のオゾンと光触媒のサンプルを用いて、アセトアルデヒドの分解速度を調べたところ、光触媒による分解速度はオゾンによる分解速度のおよそ2倍であった。

　分解速度が2倍で面積が1/50ということから、この実験条件では光触媒はオゾンに比べおよそ2桁ほど高い性能を潜在的にもつことを示している。

**光触媒の実験装置**　　光クリエールの開発過程では、図10に示すように静的試験と動的試験を行う装置を導入した。静的試験はフラスコ内で行う試験であり、

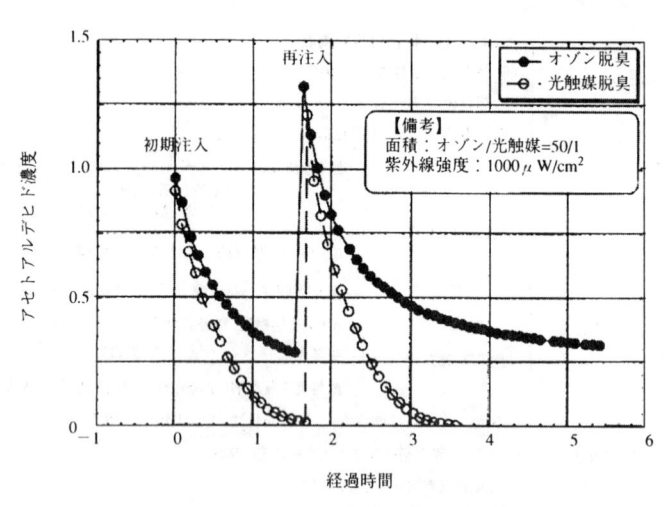

図9 オゾン脱臭と光触媒脱臭の比較

グラフ凡例：●オゾン脱臭、○光触媒脱臭
【備考】面積：オゾン/光触媒=50/1　紫外線強度：1000μW/cm²
縦軸：アセトアルデヒド濃度、横軸：経過時間
初期注入、再注入

光触媒サンプルへのガス吸着量と分解能力を調べることができる。

さらに、室内の空気を浄化するという観点から動的試験を行う。光触媒反応試験室という試験ボックスを作製し、ここに接続した給気室からガスをインプットする。試験ボックスの反対側にはファンを接続し、ガスはそこから排気室に戻るように設計されている。

試験ボックスの中には光触媒シートに対して光がほぼ均一に当たるようにブラックライトを並べてあり、光強度を調整することもできる。試験ボックスの給気口と排気口でガスをサンプリングして濃度変化を調べる仕組みになっている。

**静的試験における
アセトアルデヒド
の脱臭性能**

アセトアルデヒドを選んだ理由は、他の触媒で分解されにくい物質であるためである。たとえばオゾンを用いると、アセトアルデヒドを酢酸までは分解できるが、酢酸以降は分解できない。オゾンに比べても光触媒は、はるかに強い分解力をもつ（図9参照）。

フラスコの中にブラックライトを付けて光触媒シートを巻いた静的試験の結果を図11に示す。光照射下で、アセトアルデヒドガスを注入すると、濃度は一気に下がった。さらに再度ガスを注入しても濃度は低下した。ガス注入後に光を消すと濃度は変化しなかったが、その後、

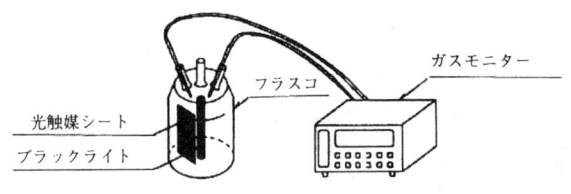

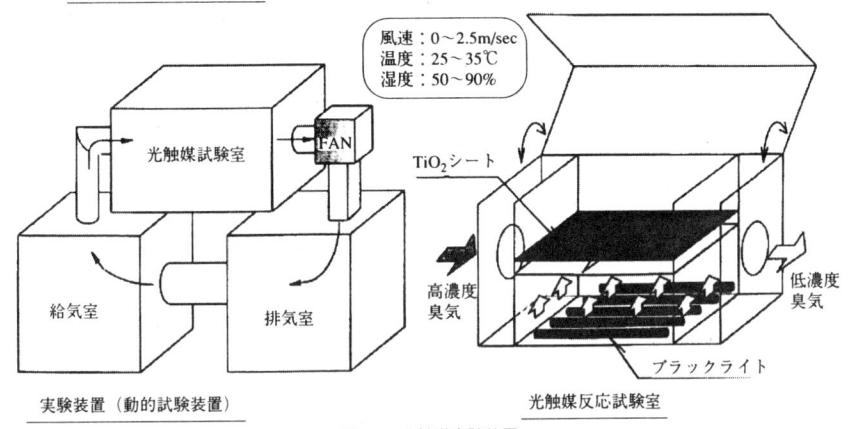

図10 光触媒実験装置

光をつけると同時に濃度は減少し始めた。濃度の減少する速度は何度繰り返しても同じであり、この実験条件下では初期の分解性能を失わないことを示している。

光強度と脱臭性能　　図12は、光強度を変えたときのアセトアルデヒドガスの濃度変化を対数グラフで表したものである。この結果から、におい成分を分解する光強度には飽和点があり、それ以上強い光を当てても分解力は上がらないことがわかる。この実験条件においては、およそ$1,000\ \mu W/cm^2$の強さの光で十分であった。それ以上強い光を当てても、光エネルギーはむだになっている。

光強度に飽和点があることは、光強度と量子効率の関係を示すグラフからも明らかである（図13）。光強度が強くなると、量子効率は低下する。

風速と脱臭性能　　風速を変化させたときの脱臭性能の変化を図14に示す。図からわか

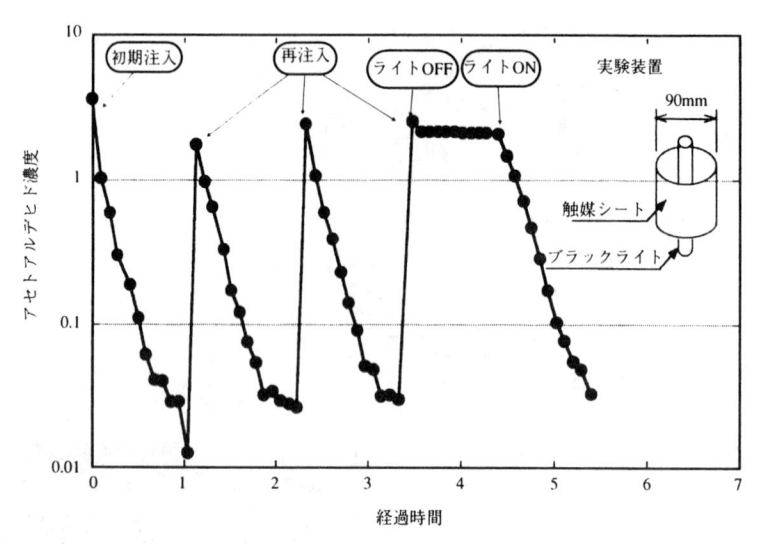

図11 アセトアルデヒドの静的試験による脱臭性能
対象ガス：アセトアルデヒド純ガス

るように、脱臭性能はこの実験条件の範囲では風速にほとんど依存しなかった。

　におい物質が空気中を拡散する速度と、光触媒表面のにおい物質が触媒と反応して分解される速度の、どちらが律速反応となっているかを考えると、この系では明らかに表面反応律速になっていると結論できる。

**吸着剤との併用**　　表面反応律速であることから、脱臭性能を上げるには光触媒表面に効率よくにおい物質を供給すればよいことになる。そこで吸着剤と光触媒をハイブリッド化した種々の光触媒を用いて試験を行ったところ、吸着力があまりにも強すぎる吸着剤を使った場合には、分解速度は逆に悪くなる傾向がみられた。製品を設計する際には、吸着に見合った分解が進まなければシステム全体としての効率は上がらない点を考慮する必要がある。

**$NO_x$の分解性能**　　NOとNO$_2$を同時に入れて光照射していないときには濃度変化はみられなかった。光照射を行うと、NOの濃度は時間とともに減少したが、

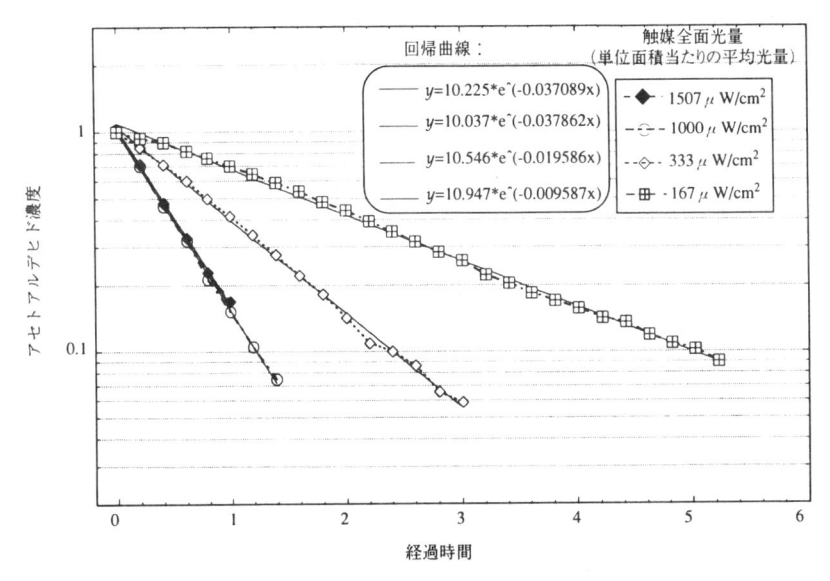

**図12 光強度が脱臭性能へ及ぼす影響**

回帰曲線：
- $y=10.225*e^{(-0.037089x)}$
- $y=10.037*e^{(-0.037862x)}$
- $y=10.546*e^{(-0.019586x)}$
- $y=10.947*e^{(-0.009587x)}$

触媒全面光量（単位面積当たりの平均光量）
- ◆ 1507 $\mu$ W/cm$^2$
- ● 1000 $\mu$ W/cm$^2$
- ◇ 333 $\mu$ W/cm$^2$
- ⊞ 167 $\mu$ W/cm$^2$

縦軸：アセトアルデヒド濃度
横軸：経過時間

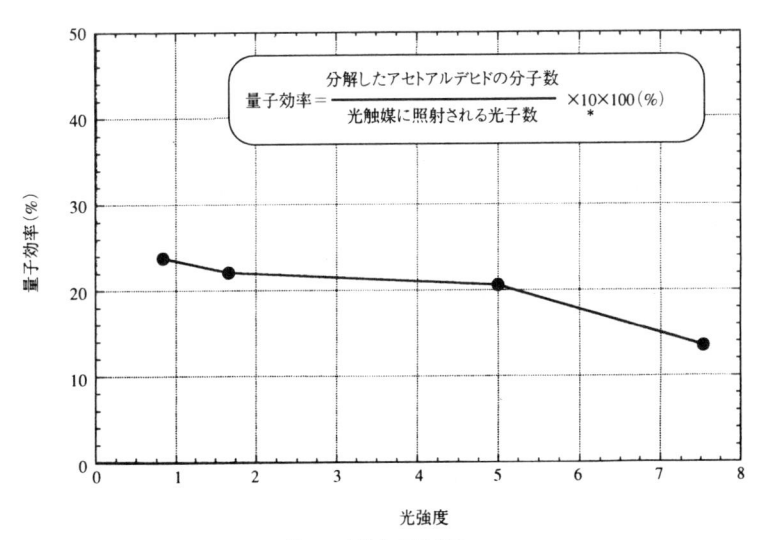

$$量子効率 = \frac{分解したアセトアルデヒドの分子数}{光触媒に照射される光子数} \times 10 \times 100 (\%) \quad *$$

**図13 光強度-量子効率**

＊： アセトアルデヒド分子が分解されるのに必要な電子の数

　　　　　　　　　　$NO_2$の濃度はいったん上昇したのち減少に転じた（図15）。

殺菌作用　　　　　光クリエールで使用されている光触媒シートのサンプルを用いて、殺菌効果の有無を試験したところ、メチシリン耐性黄色ブドウ球菌（MRSA）や緑膿菌については、顕著な殺菌効果があった（図16、17）。しかし、枯草菌の芽胞に対してはあまり効果は得られていない（図18）。また、カビについては全く効果がみられなかった（図19）。

空気清浄機の構造　　光クリエールのフィルター部分は、プレフィルター、イオン化部、電気集塵ロールフィルター、光触媒シートの4層構造になっており、光触媒シートの後ろには特殊ランプが付いている（図20）。汚染された空気はプレフィルターを通ることによって、まず粗大なゴミが取り除かれ、次にイオン化部で高電圧をかけられ帯電する。次の電気集塵フィルターが反対の極性をもつ静電フィルターになっており、帯電したゴミはここに吸着する。ここでほとんどのゴミは取り除かれる。残るガス状の物質である臭気などを光触媒シートで分解し、きれいになっ

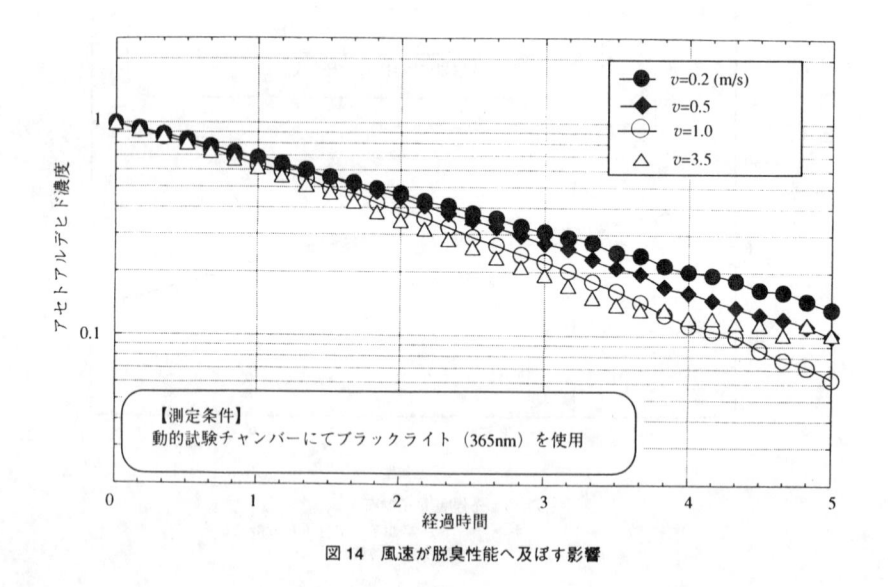

図14　風速が脱臭性能へ及ぼす影響

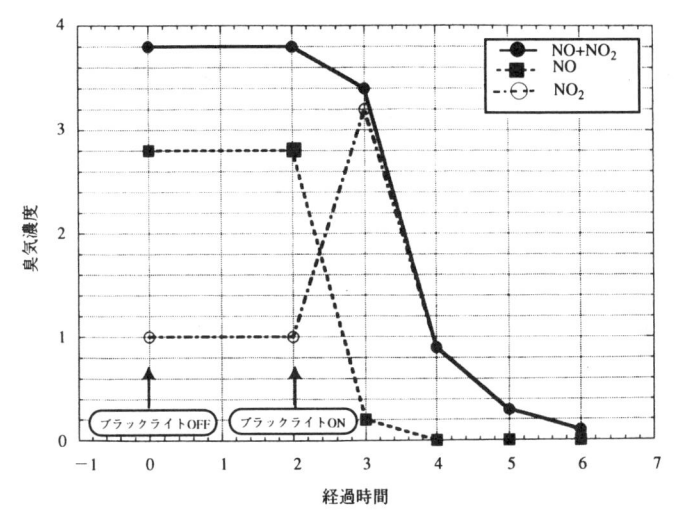

図15　$NO_x$の分解性能

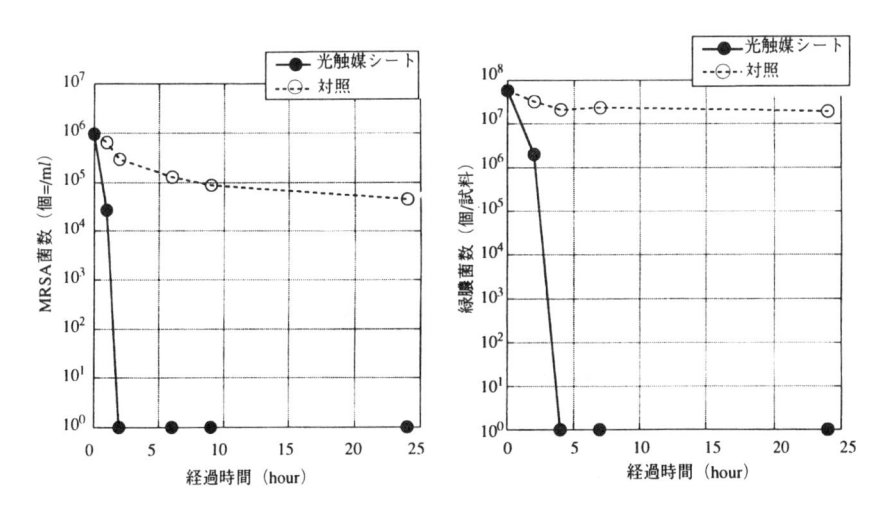

図16　MRSAの殺菌効果
　　試験菌液:MRSA臨床株
　　光源:BL6W、透過光強度(365nm)1.2mW/cm²
　　試験:ブラックライト湿試験
　　試料:　●光触媒シート
　　　　　　○対照

図17　緑膿菌の殺菌効果
　　試験菌液:P.aeruginosa IID1117
　　光源:BL6W、透過光強度(365nm)1.2mW/cm²
　　試験:ブラックライト湿試験
　　試料:　●光触媒シート
　　　　　　○対照

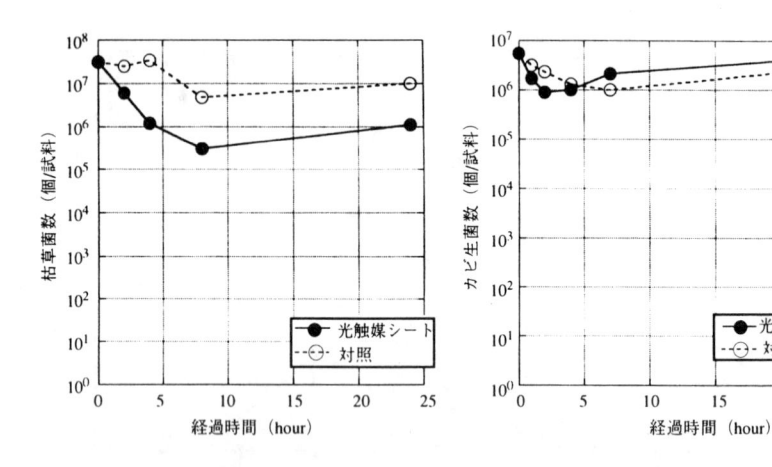

図18　枯草菌芽胞の殺菌効果
　試験菌液：*Bacillus subutilis* IFO3134
　光源：BL6W、透過光強度（365nm）255μW/cm$^2$
　試験：ブラックライト湿試験
　試料：●光触媒シート
　　　　〇対照

図19　カビの殺菌効果
　試験菌：クロコウジカビ
　光源：BL6W、透過光強度（365nm）1.2mW/cm$^2$
　試験：ブラックライト湿試験
　試料：●光触媒シート
　　　　〇対照

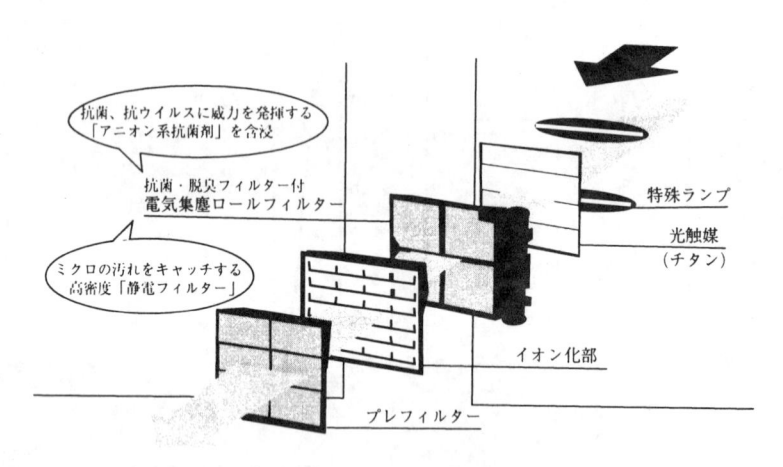

図20　空気清浄機の構造

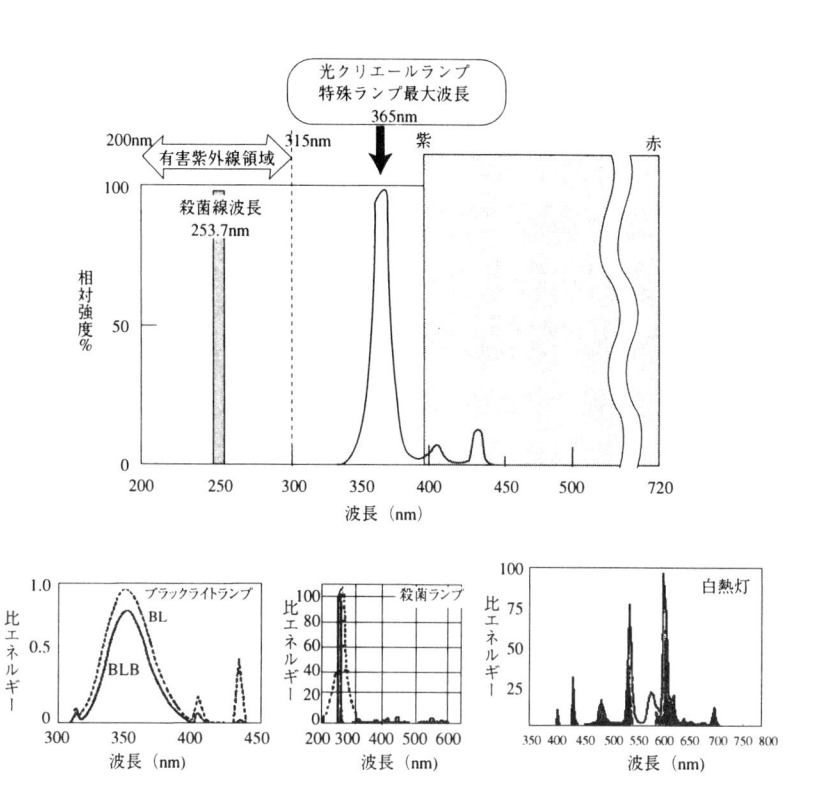

**図21 特殊ランプの波長と有害紫外線の関係**
光クリエールの特殊ランプはJIS Z 8812に規定されている有害紫外線を含まない（ただし、前面グリルを外して、点灯したランプを長時間、近くで見ることは避けること）

た空気を機械の外に流す仕組みになっている。

　光触媒シートの後ろにつけた特殊ランプの波長は、365nm付近の非常に狭い範囲にあり、315nm以下の有害紫外線は含まれず、人体にも安全である（図21）。

**参考文献**

1）入江建久、室内空気質とは、建築設備と配管工事、p.51-53（1993.12）

2）吉澤晋、室内空気質、空気調和・衛生工学、62（7）、551-553（1988）
3）B.Seifert、"Regulating Indoor Air ?"、Proceedings for Fifth International Conference on Indoor Air Quality and Climate、Vol.5, p.35-49 （1990）
4）James E.Woods、Sanjay Arora、Continuous accountability for acceptable building performance、Automation in Construction、1、p.239-249 （1992）
5）長田英二、「ホルムアルデヒドによる室内汚染と測定」、ベル教育システムセミナーテキスト、No.1516、建築材料による室内空気汚染の現状と対策、p.15-32 （1989）
6）環境庁大気保全局、平成7年度大気汚染状況について（1996.10）
7）小竿真一郎、「環境基準」建築の分野での実用的室内空気質測定法，第2章第2項、日本建築学会環境工学本委員会，空気環境運営委員会、室内空気質小委員会、p.5-12 （1991）
8）播磨幹夫、吉田康伸、臭いへの対策・脱臭設備について、食品工業、p.62-74 （1993.5）

# 4　環境大気の浄化

　光化学スモッグや酸性雨といった大気化学反応に及ぼす浮遊粒子状物質の影響を調べる過程で、土壌、石炭灰などの粒子状物質が光照射下で、大気汚染物質である揮発性の有機化合物の酸化を促進するとともに、吸着により窒素酸化物（$NO_x$）の濃度を低減することが気づかれていた。その程度は粒子状物質の種類によって異なるため、含まれる成分（金属酸化物）ごとに濃度低減効果を調べることによって、二酸化チタン（$TiO_2$）や酸化亜鉛などの光触媒作用が明らかになった。
　しかし、これを大気汚染物質の除去に利用するとなると、いくつもの問題点が浮かび上がってくる。それは、①紫外線が必要な表面反応であることに伴う制約、②反応生成物の残留、③材料化の困難性、④中間生成物の脱離、⑤水蒸気の影響などである。これらは多かれ少なかれ、二酸化チタン光触媒の他の応用にも共通するものであるが、「触媒」という感覚からすると使い勝手はきわめて悪いと言わざるをえない。それにもかかわらず、この光触媒を使いこなそうとしているのは、ごく低濃度の汚染物質を直接除去できるというメリットが他の方法では実現できないためにほかならない。いまだに不完全であるが、ここでは上記の問題を克服するための工業技術院資源環境技術総合研究所での試みを述べる。

## 1　わが国の大気汚染の現状

　近年、二酸化炭素による地球温暖化、ダイオキシンに代表される有害化学物質など、次々と大気環境を取り巻く問題が出現するため、それ以前の問題は影が薄いのであるが、決して解決されたわけではない。
　わが国では法規制の整備と発生源対策技術の開発により、図1の二酸化硫黄（$SO_2$）濃度に示されるように、高度成長期の激甚な大気汚染はほぼ解決されたといえるが、$NO_x$濃度は全国平均で横ばい状態である[1]。東京、大阪などの大都市域では環境基準（0.04〜0.06ppm）が達成できない状況が続いている。$NO_x$は呼吸器疾患など直接、健康に影響を及ぼすばかりでなく、光化学スモッグや酸性雨の原因物質でもある。$NO_x$汚

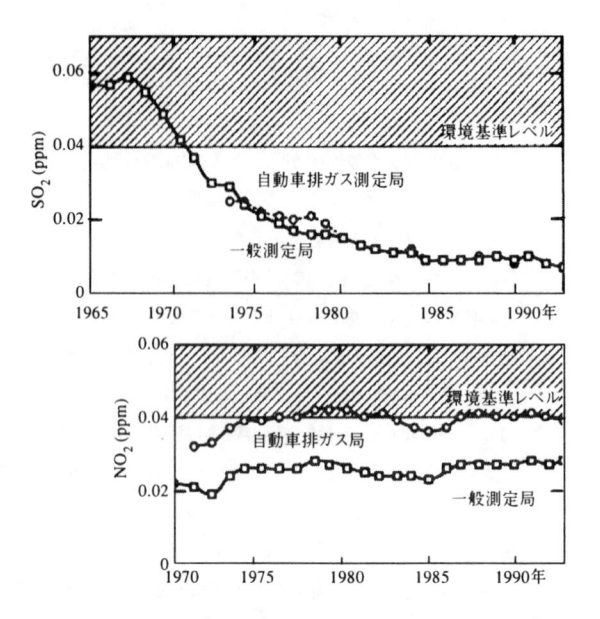

図1　大気中の二酸化硫黄および二酸化窒素濃度の経年変化[1]

染は主として自動車排気に起因するもので、対策の遅れているディーゼル自動車からの排出低減が鋭意検討されているが[2,3]、なお多くの技術的課題を抱えている。いわゆる自動車$NO_x$法による総合的な対策も進められているが[4]、目標の2000年度末までの環境基準達成はかなり難しい状況にある。

発生源対策の対極にある環境浄化・修復技術は、水質汚濁[5]や土壌汚染[6]の分野で検討されているものの、拡散速度の大きな大気については実現不可能と考えられてきた。しかしながら、$NO_x$汚染が局地的な問題であることを考えると、局地的に環境修復が可能であれば、全国一律の発生源対策強化よりも費用対効果の点からも有益である。大気環境の浄化についてはこれまでにも、表1に示すような方法[7〜11]が検討されてきた。しかし、電力などの人工エネルギーや頻繁な保守・点検を要求する方法を大気のような開放系に適用するのは経済的にも実現不可能といえる。

表1 これまでに検討された低濃度窒素酸化物の除去方法

| 方法 | 原理・内容 | 長所 | 短所(問題点) |
|---|---|---|---|
| 植物の利用 | 大気汚染に強い植物や空気中の$NO_x$を栄養源として利用できるよう改良した植物を沿道の植栽として用いる | 景観の維持に有効。騒音その他の緩衝帯としても機能 | 除去速度は小で、植物の改良が鍵。かなりの緑地帯面積を要する。刈り込みなど定期的な手入れが必要 |
| 土壌による除去[7,8] | 送風機で土壌層に汚染空気を通気する除去設備。吸着と土壌細菌による脱窒反応などに基づく | 微生物の能力を利用できる可能性あり | NO除去率は極小。湿度・負荷などの変動による除去活性の変化。通気のためのエネルギー消費。設備の管理・維持費用が必要 |
| 吸着法[9] | $NO_x$に選択的な吸着剤を充填した浄化材料を街路などに設置 | 飽和に達するまでは比較的外部因子の影響を受けずに除去 | 定期的な交換作業が必要。交換時期を判断する方法の確立。吸着剤の再生にエネルギーが必要 |
| 濃縮-排煙脱硝法[10,11] | 低濃度の$NO_x$を吸着剤などを用いて濃縮し、アンモニア選択還元法など既存の排煙脱硝法を適用する。トンネル排気処理用 | $NO_x$除去率>80%。既存技術の応用のため、信頼性は高い | 濃縮や加熱脱離に膨大なエネルギーを要するため、特殊な事例を除いて実現不可能 |

## 2 光触媒による大気汚染物質の除去

二酸化チタン光触媒による$NO_x$除去の仕組みを図2に模式的に示す。大気中に存在する酸素と水素により、光照射下の二酸化チタン表面には$O_2^-$、OHラジカルといったいわゆる活性酸素が常に存在している。大気中の$NO_x$はこれらによって酸化され、硝酸イオンとして保持される(実際の環境では多くの場合、大気中に存在する粒子状物質によって中和されることが確認されている)。このように環境中での二酸化チタンは光触媒というよりも、光による活性酸素の発生器とみるのが適切である。したがって、酸化の対象も$NO_x$に限らず、有機化合物一般に及ぶ。

半導体光触媒としては、酸化亜鉛なども効果を示したが、光触媒活性、化学的安定性、無害性、価格などの観点から、二酸化チタンが最適であった。そのなかでも、比表面積の大きなアナタース型二酸化チタンを選択した。

しかしながら、生成する$NO_2$は硝酸に酸化されるまでに一部、二酸化チタン表面から脱離することがある。湿度が高い場合や除去能力が

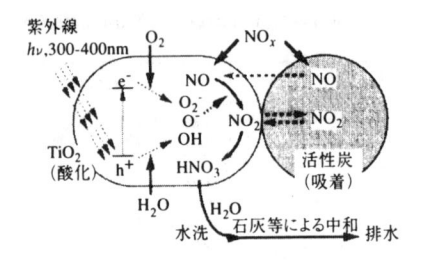

**図2 二酸化チタン光触媒による窒素酸化物の除去機構**

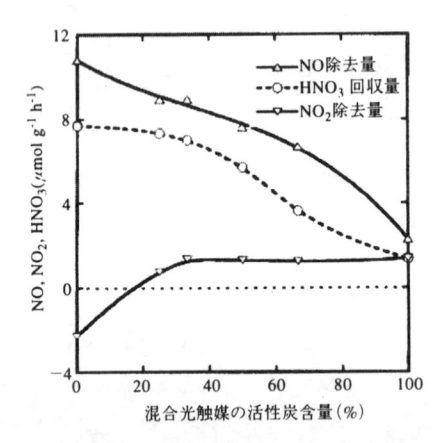

**図3 二酸化チタンへの活性炭混合の効果**
汚染空気（NO 1.6ppm、$NO_2$ 0.21ppm、相対湿度50%）を5h連続的に接触させて測定。光触媒250mg、$TiO_2$ はP25を使用

限界に近づいた場合により多く脱離する傾向がある。$NO_2$ は環境基準が設定されている有害物質であり、これは抑制しなければならない。このため、$NO_2$ に対して保持能力をもつ物質（吸着剤）を添加する場合がある。この目的には疎水性の活性炭が有効である[12～14]。図3に活性炭の添加効果を示す。$NO_2$ 除去量が負であることは $NO_2$ が生成していることを表す。二酸化チタンとしてP25を用いた場合、約20%の混合で $NO_2$ の生成が抑制されることがわかる。しかし、活性炭含量をさらに増やすことはそのまま二酸化チタン含量の低下につながり、NO除去量および硝酸回収量は低下する。

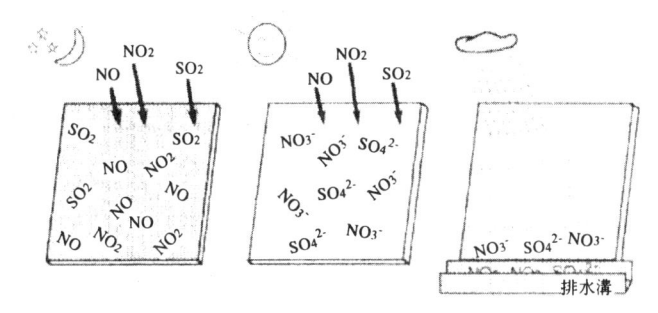

**図4 屋外における光触媒の働き**
(a) 夜間の吸着による除去、(b) 光触媒作用による日中の除去・変換、(c) 降雨時の洗浄と再生

　$SO_2$ も同様に硫酸として除去される。硝酸や硫酸の生成は量的にはわずかであるが、活性な光触媒表面を覆うことで除去性能を低下させるので、水洗などによって定期的に除去する必要がある。このような事情は程度の差こそあれ、悪臭物質であるアンモニアやメルカプタンの除去においても同様である。

　二酸化チタン粉末をそのまま用いて、$NO_x$ 除去後に水洗し、洗液中の硝酸イオンおよびわずかの亜硝酸イオンをイオンクロマトグラフィーで定量した結果、気相から除去された $NO_x$ の 90～95％が洗液に回収されることがわかった。また、電子捕獲検出器付ガスクロマトグラフを用いて排出ガスを分析したが、亜酸化窒素（$N_2O$）は検出されなかった。したがって、光照射下の二酸化チタン上では $NO_x$ の酸化反応のみが起こっていると考えられる。

　このような光触媒混合物を平面状に固定化し、屋外に置くことにより、太陽光によって大気汚染物質が酸化的に除去されるとともに、降水によって除去生成物が洗い流されて除去能力は回復する（図4）。したがって、自然のエネルギーだけで機能する省エネルギー・省力的な大気環境浄化が実現することになる。

　光触媒上での窒素酸化物・硫黄酸化物の反応は、実は大気中でのこれら汚染物質の除去過程と酷似している。大気に放出された窒素酸化物・硫黄酸化物は、大気中の光化学反応によって生成する OH ラジカル

などの酸化性化学種によって硝酸・硫酸に酸化されて、地表に沈着する[15]。これはいわゆる酸性雨（乾性沈着を含む）として環境を酸性化する。したがって、光触媒法は自然の浄化機構としての酸性雨を人工的に、ただし大都市という管理可能な場所で起こすことにより、他の地域への拡散を防ぐものと考えることもできる。

## 3 光触媒固定化の要件

二酸化チタンは通常粉末であり、光触媒として実用に供する際、流動層などの懸濁系以外では固定化が必要となる。固定化の形態は利用法や装置であればその構造などに依存するが、光を受ける必要があるため、基本的には物体の表面を利用することになる。しかしながら、光触媒の特性が災いして、その性能を損なわずに固定化することはたいへん難しい仕事である。光触媒の環境浄化機能は以前から指摘されていたにもかかわらず、最近になってようやく実用化され始めたのは、大部分、この固定化の難しさによるものである。

固定化には第3章に示されたいくつかの方法があるが、対象とする物体や性能に関して限界が生じる場合がある。太陽光利用の大気浄化材料[16]は、種々の光触媒応用例のなかでも最も過酷な仕様が要求されるものの一つであろう。

粉末の二酸化チタンを固定するには、接着剤として何らかのバインダーを用いる必要があるが、このバインダーには次のような性能が要求される。

① 光触媒作用に対する安定性
② 光触媒粒子の強固な保持
③ 光触媒粒子表面の最大限の露出
④ 大きな比表面積を与える構造
⑤ 耐水性・耐候性など
⑥ 無害・無毒性
⑦ 建材など基材本来の性能の維持
⑧ 表面に関わる多様な意匠性の確保

光触媒の固定化で最初に遭遇する困難は、有機バインダーが光触媒作用によって劣化してしまうことである。これは顔料としての二酸化

チタンを含む塗膜の白亜化現象からも明らかである[17]。このため、少なくとも二酸化チタンが直接接触する部分には無機系か耐酸化性のきわめて高い有機バインダーを用いる必要がある。これにより、素材選択の範囲が大きく制限されることになる。

上記②、③は相矛盾する条件であるが両立させなければならない。また、光が当たる幾何学的な表面積は限られているため、汚染物質分解・除去などの反応速度を高めるためには、多孔質化したり、表面粗度を大きくすることも重要である。屋外の環境中で使用する際には、⑤、⑥についても考慮しなければならない。⑦、⑧は建材などの実用材料に複合化させる場合の必須要件である。

以上の条件をすべて満たす固定化方法はいまだ得られていないが、この条件に近づけるべく研究開発が行われている。

## 4　固定化光触媒とその性能

**試験方法**　　試作した平面状光触媒試料の試験には図5に示す流通式試験装置を用いた。低濃度の汚染物質を含む空気を試料を入れた扁平なパイレックスガラス製容器に連続的に供給し、容器出口における汚染物質濃度の変化を測定した。$NO_x$の場合、Monitor Labs社9841型化学発光式$NO_x$計を使用した。試験装置を流通式としたのは、この$NO_x$計が連続的に試料を要求するため（300m$l$/min）と、反応容器への低濃度汚染物質の吸着損失を最小とするためである。一般的な実験条件は、浄化材料試料200cm$^2$（10×10cm、2枚）に対して、NO1.0ppmを含む模擬汚染空気（25℃、相対湿度80％）を1.5$l$/minで24h連続的に供給するというものである。光化学用蛍光灯（10W×3）を用いて、約0.5mW/cm$^2$（365nm）の紫外線強度を得ている。

試験後の試料は一定量の精製水に浸漬したのち、溶出したイオン類をイオンクロマトグラフを用いて定量した。

**比表面積の重要性**　　このような大気浄化材料を作製するために、多くの材料をバインダーとして、ガラス、樹脂、金属板表面への光触媒の固定を試みた。とりあえず耐久性を考慮せずに、いくつかの有機接着樹脂による光触媒固定の可能性を検討した。ポリ塩化ビニル樹脂板にこれらの樹脂を塗布

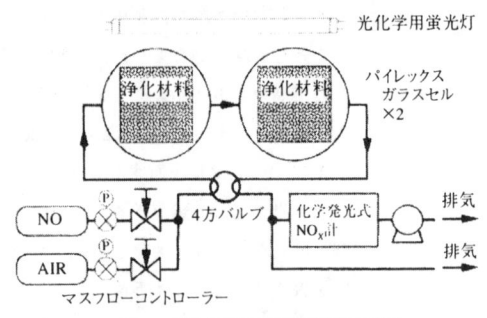

図5 固定化光触媒試験装置の構成

し、光触媒を散布・固定した。硬化後、NO除去性能を評価したが、同量の光触媒粉末と比べると、除去能力は極端に低下した。光触媒粒子が樹脂に取り込まれることにより、機能できなくなるためと推測された。

前項にあげた諸条件のなかで、大気浄化材料として最も重要なものは比表面積である。反応が起こる場所は二酸化チタン表面であるため、一般の触媒同様、比表面積は直接、処理性能に関係する。そのうえ、窒素酸化物の場合は生成物が残留するため（一般の触媒反応では被毒に相当）、生成物を保持しておく場所としてもより広い表面積が必要である。実用面からも、降水は定期的に得られるとは限らないので、できるだけ洗浄間隔を長くとれるよう、保持容量の大きな材料が望ましい。

最近では各種の二酸化チタンコーティング剤が市販されるようになったが、脱臭性能などはあるものの、この比表面積の問題により、窒素酸化物除去では十分な性能が得られていない。現在のところ、フッ素樹脂、セメントおよび無機系塗料のみが有効なバインダーとして見出されている。

**フッ素樹脂シート**　　耐久性を考慮した場合、バインダーとして使用できる有機物質はフッ素樹脂のみである。そのなかでもポリ四フッ化エチレン樹脂（PTFE）は、①化学的にきわめて安定で、②他の物質との親和性が低く、③通気性のある多孔質に加工できるなどの特徴を有している。このため、市販のPTFE粒子懸濁液に光触媒粒子を混合し、粒子成分を沈降させた

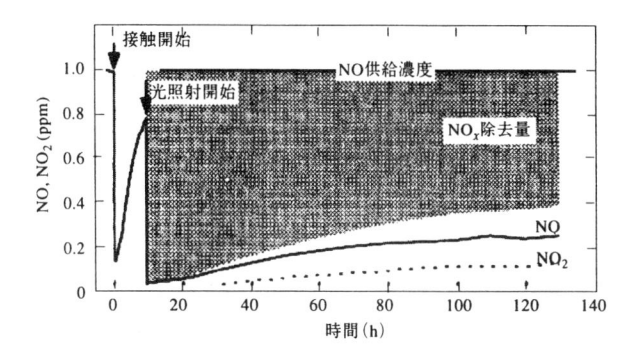

**図6 フッ素樹脂シートによる低濃度一酸化窒素の除去**
被処理空気、NO1.0ppm、空気流量1.5l/min、相対湿度0%、シート
($TiO_2$ 30%＋活性炭10%) 200cm$^2$、紫外線強度 (365nm) 0.5mW/cm$^2$

のち、圧延してシート状に加工したものを用いている。当初は厚さ0.5mm、光触媒含量40％で作製した[16,18]。フッ素樹脂シートはゴム状の柔軟な物質であるが、機械的な強度は小さい。活性炭を含むものは灰色の色調となる。走査型電顕による観察では、PTFE粒子 (0.3 $\mu$m) の隙間に二酸化チタン粒子が分散しており、その隙間を被処理空気が通過できる多孔質構造となっていることが示された。

このシートによるNOの除去を図6に示す。浄化材料に1.0ppmのNOを含む空気を接触させると、光を当てない場合でもNO濃度は減少するが、除去は数時間程度しか継続しない。次に、光を照射すると、NO濃度は再び大きく減少し、この状態が長く持続する（図の場合は5日間）。この除去能力の違いは、単なる吸着作用と光触媒による物質の変換との違いによるものと言える。除去の継続とともにNO濃度はしだいに上昇する。生成物の吸着によって活性が低下するものと考えられる。また、$NO_2$の生成も認められるようになる。したがって、正味の$NO_x$除去量は図の網掛けの部分の面積に相当する。

汚染物質除去の濃度依存性を図7に示す。環境基準レベルから10ppm程度まで、NO、$NO_2$、$SO_2$ともに効率よく除去できることがわかる。しかしながら、10ppm以上の濃度では除去率は急激に低下する。これは生成物の蓄積による能力低下が著しくなるためと考えられる。した

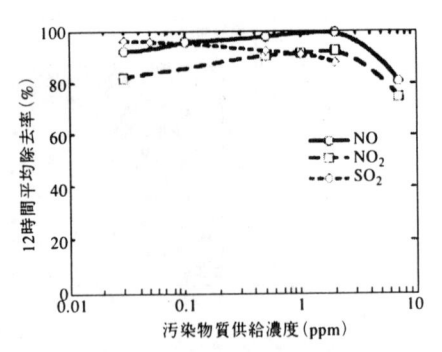

図7 12時間平均NO$_x$除去率の濃度依存性
フッ素樹脂シート200cm$^2$、空気流量 1.5l/min
（NOの場合 0.5l/min）、相対湿度80%（25℃）

がって、光触媒法を自動車排ガスなどの発生源に直接適用することは困難である。

その後の検討で、超微粒子（1次粒子径7nm）の二酸化チタンを用いるとNO$_2$の脱離は抑制され、吸着剤の添加が不要になる場合があることがわかった。また、除去能力は光触媒含量とともにほぼ直線的に向上した。二酸化チタン含量90%程度までのシートを作製できるが、機械的強度を考慮すると70%程度とするのが望ましい。膜厚を0.2mmから1.8mmまで変化させた場合、膜厚とともに除去能力が高くなった。ただし、直線的な比例関係にはないため、実用上は0.5～1.0mmが適当と判断された。光が到達して触媒が活性化される深さには限りがあるが、反応生成物が濃度勾配によって膜内部に輸送されることにより、このようにかなり厚い膜が有効になるものと考えられる。

**セメント硬化体**　　無機物質ではセメント（白色ポルトランドセメント）が有効であった。二酸化チタンを25%程度白色セメントに混合し、水と混練したペーストをスレート板上で硬化させたものは、PTFEシートには及ばないものの、かなりのNO$_x$除去能力を示した[16,19]。

NO$_2$の発生は少なく、吸着剤混合の必要性はなかった。セメント硬化体が多孔質であることもさることながら、カルシウムなどのアルカリ成分を多く含むセメント硬化体は基本的に酸性ガスであるNO$_x$を除去

するのに適していると考えられる。セメント硬化体を水洗すると洗液からカルシウムイオンが検出されるが、$NO_x$除去後はその量が増加しており、アルカリ成分の溶出によって、$NO_x$除去と中和が同時に進行することが示された。このことは、浄化材料として使用することで硬化体表面の浸食が起こることを意味するが、ppmレベルの$NO_x$除去では、浸食速度は0.05mm/y程度と計算されている。

　セメント/コンクリートは都市建造物・構造物の基礎的素材であり、その応用範囲は広い。吹き付けによる現場施工も可能であり、既存構造物にも適用できることが特長である。

**無機系塗料**

　セメントでも上記のように既存構造物に適用することができるが、光触媒入りの塗料を開発することができれば、その応用範囲と得られる効果には計り知れないものがある。

　最初に検討したバインダーはシリコーン樹脂である。シリコーンは気体を透過する働きがあるとともに、これまでも耐熱塗料・脱臭塗料などの特殊塗料のベースとして用いられてきたからである。この塗膜によるNOの除去結果を図8に示す。十分な除去性能が得られていないため、縦軸は3時間平均の$NO_x$除去率で表示している。二酸化チタン含量の増加とともに除去率が上昇しており、ここでも光触媒を多く含有させることが必要なことがわかるが、膜厚にはほとんど依存しないことから、塗膜の最表面でしか除去が行われていないと推定される。迅速な$NO_x$除去にはフッ素樹脂シートやセメント硬化体で示されたように、やはりミクロな隙間のある多孔質であることが必須条件と考えられる。

　このため、多孔質が得られやすいゾル-ゲル系塗料の調製を検討した。ゾル-ゲル基剤としてアルコキシシラン類を用いた[20]。アルコキシシランは触媒存在下で加水分解、続いて縮重合を受けて、網の目状の構造となる。その過程で、微粒子二酸化チタンを混合することで、この構造に取り込まれる形で二酸化チタンが固定される。調製した塗料はさまざまな材料に塗布可能であるが、材料によっては下地処理が必要になるものもある。乾燥は常温でも可能であるが、200℃程度で焼き付けることによって、性能がさらに向上する傾向があった。

　この塗膜によるNO除去能力は、図8に示されているとおり、ある程

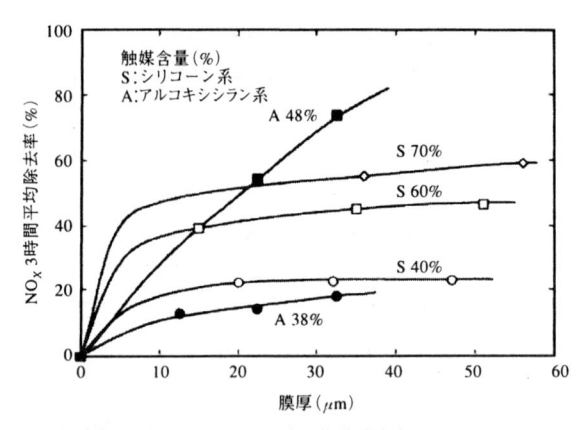

**図8 塗膜によるNO$_x$除去性能の膜厚依存性**
シリコーン系、NO 1.0ppm、0.5l/min、相対湿度0%、アルコキシシラン系、NO 1.0 ppm、1.5 l/min、相対湿度80%

度以上の二酸化チタン含量で、膜厚とともに増加した（シリコーン系塗膜の場合に比べ格段に厳しい条件で評価している）。この処方では湿度が高い条件でもNO$_2$生成は少なかった。塗膜構造は解析中であるが、NO$_2$吸着に適した多孔質が得られているものと考えられる。

**浄化材料の比較**　これまでのところ、NO$_x$除去に有効な光触媒の固定化方法は上記の3種類だけであるが、いずれも多孔性の材料である。これらの材料の調製法と特性を表2にまとめて示す。NO$_x$除去能力としてはフッ素樹脂シートが最も優れていることがわかるが、この高性能は膜厚によっているところも大きいと考えられる。したがって、もし、二酸化チタン重量当たり、あるいは幾何学的面積当たりの能力で比較すると、塗料塗膜が大きく浮上することになる。光触媒用二酸化チタンが比較的高価な現状では、このあたりも重要なポイントであるかもしれない。セメント硬化体として、舗装用のコンクリートブロック（インターロッキングブロック）の市販が開始されたが、本体と二酸化チタンを含む表面層（厚さ5〜8mm）を組み合わせることによって、価格の上昇を抑えている。

　水洗による（硝酸＋亜硝酸）イオンの回収率は40〜80%であった。洗浄後、表面が乾燥するまではNO$_x$除去能力は著しく低下した。また、

表2 これまでに開発された大気浄化用素材の代表的な特性

| 項 目 | フッ素樹脂シート | セメント硬化体 | ゾルゲル系塗料 |
|---|---|---|---|
| 調製法 | $TiO_2$、PTFE粒子などを十分に混合後、圧延して調製 | 白色セメントに$TiO_2$、水などを加えて混練し、基板上で硬化させる | アルコキシシラン類の加水分解・縮重合時に$TiO_2$などを混合して調製 |
| $TiO_2$含量 | 40〜70% | 20〜30% | 40〜60% |
| 性 状[a] | 白色・ゴム状の柔軟な物質。多孔質 | 白色のモルタル状。多孔質 | 白色、光沢のない塗膜。多孔質 |
| 膜 厚 | 500μm | 200μm | 20μm |
| 最大$NO_x$除去量 | 100 mmol/m$^2$ | 10 mmol/m$^2$ | 10mmol/m$^2$ |
| 長 所 | 化学的に安定な唯一の有機バインダー。最大の除去性能 | 生成物を自動的に中和。吹き付けによる現場施工が可能 | $TiO_2$使用量最小。既存構造物に適用可能。再塗装も容易 |
| 短 所 | 機械的強度が小さい | 中和による浸食あり | 長期的性能を未確認 |

[a] 活性炭を加えた場合はその量に応じて、灰色〜黒色となる

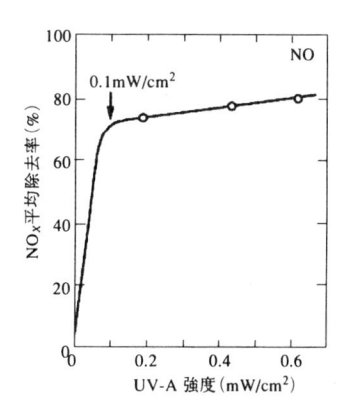

図9 $NO_x$除去率の紫外線強度依存性
浄化材料、セメント硬化体(200cm$^2$)、被処理空気、NO 1.0ppm、空気流量 1.5l/min、相対湿度0%

どの材料でもppmレベルの$NO_x$除去に必要な光強度は0.1mW/cm$^2$程度であることがわかった(図9はセメント硬化体の場合)。これは屋外では冬の曇りの日に得られるレベルであることから、これらの材料は屋外で日中はほぼ1年中機能すると考えられた。

## 5 環境大気の浄化（パッシブ浄化）

本光触媒を機能させるには紫外線による活性化と水洗による再生が必要であるが、図4に示すように、屋外では太陽光と降水が利用できるので、一度設置したら基本的に人為的な作業やエネルギーを必要としない大気浄化システムを構成をすることができる。

しかし、現に$NO_x$汚染が深刻な大都市域はすべてにおいて過密であり、大気浄化材料専用の設置場所を見出すのは困難である。したがって、大気浄化機能を複合化した建築材料や道路関連資材として、図10に示すような場所に用いるのが現実的であろう。実用的な大気浄化材料に求められる性能は表3のようにまとめられる。しかし、このような多岐にわたる要求を同時に満たす材料は現在のところ得られていない。

東京都内の交通の激しい自動車道路（6車線、日平均交通量約12万台）沿いにおいて、光触媒シートの性能評価実験を行った。シート状光触媒を幅0.6、高さ1.0mのパネルに貼り、道路脇にほぼ南向きに置いた。一部のパネルにはパイレックスガラス製の窓板を付け、空気ポンプで大気を連続的に吸引（15～60 $l$/min）することにより、接触空気量に関する情報を得た。交通量と汚染物質濃度との間にはおおむね相関が認められ、交通量の多い日中に汚染物質濃度も高くなっていた。

実験結果の一例を図11に示す。図の横軸は1日の時刻であり、変動の

表3　大気浄化用複合材料に求められる性能

| 光触媒基本性能 | ・高$NO_x$除去速度　・高$NO_x$除去容量<br>・再生（水洗）の容易性　・耐久性<br>・湿度、共存物質などの影響を受けないこと |
|---|---|
| 複合材料性能 | ・複合前の材料の性能維持<br>　（機械的強度、遮音性など）<br>・耐水性・耐腐食性・耐候性 |
| 機能性・美観 | ・形状、テクスチャー、色彩などの多様性<br>・透明性（ガラス基板の場合）<br>・防汚性 |
| 安全性 | ・無害、無毒性（廃棄時を含む）<br>・2次的な環境問題を引き起こさないこと |
| 導入の容易性 | ・低コスト<br>・現場施工の可能性 |

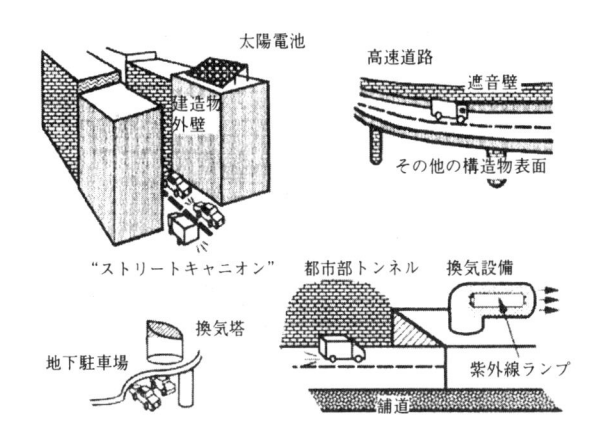

図10 大都市圏における大気浄化材料の応用例

　大きな実線は沿道空気中のNO$_x$濃度である。正午を中心とした釣鐘型の曲線はA領域紫外線強度である。冬の日でも十分な紫外線が得られていることがわかる。これに対し、2本の破線は窓板付パネルを通ってきた空気中のNO$_x$濃度を示しており、早朝から夕刻まで大きく低下していることがわかる。ただし、夜間はあまり除去されていない。除去率は空気流量にも依存するが、日中で75〜90%、24時間平均でも50〜60%であった。

　$SO_2$も24時間平均除去率が75〜80%とよく除去されていた。また、非メタン炭化水素計の測定値も平均で20%程度の濃度低下を示した。除去可能な炭化水素（揮発性有機化合物）は、低級オレフィン、アルデヒド、アルコール類と推定される。

　沿道大気に暴露した光触媒シートを回収し、水洗した結果、この実験における1日当たりの平均 NO$_x$除去量は約3mmol/m$^2$であることがわかった。実験室で求めた最大除去量（除去率が半減する除去量）はシート1m$^2$当たり約20mmolであるから、この浄化材料で少なくとも1週間程度の連続除去が可能である。

　さて、このような浄化材料を建材などに加工して汚染の著しい街路に設置した場合の効果のほどはどうであろうか。図10のストリートキャニオンのような場所を考えたごく簡単なモデルによれば、10〜30%のNO$_x$を除去できると推定されている。より正確な浄化効果を把握す

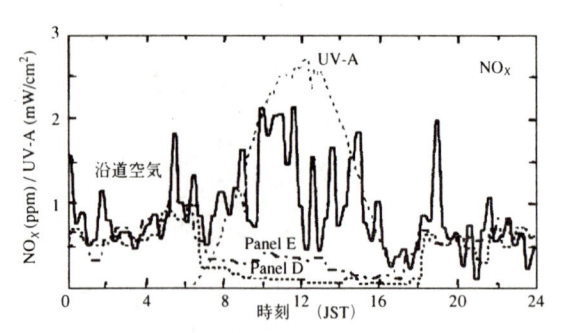

図11 光触媒パネルによる道路沿道空気中$NO_x$の除去（1994.2.17）
窓板付パネル、1.0×0.6m、空気流量、D24.2*l*/min、E15.5*l*/min．

るために、現在、大気拡散を考慮し具体的な道路状況などを再現した計算機シミュレーションを計画している。

## 6 半閉鎖的空間の浄化（アクティブ浄化）

送風機と人工の光源、すなわち紫外線ランプを用いる浄化装置であり、基本的にはわれわれが実験室で光触媒の性能を評価する方法と同じである。いろいろな構成が考えられるが、光利用効率からは筒状の反応器内部に光源を置くのが有効である。通常の触媒反応器ではハニカム構造などを採用できるが、光反応器では種々の制約があるため、被処理ガスとの接触効率を高める工夫が必要である。

多くの基礎実験データに基づいて、浄化装置（ユニット機）を試作した。その構造を図12に示す。断面0.3×0.3m、有効長1.5mの光反応器を4本直列に接続したもので、光源は40Wの光化学用蛍光灯である。反応器内壁と邪魔板に触媒含量70%のフッ素樹脂シート（最大除去量は100mmol/$m^2$に向上）を合計18.3$m^2$取り付けている。上方にはシャワーノズルが取り付けてあり、シートを洗浄できるようになっている。ユニット中のランプには防水用のパイレックスガラス管をかぶせ、45°ごとに羽根状の邪魔板を設けた。

この装置でディーゼルエンジンからの希釈排気（平均$NO_x$濃度2.2ppm、流速1.0m/s）を10時間連続処理したところ、平均除去率は78%に達した。これは、達成目標（流速1.5m/sでの14時間平均除去率

が80%以上）まwhich遠くない成績である。除去後、20分の水洗で
$NO_x$ 除去量の75%が回収された。

　本装置はそのままでも地下駐車場の管理スペースなどで使用できる
が、多数配置することで大量処理にも対応できる。図13は現在の光脱
硝性能に基づく自動車道トンネル用喚気浄化設備（処理ガス量150万
$Nm^3$、脱硝率および集じん率80%以上）の構想図である。除じんされた
空気は左側の光反応器（有効長3m）を通って中央の仕切りを越え、さ
らに右側の光反応器を通って浄化・排出される。反応器の上部はラン
プや光触媒交換のための作業空間である。

　大きな設備であるが、濃縮-選択還元法などによる同規模設備の仮想
設計値（空間容積6,720～7,350$m^3$、電力2.83～12.15百万kWh/y、設備
費39～53億円）[11]の範囲内にある。今後、空気-光触媒の接触効率を2
倍、3倍に改善すれば、設備の空間容積や消費電力を1/2、1/3に低減で
きるわけで、光脱硝法は大きな可能性を秘めていると言える。

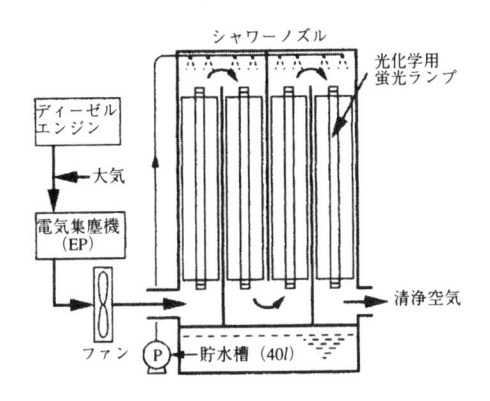

図12　光脱硝ユニット機の構成
ダクトサイズ、0.3×0.3×1.5m×4、空気流速約1m/s

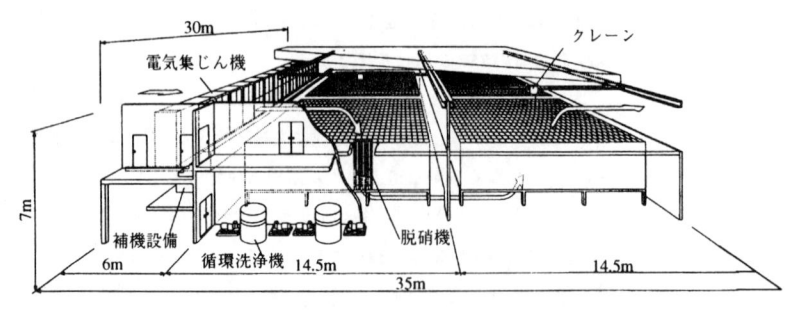

図 13　光脱硝法によるトンネル換気浄化設備の構想図
（処理風量 1,500,000Nm³/h、集じんおよび脱硝率 80%）

## 7　まとめと将来展望

　大気浄化用光触媒としては、①除去速度、②除去容量、③$NO_2$保持能力の三つが重要であり、これらは二酸化チタンそのものだけでなく、それを保持する材料（膜）の性質に大きく依存することがわかった。たとえば、$NO_2$の脱離防止には、吸着剤添加や超微粒子二酸化チタンの使用によらずとも、アルカリ成分の添加や$NO_2$保持に適した構造の付与などが有効である。バインダーが単に光触媒粒子を保持するのではなくて、膜自体に吸着能力や補助的な機能をもたせるような構造を作り込むことが必要になっている。そのようになれば、固定化によって粉末光触媒以上の性能が得られるということが実現できる可能性がある。

　光触媒反応を原理とする大気浄化材料によって、省エネルギー的・省力的な都市大気環境の改善が可能であることが示された。本光触媒は無害・安全かつ安価で、環境中の広い面積を利用して浄化を行うのに適している。深刻な都市型大気汚染に悩む地方自治体などでは本法のこの特性に注目し、表4に示すように、評価試験を計画ないしは開始している。この過程で、浄化効果、耐久性、防汚性などが評価されるとともに、除去能力のさらなる向上が図られるものと期待される。

　建築材料は浄化性能に加えて美観を含めた数々の性能を要求されるため、実用化には今しばらくの期間が必要となろう。また、造造物は個人や企業の所有になるものが多いため、導入促進にはさまざまな制

度の整備が不可欠である。セメント/コンクリート製品はより制約が少ないため、これらによる公共的な道路関連資材への応用が先行すると考えられる。

一方、大都市域ではトンネルや地下道が増え、そこからの排気は周囲の環境に脅威を与えるまでになっている。これらは今後も増加が予想されるため、人工光源を用いたアクティブ光脱硝法が活躍する場面も拡大しよう。

光触媒法はすべてに優れているわけではないが、他の方法にはまねのできない特性をもっている[23]。これを有効に利用して、健康的かつ快適な都市の大気環境創造に役立つことを願っている。

表 4 地方自治体などによる光触媒大気浄化材料の評価計画

| 主 体 | 時期 | 名 称 | 内 容 |
|---|---|---|---|
| 環境庁大気保全局 | 1997 | 局地汚染改善計画策定費 | 自動車$NO_x$法に係る6都府県で光触媒および土壌による大気浄化の適用性・効果を検討 |
| 大阪府環境保健部環境局 | 95〜 | $NO_x$高濃度汚染対策推進検討委員会光触媒部会 | 大阪市西淀川区の国道沿いに浄化建材を設置。試験片の通気暴露実験等による性能・耐久性評価 |
| 愛知県環境部 | 96〜 | 光触媒による窒素酸化物浄化調査 | セラミックス系試作浄化材料を用いる沿道空気浄化試験 |
| 東京都環境保全局 | 97〜98 | 光触媒性能調査検討委員会 | 板橋区内環状7号線擁壁部にフッ素樹脂シートを設置して除去性能を評価 |
| 神奈川県環境部 | 97〜 | 局地汚染対策検討会議 | 大気浄化塗料を開発し、川崎市などにおいて浄化性能を評価 |
| 埼玉県環境生活部 | 97〜 | 窒素酸化物局地汚染対策検討委員会 | 土壌および光触媒による大気浄化システムの実現可能性を検討する |
| 千葉県環境部 | 98〜 | 未定 | |
| 兵庫県 | 97〜 | 未定 | |
| 板橋区資源環境部 | 97〜 | 光触媒塗料による$NO_x$除去実用化実験 | 大和町交差点における試験片の大気暴露。毎週回収・洗浄による除去量測定 |
| 千葉県習志野市 | 97〜 | | 再開発地域に大気浄化ブロック約1,000 $m^2$を試験敷設 |
| 神奈川県川崎市 | 98〜 | 未定 | |
| 建設省土木研究所 | 97〜 | 光触媒を用いた塗料の適用性に関する検討 | 常温乾燥型光触媒塗料について屋内外で$NO_x$除去および防汚性能を試験 |
| 建設省関東地方建設局 | 97〜 | 大和町交差点環境対策 | 中仙道のガードレールなど1,700$m^2$に光触媒塗料を適用。降水回収試験を行う |
| 首都高速道路公団計画部 | 97〜 | 大和町交差点環境対策 | 光触媒による大気浄化材料の適用を検討 |
| 阪神高速道路公団 | 97〜 | 光触媒塗料実験施行（防汚目的） | 中央分離帯コンクリートブロック約1,500$m^2$にセメント系および無機系塗料を塗布 |

## 参考文献

1) 環境庁編、環境白書、平成9年版、大蔵省印刷局（1997）
2) 岩本正和、触媒、**37**（8）、614（1995）
3) M. Shelef、*Chem. Rev.*、**95**（1）、209（1995）
4) 環境庁大気保全局監修、逐条解説自動車$NO_x$法、中央法規出版（1994）
5) 高橋徹、環境管理、**32**（4）、356-368（1995）
6) 細見正明、環境管理、**31**（3）、223-228（1995）
7) 佐藤紳一郎、金子和己、高見勝重、中島秀一、第36回大気環境学会年会講演要旨集、p. 479（1995）
8) 西田耕之助、土橋隆二郎、樋口能士、樋口隆哉、武内伸勝、環境管理、**31**（10）、1108-1121（1995）
9) 宮崎竹二、中土井隆、瓦家敏男、船坂邦弘、第35回大気汚染学会講演要旨集、p. 482（1994）
10) 低濃度脱硝技術のフィールド実験の概要、（財）先端建設技術センター（1992）
11) 大都市圏の窒素酸化物低減について、大都市圏の窒素酸化物低減に関する調査委員会（1995）
12) 指宿堯嗣、忽那周三、竹内浩士、日本化学会第56春季年会予稿集Ⅰ、p. 641（1988）
13) T. Ibusuki、S. Kutsuna、K. Takeuchi、*Proc. Fukuoka Int. Symp.*'90、253-254（1990）
14) T. Ibusuki、K. Takeuchi、*J. Mol. Catal.*、**88**、93（1994）
15) 片岡正光、竹内浩士、酸性雨と大気汚染（地球環境サイエンスシリーズ4）、三共出版（1998）
16) 竹内浩士、工業材料、**44**（8）、106-109（1996）
17) 清野学、酸化チタン物性と応用技術、第8章、技報堂出版（1991）
18) 竹内浩士、豊瀬恒介、忽那周三、指宿堯嗣、資源と環境、**3**（2）、103-110（1994）
19) 竹内浩士、高木心平、指宿堯嗣、村澤貞夫、第36回大気環境学会年会要旨集、p. 476（1995）
20) 竹内浩士、沢野新吾、沖田和正、指宿堯嗣、第37回大気環境学会年会要旨集、p. 527（1996）
21) K. Takeuchi、T. Ibusuki、S. Nishikata、T. Nishimura、*Proc. 2nd. Int. Symp. Environ. Appl. Adv. Oxid. Technol.*、Ch. 4、145-156、Electric Power Research Insutitute、Sep. 1997
22) 竹内浩士、西方聡、環境管理、**32**（8）、915-922（1995）
23) 竹内浩士、村澤貞夫、指宿堯嗣、光触媒の世界、工業調査会（1998）

# 5 超親水性

光触媒による超親水化の原理および材料開発については、これまでの章で研究の現状が述べられてきているので、ここでは具体的にどのような領域で実用化されようとしているのか、TOTO機器で行われている例をいくつか示す。また、**超親水性の基本性能を把握して、製品設計をしていくうえでの考え方**についても述べる。

## 1 応用例と実地試験

窓ガラス
〈常温硬化タイプの
　コーティング剤〉

　図1は、オフィスの窓ガラスの外側に直接、超親水性光触媒をコーティングした例である。常温硬化タイプのもので熱はかけていない。ここに雨が降ると、光触媒をコートしたところだけ視界が確保される、いわゆる防滴性能をもつ。窓ガラスは、ときどきビルメンテナンスの業者がきて拭いているが、半年間機能を維持している。

〈超親水性加工
　フィルム〉

　図2は、フィルムの上に超親水性の加工を施して、それを窓ガラスの内側に貼った例である。朝になると、普通のガラスは結露して曇っていたのに対し、このフィルムを貼ったところは、水滴が下に流れ落ちて曇らなかった。結露防止といえるかどうかはわからないが、朝になって水滴が付いて見えない状態にしないことは確かである。

通常窓ガラス　　　　　　超親水性窓ガラス
図1　窓ガラスに超親水性コートした効果

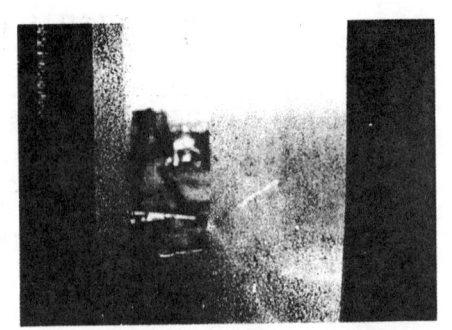

図2　窓ガラス内側に超親水性フィルムを貼る

車のサイドミラー　　　図3は車のサイドミラーの右半分を超親水化した例である。この図ではフィルムを貼っているが、コーティング剤でも同様の効果が得られている。超親水化した部分では、雨が降っても水滴ができないため、非常によく見える。さらに、サイドウィンドウの外側にもこのフィルムを貼れば、側方視界を確保できる（図4）。サイドウィンドウについては、内側にフィルムを貼っても防曇効果が得られるが、最近の日本車にはUVカットガラスが普及し始めており、車内に近紫外線が入らないという問題がある。そのため、窓の外側への応用は比較的早く実現すると思われるが、内側への応用は難しいのが現状である。

易水洗性　　　　　　第3章2.1の材料開発のところでも触れたが、超親水性加工した表面

図3　自動車サイドミラーに超親水性フィルムを貼る

図4　自動車サイドウィンドウ外側とサイドミラーに超親水性フィルムを貼る

にあらかじめ油汚れを付けておいて、これを水中に沈めると、油はひとりでに浮き上がる。普通の物質の表面に油が付着してもとれないが、超親水性表面には水膜ができるため油がとれる。

ただし、油を何日も付けたまま放っておいたのでは、界面に光が届かず親水性も失われてしまうため、易水洗性の効果は出なくなる。他のどの効果でも言えることだが、光触媒の効果を引き出すには、その効果を十分に発揮できる条件を見極めたうえで実用化を考えることが重要である。易水洗性があるからといって、ただちにどこにでも応用できるわけではない。

**セルフクリーニング** 図5は、外装建材に応用した例である。暴露1年後において、降雨によるセルフクリーニング効果を比較すると、超親水性コートを施したところは普通のセメント建材に比べ圧倒的に汚れが少ない。

外装材のようなところに光触媒分解によるセルフクリーニング性をもたせようとして、光触媒活性をむやみに高める設計を施すと、還元されたイオンが付着するなどしてかえって汚れてしまうことがあるが、超親水性材料では光触媒の分解活性はあまりないため、このような原因で汚れやすくなる心配は少ない。

PETフィルムでも暴露4カ月で汚れにかなり差がつく（図6）。また、

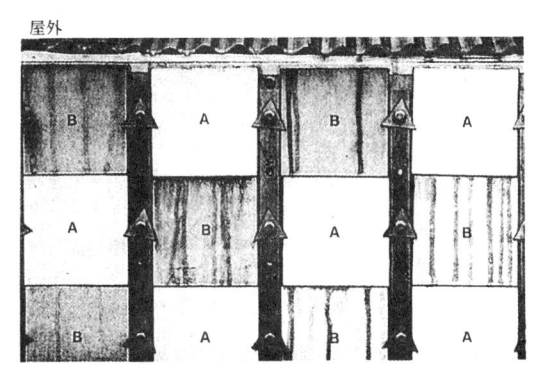

A：光触媒超親水性コート
B：通常セメント系外壁材

図5 サイディング材への応用

図6　フィルムの屋外暴露試験（4カ月）

図7　自動車外装ペイントへの応用

　　　　　　　　自動車のボディの半分に超親水性コーティングを施したところ、水アカ汚れが顕著に付きにくいことが明らかになった（図7）。

易乾燥性　　　　鏡面に超親水性コーティングしてあるものと、そうでないものにおいて、水をスプレーしたときの乾くまでの時間を比べたのが図8である。大きな水滴が付いている状態では乾くまでに時間がかかるが、超親水性表面では水滴ができずに一様に広がってしまうため速乾性である。乾きやすい性質は、たとえば建築資材や農業資材などさまざまな分野に利用されていくものと思われる。

## 2　製品設計に関わる性能

親水化速度と　　基本的な性能は、光を当ててどれだけ速く接触角が落ちるか、どの
暗所維持性　　程度まで接触角が下がって飽和するか、そして光を当てないときにどれだけ接触角が低いまま維持できるか、の3つである。これは用途によ

(a) 初期　　　　　　　　　　(b) 3分後

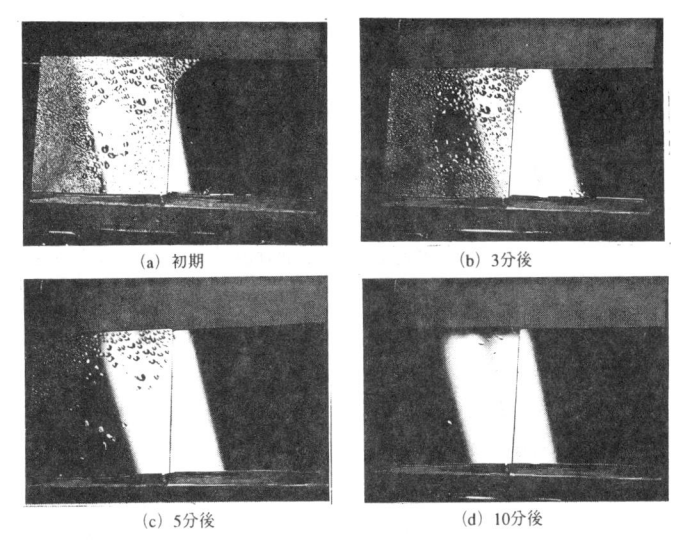

(c) 5分後　　　　　　　　　　(d) 10分後

図8　超親水性ミラーの乾燥速度（左側は通常ミラー）

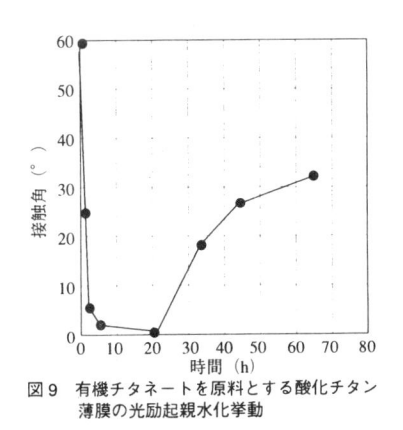

図9　有機チタネートを原料とする酸化チタン
薄膜の光励起親水化挙動

って設計し分けていくものである。

たとえば、図9は比較的速く親水化するが、暗いときの維持性はあまり良くないタイプである。ずっと光が当たっていたり、ときどきは光が当たるという条件で用いるならば、このタイプを使うこともできる。

307

そのような条件下では、接触角の落ちるスピードが最も重要になってくる。

**耐久性**　　実用材料としての耐久性については、サンシャインウェザーメーターで加速試験を行うなどして検討している。また、ガラスにコーティングしたもので、実際に屋外暴露試験も行った（図10）。屋外暴露650日の経過をみると、普通のガラスの接触角は30度付近であるが、超親水性コートしたガラスでは非常に低い接触角を維持している。今のところ、膜が損傷しなければ、劣化要因はほとんどないと考えている。

**透明性**　　同様に透明度についても調べたが、やはり屋外暴露650日くらいまで、透明性は変化しなかった（図11）。

**対摩耗性**　　自動車などへの応用を考える場合、硬さ、対摩耗性がいちばんのポイントになる。表1はテーバーテストという摩耗性に関する試験結果である。このデータの段階では、建築用の熱線反射ガラスに比べて、もう少し対摩耗性を上げたいところであった。その後、適切なプロセスをとると、ほぼ熱線反射ガラスと同程度の摩耗性までもっていくことができるようになり、あとはコストの問題ということになった。

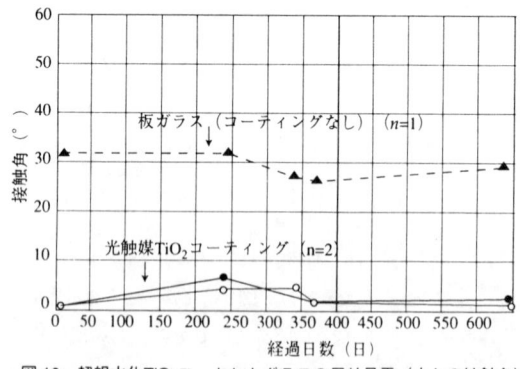

図10　超親水化TiO$_2$コートしたガラスの屋外暴露（水との接触角）

表1 テーバー試験による耐摩耗性評価

| 組成 | 焼成温度（℃） | ヘイズ値の変化 |
|---|---|---|
| TiO$_2$ | 650℃ | 0.95 |
|  | 500℃ | 0.80 |
| TiO$_2$-SiO$_2$ | 650℃ | 0.75 |
|  | 625℃ | 0.50 |
|  | 500℃ | 1.05 |
| 熱線反射ガラス |  | 0.40 |
| 板ガラス |  | 0.20 |

Abrasion test wheels : CS-10F、Weight : 500g
Rotations : 100 times

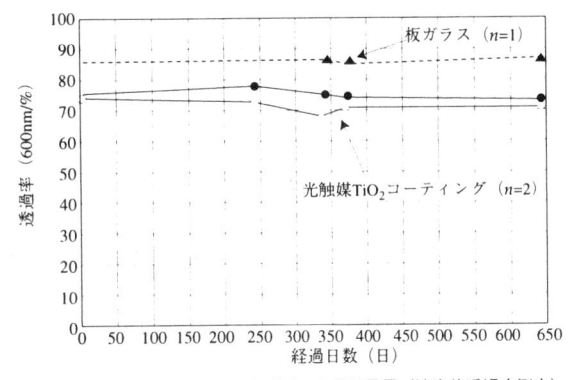

図11 超親水化TiO$_2$コートしたガラスの屋外暴露（洗浄後透過率測定）

**接触角と性能の関係**　図12は、接触角の大きさと防曇および防汚性との関係を定性的に示したものである。防曇性あるいは流滴性と接触角は、比較的シンプルな関係にあり、端的に言えば接触角が低ければ低いほど、これらの性能は高くなる。

　ところが、防汚性については少し込み入った関係にあり、接触角との兼ね合いでみると複雑な面がある。油のような疎水性の汚れに関しては、接触角が低いほど防汚性は高いという関係になるが、粘土や泥のような親水性の汚れの場合、最も汚れやすい接触角がある。さらに、汚れの中にはタンパク性の汚れのように親水性、疎水性両方の性質をもつものもあり複雑である。しかし、いずれにしても接触角がゼロに近いところは非常に汚れにくい材料になる。

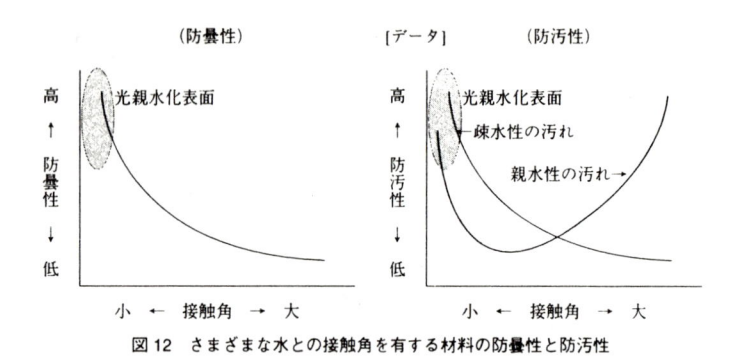

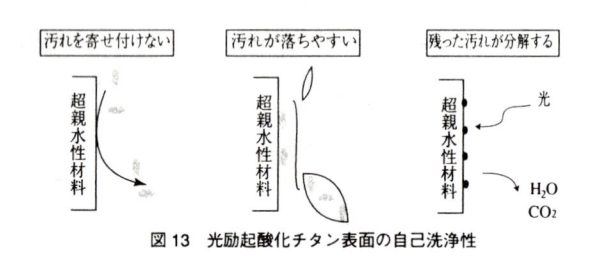

図12 さまざまな水との接触角を有する材料の防曇性と防汚性

図13 光励起酸化チタン表面の自己洗浄性

表2 2つの汚れない表面の比較

|  | 光触媒分解 | 超親水性 |
|---|---|---|
| 長所 | ・水のないところでセルフクリーニング可能 | ・水と一緒に付着する汚れに著しい効果がある（多量の汚れでもOK） |
| 短所 | ・徐々に汚れを分解する→多量の汚れに弱い<br>・金属イオンの還元着色によってかえって汚れることがある<br>・反応中間体で着色することがある | ・水がこない部分では使えない |

**親水型と分解型** 　防汚効果に関しては、光触媒分解を利用する方法も考えられている。タバコのヤニや車の排気ガスによる汚れのように徐々に付着する汚れを、光を当てることによって分解するというものである。しかしその場合、付着速度は分解速度を上回らないことが絶対条件である（表2）。

分解活性を高くしようとすると、非常にポーラスな材料になるが、

これではかえって汚れが付きやすくなってしまう。汚れやすい材料に分解活性をもたせてもこの問題は解決しない。そこで、われわれは超親水性の汚れにくさ、汚れが付いても雨が降ったり水がくると簡単に落ちる性質を付加することを考えた。

親水性をオールマイティと考えるのではなく、①まず緻密な材料で汚れが付きにくい、②汚れが付いても親水性で落ちる、③わずかに残った汚れは光触媒で分解する、ということが防汚性の概念の中で最も大切な要素である（図13）。

## 3　今後の展望

**物質表面の制御**　　超親水性表面とはいったい何であるか、ということはまだ今後の議論が待たれるところであるが、物理吸着層がある量を越えて表面に付着した表面であることは確かである。

このような表面の性質を副次的に応用できる領域は、今後さらに広がるものと予想される。たとえば抵抗値をみてみると、光が当たって水膜が形成されると抵抗は下がる。工業的には、このように物質表面の性状を制御するという考え方に立つことによって、超親水性技術はこれまでの光触媒分解とは全く違った分野で生かされるかもしれない（図14）。

**超親水化材料**　　また、材料についても、これまで酸化チタンが唯一光触媒として実用的な材料であるとしてきたが、親水性だけをみると他の材料にも可能性がある。酸化スズ、ルチルの酸化チタン、陽極酸化膜、熱酸化膜

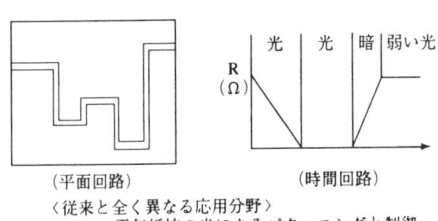

（平面回路）　　　　　　　　（時間回路）
〈従来と全く異なる応用分野〉
　ex.　電気抵抗の光によるパターニングと制御
図14　光励起表面制御技術の拓く未来

表3 光励起親水化現象

| 化合物種 | 光照射時(BLBライト)の挙動 | 到達角（1mW/cm² 照射時） |
|---|---|---|
| アナターゼ$TiO_2$多結晶体薄膜 | 親水化する | ～10° |
| ルチル$TiO_2$多結晶体薄膜 | 親水化する | ～18° |
| $SnO_2$多結晶体薄膜 | 親水化する | ～9° |
| 陽極酸化$TiO_2$薄膜 | 親水化する | ～10° |
| 熱酸化$TiO_2$薄膜 | 親水化する | ～13° |
| $SiO_2$多結晶薄膜 | 親水化しない | |
| Ti金属板 | 親水化しない | |

の酸化チタンなどは、ふつう光触媒活性は低いとされているが、少し工夫すれば良い材料ができるかもしれない（表3）。材料的には他にもまだ可能性があるかもしれないと考えている。

## 参考文献

1) R. Wang、K. Hashimoto、A. Fujishima、M. Kojima、A. Kitamura、M. Shimohigoshi、T. Watanabe、"Photogeneration of Highly Amphiphilic $TiO_2$ Surfaces"、*Adv.Mater.*, 10、135-138（1998）
2) R. Wang、K. Hashimoto、A. Fujishima、M. Chikuni、E. Kojima、A. Kitamura、M. Shimohigoshi、T. Watanabe、"Light Induced Amphiphilic Surface"、*Nature*、338、431-432（1997）
3) 藤嶋昭、橋本和仁、渡部俊也 共著、「光クリーン革命」、シーエムシー（1997）
4) 渡部俊也、「超親水化光触媒とその応用」、セラミックス、31（10）、837-840（1996）
5) 渡部俊也、「酸化チタン表面の光励起親水化現象」、ニューセラミックス、(2)、45-48（1997）

# 第6章　今後の展望

# 今後の展望

## ——快適な空間を創造する技術として——

　環境問題を地球規模で、人類全体の問題として捉えなければならないとの声が高まって久しい。地球温暖化や森林破壊の問題にしても、海洋汚染や有害廃棄物の処理問題にしても、すべて地球規模で人間の経済活動との関連で捉えなければならない問題となってきている。

　これらの原因は、環境容量の限界を正しく認識せず、目先の経済活動のみを優先させてきたわれわれ先進工業国と言われる国々の、「技術」と「市場」の失敗にあるとの指摘もなされている。いわば目先の効率を優先させてきた社会自体に問題があるということだろうか。

　このような深刻な認識から、効率優先に走らず、「持続可能な発展」を目指す社会を創る必要性が世界的に叫ばれるようになってきた。持続可能な発展とは、次世代以降のニーズを満たしながら、つまり、将来にわたってこの地球が住みやすい星であるように配慮しながら、現世代であるわれわれのニーズ、利便性追求の欲求もできる限り満たしていくような経済発展を意味するという。

　今後は、すべての企業活動が、持続可能な発展を目指した環境調和型の製品・サービスを提供することになるとの認識が世界的に受け入れられ始めている。目先のコスト意識のために、このような方向性を打ち出せない企業は、将来その存続の危機に直面するとさえ言われている。

　「環境調和型」社会においては、これまでの「消費優先社会」とは異なる技術が発展する可能性が高い。光や風などの自然エネルギーの積極活用は、おそらくそのような21世紀型の新しい技術のキーワードの1つとなるであろう。

　光触媒反応を応用する技術は、光エネルギーを化学エネルギーに変換することによって得られるものである。その原理が植物の光合成に似ていることからも明らかなように、環境調和型の技術として、これからの社会に積極的に受け入れられるのではないかと考えている。光触媒技術がさまざまな場面で応用され、快適な環境の創出に役立つことを願うものである。

　新しい技術の導入という観点からすると、信頼性を高めるいちばんの方法は現場に施工して効果を実証することである。分解型の光触媒については、抗菌タイルやトンネル照明などで、すでにこうした信頼を獲得しつつあり、今後は一気に各方面で実用化が進むものと思われる。さらに、超親水性、あるいは両親媒性の表面を創出する技術に関しても、実用化に向けた開発が進行している状況である。

　光触媒研究の流れを振り返ると、最初の水の光分解の発見もさることながら、その後も粉末

の酸化チタンを薄膜として用いる方法を開発したり、室内の弱い光を活用する領域を見つけたり、さらには超親水性、親油性という現象を見つけたりするなど、次々と新しい発想が生かされてきたことに、改めて感慨を覚えるほどである。これからも、既存の概念にとらわれない豊かな研究活動を通して新しい成果を出していきたいと考えている。

　ただし、押さえておくべきは、あくまでも光化学反応であり、表面に到達する光子数以上の反応は起こらないという点である。製品開発が盛んになると、ともするとこれら基本的な部分が忘れさられ、あいまいなコンセプトの商品となりがちであるので、あえて注意を促したい。すばらしい効果をもつ機能商品を生むことが、長い目でみたときの市場開拓にもつながるものと確信している。

付表　主な（酸化チタン）光触媒関連文献一覧表

1991年～1997年

| | |
|---|---|
| 91-1 | V. Augugliaro, L. Palmisano, M. Schiavello<br>*AIChE J.*, **33**, 1096(1991)<br>Photon absorption by aqueous $TiO_2$ dispersion contained in a stirred photoreactor |
| 91-2 | K. Patel, S. Yamagata, A. Fujishima, B. H. Loo, T. Kato<br>*Ber. Bunsenges. Phys. Chem.*, **95**, 176(1991)<br>Photo-sinking phenomenon : Photodecomposition rate of silane bonded on $TiO_2$ powders |
| 91-3 | M. Anpo, K. Chiba, M. Tomonari, S. Coluccia, M. Che, M. A. Fox<br>*Bull. Chem. Soc. Jpn.*, **64**, 543(1991)<br>Photocatalysis on native and platinum-loaded $TiO_2$ and ZnO catalysts.<br>Origin of different reactivities on wet and dry metal oxides |
| 91-4 | K. Iseda<br>*Bull. Chem. Soc. Jpn.*, **64**, 1160(1991)<br>Oxygen effect on photocatalytic reaction of ethanol over some $TiO_2$ photocatalysts |
| 91-5 | R. Cai, K. Hashimoto, K. Itoh, Y. Kubota, A. Fujishima<br>*Bull. Chem. Soc. Jpn.*, **64**, 1268(1991)<br>Photokilling of malignant cells with ultrafine $TiO_2$ powder |
| 91-6 | K. Tanaka, M. F. V. Capulr, T. Hisanaga<br>*Chem. Phys. Lett.*, **187**, 73(1991)<br>Effect of crystallinity of $TiO_2$ on its photocatalytic action |
| 91-7 | G. K. -C. Low, S. R. McEvoy, R. W. Matthews<br>*Environ. Sci. Technol.*, **25**, 460(1991)<br>Formation of nitrate and ammonium ions in $TiO_2$ mediated photocatalytic degradation of organic compounds containing nitrogen atoms |
| 91-8 | C. Kormann, D. W. Bahnemann, M. R. Hoffmann<br>*Environ. Sci. Technol.*, **25**, 494(1991)<br>Photolysis of chloroform and other organic molecules in aqueous $TiO_2$ suspensions |
| 91-9 | D. F. Ollis, E. Pelizzetti, N. Serpone<br>*Environ. Sci. Technol.*, **25**, 1522(1991)<br>Photocatalyzed destruction of water contaminants |
| 91-10 | T. Maruyama, T. Nishimoto<br>*Ind. Eng. Chem. Res.*, **30**, 1634(1991)<br>Hydrogen evolution over a powdered semiconductor photocatalyst |
| 91-11 | J. Sabate, M. A. Anderson, H. Kikkawa, M. Edwards, C. G. Hill,Jr.<br>*J. Catal.*, **127**, 167(1991)<br>A kinetic study of the photocatalytic degradation of chlorosalicylic acid over $TiO_2$ membranes supported on glass |
| 91-12 | M. Schiavello, V. Augugliaro, L. Palmisano<br>*J. Catal.*, **127**, 332(1991)<br>An experimental method for the determination of the photon flow reflected and absorbed by aqueous dispersions containing polycrystalline solids in heterogeneous photocatalysis |
| 91-13 | R. Terzian, N. Serpone, C. Minero, E. Pelizzetti<br>*J. Catal.*, **128**, 352(1991)<br>Photocatalyzed mineralization of cresols in aqueous media with irradiated titania |

91-14   A. P. Davis, O. J. Hao
        *J. Catal.*, **131**, 285(1991)
        Reactor dynamics in the evaluation of photocatalytic oxidation kinetics

91-15   J. -M. Herrmann, J. Disdier, P. Pichat, A. Fernandez, A. Gonzalez-Elipe, G. Munuera,
        C. Leclercq
        *J. Catal.*, **132**, 490(1991)
        Titania-supported bimetallic catalyst synthesis by photocatalytic codeposition at ambient
        temperature : Preparation and characterization of Pt-Rh, Ag-Rh, and Pt-Pd couples

91-16   G. Grabner, G. Li, R. M. Quint, N. Getoff
        *J. Chem. Soc. Faraday Trans.*, **87**, 1097(1991)
        Pulsed laser-induced oxidation of phenol in acid aqueous $TiO_2$ sols

91-17   R. Amadelli, A. Maldotti, S. Sostero, V. Carassiti
        *J. Chem. Soc. Faraday Trans.*, **87**, 3267(1991)
        Photodecomposition of uranium oxides onto $TiO_2$ from aqueous uranyl solutions

91-18   C. Boxall, G. H. Kelsall
        *J. Chem. Soc. Faraday Trans.*, **87**, 3537(1991)
        Photoelectrophoresis of colloidal semiconductors. 1. The technique and its applications

91-19   C. Boxall, G. H. Kelsall
        *J. Chem. Soc. Faraday Trans.*, **87**, 3547(1991)
        Photoelectrophoresis of colloidal semiconductors. 2. Transient experiments on $TiO_2$ particles

91-20   H. Toda, Y. Saito, H. Kawahara
        *J. Electrochem. Soc.*, **138**, 140(1991)
        Photodeposition of prussian blue on $TiO_2$ particles

91-21   N. B. Jackson, C. M. Wang, Z. Luo, J. Schwitzgebel, J. G. Ekerdt, J. R. Brock, A. Heller
        *J. Electrochem. Soc.*, **138**, 3660(1991)
        Attachment of $TiO_2$ powders to hollow glass microbeads:
        Activity of the $TiO_2$-coated beads in the photoassisted oxidation of ethanol to acetaldehyde

91-22   A. Sclafani, L. Palmisano, E. Davi
        *J. Photochem. Photobiol. A:Chem.*, **56**, 113(1991)
        Photocatalytic degradation of phenol in aqueous polycrystalline $TiO_2$ dispersion :
        The influence of $Fe^{3+}$, $Fe^{2+}$ and $Ag^+$ on the reaction rate

91-23   V. Brezova, S. Vodny, M. Vesely, M. Ceppan, L. Lapik
        *J. Photochem. Photobiol. A:Chem.*, **56**, 125(1991)
        Photocatalytic oxidation of 2-ethoxyethanol in a water suspension of $TiO_2$

91-24   J. L. Muzyka, M. A. Fox
        *J. Photochem. Photobiol. A:Chem.*, **57**, 27(1991)
        Oxidative photocatalysis in the absence of oxygen : Methyl viologen as an electron trap in the
        $TiO_2$-mediated photocatalysis of the Diels-Alder dimerization of 2, 4-dimethyl-1, 3-peptadiene

91-25   G. Al-Sayyed, J. -C. D'Oliveria, P. Pichat
        *J. Photochem. Photobiol. A:Chem.*, **58**, 99(1991)
        Semiconductor-sensitized photodegradation of 4-chlorophenol in water

| | |
|---|---|
| 91-26 | K. Tennakone, W. D. W. Jayatilake, U. S. Ketipearahchi, W. C. B. Kiridena, M. A. K. L. Dissanayake, O. A. Ileperuma<br>*J. Photochem. Photobiol. A:Chem.*, **58**, 323(1991)<br>Photodecomposition of water using $Fe^{2+}/Fe^{3+}$ phosphates as an intermediate redox couple |
| 91-27 | J. Cunningham, S. Srijaranai<br>*J. Photochem. Photobiol. A:Chem.*, **58**, 361(1991)<br>Sensitized photo-oxidation of dissolved alcohols in homogeneous and heterogeneous systems. 2. $TiO_2$-sensitized photodehydrogenations of benzyl alcohol |
| 91-28 | V. Brezova, A. Stasko, L. Lapcik,Jr.<br>*J. Photochem. Photobiol. A:Chem.*, **59**, 115(1991)<br>Electron paramagnetic resonance study of photogenerated radicals in titanium dioxide powder and its aqueous suspensions |
| 91-29 | A. Sclafani, M. -N. Mozzanega, P. Pichat<br>*J. Photochem. Photobiol. A:Chem.*, **59**, 181(1991)<br>Effect of silver deposits on the photocatalytic activity of $TiO_2$ samples for the dehydrogenation or oxidation of 2-propanol |
| 91-30 | V. Brezova, M. Ceppan, E. Brandsteterova, M. Breza, L. Lapcik<br>*J. Photochem. Photobiol. A:Chem.*, **59**, 385(1991)<br>Photocatalytic hydroxylation of benzoic acid in aqueous $TiO_2$ suspension |
| 91-31 | M. T. Dulay, D. Washington-Dedeaux, M. A. Fox<br>*J. Photochem. Photobiol. A:Chem.*, **61**, 153(1991)<br>Surface photodeposition of metal oxides by decomposition of several group IV A organometallics (benzyltrimethylsilanes and benzylmethyl-stannanes) on $TiO_2$ |
| 91-32 | M. Bideau, B. Claudel, L. Faure, H. Kazouan<br>*J. Photochem. Photobiol. A:Chem.*, **61**, 269(1991)<br>The photo-oxidation of acetic acid by oxygen in the presence of $TiO_2$ and dissolved copper ions |
| 91-33 | M. Vesely, M. Ceppan, V. Brezova, L. Lapcik<br>*J. Photochem. Photobiol. A:Chem.*, **61**, 399(1991)<br>Photocatalytic degradation of hydroxyethylcellulose in aqueous $Pt-TiO_2$ suspension |
| 91-34 | M. W. Peterson, J. A. Terner, A. J. Nozik<br>*J. Phys. Chem.*, **95**, 221(1991)<br>Mechanistic studies of the photocatalytic behavior of $TiO_2$.<br>Particles in a photoelectrochemical slurry cell and the relevance of photodetoxification reactions |
| 91-35 | J. Soria, J. C. Conesa, V. Augugiliaro, L. Palmisano, M. Schiavello, A. Sclafani<br>*J. Phys. Chem.*, **95**, 274(1991)<br>Dinitrogen photoreduction to ammonia over $TiO_2$ powders doped with ferric ions |
| 91-36 | Y. Wang<br>*J. Phys. Chem.*, **95**, 1119(1991)<br>Local field effect in small semiconductor clusters and particles |
| 91-37 | S. Tunesi, M. Anderson<br>*J. Phys. Chem.*, **95**, 3399(1991)<br>Influence of chemisorption on the photodecomposition of salicylic acid and related compounds using suspended $TiO_2$ ceramic membranes |

91-38 D. Lawless, N. Serpone, D. Meisel
*J. Phys. Chem.*, **95**, 5166(1991)
Pole of ·OH radicals and trapped holes in photocatalysis. A pulse radiolysis study

91-39 H. Gerischer, A. Heller
*J. Phys. Chem.*, **95**, 5261(1991)
The role of oxygen in photooxidation of organic molecules on semiconductor particles

91-40 J. M. Warman, M. P. de Haas, P. Pichat, N. Serpone
*J. Phys. Chem.*, **95**, 8858(1991)
Effect of isopropyl alcohol on the surface localization and recombination of conduction-band electrons in Degusa P25 $TiO_2$. A pulse-radiolysis time-resolved microwave conductivity study

91-41 R. Palmans, A. J. Frank
*J. Phys. Chem.*, **95**, 9438(1991)
A molecular water-reduction catalyst:
Surface derivatization of $TiO_2$ colloids and suspensions with a platinum complex

91-42 Y. Mao, C. Schoneich, K. -D. Asmus
*J. Phys. Chem.*, **95**, 10080(1991)
Identification of organic acids and other intermediates in oxidative degradation of chlorinated ethanes on $TiO_2$ surfaces on route to mineralization. A combined photocatalytic and radiation chemical study

91-43 H. Tada, M. Hyodo, H. Kawahara
*J. Phys. Chem.*, **95**, 10185(1991)
Photoinduced polymerization of 1,3, 5, 7-tetramethylcyclotetrasiloxane by $TiO_2$ particles

91-44 B. Jenny, P. Pichat
*Langmuir*, **7**, 947(1991)
Determination of the actual photocatalytic rate of $H_2O_2$ decomposition over suspended $TiO_2$. Fitting to the Langmuir-Hinshelwood form

91-45 G. Grabner, R. M. Quint
*Langmuir*, **7**, 1091(1991)
Pulse-laser-induced charge-transfer reactions in aqueous $TiO_2$ colloids.
A study of the dependence of transient formation on photon fluence

91-46 D. J. Fitzmaurice, H. Frei
*Langmuir*, **7**, 1129(1991)
Transient near-infrared spectroscopy of visible light sensitized oxidation of $I^-$ at colloidal $TiO_2$

91-47 J. Moser, S. Punchihewa, P. P. Infelta, M. Grätzel
*Langmuir*, **7**, 3012(1991)
Surface complexation of colloidal semiconductors strongly enhanced interfacial electron-transfer rates

91-48 Y. -M. Gao, W. Lee, R. Trehan, P. Kershaw, K. Dwight, A. Wold
*Mater. Res. Bull.*, **26**, 1247(1991)
Improvement of photocatalytic activity of $TiO_2$ by dispersion of Au on $TiO_2$

91-49 O. Enea, P. Crouigneau, J. Moser, M. Grätzel, S. Hunig
*New J. Chem.*, **15**, 267(1991)
On the pimerization of bridged viologen radicals photoproduced at the surface of illuminated $TiO_2$ sols

91-50  E. Pelizzetti, V. Carlin, C. Minero, M. Grätzel
*New J. Chem.*, **15**, 351(1991)
Enhancement of the rate of photocatalytic degradation on $TiO_2$ of 2-chlorophenol, 2, 7-dichlorodibenzodioxin and atrazine by inorganic oxidizing species

91-51  H. Yoneyama
*Res. Chem. Intermed.*, **15**, 101(1991)
Photocatalysis of size quantized $TiO_2$ and $Fe_2O_3$ prepared in clay inter-layers and Nafion

91-52  D. Bahnemann, D. Bockelmann, R. Goslich
*Solar Energy Mater.*, **24**, 564(1991)
Mechanistic studies of water detoxification in illuminated $TiO_2$ suspensions

91-53  D. M. Blake, J. Webb, C. Turch, K. Magrini
*Solar Energy Mater.*, **24**, 584(1991)
Kinetic and mechanistic overview of $TiO_2$-photocatalyzed oxidation reactions in aqueous solution

91-54  M. M. Kondo, W. F. Jardin
*Water Res.*, **25**, 823(1991)
Photodegradation of chloroform and urea using silver-loaded $TiO_2$ as catalyst

91-55  R. W. Matthews
*Water Res.*, **25**, 1169(1991)
Photooxidative degradation of coloured organics in water using supported catalysts. $TiO_2$ on sand

91-56  原田久志
*Chem. Express*, **12**, 961(1991)
銅担持酸化チタン粉末によるジカルボン酸水溶液の光触媒反応

91-57  上田　壽
日化, **1991**, 1290
エタノール中で熱処理したアナタースの磁気的性質と触媒作用
－機能性無機材料合成の手段としての表面処理法－

91-58  久米道之，小野さとみ，大澤松夫
表面技術, **42**, 854(1991)
$TiO_2$粉末光触媒を用いる有機態窒素化合物の分解処理

91-59  安保正一，千葉勝一，友成雅則
表面, **29**, 156(1991)
固体光触媒の新しい動向Ⅰ．微粒子酸化チタン上での光触媒反応の機構と量子サイズ効果

91-60  安保正一
季刊化学総説, No. 12, p. 132(1991)
触媒表面の光励起反応―典型的な光触媒反応と光触媒研究の新しい動向

92-1    A. Munoz-Paez, P. Malet
        *Appl. Surf. Sci.*, 56-58, 873(1992)
        X-ray absorption spectroscopy(XAS) study of the semiconductor-insulator interface in $TiO_2$-based photocatalysts

92-2    K. Kato
        *Bull. Chem. Soc. Jpn.*, **65**, 35(1992)
        Photosensitized oxidation of ethanol on alkoxy-derived $TiO_2$ powders

92-3    K. Sayama, H. Arakawa
        *Chem. Lett.*, **1992**, 253
        Remarkable effect of $Na_2CO_3$ addition on photodecomposition of liquid water into $H_2$ and $O_2$ from suspension of semiconductor powder loaded with various metals

92-4    R. Cai, K. Hashimoto, Y. Kubota, A. Fujishima
        *Chem. Lett.*, **1992**, 427
        Increment of photocatalytic killing of xancer cells using $TiO_2$ with the aid of superoxide dismutase

92-5    S. Morishita
        *Chem. Lett.*, **1992**, 1979
        Photoelectrochemical deposition of copper on $TiO_2$ particles.
        Generation of copper patterns without photoresists

92-6    A. Kudo, T. Sakata
        *Chem. Lett.*, **1992**, 2381
        Photocatalytic decomposition of $N_2O$ at room temperature

92-7    H. Hidaka, H. Jou, K. Nohara, J. Zhao
        *Chemosphere*, **25**, 1589(1992)
        Photocatalytic degradation of the hydrophobic pesticide permethrin in fluoro surfactant/$TiO_2$ aqueous dispersions

92-8    H. Hidaka, J. Zhao
        *Colloids and Surf.*, **67**, 165(1992)
        Photodegradation of surfactants catalyzed by a $TiO_2$ semiconductor

92-9    L. A. Dibble, G. B. Raupp
        *Environ. Sci. Technol.*, **26**, 492(1992)
        Fluidized-bed photocatalytic oxidation of trichloroethylene in contaminated airstreams

92-10   D. Bhakta, S. S. Shukla, M. S. Chandrasekharalah, J. L. Margrave
        *Environ. Sci. Technol.*, **26**, 625(1992)
        A novel photocatalytic method for detoxification of cyanide wastes

92-11   K. Tanaka, K. Abe, C. Y. Sheng, T. Hisanaga
        *Environ. Sci. Technol.*, **26**, 2534(1992)
        Photocatalytic wastewater treatment combined with ozone pretreatment

92-12   C. -M. Wang, A. Heller, H. Gerischer
        *J. Am. Chem. Soc.*, **114**, 5230(1992)
        Palladium catalysis of $O_2$ reduction by electrons accumulated on $TiO_2$ particles during photoassisted oxidation of organic compounds

| | |
|---|---|
| 92-13 | J. Sabate, M. A. Anderson, H. Kikkawa, Q. Xu, S. Cervera-March, C. G. Hill, Jr.<br>*J. Catal.*, **134**, 36(1992)<br>Nature and properties of pure and Nb-doped $TiO_2$ ceramic membranes affecting the photocatalytic degradation of 3-chlorosalicylic acid as a model of halogenated organic compounds |
| 92-14 | N. W. Cant, J. R. Cole<br>*J. Catal.*, **134**, 317(1992)<br>Photocatalysis of the reaction between ammonia and nitric oxide on $TiO_2$ surfaces |
| 92-15 | C. Martin, I. Martin, V. Rives, L. Palmisano, M. Schiavello<br>*J. Catal.*, **134**, 434(1992)<br>Structural and surface characterization of the polycrystalline system $Cr_xO_y/TiO_2$ employed for photoreduction of dinitrogen and photodegradation of phenol |
| 92-16 | K. E. Karakitsou, X. E. Verykios<br>*J. Catal.*, **134**, 629(1992)<br>Influence of catalyst parameters and operational variables on the photocatalytic cleavage of water |
| 92-17 | A. Kudo, K. Domen, K. Maruya, T. Ohnishi<br>*J. Catal.*, **135**, 300(1992)<br>Reduction of nitrate ions into nitrite and ammonia over some photocatalysts |
| 92-18 | E. Baciocchi, C. Rol, G. C. Rosato, G. V. Sebastiani<br>*J. Chem. Soc. Chem. Commun.*, **1992**, 59<br>Titanium dioxide photocatalysed oxidation of benzyltrimethylsilanes in the presence of silver sulfate |
| 92-19 | K. Sayama, H. Aikawa<br>*J. Chem. Soc. Chem. Commun.*, **1992**, 150<br>Significant effect of carbonate addition on stoichiometric photo-decomposition of liquid water into $H_2$ and $O_2$ from $Pt/TiO_2$ suspensions |
| 92-20 | O. Beaune, A. Finiels, P. Geneste, P. Graffin, J.-L. Olive, A. Saaedan<br>*J. Chem. Soc. Chem. Commun.*, **1992**, 1649<br>Zeolite effect on the oxidation of hydrocarbons with irradiated $TiO_2$ semiconductor |
| 92-21 | R. I. Bickley, J. S. Lees, R. J. D. Tilley, L. Palmisano, M. Chiavello<br>*J. Chem. Soc. Faraday Trans.*, **88**, 377(1992)<br>Characterization of iron/titanium oxide photocatalysts. 1. Structural and magnetic studies |
| 92-22 | B. Ohtani, S.-W. Zhang, S. Nishimoto, T. Kagiya<br>*J. Chem. Soc. Faraday Trans.*, **88**, 1049(1992)<br>Catalytic and photocatalytic decomposition of ozone at room temperature over titanium(4) dioxide |
| 92-23 | S. Kodama, S. Yagi<br>*J. Chem. Soc. Faraday Trans.*, **88**, 1685(1992)<br>Photocatalytic hydrogenation, decomposition and isomerization reactions of alkenes over $TiO_2$-adsorbed water |
| 92-24 | H. Inoue, M. Yamachika, H. Yoneyama<br>*J. Chem. Soc. Faraday Trans.*, **88**, 2215(1992)<br>Photocatalytic conversion of lactic acid to malic acid through pyruvic acid in the presence of malic enzyme and semiconductor photocatalysts |

92-25   M. L. Garcia Gonzalez, P. Salvador
        *J. Electroanal. Chem.*, **326**, 323(1992)
        $TiO_2$ photoetching mechanisms : efficient photocatalytic corrosion of rutile in the presence of $Cr_2O_7^{2-}$

92-26   R. Cai, K. Hashimoto, A. Fujishima, Y. Kubota
        *J. Electroanal. Chem.*, **326**, 345(1992)
        Conversion of photogenerated superoxide anion into hydrogen peroxide in $TiO_2$ suspension system

92-27   H. Gerischer, A. Heller
        *J. Electrochem. Soc.*, **139**, 113(1992)
        Photocatalytic oxidation of organic molecules at $TiO_2$ particles by sunlight in aerated water

92-28   G. Nogami
        *J. Electrochem. Soc.*, **139**, 3415(1992)
        Investigation of photocatalytic decomposition mechanism of organic compounds on platinized semiconductor catalyst by rotating ring disk electrode technique

92-29   C. Joyce-Pruden, J. K. Pross, Y. Li
        *J. Org. Chem.*, **57**, 5087(1992)
        Photoinduced reduction of aldehydes on $TiO_2$

92-30   F. Sabin, T. Turk, A. Vogler
        *J. Photochem. Photobiol. A:Chem.*, **63**, 99(1992)
        Photo-oxidation of organic compounds in the presence of $TiO_2$: Determination of the efficiency

92-31   M. Muneer, S. Das, V. B. Manilal, A. Haridas
        *J. Photochem. Photobiol. A:Chem.*, **63**, 107(1992)
        Photocatalytic degradation of waste-water pollutants: $TiO_2$-mediated oxidation of methyl vinyl ketone

92-32   Z. Luo, Q. -H. Gao
        *J. Photochem. Photobiol. A:Chem.*, **63**, 367(1992)
        Decrease in the photoactivity of $TiO_2$ pigment on doping with transition metals

92-33   L. Lin, S. Al-Thabaiti, R. R. Kuntz
        *J. Photochem. Photobiol. A:Chem.*, **64**, 93(1992)
        The photocatalytic production of $H_2$ from molybdenum-sulfur compounds loaded on $TiO_2$

92-34   H. Hidaka, J. Zhao, K. Kitamura, K. Nohara, N. Serpone, E. Pelizzetti
        *J. Photochem. Photobiol. A:Chem.*, **64**, 103(1992)
        Photodegradation of surfactants. 9. Photocatalyzed oxidation of polyoxyethylene alkyl ether homologues at $TiO_2$-water interfaces

92-35   B. Ohtani, S. Zhang, J. Handa, H. Kajiwara, S. Nishimoto, T. Kagiya
        *J. Photochem. Photobiol. A:Chem.*, **64**, 223(1992)
        Photocatalytic activity of titanium(IV) oxide prepared from titanium(IV) tetra-2-propoxide: reaction in aqueous silver salt solutions

92-36   R. W. Matthews, S. R. McEvoy
        *J. Photochem. Photobiol. A:Chem.*, **64**, 231(1992)
        Photocatalytic degradation of phenol in the presence of near-UV illuminated $TiO_2$

92-37   H. Hidaka, K. Nohara, J. Zhao, N. Serpone, E. Pelizzetti
        *J. Photochem. Photobiol. A:Chem.*, **64**, 247(1992)
        Photo-oxidative degradation of the pesticide permethrin catalysed by irradiated $TiO_2$ semiconductor slurries in aqueous media

| | |
|---|---|
| 92-38 | K. Hirano, K. Inoue, T. Yatsu<br>*J. Photochem. Photobiol. A:Chem.*, **64**, 255(1992)<br>Photocatalysed reduction of $CO_2$ in aqueous $TiO_2$ suspension mixed with copper powder |
| 92-39 | L. Muszkat, M. Halmann, D. Raucher, L. Bir<br>*J. Photochem. Photobiol. A:Chem.*, **65**, 409(1992)<br>Solar photodegradation of xenobiotic contaminants in polluted water |
| 92-40 | K. Ogura, M. Kawano, J. Yano, Y. Sakata<br>*J. Photochem. Photobiol. A:Chem.*, **66**, 91(1992)<br>Visible-light-assisted decomposition of $H_2O$ and photomethanation of $CO_2$ over $CeO_2$-$TiO_2$ catalyst |
| 92-41 | M. Halmann<br>*J. Photochem. Photobiol. A:Chem.*, **66**, 215(1992)<br>Photodegradation of di-*n*-butyl-ortho-phthalate in aqueous solutions |
| 92-42 | Cy. H. Pollema, J. L. Hendrix, E. B. Milosvaljevic, L. Solujic, J. H. Nelson<br>*J. Photochem. Photobiol. A:Chem.*, **66**, 235(1992)<br>Photocatalytic oxidation of cyanide to nitrate at $TiO_2$ particles |
| 92-43 | L. Lin, R. R. Kunt<br>*J. Photochem. Photobiol. A:Chem.*, **66**, 245(1992)<br>Competitive photocatalytic reduction of $H^+$ and $C_2H_2$ by $Mo_2S_4(S_2C_2H_4)_2^{2-}$ on colloidal $TiO_2$ |
| 92-44 | H. Hidaka, T. Nakamura, A. Ishizaka, M. Tsuchiya, J. Zhao<br>*J. Photochem. Photobiol. A:Chem.*, **66**, 367(1992)<br>Heterogeneous photocatalytic degradation of cyanide on $TiO_2$ surfaces |
| 92-45 | T. Uchihara, Y. Asato, A. Kinjo<br>*J. Photochem. Photobiol. A:Chem.*, **67**, 101(1992)<br>Effects of colloidal stabilizer and pH on photoinduced electron transfer from colloidal $TiO_2$ to methylviologen |
| 92-46 | I. R. Bellobono, M. Bonardi, L. Castellano, E. Selli, L. Righetto<br>*J. Photochem. Photobiol. A:Chem.*, **67**, 109(1992)<br>Degradation of some chloro-aliphatic water contaminants by photocatalytic membranes immobilizing $TiO_2$ |
| 92-47 | M. Bideau, B. Claudel, L. Faure, H. Kazouan<br>*J. Photochem. Photobiol. A:Chem.*, **67**, 337(1992)<br>The photo-oxidation of propionic acid by oxygen in the presence of $TiO_2$ and dissolved copper ions |
| 92-48 | M. M. Taqui Khan, D. Chatterjee, M. Bala<br>*J. Photochem. Photobiol. A:Chem.*, **67**, 349(1992)<br>Photocatalytic reduction of $N_2$ to $NH_3$ sensitized by the [$Ru^{III}$-ethylenediaminetetraacetate-2, 2'-bipyridyl]- complex in a Pt-$TiO_2$ semiconductor particulate system |
| 92-49 | K. Tennakone, W. C. B. Kiridena, S. Punchihewa<br>*J. Photochem. Photobiol. A:Chem.*, **68**, 389(1992)<br>Photodegradation of visible-light-absorbing organic compounds in the presence of semiconductor catalysts |
| 92-50 | A. Lozano, J. Garcia, X. Domenech, J. Casado<br>*J. Photochem. Photobiol. A:Chem.*, **69**, 237(1992)<br>Heterogeneous photocatalytic oxidation of manganese(II) over $TiO_2$ |

| | |
|---|---|
| 92-51 | T. -Y. Wei, C. -C. Wan<br>*J. Photochem. Photobiol. A:Chem.*, **69**, 241(1992)<br>Kinetics of photocatalytic oxidation of phenol on $TiO_2$ surface |
| 92-52 | J. Zhao, H. Oota, H. Hidaka, E. Pelizzetti, N. Serpone<br>*J. Photochem. Photobiol. A:Chem.*, **69**, 251(1992)<br>Photodegradation of surfactants 10. Comparison of the photo-oxidation of the aromatic moieties in sodium dodecylbenzene sulphonate and in sodium phenyldodecyl sulphonate at $TiO_2$-$H_2O$ interfaces |
| 92-53 | H. Hidaka, J. Zhao, E. Pelizzetti, N. Serpone<br>*J. Phys. Chem.*, **96**, 2226(1992)<br>Photodegradation of surfactants. 8. Comparison of photocatalytic processes between anionic sodium dodecylbenzenesulfonate and cationic benzyldodecyldimethylammonium chloride on the $TiO_2$ surface |
| 92-54 | I. Rosenberg, J. R. Brock, A. Heller<br>*J. Phys. Chem.*, **96**, 3423(1992)<br>Collection optics of $TiO_2$ photocatalyst on hollow glass microbeads floating on oil slicks |
| 92-55 | K. Vinodgopal, P. V. Kamat<br>*J. Phys. Chem.*, **96**, 5053(1992)<br>Photochemistry on surfaces. Photodegradation of 1,3-diphenylisobenzofuran over metal oxide particles |
| 92-56 | G. Rothenberger, D. Fitzmaurice, M. Grätzel<br>*J. Phys. Chem.*, **96**, 5983(1992)<br>Spectroscopy of conduction band electrons in transparent metal oxide semiconductor films: Optical determination of the flatband potential of colloidal $TiO_2$ |
| 92-57 | Y. Mao, C. Schoneich, K. -D. Asmus<br>*J. Phys. Chem.*, **96**, 8522(1992)<br>Influence of $TiO_2$ surface on 1, 2-chlorine shift in $\beta$-chlorine substituted radicals as studied by radiation chemistry and photocatalysis |
| 92-58 | P. Salvador, M. L. Garcia Gonzalez, F. Munoz<br>*J. Phys. Chem.*, **96**, 10349(1992)<br>Catalytic role of lattice defects in the photoassisted oxidation of water at (001) $n$-$TiO_2$ rutile |
| 92-59 | C. Minelo, F. Catozzo, E. Pelizzetti<br>*Langmuir*, **8**, 481(1992)<br>Role of adsorption in photocatalyzed reactions of organic molecules in aqueous $TiO_2$ suspensions |
| 92-60 | L. Lin, R. R. Kuntz<br>*Langmuir*, **8**, 870(1992)<br>Photocatalytic hydrogenation of acetylene by molybdenum-sulfur complexes supported on $TiO_2$ |
| 92-61 | W. Lee, Y. -M. Gao, K. Dwight, A. Wold<br>*Mater. Res. Bull.*, **27**, 685(1992)<br>Preparation and characterization of titanium(4) oxide photocatalysts |
| 92-62 | M. Albert, Y. -M. Gao, D. Toft, K. Dwight, A. Wold<br>*Mater. Res. Bull.*, **27**, 961(1992)<br>Photoassisted gold deposition of $TiO_2$ |

| | |
|---|---|
| 92-63 | Y. -M. Gao, H. -S. Shen, K. Dwight, A. Wold<br>*Mater. Res. Bull.*, **27**, 1023(1992)<br>Preparation and photocatalytic properties of titanium oxide films |
| 92-64 | C. Maillard, C. Guillard, P. Pichat, M. A. Fox<br>*New J. Chem.*, **16**, 821(1992)<br>Photodegradation of benzamide in $TiO_2$ aqueous suspension |
| 92-65 | K. Tennakone, O. A. Ileperuma, J. M. S. Bandara, W. C. B. Kiridena<br>*Semicond. Sci. Technol.*, **7**, 423(1992)<br>$TiO_2$ and $WO_3$ semiconductor particles in contact :<br>Photochemical reduction of $WO_3$ to the non-stoichiometric blue form |
| 92-66 | P. Reeves, R. Ohlhausen, D. Sloan, K. Pamplin, T. Scoggins, C. Clark, B. Hutchinson, D. Green<br>*Solar Energy*, **48**, 413(1992)<br>Photocatalytic destruction of organic dyes in aqueous $TiO_2$ suspensions using concentrated simulated and natural solar energy |
| 92-67 | R. W. Matthews, S. R. McEvoy<br>*Solar Energy*, **49**, 507(1992)<br>$TiO_2$ destruction of phenol in water with sun, sand, and photocatalysis |
| 92-68 | M. Halmann, A. J. Hunt, D. Spath<br>*Solar Energy Mater. Solar Cells*, **26**, 1(1992)<br>Photodegradation of dichloroethane, tetrachloroethylene and 1, 2-dibromo-3-chloropropane in aqueous suspensions of $TiO_2$ with natural, concentrated and simulated sunlight |
| 92-69 | O. A. Ileperuma, C. T. K. Thaminimulla, W. C. B. Kiridena<br>*Solar Energy Mater. Solar Cells*, **28**, 335(1992)<br>Photoreduction of $N_2$ to $NH_3$ and $H_2O$ to $H_2$ on metal doped $TiO_2$ catalysts(M=Ce,V) |
| 92-70 | M. A. Aguado, M. A. Anderson<br>*Solar Energy Mater. Solar Cells*, **28**, 345(1992)<br>Degradation of formic acid over semiconducting membranes supported on glass:<br>Effects of structure and electronic doping |
| 92-71 | E. Baciocchi, G. C. Rosato, C. Rol, G. V. Sebastiani<br>*Tetrahedron Lett.*, **33**, 5437(1992)<br>$TiO_2$-catalyzed photooxygenation of methylaromatics compounds in the presence of $Ag_2SO_4$ in $CH_3CN$ |
| 92-72 | N. N. Lichtin, J. Dong, K. M. Vijayakumar<br>*Water Pollut. Res. J. Can.*, **27**, 203(1992)<br>Photopromoted titanium oxide-catalyzed oxidative decomposition of organic pollutants in water and in the vapor phase |
| 92-73 | Y. Ku, C. B. Hsieh<br>*Water Res.*, **26**, 1451(1992)<br>Photocatalytic decomposition of 2, 4-dichlorophenol in aqueous titanium oxide suspensions |
| 92-74 | V. B. Manilal, A. Haridas, R. Alexander, G. D. Surender<br>*Water Res.*, **26**, 1035(1992)<br>Photocatalytic treatment of toxic organics in wastewater: Toxicity of photodegradation products |

| | |
|---|---|
| 92-75 | 原田久志, 梅田雅司<br>*Chem. Express*, **7**, 361(1992)<br>酸化チタン系光触媒を用いたジカルボン酸の固-固光触媒反応およびマロン酸水溶液からの光触媒反応生成物の担持金属依存性 |
| 92-76 | 久永輝明, 田中啓一<br>電化, **60**, 107(1992)<br>支持体に保持された二酸化チタンによる有機ハロゲン化合物の光触媒分解 |
| 92-77 | M. Murabayashi, K. Ito, S. Kuroda, R. Huda, R. Masuda, W. Takahashi, K. Kawashima<br>*Denki Kagaku*, **60**, 741(1992)<br>Photocatalytic degradation of chloroform with $TiO_2$ coated glass fiber cloth |
| 92-78 | M. Arai, K. Yamada, Y. Nishiyama<br>*J. Chem. Eng. Jpn.*, **25**, 761(1992)<br>Evolution and separation of hydrogen in the photolysis of water using titania-coated catalytic palladium membrane reactor |
| 93-1 | A. Avranas, I. Poulios, C. Kypri, D. Jannakoudakis, G. K. Yriakou<br>*Appl. Catal. B*, **2**, 289(1993)<br>Heterogeneous photocatalytic degradation of the cationic surfactant dodecylpyridinum chloride |
| 93-2 | A. P. Rivera, K. Tanaka, T. Hisanaga<br>*Appl. Catal. B*, **3**, 37(1993)<br>Photocatalytic degradation of pollutant over $TiO_2$ in different crystal structure |
| 93-3 | M. Trillas, J. Peral, X. Domenech<br>*Appl. Catal. B*, **3**, 45(1993)<br>Photo-oxidation of phenoxyacetic acid by $TiO_2$ illuminated catalyst |
| 93-4 | G. B. Raupp, C. T. Junio<br>*Appl. Surf. Sci.*, **72**, 321(1993)<br>Photocatalytic oxidation of oxygeneted air toxics |
| 93-5 | P. Bogdanoff, N. Alonso-Vante<br>*Ber. Bunsenges. Phys. Chem.*, **97**, 940(1993)<br>On-line determination via differential electrochemical mass spectroscopy (DEMS) of chemical products formed in photocatalytical systems |
| 93-6 | H. Sugimura, T. Uchida, N. Kitamura, H. Masuhara<br>*Chem. Lett.*, **1993**, 379<br>Photocatalytic micropatterning of $TiO_2$ surface with platinum |

| | |
|---|---|
| 93-7 | H. Uchida, S. Itoh, H. Yoneyama<br>*Chem. Lett.*, **1993**, 1995<br>Photocatalytic decomposition of propyzamide using $TiO_2$ supported on active carbon |
| 93-8 | A. Wold<br>*Chem. Mater.*, **5**, 280(1993)<br>Photocatalytic properties of $TiO_2$ |
| 93-9 | J. Rapp, H. -S. Shen, R. Kershaw, K. Dwight, A. Wold<br>*Chem. Mater.*, **5**, 284(1993)<br>Titanium(IV) oxide photocatalysts with palladium |
| 93-10 | M. A. Zeltner, C. G. Hill,Jr., M. A. Anderson<br>*CHEMTEC*, May, 21(1993)<br>Supported titania for photodegradation |
| 93-11 | U. Stafford, K. A. Gray, P. V. Kamat, A. Varma<br>*Chem. Phys. Lett.*, **205**, 55(1993)<br>An *in situ* diffuse reflectance FTIR investigation of photocatalytic degradation of 4-chlorophenol on a $TiO_2$ powder surface |
| 93-12 | M. A. Fox, M. T. Dulay<br>*Chem. Rev.*, **93**, 341<br>Heterogeneous photocatalysis |
| 93-13 | A. Mills, R. H. Davies, D. Worsley<br>*Chem. Soc. Rev.*, **1993**, 417<br>Water purification by semiconductor photocatalysis |
| 93-14 | H. Gerischer<br>*Electrochim. Acta*, **38**, 3(1993)<br>Photoelectrochemical catalysis of the oxidation of organic molecules by oxygen on small semiconductor particles with $TiO_2$ as an example |
| 93-15 | M. Schavello<br>*Electrochim. Acta*, **38**, 11(1993)<br>Some working principles of heterogeneous photocatalysis by semiconductors |
| 93-16 | J. Augustynski<br>*Electrochim. Acta*, **38**, 43(1993)<br>The role of the surface intermediates in the photoelectrochemical behaviour of anatase and rutile $TiO_2$ |
| 93-17 | E. Pelizzetti, C. Minero<br>*Electrochim. Acta*, **38**, 47(1993)<br>Mechanism of the photo-oxidative degradation of organic pollutants over $TiO_2$ particles |
| 93-18 | A. Fujishima, R. X. Cai, J. Otsuki, K. Hashimoto, K. Itoh, T. Yamashita, Y. Kubota<br>*Electrochim. Acta*, **38**, 153(1993)<br>Biochemical application of photoelectrochemistry: photokilling of malignant cells with $TiO_2$ powder |
| 93-19 | W. H. Glaze, J. F. Kenneke, J. L. Ferry<br>*Environ. Sci. Technol.*, **27**, 177(1993)<br>Chlorinated byproducts from the $TiO_2$-mediated photodegradation of trichloroethylene and tetrachloroethylene in water |

93-20　N. S. Foster, R. D. Noble, C. A. Koval
　　　*Environ. Sci. Technol.*, **27**, 350(1993)
　　　Reversible photoreductive deposition and oxidative dissolution of copper ions in $TiO_2$ aqueous suspensions

93-21　M. R. Nimlos, W. A. Jacoby, D. M. Blake, T. A. Milne
　　　*Environ. Sci. Technol.*, **27**, 732(1993)
　　　Direct mass spectrometric studies of the destruction of hazardous wastes. 2.
　　　Gas-phase photocatalytic oxidation of trichloroethylene over $TiO_2$: Products and mechanisms

93-22　G. Mills, M. R. Hoffmann
　　　*Environ. Sci. Technol.*, **27**, 1681(1993)
　　　Photocatalytic degradation of pentachlorophenol on $TiO_2$ particles:
　　　Identification of intermediates and mechanism of reaction

93-23　M. R. Prairle, L. R. Evans, B. M. Stange, S. L. Martinez
　　　*Environ. Sci. Technol.*, **27**, 1776(1993)
　　　An investigation of $TiO_2$ photocatalysis for the treatment of water contaminated with metals and organic chemicals

93-24　E. Pramauro, M. Vincenti, V. Augugilado, L. Palmisano
　　　*Environ. Sci. Technol.*, **27**, 1790(1993)
　　　Photocatalytic degradation of monuron in aqueous $TiO_2$ dispersions

93-25　K. Hasegawa, M. Murase, M. Kuboshita, H. Saida, M. Shinoda, M. Miyamoto, C. Shimasaki, T. Yoshimura, E. Tsukurimichi
　　　*Environ. Sci. Technol.*, **27**, 1819(1993)
　　　Photooxidation of naphthaleneamines adsorbed particles under simulated atmospheric conditions

93-26　R. J. Kuhler, G. A. Santo, T. R. Caudill, E. A. Betterton, R. G. Arnold
　　　*Environ. Sci. Technol.*, **27**, 2104(1993)
　　　Photoreductive dehalogenation of bromoform with $TiO_2$-cobalt macrocycle hybrid catalysts

93-27　L. Palmisano, V. Augugliro, R. Campostrini, M. Schiavello
　　　*J. Catal.*, **143**, 149(1993)
　　　A proposal for the quantative assessment of heterogeneous photocatalytic processes

93-28　A. Dauscher, R. Touboude, G. Maire, J. Kizling, M. Boutonnet-Kizling
　　　*J. Catal.*, **143**, 155(1993)
　　　Influence of the preparation mode on metal-support interactions in $Pt/TiO_2$ catalysts

93-29　M. Kaise, H. Kondoh, C. Nishihara, H. Nozoye, H. Shindo, S. Nimura, O. Kikuchi
　　　*J. Chem. Soc. Commun.*, **1993**, 395
　　　Photocatalytic reactions of acetic acid on platinum-loaded $TiO_2$ :
　　　ESR evidence of radical intermediates in the photo-Kolbe reaction

93-30　Y. Inei, D. Ertek
　　　*J. Chem. Soc. Faraday Trans.*, **89**, 129(1993)
　　　Photocatalytic deposition of bithmus(III) ions onto $TiO_2$ powder

93-31　X. Liu, K. -K. Lu, J. K. Thomas
　　　*J. Chem. Soc. Faraday Trans.*, **89**, 1861(1993)
　　　Preparation, characterization and photoreactivity of titanium(IV) oxide encapsulated in zeolites

| | |
|---|---|
| 93-32 | R. Cai, R. Baba, K. Hashimoto, Y. Kubota, A. Fujishima<br>*J. Electroanal. Chem.*, **360**, 237(1993)<br>Photoelectrochemistry of $TiO_2$ particles :<br>efficient electron transfer from the $TiO_2$ particles to a redox enzyme |
| 93-33 | W. -Y. Lin, C. Wei, K. Rajeshwar<br>*J. Electrochem. Soc.*, **140**, 2477(1993)<br>Photocatalytic reduction and immobilization of hexavalent chromium at $TiO_2$ in aqueous basic media |
| 93-34 | J. -C. D'Oliveria, C. Guillard, C. Maillard, P. Pichat<br>*J. Environ. Sci. Health*, **A28**, 941(1993)<br>Photocatalytic destruction of hazardous chlorine- or nitrogen-containing aromatics in water |
| 93-35 | F. Mahdavi, T. C. Bruton, Y. Li<br>*J. Org. Chem.*, **58**, 744(1993)<br>Photoinduced reduction of nitrocompounds on semiconductor particles |
| 93-36 | C. Lai, Y. I. Kim, C. M. Wang, T. E. Mallouk<br>*J. Org. Chem.*, **58**, 1393(1993)<br>Evidence for carbonation intermediates in the $TiO_2$-catalyzed photochemical fluolination of carboxylic acids |
| 93-37 | K. W. Krosley, D. M. Collard, J. Adamson, M. A. Fox<br>*J. Photochem. Photobiol. A:Chem.*, **69**, 357(1993)<br>Degradation of organophosphonic acids catalyzed by irradiated $TiO_2$ |
| 93-38 | S. Yamazaki-Nishida, K. J. Nagano, L. A. Phillips, S. Cervera-March, M. A. Anderson<br>*J. Photochem. Photobiol. A:Chem.*, **70**, 95(1993)<br>Photocatalytic degradation of trichroloethylene in the gas phase using titanium dioxide pellets |
| 93-39 | A. Mills, S. Moris, R. Davies<br>*J. Photochem. Photobiol. A:Chem.*, **70**, 183(1993)<br>Photomineralization of 4-chlorophenol sensitised by titanium dioxide: a study of the intermediates |
| 93-40 | K. Tennakone, C. T. K. Thaminimulle, S. Senadeera, A. R. Kumarasinghe<br>*J. Photochem. Photobiol. A:Chem.*, **70**, 193(1993)<br>$TiO_2$-catalysed oxidative photodegradation of mercurochrome:<br>An example of an organomercury compound |
| 93-41 | B. Ohtani, M. Kakimoto, S. Nishimoto, T. Kagiya<br>*J. Photochem. Photobiol. A:Chem.*, **70**, 265(1993)<br>Photocatalytic reaction of neat alcohols by metal-loaded $TiO_2$ particles |
| 93-42 | E. C. Butler, A. P. Davis<br>*J. Photochem. Photobiol. A:Chem.*, **70**, 273(1993)<br>Photocatalytic oxidation in aqueous titanium dioxide suspensions:<br>the influence of dissolved transition metals |
| 93-43 | A. Mills, S. Morris<br>*J. Photochem. Photobiol. A:Chem.*, **71**, 75(1993)<br>Photomineralization of 4-chlorophenol sensitized by titanium dioxides :<br>a study of the initial kinetics of carbon dioxide photogeneration |

93-44   B. Ohtani, S. -W. Zhang, T. Ogita, S. Nishimoto, T. Kagiya
        *J. Photochem. Photobiol. A:Chem.*, **71**, 195(1993)
        Photoactivation of silver loaded on titanium(IV) oxide for room-temperature decomposition of ozone

93-45   K. Tennakone
        *J. Photochem. Photobiol. A:Chem.*, **71**, 199(1993)
        Semiconductor photocatalysis for life-support systems on the moon

93-46   A. Mills, S. Morris
        *J. Photochem. Photobiol. A:Chem.*, **71**, 285(1993)
        photomineralization of 4-chlorophenol senstized by $TiO_2$:
        a study of the effect of annealing the photocatalyst at different temperature

93-47   G. Chester, M. Anderson, H. Read, S. Esplugas
        *J. Photochem. Photobiol. A:Chem.*, **71**, 291(1993)
        A jacketed annular membrane photocatalytic reactor for wastewater treatment:
        degradation of formic acid and atrazine

93-48   A. Milis, X. Domenech
        *J. Photochem. Photobiol. A:Chem.*, **72**, 55(1993)
        Photoassisted oxidation of nitrite to nitrate over different semiconducting oxides

93-49   J. H. Mihaylov, J. L. Hendix, J. H. Nelson
        *J. Photochem. Photobiol. A:Chem.*, **72**, 173(1993)
        Comparative catalytic activity of selected metal oxides and sulfides for photo-oxidation of cyanide

93-50   C. Richard
        *J. Photochem. Photobiol. A:Chem.*, **72**, 179(1993)
        Regioselectivity of oxidation by positive holes in photocatalytic aqueous transformations

93-51   J. -C. D'Oliveira, C. Minero, E. Pelizzetti, P. Pichat
        *J. Photochem. Photobiol. A:Chem.*, **72**, 261(1993)
        Photodegradation of dichlorophenols and trichlorophenols in $TiO_2$ aqueous suspensions:
        kinetic effects of the positions of the Cl atoms and identification of the intermediates

93-52   O. Ishitani, C. Inoue, Y. Suzuki, T. Ibusuki
        *J. Photochem. Photobiol. A:Chem.*, **72**, 269(1993)
        Photocatalytic reduction of carbon dioxide to methane and acetic acid by an aqueous suspension
        of metal-deposited $TiO_2$

93-53   N. Serpone, R. Terzian, D. Lawless, P. Kennepohl, G. Sauve
        *J. Photochem. Photobiol. A:Chem.*, **73**, 11(1993)
        On the usage of turnovers and quantum yields in heterogeneous photocatalysis

93-54   H. Durr, S. Bossmann, A. Beuerlein
        *J. Photochem. Photobiol. A:Chem.*, **73**, 233(1993)
        Biomimetic approaches to the construction of supramolecular catalysts:
        Titanium dioxide-platinum antenna catalysts to reduce water using visible light

93-55   J. F. Sczechowski, C. A. Koval, R. D. Noble
        *J. Photochem. Photobiol. A:Chem.*, **74**, 273(1993)
        Evidence of critical illumination and dark recovery times for increasing the photoefficiency of
        aqueous heterogeneous photocatalysis

| | |
|---|---|
| 93-56 | G. P. Lepore, C. H. Langford, J. Vichova, A. Vlcek,Jr.<br>*J. Photochem. Photobiol. A:Chem.*, **75**, 67(1993)<br>Photochemistry and picosecond absorption spectra of aqueous suspension of a polycrystalline $TiO_2$ optically transparent in the visible spectrum |
| 93-57 | M. M. Taqui Khan, D. Chatterjee, A. Hussain, M. A. Moiz<br>*J. Photochem. Photobiol. A:Chem.*, **76**, 97(1993)<br>Synthesis and characteristics of mixed ligand Ru(3) complexes with EDTA-polypyridyl, and $Pt/TiO_2/RuO_2$ semiconductor particulate system modified by the complexes |
| 93-58 | M. -C. Lu, G. -D. Poam, J. -N. Chen, C. P. Huang<br>*J. Photochem. Photobiol. A:Chem.*, **76**, 103(1993)<br>Factors affrecting the photocatalytic degradation of dichlorvor over titanium dioxide supported on glass |
| 93-59 | C. A. Martin, M. A. Baltandas, A. E. Cassano<br>*J. Photochem. Photobiol. A:Chem.*, **76**, 199(1993)<br>Photocatalytic reactors. 1. Optical behavior of $TiO_2$ particulate suspensions |
| 93-60 | B. Ohtani, S. Nishimoto<br>*J. Phys. Chem.*, **97**, 920(1993)<br>Effect of surface adsorptions of aliphatic alcohols and silver ion on the photocatalytic activity of $TiO_2$ suspended in aqueous solutions |
| 93-61 | K. E. Karakitsou, X. E. Verykios<br>*J. Phys. Chem.*, **97**, 1184(1993)<br>Effects of altervalent cation doping of $TiO_2$ on its performance as a photocatalyst for water cleavage |
| 93-62 | D. J. Fitzmaurice, M. Eschle, H. Frei, J. Moser<br>*J. Phys. Chem.*, **97**, 3806(1993)<br>Time-resolved rise of $I_2^-$ upon oxidation of iodide at aqueous $TiO_2$ colloid |
| 93-63 | I. Willner, Y. Eichen, A. J. Frank, M. A. Fox<br>*J. Phys. Chem.*, **97**, 7264(1993)<br>Photoinduced electron-transfer processes using organized redox-functionalized bypyridinium-polyethyleneimine-$TiO_2$ colloids and particulate assemblies |
| 93-64 | O. I. Micic, Y. Zhang, K. R. Cromack, A. D. Trifunac, M. C. Thurnauer<br>*J. Phys. Chem.*, **97**, 7277(1993)<br>Trapped holes on $TiO_2$ colloids studied by electron paramagnetic resonance |
| 93-65 | R. Konenkamp, R. Henninger, P. Hoyer<br>*J. Phys. Chem.*, **97**, 7328(1993)<br>Photocarrier transport in colloidal $TiO_2$ films |
| 93-66 | K. Vinodgopal, S. Hotchandani, P. V. Kamat<br>*J. Phys. Chem.*, **97**, 9040(1993)<br>Electrochemically assisted photocatalysis.<br>$TiO_2$ particulate film electrodes for photocatalytic degradation of 4-chlorophenol |
| 93-67 | G. Dagan, M. Tomkiewicz<br>*J. Phys. Chem.*, **97**, 12651(1993)<br>$TiO_2$ aerogels for photocatalytic decontamination of aquatic environments |
| 93-68 | W. Lee, H. -S. Shen, K. Dwight, A. Wold<br>*J. Solid State Chem.*, **106**, 288(1993)<br>Effect of silver on the photocatalytic activity of $TiO_2$ |

| | |
|---|---|
| 93-69 | A. Fernandez, A. R. Gonzalez-Elipe, C. Real, A. Caballero, G. Munuera<br>*Langmuir*, **9**, 121(1993)<br>Generation of homogeneous rhodium particles by photoreduction of Rh(III) on $TiO_2$ colloids grafted on $SiO_2$ |
| 93-70 | H. Cui, H-S. Shen, Y-M. Gao, K. Dwight, A. Wold<br>*Mater. Res. Bull.*, **28**, 195(1993)<br>Photocatalytic properties of titanium(IV) oxide thin films prepared by spin coated and spray pyrolysis |
| 93-71 | W. Lee, Y. R. Do, K. Dwight, A. Wold<br>*Mater. Res. Bull.*, **28**, 1127(1993)<br>Enhancement of photocatalytic activity of $TiO_2$ with molybdenum(VI) oxide |
| 93-72 | E. Pelizzetti, C. Minero, V. Carlin<br>*New J. Chem.*, **17**, 315(1993)<br>Photoinduced degradation of trazine over different metal oxides |
| 93-73 | J. Kiwi, C. Pulgarin, P. Peringer, M. Grätzel<br>*New J. Chem.*, **17**, 487(1993)<br>Beneficial effects of heterogeneous photocatalysis on the biodegradation of anthraquinone observed in water treatment |
| 93-74 | K. Tennakone, S. Senadeera, A. Priyadharshana<br>*Solar Energy Mater.*, **29**, 109(1993)<br>$TiO_2$ catalyzed photo-oxidation of water in the presence of methylene blue |
| 93-75 | R. Knodler, J. Sopka, F. Harbach, H. W. Grunling<br>*Solar Energy Mater.*, **30**, 277(1993)<br>Photoelectrochemical cells based on dye sensitized colloidal $TiO_2$ layers |
| 93-76 | R. P. S. Suri, J. Liu, D. W. Hand, J. C. Crittenden, D. L. Perran, M. E. Mullins<br>*Water Environ. Res.*, **65**, 665(1993)<br>Heterogeneous photocatalytic oxidation of hazardous organic contaminants in water |
| 93-77 | E. Pelizzetti, C. Minero, E. Pramauro<br>*NATO ASI Ser. E*, **225**, 577(1993)<br>Photocatalytic processes for distraction of organic water contaminants |
| 93-78 | I. Poulios, A. Avranas<br>*NATO ASI Ser. E*, **225**, 609(1993)<br>Heterogeneous photocatalytic degradation of the cationic surfactants cetyldimethylbenzylammonium chloride and cetylpyridinium chlorides |
| 93-79 | 岩本一星，田中崇生，大田英雄，小ノ澤忠義<br>*Chem. Express*, **8**, 69(1993)<br>光照射下の$Ru/TiO_2$触媒による$CO_2$の水素化 |
| 93-80 | A. A. Widodo, T. Kato, Y. Butsugan<br>*Chem. Express*, **8**, 241(1993)<br>A photocatalytic selective hydrogenation of several linalool type compounds with water over platinized titanium dioxide |
| 93-81 | A. A. Widodo, T. Kato, Y. Butsugan<br>*Chem. Express*, **8**, 701(1993)<br>A photocatalytic selective hydrogenation of linalool on platinized $TiO_2$ in organic solvents |

93-82 T. Kato, Y. Butsugan, K. Kato, B. H. Loo, A. Fujishima
*Denkikagaku*, **61**, 876(1993)
Decomposition of aqueous polyvinyl alcohol on photoexcited $TiO_2$

93-83 Y. Ohnishi, I. Izumi, T. Dohi, D. Watanabe
*Denkikagaku*, **61**, 880(1993)
Production of organic compounds from aqueous bicarbonate using product-separable photochemical diode

93-84 船山 斉, 菅原拓男
化学工学論文集, **19**, 272(1993)
二酸化チタン懸濁液中溶存微量クロロホルムの光触媒分解反応速度

93-85 指宿堯嗣
触媒, **35**, 506(1993)
光触媒による $CO_2$ の還元

93-86 荒川裕則, 佐山和弘
化学と工業, **46**, 338(1993)
水の完全分解反応のための高活性光触媒システム

94-1 L. Palmisano, M. Schiavello, A. Sclafani, G. Martra, E. Borello, S. Coluccia
*Appl. Catal. B. Environ.*, **3**, 117(1994)
Photocatalytic oxidation of phenol on $TiO_2$ powders. A Fourier transform infrared study

94-2 S. A. Larson, J. L. Falconer
*Appl. Catal. B. Environ.*, **4**, 325(1994)
Characterization of $TiO_2$ photocatalysts used in trichloroethane oxidation

94-3 N. M. Rao, S. Dube, M. P. Natarajan
*Appl. Catal. B. Environ.*, **5**, 33(1994)
Photocatalytic reduction of nitrogen over (Fe, Ru or Os)/$TiO_2$ catalysts

94-4 S. Morishita, K. Suzuki
*Bull. Chem. Soc. Jpn.*, **67**, 843(1994)
Photoelectrochemical deposition of nickel on $TiO_2$ particles. Formation of nickel patterns without resists

94-5 H. Noda, K. Oikawa, H. Ohya-Nishiguchi, H. Komada
*Bull. Chem. Soc. Jpn.*, **67**, 2031(1994)
Efficient hydroxyl radical production and their reactivity with ethanol in the presence of photoexcited semiconductors

94-6    S. Morishita, K. Suzuki
        *Bull. Chem. Soc. Jpn.*, **67**, 2354(1994)
        Resolution and peel adhesion strength of photoelectrochemical plated copper layers onto a $TiO_2$-adhered alumina substrate

94-7    H. Inoue, T. Matsuyama, B. -J. Liu, T. Sakata, H. Mori, H. Yoneyama
        *Chem. Lett.*, **1994**, 653
        Photocatalytic activity for carbon dioxide reduction of $TiO_2$ microcrystals prepared in $SiO_2$ matrices using a sol-gel method

94-8    I. Sopyan, S. Murasawa, K. Hashimoto, A. Fujishima
        *Chem. Lett.*, **1994**, 723
        Highly efficient $TiO_2$ film photocatalyst. Degradation of gaseous acetaldehyde

94-9    T. Mizuno, H. Tsutsumi, Y. Ohta, A. Saji, H. Noda
        *Chem. Lett.*, **1994**, 1533
        Photocatalytic reduction of $CO_2$ with dispersed $TiO_2$/Cu powder mixture in supercritical $CO_2$

94-10   A. Fujishima, L. A. Nagahara, H. Yoshiki, K. Ajito, H. Hashimoto
        *Electrochim. Acta*, **39**, 1229(1994)
        Thin semiconductor films: Photoeffects and new application

94-11   L. Avalle, E. Santos, V. A. Macagno
        *Electrochim. Acta*, **39**, 1291(1994)
        ETR on $TiO_2$ films modified by Pt doping

94-12   A. Bravo, J. Garcia, X. Domenech, J. Pearl
        *Electrochim. Acta*, **39**, 2461(1994)
        Some observations about the photocatalytic oxidation of cyanate to nitrate over $TiO_2$

94-13   H. Kawaguchi
        *Environ. Technol.*, **15**, 183(1994)
        Dependence of photocatalytic reaction rate on $TiO_2$ concentration in aqueous suspensions

94-14   Y. Zhang, J. C. Crittenden, D. W. Hand, D. L. Perram
        *Environ. Sci. Technol.*, **28**, 435(1994)
        Fixed bed photocatalysts for solar decontamination of water

94-15   D. H. Kim, M. A. Anderson
        *Environ. Sci. Technol.*, **28**, 479(1994)
        Photoelectrocatalytic degradation of formic acid using a porous $TiO_2$ thin-film electrode

94-16   K. Hofstadler, R. Bauer, S. Novalic, G. Heisler
        *Environ. Sci. Technol.*, **28**, 670(1994)
        New reactor desigh for photocatalytic wastewater treatment with $TiO_2$ immobilized on fused-silica glass fibers: Photomineralization of 4-chlorophenol

94-17   C. Wei, W. -Y. Lin, Z. Zainai, N. E. Williams, K. Zhu, A. P. Kruzic, R. L. Smith, K. Rajeshwar
        *Environ. Sci. Technol.*, **28**, 934(1994)
        Bactericidal activity of $TiO_2$ photocatalyst in aqueous media:
        Toward a solar-assisted water disinfection system

| | |
|---|---|
| 94-18 | W. A. Jacoby, M. R. Nimlos, D. M. Blake, R. D. Noble, C. A. Koval<br>*Environ. Sci. Technol.*, **28**, 1661(1994)<br>Products, intermediates, mass balances, and reaction pathways for the oxidation of trichloroethylene in air via heterogeneous photocatalysis |
| 94-19 | C. Maillard-Dupuy, C. Guillard, H. Courbon, P. Pichat<br>*Environ. Sci. Technol.*, **28**, 2176(1994)<br>Kinetics and products of the $TiO_2$ photocatalytic degradation of pyridine in water |
| 94-20 | L. C. Chen, T. -S. Chou<br>*Ind. Eng. Chem. Res.*, **33**, 1436(1994)<br>Photodecolorization of methyl orange using silver ion modified $TiO_2$ as photocatalyst |
| 94-21 | V. Brezova, A. Stasko<br>*J. Catal.*, **147**, 156(1994)<br>Spin trap study of hydroxyl radicals formed in the photocatalytic system $TiO_2$-water-*p*-cresol-oxygen |
| 94-22 | M. L. Sauer, D. F. Ollis<br>*J. Catal.*, **149**, 81(1994)<br>Acetone oxidation in a photocatalytic monolith reactor |
| 94-23 | S. Sampath, H. Uchida, H. Yoneyama<br>*J. Catal.*, **149**, 189(1994)<br>Photocatalytic degradation of gaseous pyridine over zeolite-supported $TiO_2$ |
| 94-24 | R. Bickley, T. Gonzalez-Carreno, A. R. Gonzalez-Elipe, G. Munuera, L. Palmisano<br>*J. Chem. Soc. Faraday Trans.*, **90**, 2257(1994)<br>Characterization of iron/$TiO_2$ photocatalysts. 2. Surface studies |
| 94-25 | S. T. Martin, H. Herrmann, W. Choi, M. R. Hoffmann<br>*J. Chem. Soc. Faraday Trans.*, **90**, 3315(1994)<br>Time-resolved microwave conductivity. 1. $TiO_2$ photoreactivity and size quantization |
| 94-26 | S. T. Martin, H. Herrmann, M. R. Hoffmann<br>*J. Chem. Soc. Faraday Trans.*, **90**, 3323(1994)<br>Time-resolved microwave conductivity. 2. Quantum size $TiO_2$ and the effect of adsorbates and light intensity on charge-carrier dynamics |
| 94-27 | S. Kuwabata, A. Kishimoto, H. Yoneyama<br>*J. Electroanal. Chem.*, **377**, 261(1994)<br>Kinetic studies using the quartz microbalance technique on the photoreduction of polyaniline film containing $TiO_2$ particles |
| 94-28 | H. Sakai, R. Baba, K. Hashimoto, A. Fujishima<br>*J. Electroanal. Chem.*, **379**, 199(1994)<br>Separate monitoring of reaction products formed at oxidation and reduction sites of $TiO_2$ photocatalysts using a microelectrode |
| 94-29 | P. Bogdanoff, A. Alonso-Vante<br>*J. Electroanal. Chem.*, **379**, 415(1994)<br>A kinetic approach of competitive photoelectrooxidation of HCOOH and $H_2O$ on $TiO_2$ anatase thin layers via on-line mass detection |

94-30 K. Kato, A. Tsuzuki, H. Taoda, Y. Torii, T. Kato, Y. Butsugan
J. Mater. Sci., **29**, 5911(1994)
Crystal structures of $TiO_2$ thin coatings prepared from the alkoxide solution via the dip-coating technique affecting the photocatalytic decomposition of aqueous acetic acid

94-31 A. Mills, J. Peral, X. Domenech, J. A. Navio
J. Mol. Catal., **87**, 67(1994)
Heterogeneous photocatalytic oxidation of nitrite over iron-doped $TiO_2$ samples

94-32 T. Ibusuki, K. Takeuchi
J. Mol. Catal., **88**, 93(1994)
Removal of low concentration nitrogen oxides through photoassisted heterogeneous catalysis

94-33 G. R. Bamwedna, S. Tsubota, T. Kobayashi, M. Haruta
J. Photochem. Photobiol. A:Chem., **77**, 59(1994)
Photoinduced hydrogen production from an aqueous solution of ethylene glycol over ultrafine gold supported on $TiO_2$

94-34 S. Das, M. Muneer, K. R. Gopidas
J. Photochem. Photobiol. A:Chem., **77**, 83(1994)
Photocatalytic degradation of wastewater pollutants.
$TiO_2$-mediated oxidation of polynuclear aromatic hydrocarbons

94-35 K. Sayama, H. Arakawa
J. Photochem. Photobiol. A:Chem., **77**, 243(1994)
Effect of $Na_2CO_3$ addition on photocatalytic decomposition of liquid water over various semiconductor catalysts

94-36 J. Cunningham, P. Sedlak
J. Photochem. Photobiol. A:Chem., **77**, 255(1994)
Interrelationships between pollutant concentration, extent of adsorption, $TiO_2$-sensitized removal, photon flux and levels of electron or hole trapping additives. 1.
Aqueous monochlorophenol-$TiO_2$(P25) suspensions

94-37 A. S. Caballero, A. R. Gonzalez-Elipe, A. Fernandez, J. M. Hermann, H. Dexpert, F. Villain
J. Photochem. Photobiol. A:Chem., **78**, 169(1994)
Experimental set-up for *in-situ* X-ray absorption spectroscopy analysis of photochemical reactions: the photocatalytic reduction of gold on $TiO_2$

94-38 A. Mills, A. Belghazi, R. H. Davies, D. Worsley, S. Morris
J. Photochem. Photobiol. A:Chem., **79**, 131(1994)
A kinetic study of the bleaching of rhodamine 6G photosensitized by $TiO_2$

94-39 Y. -Y. Wang, C. -C. Wan
J. Photochem. Photobiol. A:Chem., **79**, 203(1994)
Products and nucleation analysis of photoelectrochemical reduction of cupric ions in the $CuSO_4$- methanol-$TiO_2$ suspension system

94-40 A. Vidal, J. Herrero, M. Romero, B. Sanchez, M. Sanchez
J. Photochem. Photobiol. A:Chem., **79**, 213(1994)
Heterogeneous photocatalysis: degradation of ethylbenzene in $TiO_2$ aqueous suspensions

94-41 E. A. Malinka, G. L. Kamalov
*J. Photochem. Photobiol. A:Chem.*, **81**, 193(1994)
Influence of pH and surface complexes on the rate of $H_2$ evolution from photocatalytic systems $Pt/TiO_2$-electron donor

94-42 V. Brezova, M. Jankovicova, M. Soldam, A. Blazkova, R. Rehakova, I. Surina, M. Ceppan, B. Havlinova
*J. Photochem. Photobiol. A:Chem.*, **83**, 69(1994)
Photocatalytic degradation of *p*-toluenesulphonic acid in aqueous systems containing powdered and immobilized $TiO_2$

94-43 A. Mills, C. E. Holland, R. H. Davies, D. Worsley
*J. Photochem. Photobiol. A:Chem.*, **83**, 257(1994)
Photomineralization of salicylic acid : a kinetic study

94-44 R. R. Kuntz
*J. Photochem. Photobiol. A:Chem.*, **84**, 75(1994)
Photocatalytic reduction of acetylene by $[MoOCl(dppe)_2]^+Cl^-$ on $TiO_2$

94-45 I. R. Bellobono, A. Carrara, B. Barni, A. Gazzotti
*J. Photochem. Photobiol. A:Chem.*, **84**, 83(1994)
Laboratory- and pilot-plant-scale photodegradation of chloroaliphatics in aqueous solution by photocatalytic membranes immobilizing $TiO_2$

94-46 M. I. Litter, J. A. Navio
*J. Photochem. Photobiol. A:Chem.*, **84**, 183(1994)
Comparison of the photocatalytic efficiency of $TiO_2$, iron oxides and mixed $Ti(IV)$ - $Fe(III)$ oxides : Photodegradation of oligocarboxylic

94-47 Y. -Y. Wang, C. -C. Wan
*J. Photochem. Photobiol. A:Chem.*, **84**, 195(1994)
Investigation of photoelectrochemical reduction of cupric ions over $TiO_2$ in the presence of methanol

94-48 A. Mills, P. Sawunyama
*J. Photochem. Photobiol. A:Chem.*, **84**, 305(1994)
Photocatalytic degradation of 4-chlorophenol mediated by $TiO_2$ :
a comparative study of the activity of laboratory made and commercial $TiO_2$ samples

94-49 N. Serpone, R. Terzian, H. Hidaka, E. Pelizzetti
*J. Phys. Chem.*, **98**, 2634(1994)
Ultrasonic induced dehalogenation and oxidation of 2-, 3- and 4-chlorophenol in air-equilibrated aqueous media. Similarities with irradiated semiconductor particles

94-50 U. Stafford, K. A. Gray, P. V. Kamat
*J. Phys. Chem.*, **98**, 6343(1994)
Radiolytic and $TiO_2$-assisted photocatalytic degradation of 4-chlorophenol. A comarative study

94-51 S. Goldstein, G. Czapski, J. Rabani
*J. Phys. Chem.*, **98**, 6586(1994)
Oxidation of phenol by radiolytically generated $\cdot OH$ and chemically generated $SO_4^-$.
A distinction between $\cdot OH$ transfer and hole oxidation in the photolysis of $TiO_2$ colloid solution

94-52 K. Vinodgopal, U. Stafford, K. A. Gray, P. V. Kamat
*J. Phys. Chem.*, **98**, 6797(1994)
Electrochemically assited photocatalysis. 2. The role of oxygen and reaction intermediates in the degradation of 4-chlorophenol on immobilized $TiO_2$ particulate films

94-53   E. Joselevich, I. Willner
        *J. Phys. Chem.*, **98**, 7628(1994)
        Photosensitization of quantum-size $TiO_2$ particles in water-in-oil microemulsions

94-54   V. Brezova, A. Stasko, S. Biskupic, A. Blazkova, B. Havlinova
        *J. Phys. Chem.*, **98**, 8977(1994)
        Kinetics of hydroxyl radical spin trapping in photoactivated homogeneous ($H_2O_2$) and
        heterogeneous ($TiO_2$, $O_2$) aqueous systems

94-55   P. V. Kamat, I. Bedja, S. Hotchandani
        *J. Phys. Chem.*, **98**, 9137(1994)
        Photoinduced charge transfer between carbon and semiconductor clusters.
        One-electron reduction of $C_{60}$ in colloidal $TiO_2$ semiconductor suspensions

94-56   J. M. Kesselman, G. A. Shreve, M. R. Hoffmann, N. S. Lewis
        *J. Phys. Chem.*, **98**, 13385(1994)
        Flux-matching conditions at $TiO_2$ photoelectrodes: Is interfacial electron transfer to $O_2$ rate-
        limiting in the $TiO_2$-catalyzed photochemical degradation of organics ?

94-57   W. Choi, A. Termin, M. R. Hoffmann
        *J. Phys. Chem.*, **98**, 13669(1994)
        The role of metal ion dopants in quantum-sized $TiO_2$ :
        Correlation between photoreactivity and charge carrier recombination dynamics

94-58   S. T. Martin, C. L. Morrison, M. R. Hoffmann
        *J. Phys. Chem.*, **98**, 13695(1994)
        Photochemical mechanism of size-quantized vanadium-doped $TiO_2$ particles

94-59   Y. R. Do, W. Lee, K. Dwight, A. Wold
        *J. Solid State Chem.*, **108**, 198(1994)
        The effect of $WO_3$ on the photocatalytic activity of $TiO_2$

94-60   N. Serpone, D. Lawless, J. Disdier, J. -M. Herrmann
        *Langmuir*, **10**, 643(1994)
        Spectroscopic, photoconductivity, and photocatalytic studies of $TiO_2$ colloids :
        Naked and with the lattice doped with $Cr^{3+}$, $Fe^{3+}$, and $V^{5+}$ cations

94-61   C. Minero, E. Pelizzetti, R. Terzian, N. Serpone
        *Langmuir*, **10**, 692(1994)
        Reactions of hexafluorobenzene and pentafluorophenol catalyzed by irradiated $TiO_2$ in aqueous
        suspensions

94-62   M. Kaise, H. Nagai, K. Tokuhashi, S. Kondo, S. Nimura, O. Kikuchi
        *Langmuir*, **10**, 1345(1994)
        ESR studies of photocatalytic interface reactions of suspended $M/TiO_2$(M = Pt, Pd, Ir, Rh, Os, or
        Ru) with alcohol and acetic acid in aqueous media

94-63   C. Richard
        *New J. Chem.*, **18**, 443(1994)
        Photocatalytic reduction of benzoquinone in aqueous ZnO or $TiO_2$ suspensions

94-64   H. Hidaka, K. Nohara, J. Zhao, K. Takashima, E. Pelizzetti, N. Serpone
        *New J. Chem.*, **18**, 541(1994)
        Photodegradation of surfactants. 13.
        Photocatalytic mineralization of nitrogen-containing surfactants at the $TiO_2$/water interface

94-65　C. Richard, P. Boule
　　　　*New J. Chem.*, **18**, 547(1994)
　　　　Photocatalytic oxidation of phenolic derivatives :
　　　　Influence of ·OH and h$^+$ on the distribution of products

94-66　Y. Wada, M. Taira, D. Zheng, S. Yanagida
　　　　*New J. Chem.*, **18**, 589(1994)
　　　　$TiO_2$-catalyzed exhaustive photooxidation of organic compounds in perfluorotributylamine

94-67　L. Minsker, C. Pulgarin, P. Peringer, J. Kiwi
　　　　*New J. Chem.*, **18**, 793(1994)
　　　　Integrated approach useful in the mineralization of nonbiodegradable, toxic *p*-nitrotoluenesulfonic acid via photocatalytic-biological processes

94-68　C. Maillard-Dupuy, C. Guillard, P. Pichat
　　　　*New J. Chem.*, **18**, 941(1994)
　　　　The degradation of nitrobenzene in water by photocatalysis over $TiO_2$ :
　　　　Kinetics and products; simultaneous elimination of benzamide or phenol or $Pb^{2+}$ cations

94-69　N. Z. Muradov
　　　　*Solar Energy*, **52**, 283(1994)
　　　　Solar detoxification of nitroglycerine-contaminated water using immobilized titania

94-70　K. Tanaka, T. Hisanaga
　　　　*Solar Energy*, **52**, 447(1994)
　　　　Photodegradation of chlorofluorocarbon alternatives on metal oxide

94-71　A. Wang, J.G. Edwards, J. A. Davies
　　　　*Solar Energy*, **52**, 459(1994)
　　　　Photooxidation of aqueous ammonia with titania-based heterogeneous catalysts

94-72　H. Ross, J. Bendig, S. Hecht
　　　　*Solar Energy Mater. Solar Cells*, **33**, 475(1994)
　　　　Sensitized photocatalytical oxidation of terbutylazine

94-73　R. J. Davis, J. L. Gilbert, G. O'Neal, I. -W. Wu
　　　　*Water Environ. Res.*, **66**, 50(1994)
　　　　Photocatalytic decolorization of wastewater dyes

94-74　大谷文章
　　　　触媒, **36**, 515(1994)
　　　　新しい光触媒反応-材料・反応・機構

94-75　橋本和仁, 藤嶋　昭
　　　　触媒, **36**, 524(1994)
　　　　光触媒による環境浄化

94-76　山崎鈴子
　　　　化学と工業, **47**, 152(1994)
　　　　光触媒を用いた地下水汚染物質の処理

94-77　橋本和仁, 藤嶋　昭
　　　　化学装置, **1994**(4), 77
　　　　光触媒反応を利用した環境汚染物質の除去

94-78　橋本和仁, 藤嶋　昭
　　　用水と廃水, **36**, 851(1994)
　　　光触媒反応による水の浄化

94-79　日本化学会, 季刊化学総説, 23
　　　光が関わる触媒化学－光合成から環境化学まで

95-1　K. Tennakone, U. S. Ketipearachchi
　　　*Appl. Catal. B. Environ.*, **5**, 343(1995)
　　　Photocatalytic method for removal of mercury from contaminated water

95-2　M. Trillas, J. Peral, X. Domenech
　　　*Appl. Catal. B. Environ.*, **5**, 377(1995)
　　　Redox photodegradation of 2, 4-dichlorophenoxyacetic acid over $TiO_2$

95-3　X. Fu, W. A. Zeltner, M. A. Anderson
　　　*Appl. Catal. B. Environ.*, **6**, 209(1995)
　　　The gas-phase photocatalytic mineralization of benzene on porous titania-based catalysts

95-4　A. Fernandez, G. Lassaletta, V. M. Jimenez, A. Justo, A. R. Gonzalez-Elipe, J. -M. Herrmann, H. Tahiri, Y. Ait-Ichou
　　　*Appl. Catal. B. Environ.*, **7**, 49(1995)
　　　Preparation and characterization of $TiO_2$ photocatalysts supported on various rigid supports(glass, quartz and stainless steel). Comparative studies of photocatalytic activity in water purification

95-5　R. Terzian, N. Serpone
　　　*Catal. Lett.*, **32**, 227(1995)
　　　Photocatalyzed mineralization of a trimethylated phenol in oxygenated aqueous titania. An alternative to microbial degradation

95-6　C. Bouquet-Somrani, A. Finiels, P. Geneste, P. Graffin, A. Guida, M. Klaver, J. -L. Olive, A. Saaedan
　　　*Catal. Lett.*, **33**, 395(1995)
　　　Photocatalytic oxidation of substituted toluens with irradiated $TiO_2$ semiconductor. Effect of zeolite

95-7　S. Tabata, H. Nishida, Y. Masaki, K. Tabata
　　　*Catal. Lett.*, **34**, 245(1995)
　　　Stoichiometric photocatalytic decomposition of pure water in $Pt/TiO_2$ aqueous suspension system

95-8　S. Cheng, S. -J. Tsai, Y. -F. Lee
　　　*Catal. Today*, **26**, 87(1995)
　　　Photocatalytic decomposition of phenol over $TiO_2$ of various structures

| | |
|---|---|
| 95-9 | H. Kominami, T. Matsuura, K. Iwai, B. Ohtani, S. Nishimoto, Y. Kera<br>*Chem. Lett.*, **1995**, 693<br>Ultra-highly active titanium(IV) dioxide photocatalyst prepared by hydrothermal crystallization from titanium(IV) alkoxide in organic solvents |
| 95-10 | H. Matsubara, M. Takada, S. Koyama, K. Hashimoto, A. Fujishima<br>*Chem. Lett.*, **1995**, 767<br>Photoactive $TiO_2$ conntaining paper:<br>Preparation and its photocatalytic activity under weak UV light illumination |
| 95-11 | N. Negishi, T. Iyoda, K. Hashimoto, A. Fujishima<br>*Chem. Lett.*, **1995**, 841<br>Preparation of transparent $TiO_2$ thin film photocatalyst and its photocatalytic activity |
| 95-12 | K. Ikeda, H. Sakai, R. Baba, K. Hashimoto, A. Fujishima<br>*Chem. Lett.*, **1995**, 979<br>Microscopic observation of photocatalytic reaction using microelectrode:<br>Spatial resolution for reaction products distribution |
| 95-13 | B. Ohtani, K. Iwai, H. Kominami, T. Matsuura, Y. Kera, S. Nishimoto<br>*Chem. Phys. Lett.*, **242**, 315(1995)<br>Titanium(IV) oxide photocatalyst of ultra-high activity for selective *N*-cyclization of an amino acid in aqueous suspensions |
| 95-14 | A. L. Linsebigler, G. Lu, J. T. Yates, Jr.<br>*Chem. Rev.*, **95**, 735(1995)<br>Photocatalysis on $TiO_2$ surfaces: Principles, mechanisms, and selected results |
| 95-15 | H. Gerischer<br>*Electrochim. Acta*, **40**, 1277(1995)<br>Photocatalysis in aqueous solution with small $TiO_2$ particles and the dependence of the quantum yield on particle size and light intensity |
| 95-16 | T. Matsunaga, M. Okochi<br>*Environ. Sci. Technol.*, **29**, 501(1995)<br>$TiO_2$-mediated photochemical disinfection of *escherichia coli* using optical fibers |
| 95-17 | K. A. Gruebel, J. A. Davis, J. O. Leckie<br>*Environ. Sci. Technol.*, **29**, 586(1995)<br>Kinetics of oxidation of selinite to selenate in the presence of oxygen, titania, and light |
| 95-18 | K. Vinodgopal, P. V. Kamat<br>*Environ. Sci. Technol.*, **29**, 841(1995)<br>Enhanced rates of photocatalytic degradation of an azo dye using $SnO_2/TiO_2$ coupled semiconductor thin films |
| 95-19 | T. N. Obee, R. T. Brown<br>*Environ. Sci. Technol.*, **29**, 1223(1995)<br>$TiO_2$ photocatalysis for indoor air applications : Effects of humidity and trace contaminant levels on the oxidation rates of formaldehyde, toluene, and 1, 3-butadiene |
| 95-20 | W. Choi, M. R. Hoffmann<br>*Environ. Sci. Technol.*, **29**, 1646(1995)<br>Photoreductive mechanism of $CCl_4$ degradation on $TiO_2$ particles and effects of electron donors |

95-21　Y. Sun, J. J. Pignatello
　　　*Environ. Sci. Technol.*, **29**, 2065(1995)
　　　Evidence for a surface dual hole-radical mechanism in the $TiO_2$ photocatalytic oxidation of
　　　2, 4-dichlorophenoxyacetic acid

95-22　C. Minero, E. Pelizzetti, P. Pichat, M. Sega, M. Vincenti
　　　*Environ. Sci. Technol.*, **29**, 2226(1995)
　　　Formation of condensation products in advanced oxidation technologies:
　　　The photocatalytic degradation of dichlorophenols on $TiO_2$

95-23　K. B. Sherrard, P. J. Marriott, R. G. Amiet, R. Colton, M. J. Mccormick, G. C. Smith
　　　*Environ. Sci. Technol.*, **29**, 2235(1995)
　　　Photocatalytic degradation of secondary alcohol ethoxylate:
　　　Spectroscopic, chromatographic, and mass spectroscopic studies

95-24　S. T. Martin, A. T. Lee, M. R. Hoffmann
　　　*Environ. Sci. Technol.*, **29**, 2567(1995)
　　　Chemical mechanism of inorganic oxidants in the $TiO_2$/UV process:
　　　Increased rates of degradation of chlorinated hydrocarbons

95-25　N. I. Pelli, M. R. Hoffmann
　　　*Environ. Sci. Technol.*, **29**, 2974(1995)
　　　Developement and optimization of a $TiO_2$-coated fiber-optic cable reactor:
　　　Photocatalytic degradation of 4-chlorophenol

95-26　S. A. Naman, N. H. Al-Mishhadani, L. M. Al-Shamma
　　　*Int. J. Hydrogen Energy*, **20**, 303(1995)
　　　Photocatalytic production of hydrogen from hydrogen sulfide in ethanolamine aqueous solution
　　　containing semiconductors dispersion

95-27　K. Rajeshwar
　　　*J. Appl. Electrochem.*, **25**, 1067(1995)
　　　Photoelectrochemistry and the environment

95-28　K. Karakitsou, X. E. Verykios
　　　*J. Catal.*, **152**, 360(1995)
　　　Definition of the intrinsic rate of photocatalytic cleavage of water over Pt-$RuO_2$/$TiO_2$ catalysis

95-29　V. Augugliaro, V. Loddo, L. Palmisano, M. Schiavello
　　　*J. Catal.*, **153**, 32(1995)
　　　Performance of heterogeneous photocatalytic systems:
　　　Influence of operational variables on photoactivity of aqueous suspension of $TiO_2$

95-30　W. A. Kacoby, D. M. Blake, R. D. Noble, C. A. Koval
　　　*J. Catal.*, **157**, 87(1995)
　　　Kinetics of the oxidation of trichloroethylene in air via heterogeneous photocatalysis

95-31　S. A. Larson, J. A. Widegren, J. L. Falconer
　　　*J. Catal.*, **157**, 611(1995)
　　　Transient studies of 2-propanol photocatalytic oxidation on titania

95-32　L. Zang, C. -Y. Liu, X-M. Ren
　　　*J. Chem. Soc. Faraday Trans.*, **91**, 917(1995)
　　　Photochemistry of semiconductor particles 4. Effects of surface condition on the
　　　photodegradation of 2, 4-dichlorophenol catalyzed by $TiO_2$ suspensions

| | |
|---|---|
| 95-33 | U. Roland, R. Salzer, T. Brauschweig, F. Roessner, H. Winkler<br>*J. Chem. Soc. Faraday Trans.*, **91**, 1091(1995)<br>Investigation on hydrogen spillover. 1. Electrical conductivity studies on $TiO_2$ |
| 95-34 | S. Doherty, C. Guillard, P. Pichat<br>*J. Chem. Soc. Faraday Trans.*, **91**, 1853(1995)<br>Kinetics and products of the photocatalytic degradation of morpholine(tetrahydro-2H-1, 4-oxazine) in $TiO_2$ aqueous suspensions |
| 95-35 | A. Hagfeldt, H. Lindstrom, S. Sodergren, S. Lindquist<br>*J. Electroanal. Chem.*, **381**, 39(1995)<br>PEC studies of colloidal $TiO_2$ films : The effect of oxygen studied by photocurrent transients |
| 95-36 | S. A. Walker, P. A. Christensen, K. E. Shaw, G. M. Walker<br>*J. Electroanal. Chem.*, **393**, 137(1995)<br>PEC oxidation of aqueous phenol using titanium dioxide aerogel |
| 95-37 | M. Anpo, H. Yamashita, Y. Ichihashi, S. Ebara<br>*J. Electroanal. Chem.*, **396**, 21(1995)<br>Photocatalytic reduction of $CO_2$ with $H_2O$ on various titanium oxide catalysts |
| 95-38 | K. Murakoshi, G. Kano, Y. Wada, S. Yanagida, H. Miyazaki, M. Matsumoto, S. Murasawa<br>*J. Electroanal. Chem.*, **396**, 27(1995)<br>Importance of binding states between photosensitizing molecules and the $TiO_2$ surface for efficiency in dye-sensitized solar cell |
| 95-39 | A. Wahl, M. Ulmann, A. Carroy, B. Jermann, M. Dolata, P. Kedzierzawski, C. Chatelain, A. Monnier, J. Augustynski<br>*J. Electroanal. Chem.*, **396**, 41(1995)<br>Photoelectrochemical studies pertaining to the activity of $TiO_2$ towards photodegradation of organic compounds |
| 95-40 | H. Tada, H. Honda<br>*J. Electrochem. Soc.*, **142**, 3438(1995)<br>Photocatalytic activity of $TiO_2$ film coated on internal lightguide |
| 95-41 | K. Kato, A. Tsuzuki, Y. Torii, H. Taoda, T. Kato, Y. Butsugan<br>*J. Mater. Sci.*, **30**, 837(1995)<br>Morphology of thin anatase coatings prepared from alkoxide solutions containing organic polymer, affecting the photocatalytic decomposition of aqueous acetic acid |
| 95-42 | A. Mills, R. Davis<br>*J. Photochem. Photobiol. A:Chem.*, **85**, 173(1995)<br>Activation energies in semiconductor photocatalysis for water purification :<br>the 4-chlorophenol-$TiO_2$-$O_2$ photosystem |
| 95-43 | H. Y. Chen, O. Zahraa, M. Bouchy, F. Thomas, J. Y. Bottero<br>*J. Photochem. Photobiol. A:Chem.*, **85**, 179(1995)<br>Adsorption properties of $TiO_2$ related to the photocatalytic degradation of organic contaminants in water |
| 95-44 | B. Sangchakr, T. Hisanaga, K. Tanaka<br>*J. Photochem. Photobiol. A:Chem.*, **85**, 187(1995)<br>Photocatalytic degradation of sulfonated aromatics in aqueous $TiO_2$ suspension |

| | |
|---|---|
| 95-45 | N. Serpone, P. Maruthamuthu, P. Pichat, E. Pelizzetti, H. Hidaka<br>*J. Photochem. Photobiol. A:Chem.*, **85**, 247(1995)<br>Exploiting the interparticle electron transfer process in the photocatalyzed oxidation of phenol, 2-chlorophenol and pentachlorophenol:<br>Chemical evidence for electron and hole transfer between coupled semiconductors |
| 95-46 | L. Amalric, C. Guillard, P. Pichat<br>*J. Photochem. Photobiol. A:Chem.*, **85**, 257(1995)<br>The photodegradation of 2, 3-benzofuran and its intermediates, 2-coumara-none and salicylaldehyde, in $TiO_2$ aqueous suspensions |
| 95-47 | L. Muszkat, L. Bir, L. Feidelson<br>*J. Photochem. Photobiol. A:Chem.*, **87**, 85(1995)<br>Solar photocatalytic mineralization of pesticides in polluted waters |
| 95-48 | K. Tennakone, C. T. K. Tilakaratne, I. R. M. Kottegoda<br>*J. Photochem. Photobiol. A:Chem.*, **87**, 177(1995)<br>Photocatalytic degradation of organic contaminants in water with $TiO_2$ supported on polythene films |
| 95-49 | C. Xi, Z. Chen, Q. Li, Z. Jin<br>*J. Photochem. Photobiol. A:Chem.*, **87**, 249(1995)<br>Effects of $H^+$, $Cl^-$ and $CH_3COOH$ on the photocatalytic conversion of $PtCl_6^{2-}$ in aqueous $TiO_2$ dispersion |
| 95-50 | L. Vincze, T. J. Kemp<br>*J. Photochem. Photobiol. A:Chem.*, **87**, 257(1995)<br>Light flux and light flux density dependence of the photomineralization rate of 2, 4-dichlorophenol and chloroacetic acid in the presence of $TiO_2$ |
| 95-51 | J. P. Percherancier, R. Chapelon, B. Pouyet<br>*J. Photochem. Photobiol. A:Chem.*, **87**, 261(1995)<br>Semiconductor-sensitized photodegradation of pesticides in water: the case of carbetamide |
| 95-52 | L. Zang, C. -Y. Liu, X. -M. Ren<br>*J. Photochem. Photobiol. A:Chem.*, **88**, 47(1995)<br>Photochemistry of semiconductor particles 5. Location of dyes in reverse micelles containing $TiO_2$ nanoparticles and effects on photoinduced interfacial electron transfer |
| 95-53 | D. L. Boucher, J. A. Davies, J. G. Edwards, A. Mennad<br>*J. Photochem. Photobiol. A:Chem.*, **88**, 53(1995)<br>An investigation of the putative photosynthesis of ammonia on iron-doped titania and other metal oxides |
| 95-54 | S. Lakshmi, R. Renganathan, S. Fujita<br>*J. Photochem. Photobiol. A:Chem.*, **88**, 163(1995)<br>Study on $TiO_2$-mediated photocatalytic degradation of methylene blue |
| 95-55 | M. L. Sauer, M. A. Hale, D. F. Ollis<br>*J. Photochem. Photobiol. A:Chem.*, **88**, 169(1995)<br>Heterogeneous photocatalytic oxidation of dilute toluene-chlorocarbon mixtures in air |
| 95-56 | K. T. Ranjit, T. K. Varadarajan, B. Viswanathan<br>*J. Photochem. Photobiol. A:Chem.*, **89**, 67(1995)<br>Photocatalytic reduction of nitrite and nitrate ions to ammonia on $Ru/TiO_2$ catalysts |

95-57 G. R. Bamwenda, S. Tsubota, T. Nakamura, M. Haruta
*J. Photochem. Photobiol. A:Chem.*, **89**, 177(1995)
Photoassisted hydrogen production from a water-ethanol solution:
a comparison of activities of Au-$TiO_2$ and Pt-$TiO_2$

95-58 R. Terzian, N. Serpone
*J. Photochem. Photobiol. A:Chem.*, **89**, 163(1995)
Heterogeneous photocatalyzed oxidation of cresote components:
mineralization of xylenols by illuminated $TiO_2$ in oxygenated aqueous media

95-59 E. A. Malinka, G. L. Kamalov, S. V. Vodzinskii, V. I. Melnik, Z. I. Zhilina
*J. Photochem. Photobiol. A:Chem.*, **90**, 153(1995)
Hydrogen production from water by visible light using zinc porphyrinsensitized platinized $TiO_2$

95-60 K. E. O'Shea, C. Cardona
*J. Photochem. Photobiol. A:Chem.*, **91**, 67(1995)
The reactivity of phenol in irradiated aqueous suspension of $TiO_2$.
Mechanistic as a function of solution pH

95-61 M. Bideau, B. Claudel, C. Dubien, L. Faure, H. Kazouan
*J. Photochem. Photobiol. A:Chem.*, **91**, 137(1995)
On the "immobilization" of $TiO_2$ in the photocatalytic oxidation of spent waters

95-62 H. Hidaka, K. Nohara, J. Zhao, E. Pelizzetti, N. Serpone
*J. Photochem. Photobiol. A:Chem.*, **91**, 145(1995)
Photodegradation of surfactants. 14. Formation of $NH_4^+$ and $NO_3^-$ ions for the photocatalyzed mineralization of nitrogen-containing cationic, non-ionic and amphoteric surfactants

95-63 T. Bredow, K. Jug
*J. Phys. Chem.*, **99**, 285(1995)
SINDO1 study of photocatalytic formation and reactions of OH radicals at anatase particles

95-64 J. C. S. Wong, A. Linsebigler, G. Lu, J. Fan, J. T. Yates, Jr.
*J. Phys. Chem.*, **99**, 335(1995)
Photooxidation of $CH_3Cl$ on $TiO_2$(110) single crystal and powdered $TiO_2$ surfaces

95-65 G. Lassaletta, A. Fernandez, J. P. Espinos, A. R. Gonzalez-Elipe
*J. Phys. Chem.*, **99**, 1484(1995)
Spectroscopic characterization of quantum-sized $TiO_2$ supported on silica :
Influence of size and $TiO_2$ - $SiO_2$ interface composition

95-66 A. Fernandez, A. Caballero, A. R. Gonzalez-Elipe, J. M. Herrmann, H. Dexpert, F. Villain
*J. Phys. Chem.*, **99**, 3303(1995)
*In situ* EXFAS study of the photocatalytic reduction and deposition of gold on colloidal titania

95-67 G. Riegel, J. R. Bolton
*J. Phys. Chem.*, **99**, 4215(1995)
Photocatalytic efficiency variability in $TiO_2$ particles

95-68 J. Schwitgebel, J. G. Ekerdt, H. Gerischer, A. Heller
*J. Phys. Chem.*, **99**, 5633(1995)
Role of the oxygen molecule and of the photogenerated electron in $TiO_2$-photocatalyzed air oxidation reactions

| | |
|---|---|
| 95-69 | D. E. Skinner, D. P. Colombo, Jr., J. J. Cavaleri, R. M. Bowman<br>*J. Phys. Chem.*, **99**, 7853(1995)<br>Femtosecond investigation of electron trapping in semiconducting nanoclusters |
| 95-70 | H. Hidaka, Y. Asai, J. Zhao, K. Nohara, E. Pelizzetti, N. Serpone<br>*J. Phys. Chem.*, **99**, 8244(1995)<br>Photoelectrochemical decomposition of surfactants on a $TiO_2$/TOC particulate film electrode assembly |
| 95-71 | A. Stasko, V. Brezova, S. Biskupic, K. -P. Dinse, P. Schweiter, M. Baumgarten<br>*J. Phys. Chem.*, **99**, 8782(1995)<br>EPR study for fullerence radicals generated in photosensitized $TiO_2$ suspensions |
| 95-72 | R. U. Flood, D. Fitzmaurice<br>*J. Phys. Chem.*, **99**, 8954(1995)<br>Preparation, characterization and potential-dependent optical absorption spectroscopy of unsupported large-area transparent nanocrystalline $TiO_2$ membranes |
| 95-73 | D. Fitzmaurice, H. Frei, J. Rabani<br>*J. Phys. Chem.*, **99**, 9176(1995)<br>Time-resolved optical study on the charge carrier dynamics in a $TiO_2$/AgI sandwich colloid |
| 95-74 | I. Bedja, P. V. Kamat<br>*J. Phys. Chem.*, **99**, 9182(1995)<br>Capped semiconductor colloids.<br>Synthesis and photoelectrochemical behavior of $TiO_2$-capped $SnO_2$ nanocrystallites |
| 95-75 | C. Anderson, A. J. Bard<br>*J. Phys. Chem.*, **99**, 9882(1995)<br>An improvement photocatalyst of $TiO_2$/$SiO_2$ prepared by a sol-gel synthesis |
| 95-76 | N. Takeda, T. Torimoto, S. Sampath, S. Kuwabata, H. Yoneyama<br>*J. Phys. Chem.*, **99**, 9986(1995)<br>Effect of inert supports for $TiO_2$ loading on enhancement of photodecomposition rate of gaseous propionaldehyde |
| 95-77 | Y. Xu, C. H. Langford<br>*J. Phys. Chem.*, **99**, 11501(1995)<br>Enhanced photoactivity of a Titanium(IV) oxide supported on ZSM5 and zeolite A at low coverage |
| 95-78 | D. P. Colombo, Jr., R. M. Bowman<br>*J. Phys. Chem.*, **99**, 11752(1995)<br>Femtosecond diffuse reflectance spectroscopy of $TiO_2$ powders |
| 95-79 | R. W. Fessenden, P. V. Kamat<br>*J. Phys. Chem.*, **99**, 12902(1995)<br>Rate constants for charge injection from excited sensitizer into $SnO_2$, ZnO, and $TiO_2$ semiconductor nanocrystallites |
| 95-80 | N. A. Mohd. Zabidi, D. Tapp, T. F. Thomas<br>*J. Phys. Chem.*, **99**, 14733(1995)<br>Kinetics of the rapid dark reaction between methanol and oxygen in the presence of a "photocatalyst" |

| | |
|---|---|
| 95-81 | S. Yamazaki-Nishida, S. Clevera-March, K. J. Nagano, M. A. Anderson, K. Hori<br>*J. Phys. Chem.*, **99**, 15814(1995)<br>Experimental and theoretical study of the reaction mechanism of the photoassisted catalytic degradation of trichloroethylene in the gas phase |
| 95-82 | Z. Zhu, L. Y. Tsung, M. Tomkiewicz<br>*J. Phys. Chem.*, **99**, 15945(1995)<br>Morphology of $TiO_2$ aerogels. 1. Electron microscopy |
| 95-83 | Z. Zhu, L. Y. Tsung, G. Dagan, M. Tomkiewicz<br>*J. Phys. Chem.*, **99**, 15950(1995)<br>Morphology of $TiO_2$ aerogels. 2. Small-angle neutron scattering |
| 95-84 | N. Serpone, D. Lawless, R. Khairrutdinov<br>*J. Phys. Chem.*, **99**, 16646(1995)<br>Size effects on the photophysical properties of colloidal anatase $TiO_2$ particles: Size quantization or direct transitions in this indirect semiconductors |
| 95-85 | N. Serpone, D. Lawless, R. Khairrutdinov, E. Pelizzetti<br>*J. Phys. Chem.*, **99**, 16655(1995)<br>Subnanosecond relaxation dynamics in $TiO_2$ colloidal sols(particle size Rp=1. 0-13. 4nm). Relevance to heterogeneous photocatalysis |
| 95-86 | C. E. Giacomelli, M. J. Avena, C. P. De Pauli<br>*Langmuir*, **11**, 3483(1995)<br>Asparatic acid adsorption onto $TiO_2$ particles surface. Experimental data and model calculations |
| 95-87 | T. R. N. Kutty, S. Ahuja<br>*Mater. Res. Bull.*, **30**, 233(1995)<br>Retarding effect of surface hydroxylation on titanium(4) oxide photocatalyst in the degradation of phenol |
| 95-88 | M. March, A. Martin, C. Saltiel<br>*Solar Energy*, **54**, 142(1995)<br>Performance modeling of nonconcentrating solar detoxification systems |
| 95-89 | N. Serpone<br>*Solar Energy Mater. Solar Cells*, **38**, 369(1995)<br>Brief introductory remarks on heterogeneous photocatalysis |
| 95-90 | M. A. Fox<br>*Solar Energy Mater. Solar Cells*, **38**, 381(1995)<br>A comparison of the mechanisms of photooxidative degradation of organic molecules on irradiated semiconductor powders and in aerated supercritical water |
| 95-91 | P. Pichat, C. Guillard, L. Amalric, A. -C. Renard, O. Plaidy<br>*Solar Energy Mater. Solar Cells*, **38**, 391(1995)<br>Assessment of the importance of the role of $H_2O_2$ and $O_2$ in the photocatalytic degradation of 1, 2-dimethoxybenzene |
| 95-92 | K. Vinodgopal, P. V. Kamat<br>*Solar Energy Mater. Solar Cells*, **38**, 401(1995)<br>Electrochemically assisted photocatalysis using nanocrystalline semiconductor thin films |

95-93　V. Augugaliaro, V. Loddo, L. Palmisano, M. Schiavello
　　　*Solar Energy Mater. Solar Cells*, **38**, 411(1995)
　　　Heterogeneous photocatalytic systems:
　　　Influence of some operational variables on actual photons absorbed by aqueous dispersions of $TiO_2$

95-94　C. Minero
　　　*Solar Energy Mater. Solar Cells*, **38**, 421(1995)
　　　A rigorous kinetic approach to model primary oxidative steps of photocatalytic degradation

95-95　D. Bockelmann, D. Weichgrebe, R. Goslich, D. Bahnemann
　　　*Solar Energy Mater. Solar Cells*, **38**, 441(1995)
　　　Concentrating versus non-concentrating reactors for solar water detoxification

95-96　E. Pelizzetti
　　　*Solar Energy Mater. Solar Cells*, **38**, 453(1995)
　　　Concluding remarks on heterogeneous solar photocatalysis

95-97　S. Andrianirinaharivelo, G. Mailhot, M. Bolte
　　　*Solar Energy Mater. Solar Cells*, **38**, 459(1995)
　　　Photodegradation of organic pollutants induced by complexation with transition metals($Fe^{3+}$ and $Cu^{2+}$) present in natural waters

95-98　米山　宏，鳥本　司
　　　電気化学, **63**, 2(1995)
　　　半導体超微粒子の調製と光触媒活性

95-99　村沢貞夫
　　　電気化学, **63**, 9(1995)
　　　光触媒の実用化研究の現状

95-100　S. Zhang, T. Kobayashi, Y. Nosaka, N. Fujii
　　　*Denkikagaku*, **63**, 927(1995)
　　　Characterization of titanium dioxide encapsulated zeolites and its photocatalytic application for NO decomposition

95-101　藤嶋　昭
　　　応物, **64**, 803(1995)
　　　光励起された酸化チタン表面－光触媒反応の新しい流れ

95-102　松本幸英，関本正生，吉田泰樹
　　　表面技術, **46**, 1031(1995)
　　　紫外線照射併用電解法によるシアン含有水の処理方法

95-103　菊地良彦，橋本和仁，藤嶋　昭
　　　化学工業, **1995**(12), 9
　　　光触媒が活躍する

95-104　村林眞行
　　　化学工業, **1995**(12), 15
　　　光触媒による水処理

95-105　佐山和弘，荒川裕則
　　　化学工業, **1995**(12), 21
　　　水と光でクリーン燃料をつくる光触媒反応

| | |
|---|---|
| 95-106 | 高岡和知代，海老原功<br>化学工業, **1995**(12), 38<br>光触媒反応を利用した脱臭シートについて |
| 95-107 | 渡辺俊也<br>化学工業, **1995**(12), 50<br>光触媒反応による微生物の殺菌とその応用 |
| 95-108 | 指宿堯嗣<br>化学工業, **1995**(12), 61<br>二酸化炭素の光触媒による固定 |
| 95-109 | 小早川紘一，佐藤祐一，藤嶋　昭<br>機能材料, **15**(4), 7(1995)<br>酸化チタン光触媒を固定した反応器による水汚染物質の除去 |
| 95-110 | 佐伯智則，藤嶋　昭<br>二酸化炭素－化学・生化学・環境－, **25**, 188-19, 東京化学同人 (1995)<br>半導体を用いた光化学的還元 |
| 95-111 | 大谷文章<br>表面, **33**, 435(1995)<br>半導体粉末表面で起こる光触媒反応の速度論的考察<br>－酸化チタン光触媒の高活性化をめざして |

| | |
|---|---|
| 96-1 | C.Bouquet-Somrani, A. Finiels, P. Graffin, J. -L. Olive<br>*Appl. Catal. B. Environ.*, **8**, 101(1996)<br>Photocatalytic degradation of hydroxylated biphenyl compounds |
| 96-2 | T. Ohno, S. Saito, K.Fujiwara, M.Matsumura<br>*Bull.Chem.Soc. Jpn.*, **69**, 3059(1996)<br>Photocatalyzed production of hydrogen and iodine from aqueous solutions of iodide using Pt-loaded $TiO_2$ powder |
| 96-3 | K. Nohara, H.Hidaka, E. Pelizzetti, N.Serpone<br>*Catal. Lett.*, **36**, 115(1996)<br>Dependence on chemical structure of the producing $NH_4^+$ and/or $NO_3^-$ ions during the photocatalyzed oxidation of nitrogen-containing substances at the titania/water interface |

96-4　　J. H. Kwak, S. J. Cho, R. Ryoo
　　　　*Catal. Lett.*, **37**, 217(1996)
　　　　A new synthesis procedure for titanium-containing zeolites under strong alkaline conditions and
　　　　the catalytic activity for partial oxidation and photocatalytic decomposition

96-5　　M. Roy, M. Gubelmann-Bonneau, H. Ponceblanc, J. -C.Volta
　　　　*Catal. Lett.*, **42**, 93(1996)
　　　　Vanadium-molybdenum phosphates supported by $TiO_2$-anatase as new catalyst for selective
　　　　oxidation of ethane to acetic acid

96-6　　C. A. Martin, M. A. Balatanas, A. E. Cassano
　　　　*Catal. Today*, **27**, 221(1996)
　　　　Photocatalytic decomposition of chloroform in a fully irradiated heterogeneous photoreactor
　　　　using $TiO_2$ particulate suspensions

96-7　　J. Cunningham, P. Sedlak
　　　　*Catal. Today*, **29**, 309(1996)
　　　　Kinetic studies of depollution process in $TiO_2$ slurries: interdependences of adsorption and UV-intensity

96-8　　J. Blaco, P. Avila, A.Bahamonde, E. Alvarez, B. Sanchez, M. Romero
　　　　*Catal. Today*, **29**, 437(1996)
　　　　Photocatalytic destruction of toluene and xylene at gas phase on a titania based monolithic catalyst

96-9　　I. Sopyan, M. Watanabe, S. Murasawa, K. Hashimoto, A. Fujishima
　　　　*Chem. Lett.*, **1996**, 69
　　　　Efficient $TiO_2$ powder and film photocatalysts with rutile crystal structure

96-10　　S. Deki, Y. Aoi, O.Hiroi, A. Kajinami
　　　　*Chem.Lett.*, **1996**, 433
　　　　Titanium(IV) dioxide thin films prepared from aqueous solution

96-11　　X. Fu, L. A. Clark, Q. Yang, M. A. Anderson
　　　　*Environ. Sci. Technol.*, **30**, 647(1996)
　　　　Enhanced photocatalytic performance of titania-based binary metal oxides: $TiO_2/SiO_2$ and $TiO_2/ZrO_2$

96-12　　A. Haarstrick, O.M.Kut, E.Heinzle
　　　　*Environ. Sci. Technol.*, **30**, 817(1996)
　　　　$TiO_2$-assisted degradation of environmentally relevant organic compounds in wastewater using a
　　　　novel fluidized bed photoreactor

96-13　　T. Torimoto, S.Ito, S. Kuwabata, H. Yoneyama
　　　　*Environ. Sci. Technol.*, **30**, 1275(1996)
　　　　Effects of adsorbents used as supports for $TiO_2$ loading on photocatalytic degradation of propyzamide

96-14　　K. Vinodgopal, D. E. Wynkoop, P.V.Kamat
　　　　*Environ. Sci. Technol.*, **30**, 1660(1996)
　　　　Environmental photochemistry on semiconductor surfaces:
　　　　Photosensitized degradation of a textile azo dye, acid orange 7, on $TiO_2$ particles using visible light

96-15　　N. N. Lichtin, M. Avudaithai
　　　　*Environ. Sci. Technol.*, **30**, 2014(1996)
　　　　$TiO_2$- photocatalyzed oxidative degradation of $CH_3CN$, $CH_3OH$, $CH_2Cl_3$, and $CH_2Cl_2$ supplied
　　　　as vapors and in aqueous solution under similar conditions

| | |
|---|---|
| 96-16 | C. A. Martin, M. A. Baltanas, A. E. Cassano<br>*Environ. Sci. Technol.*, **30**, 2355(1996)<br>Photocatalytic reactions. 3.<br>kinetics of the decomposition of chloroform including absorbed radiation effects |
| 96-17 | S. T. Martin, J. M. Kesselman, D. S. Park, N. S. Lewis, M. Hoffmann<br>*Environ. Sci. Technol.*, **30**, 2535(1996)<br>Surface structure of 4-chlorocatechol adsorbed on $TiO_2$ |
| 96-18 | D. C. Schmelling, K. A. Gray, P. V. Kamat<br>*Environ. Sci. Technol.*, **30**, 2547(1996)<br>Role of reduction in the photocatalytic degradation of TNT |
| 96-19 | N. J. Peill, M. R. Hoffmann<br>*Environ. Sci. Technol.*, **30**, 2806(1996)<br>Chemical and physical characterization of a $TiO_2$-coated fiber optic cable reactor |
| 96-20 | M. Huang, E. Tso, A. K. Datye, M.R.Prairie, B.M.Stange<br>*Environ. Sci. Technol.*, **30**, 3084(1996)<br>Removal of silver in photographic processing waste by $TiO_2$-based photocatalysis |
| 96-21 | M. R. Nimlos, E. J. Wolfrum, M. L. Brewer, J. A. Fennell, G. Bintner<br>*Environ. Sci. Technol.*, **30**, 3102(1996)<br>Gas-phase heterogeneous photocatalytic oxidation of ethanol: Pathway and kinetic modeling |
| 96-22 | S. D. Richardson, A. D. Thruston, T. W. Collette<br>*Environ. Sci. Technol.*, **30**, 3327(1996)<br>Identification of $TiO_2$/UV desinfection byproducts in drinking water |
| 96-23 | T. N. Obee<br>*Environ. Sci. Technol.*, **30**, 3578(1996)<br>Photooxidation of sub-parts-per-million toluene and formaldehyde levels on titania using a glass-plate reactor |
| 96-24 | H. Yamashita, Y. Ichihashi, M. Harada, G. Stewart, M. A. Fox, M. Anpo<br>*J. Catal.*, **158**, 97(1996)<br>Photocatalytic degradation of 1-octanol on anchored $TiO_2$ and on $TiO_2$ powder catalysts |
| 96-25 | M. L. Sauer, D. F. Ollis<br>*J. Catal.*, **158**, 570(1996)<br>Photocatalyzed oxidation of ethanol and acetoaldehyde in humidified air |
| 96-26 | Y. Luo, D. F. Ollis<br>*J. Catal.*, **163**, 1(1996)<br>Heterogeneous photocatalytic oxidation of trichloroethylene and toluene mixtures in air: Kinetic promotion and inhibition, time-dependent catalyst activity |
| 96-27 | D. F. Ollis<br>*J. Catal.*, **163**, 215(1996)<br>Catalyst deactivation in gas-solid photocatalysis |
| 96-28 | G. Marci, L. Palmisano, A. Scrafani, A. Venezia, P. Campostrini, G. Carturan, C. Martin, V. Rives, G. Solani<br>*J. Chem. Soc. Faraday Trans.*, **92**, 819(1996)<br>Influence of tungsten oxide on structural and surface properties of sol-gel prepared $TiO_2$ employed for 4-nitrophenol photodegradation |

| | |
|---|---|
| 96-29 | B. Ohtani, Y. Goto, S. Nishimoto, T. Inui<br>*J. Chem. Soc. Faraday Trans.*, **92**, 4291(1996)<br>Photocatalytic transfer hydrogenation of Schiff bases with propan-2-ol by suspended semiconductor particles loaded with platinum deposits |
| 96-30 | I. Sopyan, M. Watanabe, S. Murasawa, K. Hashimoto, A. Fujishima<br>*J. Electroanal. Chem.*, **415**, 183(1996)<br>A film-type photocatalyst incorporation highly active $TiO_2$ powder and fluoresin binder: Photocatalytic activity and long-term stability |
| 96-31 | E. -M. Shin, R. Senthruchelvan, J. Munoz, S. Basak, K. Rajeshwar, G. Benglas-Smith, B. C. Howell, III<br>*J. Electrochem. Soc.*, **143**, 1562(1996)<br>Photolytic and photocatalytic destruction of formaldehyde in aqueous media |
| 96-32 | S. Dube, N. N. Rao<br>*J. Photochem. Photobiol. A:Chem.*, **93**, 71(1996)<br>Rate parameter independence on the organic reactant:<br>a study of adsorption and photocatalytic oxidation of surfactants using $MO_3$-$TiO_2$ (M = Mo or W) catalysts |
| 96-33 | K. Tennakone, I. R. M. Kottegoda<br>*J. Photochem. Photobiol. A:Chem.*, **93**, 79(1996)<br>Photocatalytic mineralization of paraquat dissolved in water by $TiO_2$ supported on polythene and polypropylene films |
| 96-34 | H. Tahili, N. Serpone, R. Le van Mao<br>*J. Photochem. Photobiol. A:Chem.*, **93**, 199(1996)<br>Application of concept of relative photonic efficiencies and surface characterization of a new titania photocatalyst designed for environmental remediation |
| 96-35 | I. A. Shatalov, I. S. Zavarin, N. K. Zaitsev, J. N. Malkin<br>*J. Photochem. Photobiol. A:Chem.*, **94**, 63(1996)<br>The effect of the potential of colloidal $TiO_2$ on fluorescence quenching |
| 96-36 | C. A. Martin, M. A. Baltanas, A. E. Cassano<br>*J. Photochem. Photobiol. A:Chem.*, **94**, 173(1996)<br>Photocatalytic reactors 2. Quantum efficiencies allowing for scattering effects.<br>An experimental approximation |
| 96-37 | N. Serpone, G. Sauve, R. Koch, H. Tahiri, P. Pichat, P. Piccinini, E. Pelizzetti, H.Hidaka<br>*J. Photochem. Photobiol. A:Chem.*, **94**, 191(1996)<br>Standardization protocol of process efficiencies and activation parameters in heterogeneous photocatalysis: relative photonic efficiencies $\zeta_r$ |
| 96-38 | D. H. Kim, M. A. Anderson<br>*J. Photochem. Photobiol. A:Chem.*, **94**, 221(1996)<br>Solution factors affecting the photocatalytic and photoelectrocatalytic degradation of formic acid using supported $TiO_2$ thin films |
| 96-39 | R. Dillert, I. Fornefett, U. Siebers, D.Bahnemann<br>*J. Photochem. Photobiol. A:Chem.*, **94**, 231(1996)<br>Photocatalytic degradation of trinitrotoluene and trinitrobenzene : influence of hydrogen peroxide |

| | |
|---|---|
| 96-40 | Y. Inel, A. N. Okte<br>*J. Photochem. Photobiol. A:Chem.*, **96**, 175(1996)<br>Photocatalytic degradation of malonic acid in aqueous suspension of $TiO_2$: an initial kinetic investigation of $CO_2$ photogeneration |
| 96-41 | K. T. Ranjit, T. K. Varadarajan, B. Viswanathan<br>*J. Photochem. Photobiol. A:Chem.*, **96**, 181(1996)<br>Photocatalytic reduction of dinitrogen to ammonia over noble metal loaded $TiO_2$ |
| 96-42 | M. R. Dhanajeyan, R. Annapoorani, S. Lakshmi, R. Renganathan<br>*J. Photochem. Photobiol. A:Chem.*, **96**, 187(1996)<br>An investigation on $TiO_2$-assisted photo-oxidation of thymine |
| 96-43 | S. Ahuja, T. R. N. Kutty<br>*J. Photochem. Photobiol. A. Chem.*, **97**, 99(1996)<br>Nanoparticles of $SrTiO_3$ prepared by gel to crystallite conversion and their photocatalytic activity in the mineralization of phenol |
| 96-44 | S. Yamazaki-Nishida, X. Fu, M. A. Anderson, K. Hori<br>*J. Photochem. Photobiol. A. Chem.*, **97**, 175(1996)<br>Chlorinated byproducts from the photoassisted catalytic oxidation of trichloroethylene and tetrachloroethylene in the gas phase using porous $TiO_2$ pellets |
| 96-45 | X. Fu, L. A. Clark, W. A. Zelter, M. A. Anderson<br>*J. Photochem. Photobiol. A.Chem.*, **97**, 181(1996)<br>Effects of reaction temperature and water vapor content on the heterogeneous photocatalytic oxidation of ethylene |
| 96-46 | I. Sopyan, M. Watanabe, S. Murasawa, K. Hashimoto, A. Fujishima<br>*J. Photochem. Photobiol. A:Chem.*, **98**, 79(1996)<br>An efficient $TiO_2$ thin-film photocatalyst:<br>Photocatalytic properties in gas phase acetaldehyde degradation |
| 96-47 | M. A. Fox, M. T. Dulay<br>*J. Photochem. Photobiol. A:Chem.*, **98**, 91(1996)<br>Acceleration of secondary dark reactions of intermediates derived from absorbed dyes on irradiated $TiO_2$ powders |
| 96-48 | G. P. Lepore, L. Persaud, C. H. Langford<br>*J. Photochem. Photobiol. A:Chem.*, **98**, 103(1996)<br>Supporting $TiO_2$ photocatalysts on silica gel and hydrophobically modified silica gel |
| 96-49 | V. Sukharev, R. Kershaw<br>*J. Photochem. Photobiol. A:Chem.*, **98**, 165(1996)<br>Concerning the role of oxygen in photocatalytic decomposition of salicylic acid in water |
| 96-50 | M. I. Litter, J. A. Navio<br>*J. Photochem. Photobiol. A:Chem.*, **98**, 171(1996)<br>Photocatalytic properties of iron-doped titania semiconductors |
| 96-51 | K. T. Ranjit, E. Joselevich, I. Willner<br>*J. Photochem. Photobiol. A:Chem.*, **99**, 185(1996)<br>Enhanced photocatalytic degradation of $\pi$-donor organic compounds by $N$, $N'$-dialkyl-4,4'-bipyridinium-modified $TiO_2$ particles |

96-52　K. Tanaka, K. Abe, T.Hisanaga
　　　　*J. Photochem. Photobiol. A:Chem.*, **101**, 85(1996)
　　　　Photocatalytic water treatment on immobilized $TiO_2$ combined with ozonation

96-53　M. Sturini, E. Fasani, C. Prandi, A. Casaschi, A. Albini
　　　　*J. Photochem. Photobiol. A:Chem.*, **101**, 251(1996)
　　　　$TiO_2$-photocatalysed decomposition of some thiocarbamates in water

96-54　W. Choi, M. R. Hoffmann
　　　　*J. Phys. Chem.*, **100**, 2161(1996)
　　　　Kinetics and mechanism of $CCl_4$ photoreductive degradation on $TiO_2$:
　　　　The role of trichloromethyl radical and dichlorocarbene

96-55　L. Sun, J. R. Bolton
　　　　*J. Phys. Chem.*, **100**, 4127(1996)
　　　　Determination of the quantum yield for the photochemical generated of hydroxyl radicals in $TiO_2$ suspension

96-56　C. Nasr, K. Vinodgopal, L. Fischer, S. Hotchandani, A. K. Chattopadhyay, P. V.Kamat
　　　　*J. Phys. Chem.*, **100**, 8436(1996)
　　　　Environmental photochemistry on semiconductor surfaces.
　　　　Visible light induced degradation of a textile diazo dye, naphthol blue black, on $TiO_2$ nanoparticles

96-57　A.Scrafani, J.M.Herrmann
　　　　*J. Phys. Chem.*, **100**, 13655(1996)
　　　　Comparison of the photoelectronic and photocatalytic activities of various anatase and rutile forms of titania in pure liquid organic phases and in aqueous solutions

96-58　F. Forouzan, T. C. Richards, A. J. Bard
　　　　*J. Phys. Chem.*, **100**, 18123(1996)
　　　　Photoinduced reaction at $TiO_2$ particles. Photodeposition from Ni( II ) solutions with oxalate

96-59　M. A. Grela, A. J. Colussi
　　　　*J. Phys. Chem.*, **100**, 18214(1996)
　　　　Kinetics of stochastic charge transfer and recombination events in semiconductor colloids.
　　　　Relevance to photocatalysis efficiency

96-60　M. Sadeghi, W. Lin, T. -G.Zhang, P. Stavropoulos, B.Levy
　　　　*J. Phys. Chem.*, **100**, 19466(1996)
　　　　Role of photoinduced charge carrier separation distance in heterogeneous photocatalysis:
　　　　Oxidative degradation of $CH_3OH$ vapor in contact with $Pt/TiO_2$ and cofumed

96-61　M. I. Cabrera, O. M. Alfano, A. E. Cassano
　　　　*J. Phys. Chem.*, **100**, 20043(1996)
　　　　Adsorption and scattering coefficients of $TiO_2$ particulate suspensions in water

96-62　Y. Nosaka, K. Koenuma, K. Ushida, A. Kira
　　　　*Langmuir*, **12**, 736(1996)
　　　　Reaction mechanism of the decomposition of acetic acid on illuminated $TiO_2$ powder studied by means of *in situ* electron spin resonance measurements

96-63　H. Tada
　　　　*Langmuir*, **12**, 966(1996)
　　　　Photoinduced oxidation of methylsiloxane monolayers chemisorbed on $TiO_2$

| | |
|---|---|
| 96-64 | J. A. Navio, C. Cerrillos, F. J. Marchena, F. Pablos, M. A. Pradera<br>*Langmuir*, **12**, 2007(1996)<br>Photoassisted degradation of *n*-butyltin chlorides in air-equilibrated aqueous $TiO_2$ suspension |
| 96-65 | J. Theurich, M. Lindner, D. W. Bahnemann<br>*Langmuir*, **12**, 6368(1996)<br>Photocatalytic degradation of 4-chlorophenol in aerated aqueous $TiO_2$ suspensions:<br>a kinetic and mechanistic study |
| 96-66 | S. Sitkiewitz, A. Heller<br>*New J. Chem.*, **20**, 233(1996)<br>Photocatalytic oxidation of benzene and stearic acid on sol-gel derived $TiO_2$ thin films attached to glass |
| 96-67 | C. Minero, P. Piccinini, P. Calza, E. Pelizzetti<br>*New J. Chem.*, **20**, 1159(1996)<br>Photocatalytic reduction/oxidation processes occuring at the carbon and nitrogen of tetranitromethane |
| 96-68 | N. N. Lichtin, M. Avudaithal, E. Berman, A. Grayfer<br>*Solar Energy*, **56**, 377(1996)<br>$TiO_2$-photocatalyzed oxidative degradation of binary mixtures of vaporized organic compounds |
| 96-69 | D. Curco, S. Malato, J. Blanco, J. Gimenez, P. Marco<br>*Solar Energy*, **56**, 387(1996)<br>Photocatalytic degradation of phenol: comparison between pilot-plant-scale and laboratory results |
| 96-70 | S. M. Rodriguez, C.Richter, J.B.Galvez, M.Vincent<br>*Solar Energy*, **56**, 401(1996)<br>Photocatalytic degradation of industrial residual waters |
| 96-71 | C. Minero, E. Pelizzetti, S. Malato, J. Blanco<br>*Solar Energy*, **56**, 411(1996)<br>Large solar plant photocatalytic water decontamination: Degradation of atrazine |
| 96-72 | C. Minero, E. Pelizzetti, S.Malato, J. Blanco<br>*Solar Energy*, **56**, 421(1996)<br>Large solar plant photocatalytic water decontamination: Effect of operational parameters |
| 96-73 | Y. Parent, D. Blake, K. Magrini-Bair, C. Lyons, C. Turchi, A. Watt, E. Wolfrum, M. Prairie<br>*Solar Energy*, **56**, 429(1996)<br>Solar photocatalytic processes for the purification of waters:<br>State of development and barriers to commercialization |
| 96-74 | A. Safarzadeh-Amiri, J. R. Bolton, S. R. Cater<br>*Solar Energy*, **56**, 439(1996)<br>Ferrioxalate-mediated solar degradation of organic contaminants in water |
| 96-75 | N. Z. Muradov, A. T-Raissi, D. Muzzey, C. P. Painter, M. R. Kemme<br>*Solar Energy*, **56**, 445(1996)<br>Selective photocatalytic destruction of airbone VOCs |
| 96-76 | M. Bekbolet, M. Lindner, D. Weichgrebe, D. W. Bahnemann<br>*Solar Energy*, **56**, 455(1996)<br>Photocatalytic detoxification with the thin-film fixed-bed reactor(TFFBR):<br>clean-up of highly polluted landfill effluents using a novel $TiO_2$-photocatalyst |

96-77  R. F. P. Nogueira, W. F. Jardim
*Solar Energy*, **56**, 471(1996)
$TiO_2$-fixed-bed reactor for water decontamination using solar light

96-78  D. Curco, S. Malato, J. Blanco, J. Gimenez
*Solar Energy Mater.Solar Cells*, **44**, 199(1996)
Photocatalysis and radiation absorption in a solar plant

96-79  橋本和仁，藤嶋　昭
現代化学, **305**, 23(1996)
光が当たるときれいになる材料－酸化チタン光触媒の新しい応用

96-80  野原香代，日高久夫
表面, **34**, 441(1996)
光環境触媒－半導体触媒による界面活性剤の光分解

96-81  市橋祐一，山下弘巳，安保正一
機能材料, **16**(7), 12(1996)
環境問題と関連した酸化チタン系光触媒の研究動向と可視光化の試み

96-82  橋本和仁，藤嶋　昭
セラミックス, **31**, 815(1996)
半導体光電極，光触媒反応

96-83  田中啓一
セラミックス, **31**, 825(1996)
光触媒の水処理への応用

96-84  指宿堯嗣
セラミックス, **31**, 829(1996)
光触媒による環境中窒素酸化物の除去技術

96-85  渡部俊也
セラミックス, **31**, 837(1996)
超親水化光触媒とその応用

96-86  藤嶋　昭, 菊池良彦
ファインケミカル, **25**(8), 6 (1996)
酸化チタン光触媒が活躍する

96-87  藤嶋　昭, 橋本和仁
化学と工業, **49**(6), 764 (1996)
光触媒が活躍開始－タイルの場合

96-88  三輪哲也, 藤嶋　昭
ファインケミカル, **25**(12), 5 (1996)
超微粒子の薄膜化技術

96-89  藤嶋　昭
環境管理, **32**(8), 909 (1996)
酸化チタン光触媒の新しい流れ

96-90  藤嶋　昭
化学工学, **60**(9), 648 (1996)
光触媒材料の最前線

| | |
|---|---|
| 96-91 | 池田勝佳, 橋本和仁, 藤嶋　昭<br>光化学, **22**, 54 (1996)<br>光触媒反応における酸素の関わり |
| 96-92 | 藤嶋　昭<br>先端材料事典, V.光機能性無機材料, p. 392 (1996)<br>防汚・殺菌効果の光触媒 |
| 96-93 | 藤嶋　昭<br>電化, **64**(10), 1052-1055 (1996)<br>酸化チタン光触媒を用いたセルフ・クリーニング |
| 96-94 | 藤嶋　昭<br>あかり・人・夢, **7**, 2 (1996)<br>環境調和型社会の到来と光触媒技術 |

| | |
|---|---|
| 97-1 | J.-M. Hermann, H. Tahiri, Y. Ait-Ichou, G. Lassaletta, A. R Gonzalez-Elipe, A. fernandez<br>*Appl. Catal. B:Environ.*, **13**, 219(1997)<br>Characterization and photocatalytic activity in aqueous medium of $TiO_2$ and $Ag-TiO_2$ coating on quartz |
| 97-2 | L. J. Alemany, M. A. Banares, E. Pardo, F. Martin, M. Galan-Fereres, J. M. Blasco<br>*Appl. Catal. B:Environ.*, **13**, 289(1997)<br>Photodegradation of phenol in water using silica-supported titania catalysts |
| 97-3 | R. M. Alberici, W. F. Jardin<br>*Appl. Catal. B:Environ.*, **14**, 55(1997)<br>Photocatalytic destruction of VOCs in the gas-phase using $TiO_2$ |
| 97-4 | H. Wang, A. A. Adesina<br>*Appl. Catal. B:Environ.*, **14**, 241(1997)<br>Photocatalytic causticization of sodium oxalate using commercial $TiO_2$ particles |
| 97-5 | S. Liu, T. Saji<br>*Bull. Chem. Soc. Jpn.*, **70**, 755(1997)<br>Photocatalytic formations of patterning dye films with $TiO_2$ particles based on chromogetic development of photography |
| 97-6 | H. Kominami, J. Kato, Y. Takada, Y. Doushi, B. Ohtani, S. Nishimoto, M. Inoue, T. Inui, Y. Kera<br>*Catal. Lett.*, **46**, 235(1997)<br>Novel synthesis of microcrystalline $TiO_2$ having high thermal stability and ultra-high photocatalytic activity: thermal decomposition of titanium(Ⅳ) alkoxide in organic solvents |

97-7    S.-J. Tsai, S. Cheng
        *Catal. Today*, **33**, 227(1997)
        Effect of TiO$_2$ crystalline structure in photocatalytic degradation of phenolic contaminants

97-8    S. Kagaya, Y. Bitoh, K. Hasegawa
        *Chem. Lett.*, **1997**, 155
        Photocatalyzed degradation of metal-EDTA complexes in TiO$_2$ aqueous suspensions and simultaneous metal removal

97-9    T. N. Rao, Y. Komoda, N. Sakai, A. Fujishima
        *Chem. Lett.*, **1997**, 307
        Photoeffects on electrorheological properties of TiO$_2$ particle suspensions

97-10   Y. Nosaka, H. Fukuyama
        *Chem. Lett.*, **1997**, 383
        Application of chemiluminescent probe to the characterization of TiO$_2$ photocatalysts in aqueous suspension

97-11   K. Okabe, K. Sayama, H. Kusama, H. Arakawa
        *Chem. Lett.*, **1977**, 457
        Photo-oxidative coupling of methane over TiO$_2$-based catalysts

97-12   S. Matsushita, T. Miwa, A. Fujishima
        *Chem. Lett.*, **1997**, 925
        Preparation of a new nanostructured TiO$_2$ surface using a two-dimensional array based template

97-13   L. Sanchez, J. Peral, X. Domenech
        *Electrochim. Acta*, **42**, 1877(1997)
        Photocatalyzed destruction of aniline in UV-illuminated aqueous TiO$_2$ suspensions

97-14   W. Choi, M. R. Hoffmann
        *Environ. Sci. Technol.*, **31**, 89(1997)
        Novel photocatalytic mechanisms for CHCl$_3$, CHBr$_3$, and CCl$_3$RCO$_2^-$ degradation and the fate of photogenerated trihalomethyl radicals on TiO$_2$

97-15   C.-H. Hung, B. J. Marinas
        *Environ. Sci.Technol.*, **31**, 562(1997)
        Role of chlorine and oxygen in the photocatalytic degradation of trichloroethylene vapor on TiO$_2$ films

97-16   C.-H. Hung, B. J. Marinas
        *Environ. Sci. Technol.*, **31**, 1440(1997)
        Role of water in the photocatalytic degradation of trichloroethylene vapor on TiO$_2$ films

97-17   R. Annapragada, R. Leet, R. Changrani, G. B. Raupp
        *Environ. Sci. Technol.*, **31**, 1898(1997)
        Vacuum photocatalytic oxidation of trichloroethylene

97-18   T. N. Obee, S. O. Hay
        *Environ. Sci. Technol.*, **31**, 2034(1997)
        Effects of moisture and temperature on the photooxidation of ethylene on titania

97-19   P. Calza, C. Minero, E. Pelizzetti
        *Environ. Sci. Technol.*, **31**, 2198(1997)
        Photocatalytically assisted hydrolysis of chlorinated methanes under anaerobic conditions

| | |
|---|---|
| 97-20 | J. M. Kesselman, N. S. Lewis, M. R. Hoffmann<br>*Environ. Sci. Technol.*, **31**, 2298(1997)<br>Photoelectrochemical degradation of 4-chlorocatechol at $TiO_2$ electrodes: Comparison between sorption and photoreactivity |
| 97-21 | I. M. Butterfield, P. A. Christensen, A. Hamnett, K. E. Shaw, G. M. Walker, S. A. Walker, C. R. Howarth<br>*J. Appl. Electrochem.*, **27**, 385(1997)<br>Applied studies on immobilized $TiO_2$ films as catalysts for the photoelectrochemical detoxification of water |
| 97-22 | V. Augugliaro, V. Koddo, G. Marci, L. Plamisano, M. J. Lopez-Munoz<br>*J. Catal.*, **166**, 272(1997)<br>Photocatalytic degradation of cyanides in aqueous $TiO_2$ suspensions |
| 97-23 | U. Stafford, K. A. Gray, P. V. Kamat<br>*J. Catal.*, **167**, 25(1997)<br>Photocatalytic degradation of 4-chlorophenol:<br>The effects of varying $TiO_2$ concentration and light wavelength |
| 97-24 | O. d'Hennezel, D. F. Ollis<br>*J. Catal.*, **167**, 118(1997)<br>Trichloroethylene-promoted photocatalytic oxidation of air contaminants |
| 97-25 | A. Scrafani, M.-N. Mozzanega, J.-M. Herrmann<br>*J. Catal.*, **168**, 117(1997)<br>Influence of silver deposits on the photocatalytic activity of titania |
| 97-26 | K. Sayama, H. Arakawa<br>*J. Chem. Soc. Faraday Trans.*, **93**, 1647(1997)<br>Effect of carbonate salt addition on the photocatalytic decomposition of liquid water over $Pt$-$TiO_2$ catalyst |
| 97-27 | P. Piccinini, C. Minero, M. Vincenti, E. Pelizzetti<br>*J. Chem. Soc. Faraday Trans.*, **93**, 1993(1997)<br>Photocatalytic interconversion of nitrogen-containing benzene derivatives |
| 97-28 | Y. Okamoto, Y. Kobayashi, Y. Teraoka, S. Shobu, S. Kagawa<br>*J. Chem. Soc. Faraday Trans.*, **93**, 2561(1997)<br>Photooxidation of $M(CO)_6$ (M=Mo, W) adsorbed on $TiO_2$ |
| 97-29 | W.-Y. Lin, N. R. de Tacconi, R. L. Smith, K. Rajeshwar<br>*J. Electrochem. Soc.*, **144**, 497(1997)<br>Manifestation of photocatalysis process variables in a $TiO_2$-based slury photoelectrochemical cell |
| 97-30 | W.-Y. Lin, K. Rajeshwar<br>*J. Electrochem. Soc.*, **144**, 2751(1997)<br>Photocatalytic removal of nickel from aqueous solutions using ultraviolet-irradiated $TiO_2$ |
| 97-31 | H. M. K. K. Pathirani, R. A. Maithreepala<br>*J. Photochem. Photobiol. A:Chem.*, **102**, 273(1997)<br>Photodegradation of 3,4-dichloropropionamide in aqueous $TiO_2$ suspensions |

97-32   T. Torimoto, Y. Okawa, N. Takeda, H. Yoneyama
        *J. Photochem. Photobiol. A:Chem.*, **103**, 153(1997)
        Effect of activated carbon content in $TiO_2$-loaded activated carbon on photodegradation
        behaviors of dichloromethane

97-33   N. Serpone
        *J. Photochem. Photobiol. A:Chem.*, **104**, 1(1997)
        Relative photonic efficiencies and quantum yields in heterogeneous photocatalysis

97-34   I. R. Bellobono, R. Morelli, C. M. Chiodaroli
        *J. Photochem. Photobiol. A:Chem.*, **105**, 89(1997)
        Photocatalysis and promoted photocatalysis during photocrosslinking of multifunctional acrylates
        in composite membranes immobilizing $TiO_2$

97-35   Y. Kikuchi, K. Sunada, T. Iyoda, K. Hashimoto, A. Fujishima
        *J. Photochem. Photobiol. A:Chem.*, **106**, 51(1997)
        Photocatalytic bactericidal effect of $TiO_2$ thin films:
        dynamic view of the active oxygen species responsible for the effect

97-36   K. T. Ranjit, B. Viswanathan
        *J. Photochem. Photobiol. A:Chem.*, **107**, 215(1997)
        Photocatalytic reduction of nitrite and nitrate ions over doped $TiO_2$ catalysts

97-37   K. E. O'Shea, S. Beightol, I. Garcia, M. Aguilar, D. V. Kalen, W. J. Cooper
        *J. Photochem. Photobiol. A:Chem.*, **107**, 221(1997)
        Photocatalytic decomposition of organophosphonates in irradiated $TiO_2$ suspensions

97-38   I. N. Martyanov, E. N. Savinov, V. N. Parmon
        *J. Photochem. Photobiol. A:Chem.*, **107**, 227(1997)
        A comparative study of efficiency of photooxidation of organic contaminants in water solutions
        in various photochemical and photocatalytic systems. 1. Phenol oxidation promoted by hydrogen
        peroxide in a flow reactor

97-39   V. Brezova, A. Blazkova, I. Surina, B. Havlinova
        *J. Photochem. Photobiol. A:Chem.*, **107**, 233(1997)
        Solvent effect on the photocatalytic reduction of 4-nitrophenol in $TiO_2$ suspensions

97-40   R. Doong, W. Chang
        *J. Photochem. Photobiol. A:Chem.*, **107**, 239(1997)
        Photoassisted $TiO_2$ mediated degradation of organophosphorous pesticides by hydrogen peroxide

97-41   L. Su, Z. Lu
        *J. Photochem. Photobiol. A:Chem.*, **107**, 245(1997)
        Photochromic and photocatalytic behaviors on immobilized $TiO_2$ particulate films

97-42   A. Mills, S. L. Hunte
        *J. Photochem. Photobiol. A:Chem.*, **108**, 1(1997)
        An overview of semiconductor photocatalysis

97-43   H. Y. Chen, O. Zahraa, M. Bouchy
        *J. Photochem. Photobiol. A:Chem.*, **108**, 37(1997)
        Inhibition of the adsorption and photocatalytic degradation of an organic contaminant in an
        aqueous suspension of $TiO_2$ by inorganic ions

| | |
|---|---|
| 97-44 | R. R. Hill, G. E. Jeffs, D. R. Roberts<br>*J. Photochem. Photobiol. A:Chem.*, **108**, 55(1997)<br>Photocatalytic degradation of 1,4-dioxane in aqueous solution |
| 97-45 | F. Benoit-Marquie, E. Puech-Costes, A. M. Braun, E. Oliveros, M.-T. Maurette<br>*J. Photochem. Photobiol. A:Chem.*, **108**, 65(1997)<br>Photocatalytic degradation of 2,4-dihydroxybenzoic acid in water: efficiency optimization and mechanistic investigations |
| 97-46 | K. T. Ranjit, B. Viswanathan<br>*J. Photochem. Photobiol. A:Chem.*, **108**, 73(1997)<br>Photocatalytic reduction of nitrile and nitrate ions to ammonia on M/$TiO_2$ catalysts |
| 97-47 | K. T. Ranjit, B. Viswanathan<br>*J. Photochem. Photobiol. A:Chem.*, **108**, 79(1997)<br>Synthesis, characterization and photocatalytic properties of iron-doped $TiO_2$ catalysts |
| 97-48 | B. Singhal, A. Porwal, A. Sharma, R. Ameta, S. C. Ameta<br>*J. Photochem. Photobiol. A:Chem.*, **108**, 85(1997)<br>Photocatalytic degradation of cetylpyridinium chloride over $TiO_2$ powder |
| 97-49 | J. A. Navio, G. Colon, J. M. Herrmann<br>*J. Photochem. Photobiol. A:Chem.*, **108**, 179(1997)<br>Photoconductive and photocatalytic properties of $ZrTiO_4$. Comparison with the parent oxides $TiO_2$ and $ZrO_2$ |
| 97-50 | B.-J. Liu, T. Torimoto, H. Matsumoto, H. Yoneyama<br>*J. Photochem. Photobiol. A:Chem.*, **108**, 187(1997)<br>Effect of solvents on photocatalytic reduction of $CO_2$ using $TiO_2$ nanocrystal photocatalyst embedded in $SiO_2$ matrices |
| 97-51 | H. Hidaka, S. Horikoshi, K. Ajisaka, J. Zhao, N. Serpone<br>*J. Photochem. Photobiol. A:Chem.*, **108**, 197(1997)<br>Fate of amino acids upon exposure to aqueous titania irradiated with UV-A and UV-B radiation. Photocatalyzed formation of $NH_3$, $NO_3^-$, and $CO_2$ |
| 97-52 | E. Bojarska, K. Pawlicki, B. Czochralska<br>*J. Photochem. Photobiol. A:Chem.*, **108**, 207(1997)<br>Photocatalytic reduction of nicotinamide coenzymes in the presence of $TiO_2$: The influence of aliphatic aminoacids |
| 97-53 | R. R. Kuntz<br>*J. Photochem. Photobiol. A:Chem.*, **108**, 215(1997)<br>The photoreduction of acetylene by band-gap irradiation of $TiO_2$ using $Mo_2O_4$ (diethyldithiocarbamate)$_2$ as a catalyst |
| 97-54 | N. J. Peill, L. Bourne, M. R. Hoffmann<br>*J. Photochem. Photobiol. A:Chem.*, **108**, 221(1997)<br>Iron(III)-doped Q-sized $TiO_2$ coatings in a fiber-optics cable photochemical reactor |
| 97-55 | N. Huang, M. Xu, C. Yuan, R. Yu<br>*J. Photochem. Photobiol. A:Chem.*, **108**, 229(1997)<br>The study of the photokilling effect and mechanism of ultrafine $TiO_2$ particles on U937 cells |

| | |
|---|---|
| 97-56 | Z. Shourong, H. Qingguo, Z. Jun, W. Bingkun<br>*J. Photochem. Photobiol. A:Chem.*, **108**, 235(1997)<br>A study on dye photoremoval in $TiO_2$ suspension solution |
| 97-57 | S. Kaneko, H. Kurimoto, K. Ohta, T. Mizuno, A. Saji<br>*J. Photochem. Photobiol. A:Chem.*, **109**, 59(1997)<br>Photocatalytic reduction of $CO_2$ using $TiO_2$ powders in liquid $CO_2$ medium |
| 97-58 | C. Wang, C. Liu, T. Shen<br>*J. Photochem. Photobiol. A:Chem.*, **109**, 65(1997)<br>The photocatalytic oxidation of phenylmercaptotetrazole in $TiO_2$ dispersions |
| 97-59 | M. R. Dhananjeyan, R. Annapoorani, R. Renganathan<br>*J. Photochem. Photobiol. A:Chem.*, **109**, 147(1997)<br>A comparative study on the $TiO_2$ mediated photo-oxidation of urasil, thymine and 6-methyluracil |
| 97-60 | C. Chen, X. Qi, B. Zhou<br>*J. Photochem. Photobiol. A:Chem.*, **109**, 155(1997)<br>Photosensitization of colloidal $TiO_2$ with a cyanine dye |
| 97-61 | C.-Y. Wang, C.-Y. Liu, W.-Q. Wang, T. Shen<br>*J. Photochem. Photobiol. A:Chem.*, **109**, 159(1997)<br>Photochemical events during the photosensitization of colloidal $TiO_2$ particles by a squaraine dye |
| 97-62 | H. Hidaka, T. Shimura, K. Ajisaka, S. Horikoshi, J. Zhao, N. Serpone<br>*J. Photochem. Photobiol. A:Chem.*, **109**, 165(1997)<br>Photoelectrochemical decomposition of amino acids on a $TiO_2$/OTE particulate film electrode |
| 97-63 | V. Maurino, C. Minero, E. Pelizzetti, P. Piccinini, N. Serpone, H. Hidaka<br>*J. Photochem. Photobiol. A:Chem.*, **109**, 171(1997)<br>The fate of organic nitrogen under photocatalytic conditions:<br>degradation of nitrophenols and aminophenols on irradiated $TiO_2$ |
| 97-64 | V. Brezova, A. Blazkova, L. Karpinsky, J. Groskova, V. Jorik, M. Ceppan<br>*J. Photochem. Photobiol. A:Chem.*, **109**, 177(1997)<br>Phenol decomposition using $M^{n+}/TiO_2$ photocatalysts supported by the sol-gel technique on glass fibers |
| 97-65 | M. Perez, F. Torrades, J. A. Garcia-Hortal, X. Domenech, J. Peral<br>*J. Photochem. Photobiol. A:Chem.*, **109**, 281(1997)<br>Removal of organic contaminants in paper pulp treatment effluents by $TiO_2$ photocatalyzed oxidation |
| 97-66 | Y. I. Kim, S. W. Keller, J. S. Krueger, E. H. Yonemoto, G. B. Saupe, T. E. Mallouk<br>*J. Phys. Chem.*, **101**, 2491(1997)<br>Photochemical charge transfer and hydrogen evolution mediated by oxide semiconductor particles in zeolite-based molecular assemblies |
| 97-67 | C. Anderson, A. J. Bard<br>*J. Phys. Chem.*, **101**, 2611(1997)<br>Improved photocatalytic activity and characterization of mixed $TiO_2/SiO_2$ and $TiO_2/Al_2O_3$ materials |
| 97-68 | K. Ikeda, H. Sakai, R. Baba, K. Hashimoto, A. Fujishima<br>*J. Phys. Chem.*, **101**, 2617(1997)<br>Photocatalytic reactions involving radical chain reactions using microelectrodes |

97-69  J. Schwitzgebel, J. G. Ekerdt, F. Sunada, S.-E. Lindquist, A. Heller
J. Phys. Chem., **101**, 2621(1997)
Increasing the efficiency of the photocatalytic oxidation of organic films on aqueous solutions by reactivity coating the $TiO_2$ photocatalyst with a chlorinated Si

97-70  S. Upadhya, D. F. Ollis
J. Phys. Chem., **101**, 2625(1997)
Simple photocatalysis model for photoefficiency enhancement via controlled, periodic illumination

97-71  M. Anpo, H. Yamashita, Y. Ichihashi, Y. Fujii, M. Honda
J. Phys. Chem., **101**, 2632(1997)
Photocatalytic reduction of $CO_2$ with $H_2O$ on titanium oxides anchored within micropores of zeolites: Effects of the structure of the active sites and the addition of Pt

97-72  N. Takeda, M. Ohtani, T. Torimoto, S. Kuwabata, H. Yoneyama
J. Phys. Chem., **101**, 2644(1997)
Evaluation of diffusibility of adsorbed propionaldehyde on $TiO_2$-loaded adsorbent photocatalyst films from its photodecomposition rate

97-73  L. Cermenadi, P. Pichat, C. Guillard, A. Albini
J. Phys. Chem., **101**, 2650(1997)
Probing the $TiO_2$ photocatalytic mechanisms in water purification by use of quinoline, photo-Fenton generated OH radicals

97-74  Y. Xu, C. H. Langford
J.Phys. Chem., **101**, 3115(1997)
Photoactivity of $TiO_2$ supported on MCM41, zeolite X, and zeolite Y

97-75  B. Ohtani, K. Iwai, S. Nishimoto, S. Sato
J. Phys. Chem., **101**, 3349(1997)
Role of Pt deposits on $TiO_2$ particles.
Structural and kinetic analyse of photocatalytic reaction in aqueous alcohol and amino acid solutions

97-76  B. Ohtani, Y. Ogawa, S. Nishimoto
J. Phys. Chem., **101**, 3746(1997)
Photocatalytic activity of amorphous-anatase mixture of $TiO_2$ particles suspended in aqueous solutions

97-77  S. Weaver, G. Mills
J. Phys. Chem., **101**, 3769(1997)
Photoreduction of 1,1,2-trichlorofluoroethylene initiated by $TiO_2$ particles

97-78  D. W. Bahnemann, M. Hilgendorff, R. Memming
J. Phys. Chem., **101**, 4265(1997)
Charge carrier dynamics at $TiO_2$ particles: Reactivity of free and trapped holes

97-79  P. V. Kamat, N. Gevaert, K. Vinodgopal
J. Phys. Chem., **101**, 4422(1997)
Photochemistry on semiconductor surfaces.
Visible light induced oxidation of $C_{60}$ on $TiO_2$ nanoparticles

97-80  A. Modestov, V. Glezer, I. Marjasin, O. Lev
J. Phys. Chem., **101**, 4623(1997)
Photocatalytic degradation of chlorinated phenoxyacetic acids by a new buoyant titania-exfoliated graphite composite photocatalyst

| | |
|---|---|
| 97-81 | T. Ohno, D. Haga, K. Fujihara, K .Kaizaki, M. Matsumura<br>*J. Phys. Chem.*, **101**, 6415(1997)<br>Unique effects of iron( III ) ions on photocatalytic and photoelectrochemical properties of titanium dioxide |
| 97-82 | V. Kurshev, L. Kevan<br>*Langmuir*, **13**, 225(1997)<br>Comparison of photoelectron transfer between Ru(bpy)$_3^{2+}$ and MV$^{2+}$ in TiO$_2$ and SnO$_2$ colloids and dihexadecyl phosphate vesicles |
| 97-83 | H. Tada, M. Tanaka<br>*Langmuir*, **13**, 360(1997)<br>Dependence of TiO$_2$ photocatalytic activity upon its film thickness |
| 97-84 | Y. Komoda, T. N. Rao, A. Fujishima<br>*Langmuir*, **13**, 1371(1997)<br>Photoelectrorheology of TiO$_2$ nanoparticle suspensions |
| 97-85 | R. R. Kuntz<br>*Langmuir*, **13**, 1571(1997)<br>Comparative study of Mo$_2$O$_x$S$_y$(cys)$_2^{2-}$ complexes as catalysts for electron transfer from irradiated colloidal TiO$_2$ to acetylene |
| 97-86 | L. Ziolkowski, K. Vinodgopal, P. V. Kamat<br>*Langmuir*, **13**, 3124(1997)<br>Photostabilization of organic dyes on poly(styrensulfonate)-capped TiO$_2$ nanoparticles |
| 97-87 | E. Stathatos, P. Lianos, F. Del Monte, D. Levy, D. Tsiourvas<br>*Langmuir*, **13**, 4295(1997)<br>Formation of TiO$_2$ nanoparticles in reverse micelles and their deposition as thin films on glass substrates |
| 97-88 | J. Fang, L. Su, J. Wu, Y. Shen, Z. Lu<br>*New J. Chem.*, **21**, 839(1997)<br>The photoresponse properties of nanocrystalline TiO$_2$ particulate films co-modified with dyes |
| 97-89 | C. Minero, V. Maurino, P. Calza, E. Pelizzetti<br>*New J. Chem.*, **21**, 841(1997)<br>Photocatalytic formation of tetrachloromethane from chloroform and chloride ions |
| 97-90 | T. Ohno, K. Fujihara, S. Saito, M. Matsumura<br>*Solar Energy Mater. Solar Cells*, **45**, 169(1997)<br>Forwarding reversible photocatalytic reactions on semiconductor particles using an oil/water boundary |
| 97-91 | 伊勢田耕三, 砥綿篤哉, 渡辺栄治, 埖田博史<br>日化, **1997**, 297<br>二酸化チタン粉末による市販台所用合成洗剤の光分解 |
| 97-92 | 橋本和仁, 藤嶋　昭<br>*O plus E*, No.211, 75(1997)<br>光触媒とは何か |
| 97-93 | 田中　彰, 堂免一成<br>*O plus E*, No.211, 88(1997)<br>光触媒による水の完全分解反応 |

| | |
|---|---|
| 97-94 | 竹内浩士<br>O plus E, No.211, 94(1997)<br>光触媒による環境大気の浄化・修復技術 |
| 97-95 | 村澤貞夫<br>O plus E, No.211, 101(1997)<br>光触媒材料と応用 |
| 97-96 | 牛嶌しのぶ<br>化学と工業, **50**, 866(1997)<br>$TiO_2$を利用した水処理技術－流動層型光リアクター |
| 97-97 | 東稔節治, 田谷正仁, 堀江靖彦<br>化学工業, **1997**(11), 19<br>酸化チタン固定化活性炭粒子を用いた光殺菌 |
| 97-98 | 石田太作, 村上 肇, 山口浩市<br>機能材料, **17**(1), 5(1997)<br>光触媒酸化チタンを用いた自浄機能付与脱臭フィルター（P-STフィルター） |
| 97-99 | 中川潤洋<br>機能材料, **17**(1), 13(1997)<br>光触媒型消臭繊維「シャインアップ」の開発 |
| 97-100 | 是洞 猛, 梶 誠司<br>工業材料, **45**(7), 65(1997)<br>難分解性物質も酸化分解する光触媒酸化チタン |
| 97-101 | 藤嶋 昭<br>工業材料, **45**(10), 26(1997)<br>光触媒反応による光クリーン革命の現状 |
| 97-102 | 橋本和仁<br>工業材料, **45**(10), 31(1997)<br>光触媒反応の原理 |
| 97-103 | 是洞 猛<br>工業材料, **45**(10), 36(1997)<br>酸化チタン光触媒材料「STシリーズ」 |
| 97-104 | 山本克己<br>工業材料, **45**(10), 42(1997)<br>酸化チタン光触媒材料「ATM, STシリーズ」 |
| 97-105 | 仲辻忠夫<br>工業材料, **45**(10), 45(1997)<br>酸化チタン光触媒材料「SSPシリーズ」 |
| 97-106 | 上西利明, 栗原徳光<br>工業材料, **45**(10), 48(1997)<br>酸化チタン光触媒材料「PCシリーズ」 |
| 97-107 | 山本 伸<br>工業材料, **45**(10), 51(1997)<br>酸化チタン光触媒材料「タイノック」 |

97-108 田中　淳
工業材料, **45**(10), 54(1997)
酸化チタン光触媒材料「スーパータイタニア」

97-109 大島健二, 永井　隆
工業材料, **45**(10), 56(1997)
酸化チタン光触媒材料「DNシリーズ」

97-110 伊藤喜昌
工業材料, **45**(10), 59(1997)
酸化チタン光触媒材料「SPARKT」

97-111 吉本哲夫
工業材料, **45**(10), 62(1997)
光触媒の基材表面への固定化法

97-112 下吹越光秀
工業材料, **45**(10), 67(1997)
超親水性PETフィルム

97-113 佐伯義光
工業材料, **45**(10), 71(1997)
多機能タイル

97-114 木村信夫
工業材料, **45**(10), 74(1997)
光触媒コートフィルム

97-115 海老原功
工業材料, **45**(10), 77(1997)
光空気清浄脱臭機

97-116 安岡悦章
工業材料, **45**(10), 80(1997)
照明器具(1)

97-117 石崎有義
工業材料, **45**(10), 83(1997)
照明器具(2)

97-118 西方　聡
工業材料, **45**(10), 86(1997)
低濃度脱臭装置

97-119 岩尾雅俊, 安藤　孝, 竹鼻俊博
工業材料, **45**(10), 89(1997)
光触媒脱臭冷蔵庫

97-120 藤嶋　昭
アルミプロダクツ, **79**(2), 14-17 (1997)
抗菌性, セルフクリーニング効果の著しい酸化チタン光触媒

## 《CMC テクニカルライブラリー》発行にあたって

弊社は、1961年創立以来、多くの技術レポートを発行してまいりました。これらの多くは、その時代の最先端情報を企業や研究機関などの法人に提供することを目的としたもので、価格も一般の理工書に比べて遙かに高価なものでした。

一方、ある時代に最先端であった技術も、実用化され、応用展開されるにあたって普及期、成熟期を迎えていきます。ところが、最先端の時代に一流の研究者によって書かれたレポートの内容は、時代を経ても当該技術を学ぶ技術書、理工書としていささかも遜色のないことを、多くの方々が指摘されています。

弊社では過去に発行した技術レポートを個人向けの廉価な普及版《CMC テクニカルライブラリー》として発行することとしました。このシリーズが、21世紀の科学技術の発展にいささかでも貢献できれば幸いです。

2000年12月

株式会社 シーエムシー出版

---

酸化チタン光触媒の研究動向 1991-1997　　(B744)

1998年 7月 7日　初　版　第1刷発行
2005年 3月25日　普及版　第1刷発行

編　集　橋本和仁　　　　　　　　　Printed in Korea
　　　　藤嶋　昭
発行者　島 健太郎
発行所　株式会社 シーエムシー出版
　　　　東京都千代田区内神田1-13-1　豊島屋ビル
　　　　電話03(3293)2061

〔印刷〕株式会社高成 HI-TECH　　© K.Hashimoto, A.Fujishima, 2005

定価は表紙に表示してあります。
落丁・乱丁本はお取替えいたします。

ISBN4-88231-851-2　C3043　¥3800E

☆本書の無断転載・複写複製(コピー)による配布は、著者および出版社の
　権利の侵害になりますので、小社あて事前に承諾を求めて下さい。

## CMCテクニカルライブラリーのご案内

### 水性コーティング
監修／桐生春雄
ISBN4-88231-841-5　　　　　　　　B734
A5判・261頁　本体3,600円＋税（〒380円）
初版1998年12月　普及版2004年10月

**構成および内容**：総論―水性コーティングの新しい技術と開発［塗料用樹脂編］アクリル系樹脂／アルキド・ポリエステル系樹脂　他［塗料の処方化編］ポリウレタン系塗料／エポキシ系塗料／水性塗料の流動特性とコントロール［応用編］自動車用塗料／建築用塗料／缶用コーティング　他［廃水処理編］廃水処理対策の基本／水質管理　他
**執筆者**：桐生春雄／池林信彦／桐原修　他13名

### 機能性顔料の技術

ISBN4-88231-840-7　　　　　　　　B733
A5判・271頁　本体3,800円＋税（〒380円）
初版1998年11月　普及版2004年9月

**構成および内容**：［無機顔料の研究開発動向］超微粒子酸化チタンの特性と応用技術／複合酸化物系顔料／蛍光顔料と蓄光顔料　他［有機顔料の研究開発動向］溶性アゾ顔料（アゾレーキ）／不溶性アゾ顔料／フタロシアニン系顔料　他［用途展開の現状と将来展望］印刷インキ／塗料／プラスチック／繊維／化粧品／絵の具　他／付表　顔料一覧
**執筆者**：坂井章人／寺田裕美／堀石七生　他24名

### 石油製品添加剤の開発
監修／岡部平八郎／大勝靖一
ISBN4-88231-837-7　　　　　　　　B730
A5判・174頁　本体3,000円＋税（〒380円）
初版1998年3月　普及版2004年8月

**構成および内容**：［Ⅰ 技術編］石油製品と添加剤（石油製品の高級化と添加剤技術／添加剤開発の技術的問題点　他）／酸化防止剤／オクタン価向上剤／清浄剤／金属不活性化剤／さび止め添加剤／粘度指数向上剤―オレフィンコポリマー／極圧剤／流動点降下剤／消泡剤／添加剤評価法［Ⅱ 製品編］添加剤の種類およびその機能　他
**執筆者**：岡部平八郎／大勝靖一／五十嵐仁一　他12名

### キラルテクノロジー
監修／中井　武／大橋武久
ISBN4-88231-836-9　　　　　　　　B729
A5判・223頁　本体3,100円＋税（〒380円）
初版1998年1月　普及版2004年7月

**構成および内容**：序論／総論［第Ⅰ編 不斉合成-生化学的手法］バイオ技術と有機合成を組み合わせた医薬品中間体の合成　他［第Ⅱ編 不斉合成-不斉触媒合成］不斉合成・光学分割技術によるプロスタグランジン類の開発　他［第Ⅲ編 光学分割法］光学活性ビレスロイドの合成法の開発と工業化／ジアステレオマー法による光学活性体の製造　他
**執筆者**：中井武／大橋武久／長谷川淳三　他20名

### 乳化技術と乳化剤の開発

ISBN4-88231-831-8　　　　　　　　B724
A5判・259頁　本体3,800円＋税（〒380円）
初版1998年5月　普及版2004年6月

**構成および内容**：［機能性乳化剤の開発と基礎理論の発展］［乳化技術の応用］化粧品における乳化技術／食品／農薬／エマルション塗料／乳化剤の接着剤への応用／文具類／感光・電子記録材料分野への応用／紙加工／印刷インキ［将来展望］乳化剤の機能と役割の将来展望を探る／乳化・分散装置の現状と将来の展望を探る
**執筆者**：堀内照夫／鈴木敏幸／高橋康之　他9名

### 超臨界流体反応法の基礎と応用
監修／碇屋隆雄
ISBN4-88231-829-6　　　　　　　　B722
A5判・256頁　本体3,800円＋税（〒380円）
初版1998年8月　普及版2004年5月

**構成および内容**：超臨界流体の基礎（超臨界流体中の溶媒和と反応の物理化学／超臨界流体の構造・物性の理論化学　他）／超臨界流体反応法（ジェネリックテクノロジーとしての超臨界流体技術／超臨界水酸化反応の速度と機構　他）／超臨界流体利用・分析（超臨界流体の分光分析　他）／応用展開（水熱プロセス　他）
**執筆者**：梶本興亜／生島豊／中西浩一郎　他23名

### 分子協調材料の基礎と応用
監修／市村國宏
ISBN4-88231-828-8　　　　　　　　B721
A5判・273頁　本体4,000円＋税（〒380円）
初版1998年3月　普及版2004年5月

**構成および内容**：［序章］分子協調材料とは［基礎編］自己組織化膜（多環式両親媒性単分子膜　他）／自己組織化による構造発現（粒子配列による新機能材料の創製　他）／メソフェーズ材料の新たな視点［応用編］自己組織化膜の応用／分子協調効果と光電材料・デバイス（フォトリフラクティブ材料　他）／ナノ空間制御材料の応用　他
**執筆者**：市村國宏／玉置敬／玉田薫　他25名

### 天然・生体高分子材料の新展開
編集／宮本武明／赤池敏宏／西成勝好
ISBN4-88231-811-3　　　　　　　　B704
A5判・413頁　本体4,900円＋税（〒380円）
初版1998年6月　普及版2003年11月

**構成および内容**：総説［材料編・多糖類］セルロース／でん粉／キチン及びキトサン／海藻多糖類／バイオ多糖類／植物多糖類／リグニン／オリゴ糖　他［材料編・タンパク質］コラーゲン／ゼラチン／フィブロイン／ケラチン／産業酵素／合成タンパク質　他［応用編］医薬品／生体材料／食品／化粧品／繊維関連／土木・建築／飼料
**執筆者**：宮本武明／岡島邦彦／山根千弘　他59名

※書籍をご購入の際は、最寄りの書店にご注文いただくか、㈱シーエムシー出版のホームページ（http://www.cmcbooks.co.jp/）にてお申し込み下さい。